# 소방 유체역학

FIRE

이 수 경 지음

신 광 문 화 사

# 머리말

최근에 유체역학(fluid mechanics)은 화공, 기계, 토목, 항공, 조선, 안전, 소방 등 공학의 전 분야에서 응용되고 있다. 이들의 명칭도 수리학, 공기역학, 소방유체역학 및 화공유체역학 등 그 분야에 따라 달리 불리고 있다. 유체역학은 정역학(fluid statics), 동역학(fluid dynamics) 등의 분야로 나누며, 실험적 근거로 만들어진 수리학(hydraulics)이 있으며 최근에는 두 분야가 하나의 체계로 정립되고 있다.

본 책에서는 뉴턴, 이상유체, 1차원 흐름에 대하여 언급하였으며, 수학적인 접근 보다는 개념을 설명하고 현장 적용력을 높이기 위하여 소방현장에서 적용 가능하도록 책을 집필하였다. 이는 고 학년에 필요한 소방시스템의 설계, 스프링클러의 설계, 펌프의 선정 및 배관의 수력학적 계산이 가능하도록 하는데 심혈을 기울인 것이다. 특히 소방분야에서는 유체(소화약제)가 대부분 물이기 때문에 물을 다루는 수리학의 관점에서 많은 부분을 설명하고 응용하였다. 소방수리학(fire hydraulics)은 화재 진압전문가의 입장에서 소방장비인 소방펌프, 소방노즐을 다루는데 역점을 두었고, 손실수두를 현장에서 쉽게 계산할 수 있는 방법에 대하여 관심을 기울였다. 이를 통하여 효과적인 소화방법을 터득하고 소방장비의 효능을 극대화하는 효과를 가져 올 수 있다고 볼 수 있다.

소방유체역학은 최근에 소방・화재현상을 설명하는데 있어서 반드시 학습하여야 하는 분야이다. 소방기사(기계분야)를 공부하는데 있어서 매우 중요한 분야이며 특히 미래의 소방전문가가 되는데 있어서 반드시 갖춰야하는 분야이다. 특히 이 책에서는 유체역학의 기본 내용을 넣었고 첨부하여 유체와 연관되는 열역학, 열전달, 배관공학 및 펌프 외 송풍기의 기초 개념을 설명함으로서 현장에서 실질적으로 유체와 연관되는 분야를 다루고자 하였다. 아울러 객관식, 주관식 연습문제와 해답을 넣음으로서 학습효과를 극대화 할 수 있는 기반을 제공하였다. 또한, 소방에서 유체역학과 연관되는 내용을 첨부함으로써 현장감을 높였다. 본 책에서는 국제단위계인 SI단위를 채택하도록 노력하였고, 영국 단위와 중력단위의 환산은 각 단원에서 연습을 함으로써 서로 전환 할 수 있는 능력을 고취시키도록 하였다.

이 책을 집필함에 있어서 부족한 점이 많으리라고 본다. 그러나 해를 거듭할수록 수정・ 보완한다면 소방유체역학 분야를 새롭게 선두하는 책이 되리라고 확신한다. 집필하는데 도움을 준 공릉동의 소방안전연구실의 송동우, 주태영, 배정애, 이성규, 김상원, 유영근군에게 고맙고, 신광문화사 사장님께 진심으로 감사드린다.

공릉동 연구실에서 대표저자

# 목차

## 1장 유체의 제성질


1-1 유체의 정의 ······ 10
1-2 유체의 분류 ······ 11
1-3 유체의 단위와 차원 ······ 12
1-4 밀도, 비체적 및 비중 ······ 14
1-5 유체의 압축성과 탄성 ······ 16
1-6 유체의 점도 ······ 18
1-7 표면장력과 모세관 현상 ······ 24
1-8 액체의 포화증기압 ······ 27
1-9 물의 소화특성 ······ 28
연습문제 ······ 30


## 2장 정수역학


2-1 압력(pressure) ······ 40
2-2 소방정수역학 ······ 52
2-3 압력의 측정 ······ 56
2-4 원관에 작용하는 정수력 ······ 61
연습문제 ······ 64


## 3장 동수역학


3-1 흐름의 종류 ······ 82
3-2 유속과 가속도 ······ 89

3-3 1차원 흐름의 연속방정식(continuity equation) 90
3-4 오일러(Euler)의 운동방정식 96
3-5 Bernoulli의 원리(에너지 보존의 법칙) 97
3-6 수정된 Bernoulli 원리 101
3-7 Bernoulli 방정식의 응용 105
연습문제 111

**4장 운동량의 원리**

4-1 역적-운동량 방정식 134
4-2 역적-운동량 방정식의 응용 140
4-3 운동량 모멘트의 원리 150
연습문제 153

**5장 관속의 유체흐름**

5-1 원관속의 층류 160
5-2 종속도(terminal velocity) 164
5-3 관로의 여러 손실 167
5-4 병렬 및 직렬연결 210
5-5 관망해석 219
5-6 루프형 및 격자형 구조(Hazen-Williams식 적용) 228
연습문제 240

**6장 펌프 및 송풍기**

6-1 펌프의 종류 258
6-2 원심펌프 259

6-3 펌프의 양정 ··· 263
6-4 펌프의 동력 및 효율 ··· 266
6-5 펌프의 직·병렬 작동 ··· 270
6-6 비속도와 상사의 법칙 ··· 271
6-7 펌프의 이상현상 ··· 275
6-8 소방펌프(Fire pump) ··· 289
6-9 송풍기 ··· 299
연습문제 ··· 314

## 7장 소방유체 관련 열역학

7-1 계 및 주위 ··· 334
7-2 물질의 상태량과 상태변화 ··· 335
7-3 온도와 열역학 제0법칙 ··· 337
7-4 열량(Quantity of Heat) ··· 340
7-5 단위환산 ··· 344
7-6 열역학 제1법칙 ··· 347
7-7 열역학 제2법칙 ··· 356
7-8 열역학 제3법칙(Nernst의 열정리) ··· 375
7-9 이상기체의 상태변화 ··· 376
7-10 열전달(Heat transfer) ··· 379
연습문제 ··· 403

참고문헌 ··· 418
찾아보기 ··· 419

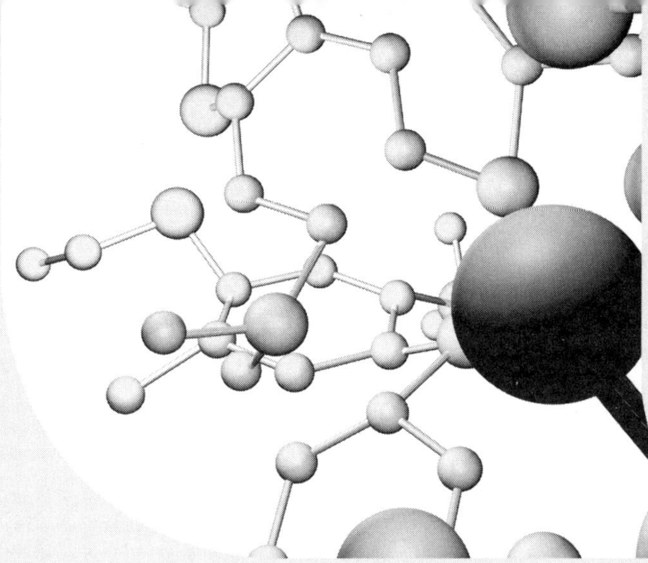

# 제 1 장

# 유체의 제성질

1-1 유체의 정의
1-2 유체의 분류
1-3 유체의 단위와 차원
1-4 밀도, 비체적 및 비중
1-5 유체의 압축성과 탄성
1-6 유체의 점도
1-7 표면장력과 모세관 현상
1-8 액체의 포화증기압
1-9 물의 소화특성

소방유체역학에서는 물을 대상으로 하기 때문에 수리학(Hydraulics)의 개념이 많이 도입되어야 한다. 그러나 유체역학(Fluid mechanics)에서 다루는 유체에 대해서도 그 성질을 알아야 한다. 간단히 말하자면, 유체란 정지상태에 있을 때에는 그 내부의 일면에 항상 법선 응력, 즉 면과 수직한 압력만이 작용하고 있는 물질로서 또는 전단력이 미치면 계속 연속적인 변형(유동)을 하여 위치를 바꾸는 물질, 쉽게 말해서 흐르는 물질이라고 할 수 있다.

## 1-1 유체의 정의

1) 변형되기 쉬운 성질을 갖는 고체가 아닌 물질, 일반적으로 액체와 기체 상태로 존재한다.
2) 작은 전단력(shearing force)이라 할지라도 물질내부에 전단력이 생기면 연속적으로 변형(deformation)하는 물질
3) 정지상태에는 수직응력(normal stress)이 작용하고 유동상태에서는 전단력이 미치면 계속 연속적으로 변형을 하여 위치를 바꾸는 즉, 흐르는 물질

**reference**

**전단력(shearing force)**

부피 변화없이 작용면(표면적)에 접선방향으로 작용하는 변형력 즉, 작용하는 단면적에 평행한 힘.

**응력(stress)**

유체가 힘(전단력, 외력)을 받으면 그 유체 내부에는 그 힘과 크기는 같고 또 방향이 반대이며, 유체의 원형을 유지하려는 힘(저항력)이 생긴다. 이 힘을 응력(應力, stress)이라고 한다. 전단응력(shearing stress)과 수직(법선)응력(normal stress)이 있다.

① 전단응력(shearing stress) : 접촉면에 평행한 방향으로 서로 미끄러지려는 경향을 가진 두 연속적인 물체 사이의 응력

$$전단응력(\tau) = \frac{전단력}{단면적}[N/m^2,\ lb_f/ft^2]$$

② 수직응력(normal stress) : 어떤 단면에 대한 수직방향의 응력

수직하중이 작용할 때에 발생하는 응력 : $수직응력(\sigma) = \frac{수직력}{단면적}[N/m^2,\ lb_f/ft^2]$

**example 1-1**

가로, 세로, 높이가 각각 $1.5\text{m}$이고 무게가 $100\text{kg}_f$인 박스를 콘크리트 바닥에서 $40\text{m}$ 이동시킨다. 바닥이 거칠기 때문에 마찰저항이 생기므로 이 때 필요한 에너지는 $20{,}000\text{J}$이었다. 여기서, 이 일을 수행하기 위해 밀어 올려야 할 힘과, 상자바닥에 작용하는 전단응력·수직응력을 계산하여라.

**풀이**

상자를 미는 힘은

$$1\text{J} = 1\text{N} \times 1\text{m} = 1\text{kg} \cdot \text{m}^2/\text{s}^2$$
$$1\text{N} = \frac{1\text{J}}{1\text{m}} = 1\text{kg} \cdot \text{m}/\text{s}^2$$

$$F(\text{N}) = \frac{20{,}000\text{J}}{40\text{m}} = 500\text{N}$$

상자의 바닥에 작용하는 수직응력은 다음과 같이 계산할 수 있다.

바닥면적 $\text{A} = 1.5 \times 1.5 = 2.25(\text{m}^2)$

이 단면적에 평행한 힘은 무게로서 $100\text{kg}_f$이다.

그러므로 바닥에서의 수직응력은

$$\text{수직응력}(\sigma) = \frac{\text{무게}(\text{kg}_f)}{\text{단면적}(\text{m}^2)} = \frac{100}{2.25} = 44.4\text{kg}_f/\text{m}^2$$

작용과 반작용의 법칙에 따르면 전단력은 상자를 미는 힘과 같다.

$$\text{전단응력}(\tau) = \frac{500\text{N}}{2.25\text{m}^2} = 222.2\text{N}/\text{m}^2$$

## 1-2 유체의 분류

유체를 분류하는 매개변수(parameter)는 밀도(density, $\rho$)와 점성도(viscosity)에 의해서 분류한다.

### [1] 점도에 따른 분류

1) 점성유체(viscous fluid) – 점성을 가지는 유체

2) 비점성유체(inviscid fluid) – 점성을 가지지 않는 유체($\mu = 0$)

### [2] 밀도에 따른 분류

1) 비압축성 유체(incompressible fluid) : $\left(\dfrac{\partial v}{\partial P}\right)_T = 0$

밀도의 변화가 없다고 가정한 유체($v = \dfrac{1}{\rho}$, 비체적)

예) 액체 또는 저속으로 흐르는 자유 흐름. 건물, 자동차 주위의 기체 흐름

2) 압축성 유체(compressible fluid)

밀도의 변화를 동반하는 유체

예) 기체(높은 압축성)

### [3] 실존여부에 따른 분류

1) 이상유체(ideal fluid) 또는 완전유체(perfect fluid)

유체의 점성과 압축성 모두를 가지지 않는 가상 유체

$\rho =$ constant, $\mu = o$

2) 실제유체(real fluid)

점성유체($\mu \neq o$)

## 1-3 유체의 단위와 차원

### [1] 절대단위계

길이(length), 질량(mass), 시간(time)을 기본량으로 다른 양의 단위를 유도하는 단위

예) MKS단위, CGS단위

$1\text{N} = 1\text{kg} \times 1\text{m/s}^2 = 1\text{kg} \cdot \text{m/s}^2$

$1\text{dyne} = 1\text{g} \times 1\text{cm/s}^2 = 1\text{g} \cdot \text{m/s}^2 = 10^{-5}\text{N}$

### [2] 중력단위계(공학단위계)

길이(length), 힘(force), 시간(time)을 기본량으로 하는 단위. 길이와 시간의 단위는 m와 s를 사용하고, 힘의 단위는 $1\text{kg}_\text{f}$(kg중, kgw 또는 종래 공학에서는 그냥 kg으로 표시한다)라 한다.

**reference**

$1kg_f$ : 질량 1kg인 물체에 중력가속도 $9.8m/s^2$가 작용할 때의 무게(힘)

$1kg_f = 1kg \times 9.80665m/s^2 = 9.80665N$

$1dyne = 1.01972 \times 10^{-6}kg_f$

$1N = 1/9.8kg_f = 0.1019kg_f$

**동력단위**

$1kW \fallingdotseq 102kg_f \cdot m/s$, $1W = 1J/s$

$1PS \fallingdotseq 75kg_f \cdot m/s = 0.7356kW$

$1HP \fallingdotseq 1.0143ps = 0.746kW = 76.07kg_f \cdot m/s$

**일(work) : energy**

$1Joule = 1N \times 1m = 1N \cdot m$

## [3] 국제단위(SI단위) → MKS단위

학문적, 공업적으로 세계가 한울타리로 되어감에 따라 단위도 통일될 필요성에 의해서 채용된 국제 단위계. 주로 MKS 단위계가 SI단위이다.

**표 1-1** SI기본단위와 보조단위

| 양 | SI기본단위의 명칭 | 기 호 |
|---|---|---|
| 길이 | 미 터 | m |
| 질량 | 킬로그램 | kg |
| 시간 | 초 | s |
| 전류 | 암페어 | A |
| 열역학온도 | 캘 빈 | K |
| 물질의 양 | 몰 | mol |
| 광도 | 칸델라 | cd |
| **양** | **SI보조단위의 명칭** | **기 호** |
| 평면각 | 라디안 | rad |
| 입체각 | 스테라디안 | sr |

**표 1-2** SI조립단위

| 양 | SI조립단위의 명칭 | 기 호 | SI기본단위 또는 SI보조단위에 의한 표시법 또는 다른 SI조립단위에 의한 표시법 |
|---|---|---|---|
| 주파수 | 헤르츠 | Hz | $1Hz = 1s^{-1}$ |
| 힘 | 뉴 턴 | N | $1N = 1kg \cdot m/s^2$ |
| 압력, 응력 | 파스칼 | Pa | $1Pa = 1N/m^2$ |
| 에너지, 일, 열량 | 줄 | J | $1J = 1N \cdot m$ |
| 공률(동력) | 와 트 | W | $1W = 1J/s$ |

**example 1-2**

체중이 150 lb인 사람은 몇 kg인가?

**풀이**

1 lb = 453.59 g, 확산인자 이용해서 푼다.

$$150\ \text{lb} \times \frac{453.59\ \text{g}}{1\ \text{lb}} \left| \frac{1\ \text{kg}}{1{,}000\ \text{g}} \right. = 68.04\ \text{kg}$$

**example 1-3**

물의 밀도는 $1.00\text{g/cm}^3$이다. 이것을 kg/L로 바꾸어라.

**풀이**

$1\text{kg} = 1{,}000\text{g},\ 1\ \text{L} = 1{,}000\text{cm}^3$

$$\text{밀도[kg/L]} = \frac{1.00\ \text{g}}{\text{cm}^3} \times \frac{1\text{kg}}{1{,}000\ \text{g}} \times \frac{1{,}000\text{cm}^3}{1\text{L}} = 1.00\text{kg/L}$$

**example 1-4**

56 inch를 m로 환산하여라.

**풀이**

1 inch = 2.54 cm

$$56\ \text{inch} \times \frac{2.54\ \text{cm}}{1\ \text{inch}} \left| \frac{1\ \text{m}}{100\ \text{cm}} \right. = 1.421\ \text{m}$$

## 1-4 밀도, 비체적 및 비중

1) 유체의 밀도(density, $\rho$) : 단위 체적당의 유체질량

$$\rho = \frac{m}{V}\left[\frac{\text{질량}}{\text{부피}}\right] \quad \text{SI단위 : kg/m}^3\ [\text{차원 : L}^{-3}\text{M}] \tag{1.1}$$

물의 밀도 $\rho_w = 1{,}000\ \text{kg/m}^3 = 1{,}000\ \text{N} \cdot \text{s}^2/\text{m}^4$

$= 102\ \text{kg}_\text{f}\ \text{s}^2/\text{m}^4$ (중력단위)

2) 비체적(specific volume, $v_s$) : 단위질량당의 체적, 즉 밀도의 역수

$$v_s = \frac{V}{m} = \frac{1}{\rho}\left[\frac{부피}{질량}\right] \quad [차원 : L^3M^{-1}] \tag{1.2}$$

3) 비중량(specific weight, $\gamma$) : 단위 체적당 유체의 중량(weight)

$$\gamma = \frac{W}{V} \quad [SI단위 : N/m^3]$$

$$= \frac{mg}{V} = \rho g \quad [차원 : FL^{-3}] \tag{1.3}$$

상온에서 물의 비중량 $\gamma_w$

$$\gamma_w = 9{,}800\ N/m^3 \ (SI\ 단위)$$

$$= 1{,}000\ kg_f/m^3 \ (중력단위)$$

4) 비중(specific gravity, s) : 특정온도에서의 물의 밀도에 대한 유체밀도의 비

$$s = \frac{\rho}{\rho_w} \quad \left[\frac{유체의\ 밀도}{4℃의\ 물의\ 밀도}\right] \tag{1.4}$$

$$\left(= \frac{\gamma}{\gamma_w} :\ 공학단위\right)$$

유체의 밀도 $\rho = \rho_w \cdot s = 1{,}000\,s\,[kg/m^3]$

$\rho_w$ : 물의 밀도 $= 1{,}000\,kg/m^3$

**example 1-5**

어떤 유체의 밀도가 $90kg_f \cdot s^2/m^4$ 이다. 이 액체의 비체적은 몇 $m^3/kg$인가?

**풀이**

비체적 $v_s = \frac{1}{\rho}$ 에서 비체적의 단위가 절대단위이므로, 단위를 환산하여야 한다.

$$v_s = \frac{1}{\rho} = \frac{1kg_f}{90kg_f \cdot s^2/m^4 \times 9.8kg \cdot m/s^2} = 1.133 \times 10^{-3} m^3/kg$$

**example 1-6**

상압 및 상온에서의 물의 비중량을 $9{,}810\mathrm{N/m^3}$, 수은의 비중을 13.55라 하면 물의 밀도, 수은의 비중량과 밀도는 얼마인가?

**풀이**

① 물의 비중량 $\gamma = \dfrac{\mathrm{W}}{\mathrm{V}} = \dfrac{\mathrm{mg}}{\mathrm{V}} = \rho \cdot \mathrm{g}$

$$9{,}810\mathrm{N/m^3} = \rho \cdot 9.81\mathrm{m/s^2}$$

$$\therefore \rho = \frac{9{,}810\mathrm{N/m^3}}{9.81\mathrm{m/s^2}} = 1{,}000\mathrm{N \cdot s^2/m^4} = 1{,}000\mathrm{kg/m^3}$$

② 수은의 비중량

$$\gamma = \frac{w}{v} = \frac{mg}{v} = \rho \cdot \mathrm{g}$$

$s = \dfrac{\rho_{수은}}{\rho_w}$, $*\rho_w = 1{,}000\mathrm{kg/m^3}$ 이므로,

$$\begin{aligned}\rho_{수은} &= \rho_w \cdot s \\ &= 1{,}000 \times 13.55 \\ &= 1.355 \times 10^4\mathrm{kg/m^3}\end{aligned}$$

$$\begin{aligned}\gamma_{수은} &= \rho\mathrm{g} \\ &= 1.355 \times 10^4 \times 9.8\mathrm{m/s^2} \\ &= 1.3279 \times 10^5\mathrm{N/m^3}\end{aligned}$$

## 1-5 유체의 압축성과 탄성

유체의 단위체적당의 감소율($-dV/V$)는 압력의 증가에 비례한다.

$$-\frac{dV}{V} = \beta\, dP \tag{1.5}$$

**1) 체적압축계수 or 압축률(compressibility)** : $\beta$ [단위 : $\mathrm{m^2/N(Pa^{-1})}$]

$$\beta = -\frac{1}{V} \cdot \frac{dV}{dP} \tag{1.6}$$

2) 체적탄성계수(bulk modulus of elasticity) : $K$ [단위 : 압력단위, Pa, GPa사용]

$$K = \frac{1}{\beta} = -V \cdot \frac{dP}{dV} \tag{1.7}$$

**액체의 압축률**

물의 압축률[상온, 상압]

$$\beta \doteqdot 5 \times 10^{-8} \mathrm{m^2/N}$$

물은 비압축성 유체로서 보통의 압력에 따른 밀도의 변화는 고려할 필요가 없다.

**example 1-7**

배관 속의 물에 압력을 가했더니 물의 체적이 0.5% 감소하였다. 이때 가해진 압력은 얼마인가?(단, 물의 압축률은 $5 \times 10^{-8} \mathrm{m^2/N}$이다.)

풀이

$K = -\dfrac{\Delta P}{\delta V / V}$ 압축률 $\beta = \dfrac{1}{K}$

$\dfrac{1}{\beta} = \dfrac{\Delta P}{\Delta V / V}$

$\Delta P = \dfrac{1}{\beta} \times \Delta V / V = \dfrac{0.005}{5 \times 10^{-8} \mathrm{m^2/N}} = 1.0 \times 10^5 \mathrm{N/m^2}$

**example 1-8**

상온, 상압의 물의 부피를 2% 압축하는데 필요한 압력은 몇 Pa인가?(단, 상온, 상압시의 물의 압축률은 $5 \times 10^{-8} \mathrm{m^2/N}$)

풀이

$-\dfrac{dV}{V} = 0.02,\ \beta = 5 \times 10^{-8} \mathrm{m^2/N}$

$-\dfrac{dV}{V} = \beta\, dP$

$dP = \dfrac{1}{\beta} \cdot \dfrac{-dV}{V} = \dfrac{1}{5 \times 10^{-8}} \times 0.02 = 4.0 \times 10^5 \mathrm{Pa}$

**example 1-9**

온도 20℃, 압력 $5kg_f/cm^2$의 질소 $10m^3$를 등온압축하여 체적이 $5m^3$가 되었을 때 압축후의 체적탄성계수($kg_f/cm^2$)는 얼마인가?

**풀이**

$$V_2 = V_1 \times \frac{P_1}{P_2}$$

$$P_2 = P_1 \times \frac{V_1}{V_2}$$

∴ 등온 변화시 체적탄성계수 $K=P$이므로 압축 후의 체적탄성계수도 $10kg_f/cm^2$이다.

## 1-6 유체의 점도

### [1] 뉴턴의 점성 법칙

유체가 관(管)내 또는 두 평판(平板) 사이와 같은 밀폐된 유로(流路)를 따라 흐를 때, 유체는 속도차이에 따라 두 가지 형태의 유동(流動, flow)이 생기게 된다. 저유속에서는 유체가 이동하는 방향의 측면과의 혼합이 일어나지 않고 다만 마치 카드놀이에서 카드가 한 장씩 미끄러지듯이 인접한 층끼리 미끄러지게 된다. 즉, 유동의 방향에 대하여 수직방향으로는 흐름이 생기지 않고 소용돌이(渦, eddy)도 생기지 않는다. 이러한 영역 혹은 유동의 유형을 **층류**(層流, **laminar flow**)라 부른다. 그러나 유체의 속도가 커지게 되면 유체운동의 수직방향으로 혼합이 일어나고 와(渦)가 생기게 되는 데 이 영역의 흐름을 **난류**(亂流, **turbulent flow**)라 부른다. 이 절에서는 층류에 국한하여 설명하고자 한다.

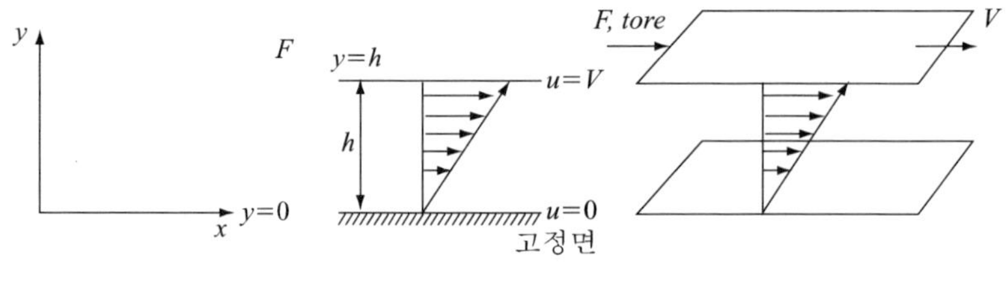


**그림 1-1** 두 평행판 사이의 유체전단

**reference**

**유체의 흐름**

① 층류(laminar flow)

레이놀드수 $N_{Re} = \frac{\rho DV}{\mu}$가 2100보다 작은 경우, 인접한 유체가 서로 섞이지 않고 평행하게 흐르는 유체 흐름, 또는 이웃한 유체입자들이 상호간 미끄러지면서 이동하여 유선이 층상을 이루는 것

② 난류(turbulent flow)

유체·각 부분이 시간적, 공간적으로 불규칙한 운동을 하면서 흐르는 흐름, 또는 각 점에서의 속도의 크기와 방향이 시간적으로 변동하는 유체의 흐름 일반적으로 Re > 4100이다.

③ 와(eddy) : 에디, 맴돌이, 소용돌이

유속이 불규칙하게 변동하고 있는 난류를 구성하는 여러 종류의 맴돌이 모양의 유체덩어리

[그림 1-1]에서 어떤 유체가 두 개의 무한(길이와 폭이 매우 긴) 평행판 사이에 갇혀 있다. 이제 하부판과 나란한 방향으로 상부판에 일정한 힘 $F$(Newton)가 작용하여 하부판보다 상대적으로 $V\,\mathrm{m/s}$만큼 더 빨리 움직이고 있다고 가정하자. 이 힘을 점성항력(粘性抗力, viscous drag)이라 부르며, 이것은 유체 내에서 점성력으로부터 기인된다. 양판은 $h(\mathrm{m})$만큼 떨어져 있다. 각 액체층은 $x$방향으로 움직이고 있다. 상부판에 바로 근접한 층은 이 판의 속도로 이동할 것이다. 그 바로 아래의 층은 약간 느린 속도로 움직일 것이며, $y$방향으로 올라갈수록 각 층은 점점 더 빠른 속도로 운동하게 될 것이다. 이러한 속도윤곽(velocity profile)은 [그림 1-1]에서 볼 수 있듯이 $y$방향에 대하여 선형적(linear)이다.

많은 유체에 대한 실험결과에 의하면 힘 $F$(Newton)는 속도 $V(\mathrm{m/s})$와 사용된 판의 면적 $A(\mathrm{m}^2)$에 비례하며, 거리 $h(\mathrm{m})$에는 반비례하는 것을 알 수 있다. 이것이 **뉴턴의 점성법칙(Newton's law of viscosity)**으로서 층류일 때 성립하며, 식으로 쓰면 다음과 같다.

$$\frac{F}{A} = \mu\frac{V}{h} \tag{1.8}$$

여기서, $\mu$는 비례상수로서 유체의 점도(粘度, viscosity)라 불리고, 그 단위는 $\mathrm{Pa \cdot s}$, 즉 $\mathrm{kg/m \cdot s}$이다. 만일 $\Delta y$를 영에 가까워지게 하면 미분의 정의에 의하여,

$$\tau = \mu\frac{du}{dy}(SI) \tag{1.9}$$

가 되며, 여기서 $\tau = F/A$로서 전단응력(剪斷應力, shear stress), 즉 단위 면적당 힘(마찰력)을 표시하고, 그 단위는 $N/m^2$이다. CGS단위계에서 $F$는 dyne, $\mu$는 g/cm·s, $u$는 cm/s, 그리고 $y$는 cm로 나타내어진다. 식 (1.9)는 다음과 같이 쓸 수도 있다.

$$\tau g_c = \mu \frac{du}{dy} \quad \text{(English)} \tag{1.10}$$

여기서 $\tau$의 단위는 $N/m^2$이다.

CGS 단위계에서 점도의 단위는 g/cm·s로서 poise라고 부르기도 하며, 그 1/100을 centipoise (CP)라고 한다. SI단위계에서는 점도는 Pa·s($N \cdot s/m^2$ 또는 kg/m·s)로 주어진다.

**reference**

물

1cp = 0.01Poise = 0.01g/cm·s

$1cp = 1 \times 10^{-3} kg/m \cdot s = 1 \times 10^{-3} Pa \cdot s$

$\tau$ [Tau] : 전단응력(shearing stress) or 마찰응력

(단위면적당 마찰력, $\frac{F}{A}$)

$\frac{du}{dy}$: 속도구배(velocity gradient) or 속도변형률,

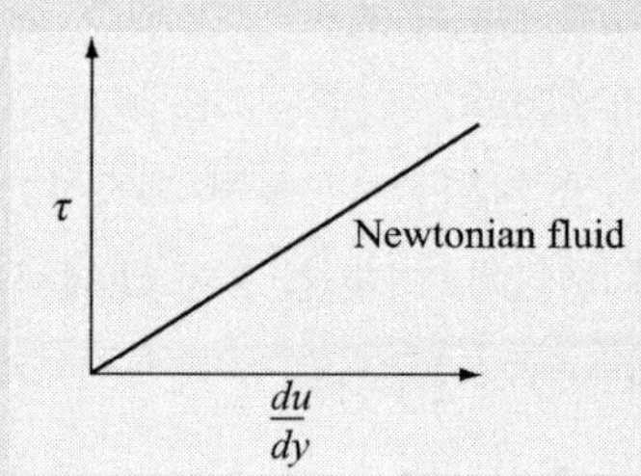


$u$가 속도이고 $y$가 전단에 수직한 거리일 때 전단변형도율은 $\frac{du}{dy}$이다.

**reference**

$\mu$[mu] : 점성계수(coefficient of viscosity), $\mu$는 다음의 여러 가지로 불린다.

a) 점성계수 또는 점도(coefficient of viscosity)

b) 절대점성계수(absolute viscosity)

c) 역학적 점성계수(dynamic viscosity)

역학적 점성계수

정의 : 전단응력/전단변형도율(속도)

기호 : $\mu$[mu]

차원 : $ML^{-1}T^{-1}$ 또는 $FL^{-2}T$

단위 : SI : $N \cdot s/m^2$ 또는 Pa·s 영국식: $lb_f \cdot sec/ft^2$

동점성계수(kinematic viscosity)

정의 : 역학적 점성계수/밀도

기호 : $\nu$(nu)

차원 : $L^2T^{-1}$

단위 : SI : $m^2/s$ 영국식 : $ft^2/sec$

$\mu$와의 관계 $\nu = \mu/\rho$

※ 1st(stokes) = $1cm^2/s$ = 100cst.(centistokes)

$1m^2/s = 10^4 st = 10^6 cst.$

동점성계수 $\nu$는 액체인 경우 온도만의 함수이고 기체의 경우는 온도와 압력의 함수이다. [표 1-3]에 물의 1기압(1atm = 101.3kPa)에서의 점도 $\mu$와 동점도 $\nu$를 나타낸다.

**표 1-3** 물의 점도 $\mu$와 동점도 $\nu$

| 온도 | $\mu$ | | $\nu$ |
|---|---|---|---|
| [℃] | Pa · s | $kg_f \cdot s/m^2$ | $m^2/s$ |
| 0 | $1.792 \times 10^{-3}$ | $0.1827 \times 10^{-3}$ | $1.792 \times 10^{-6}$ |
| 5 | $1.520 \times 10^{-3}$ | $0.1550 \times 10^{-3}$ | $1.520 \times 10^{-6}$ |
| 10 | $1.307 \times 10^{-3}$ | $0.1333 \times 10^{-3}$ | $1.307 \times 10^{-6}$ |
| 15 | $1.138 \times 10^{-3}$ | $0.1160 \times 10^{-3}$ | $1.139 \times 10^{-6}$ |
| 20 | $1.002 \times 10^{-3}$ | $0.1022 \times 10^{-3}$ | $1.004 \times 10^{-6}$ |
| 25 | $0.890 \times 10^{-3}$ | $0.0908 \times 10^{-3}$ | $0.893 \times 10^{-6}$ |
| 30 | $0.797 \times 10^{-3}$ | $0.0813 \times 10^{-3}$ | $0.801 \times 10^{-6}$ |
| 40 | $0.653 \times 10^{-3}$ | $0.0666 \times 10^{-3}$ | $0.658 \times 10^{-6}$ |
| 50 | $0.548 \times 10^{-3}$ | $0.0559 \times 10^{-3}$ | $0.554 \times 10^{-6}$ |
| 60 | $0.467 \times 10^{-3}$ | $0.0476 \times 10^{-3}$ | $0.475 \times 10^{-6}$ |
| 70 | $0.404 \times 10^{-3}$ | $0.0412 \times 10^{-3}$ | $0.413 \times 10^{-6}$ |
| 80 | $0.355 \times 10^{-3}$ | $0.0362 \times 10^{-3}$ | $0.365 \times 10^{-6}$ |
| 90 | $0.315 \times 10^{-3}$ | $0.0321 \times 10^{-3}$ | $0.326 \times 10^{-6}$ |
| 100 | $0.282 \times 10^{-3}$ | $0.0288 \times 10^{-3}$ | $0.295 \times 10^{-6}$ |

**reference**

**뉴턴유체(Newtonian fluid)와 비뉴턴유체(NonNewtonian fluid)**

① 뉴턴유체 : $\tau$(전단응력, 마찰응력)과 $\frac{du}{dy}$(속도기울기, 속도변형률)의 관계가 직선인 유체 또는 점도$\mu$가 속도기울기 $\frac{du}{dy}$에 관계없이 일정한 값을 가지는 유체

예) 물, 공기, 기름 등 그다지 찰기가 없는 유체

② 비뉴턴유체 : $\tau$와 $du/dy$가 직선이 아닌 유체

$\tau=f\left(\frac{du}{dy}\right)$ 또는 $\tau$가 $\frac{du}{dy}$만의 함수인 유체

예) Bingham 유체, Pseudo 소성유체 등

$\tau=\tau_y+\mu_b\left(\frac{du}{dy}\right)$, $(\tau>\tau_y)$: Bingham 유체

$\tau_y$ : 항복전단응력

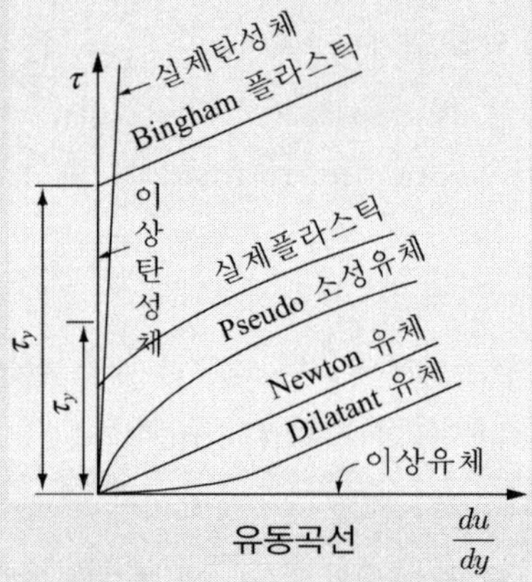


**example 1-10**

비중이 0.8인 기름의 점성계수는 $0.01(\mathrm{kg_f \cdot s/m^2})$이다. 이 기름의 동점성계수는 얼마인가? (단, 중력가속도는 $9.8(\mathrm{m/s^2})$이다.)

**풀이**

동점성계수$(\nu)=\frac{\mu}{\rho}$, 비중$(s)=\frac{\gamma}{\gamma_w}$

기름의 비중량$(\gamma)=s\cdot\gamma_w=0.8\times1{,}000=800(\mathrm{kg_f/m^3})$

$\therefore$ 동점성계수$(\nu)=\frac{\mu\cdot g}{\gamma}=\frac{0.01\times9.8}{800}=1.2\times10^{-4}(\mathrm{m^2/s})$

**example 1-11**

비중 0.6인 기름의 점성계수는 $0.003\mathrm{kg_f\cdot s/m^2}$이다. 이 기름의 동점성계수는 얼마인가? (단, 중력가속도는 $9.8\mathrm{m/sec^2}$)

**풀이**

동점성계수 $\nu=\frac{\mu}{\rho}=\frac{0.003\mathrm{kg\cdot s/m^2}\times9.8\mathrm{m/s^2}}{600\mathrm{kg_f/m^3}}=4.9\times10^{-5}\mathrm{m^2/s}$

**example 1-12**

어떤 액체의 동점성계수가 4 stokes 이며, 비중량이 $6\times10^{-3}N/cm^3$이다. 이 액체의 점성계수는 얼마인가?

**풀이**

점성계수를 구하면 $\nu=\dfrac{\mu}{\rho}$

여기서 $\nu$(동점도)= 4 stokes = $4cm^2/s$

$$\rho(\text{밀도})=\frac{\gamma}{g}=\frac{6\times10^{-3}N/cm^3}{980cm/s^2}=6.12\times10^{-6}N\cdot s^2/cm^4$$

$$\therefore \text{ 점성계수 } \mu=\nu\cdot\rho=4cm^2/s\times6.12\times10^{-6}N\cdot s^2/cm^4=2.45\times10^{-1}kg/m\cdot s$$

$$=2.45\times10^{-1}\,Pa\cdot s$$

**example 1-13**

유체의 속도분포가 $u=4\sqrt{y}$ ( u : m/s, y : 벽면에서의 거리m) 벽에서 400mm 떨어진 곳에서의 전단응력을 구하여라. (이 유체의 점도는 $0.74Pa\cdot s$이다.)

**풀이**

$$u=4\sqrt{y}=4y^{\frac{1}{2}}$$

$$\frac{du}{dy}=2y^{-\frac{1}{2}}=\frac{2}{\sqrt{y}}$$

$$y=0.4m\text{일 때}\left(\frac{du}{dy}\right)_{y=0.4}=\frac{2}{\sqrt{0.4}}=3.16\left[\frac{1}{s}\right]$$

$$\tau=\mu\frac{du}{dy}=0.74Pa\cdot s\times3.16\ s^{-1}=2.3384Pa$$

**example 1-14**

간극 20mm인 평행평판 사이에 점성계수가 $1.514Pa\cdot s$(15℃)인 피마자기름을 채우고 있다. 아래 평판은 고정하고 위 평판을 2m/s의 속도로 움직일 때 기름 속에 일어나는 전단응력을 구하여라.

**풀이**

$$\tau=\mu\frac{du}{dy}=1.514\times\frac{2}{0.02}=151.4Pa$$

**example 1-15**

고체의 평면벽과 평행으로 점성유체가 흘러 벽면에서 $y$인 위치에서의 유속이 $u=10y-y^2[\mathrm{m/s}]$일 때 수온 10℃에 대한 벽면 위의 마찰응력을 구하여라. (단, 10℃ 때의 물의 $\mu=1.307\times10^{-3}\mathrm{Pa\cdot s}$이다.)

풀이

속도기울기는 문제의 2차식을 미분하면

$$\frac{du}{dy}=10-2y$$

벽면의 좌표는 $y=0$, 이때의 $du/dy$는

$$\left(\frac{du}{dy}\right)_{y=0}=10-2\times0=10[1/s]$$

따라서 마찰응력 $\tau$는

$$\tau=\mu\left(\frac{du}{dy}\right)_{y=0}=1.307\times10^{-3}\times10=1.307\times10^{-2}\mathrm{Pa}$$

## 1-7 표면장력과 모세관 현상

### [1] 표면장력($\sigma$, surface tension) : N/m, $kg_f$/m

1) 정의

① 유체의 표면에 작용하여 표면적을 최소로 하는 힘

② 분자간의 인력에 의하여 표면을 가능한 작게 하려는 경향이 있는 액체상태에서, 외력이 무시될 경우 거의 구형을 유지하려는 데 작용하는 장력

예) 모세관에서 상승하는 현상, 기포형성, 액적형성

2) 단위 : $\mathrm{N/m}$

3) 온도와의 관계

표면장력은 직접 분자간의 응집력과 관계되므로 그 크기는 온도가 상승함에 따라 감소한다.

### 4) 곡면 내외의 압력차($P_1 - P_2$)

$$P_1 - P_2 = \sigma\left(\frac{1}{R_1} + \frac{1}{R_2}\right) \tag{1.11}$$

① 원주면($R_1 = R, R_2 = \infty$), $P_1 - P_2 = \dfrac{\sigma}{R}$ (1.12)

② 구면($R_1 = R_2 = R$), $P_1 - P_2 = \dfrac{2\sigma}{R}$ (1.13)

여기서, $P_1 - P_2$ : 곡면 내외의 압력차

$R_1, R_2$ : 곡율반지름(2차곡면)

$\sigma$ : 표면장력

[표 1-4]에 여러 가지 액체의 표면장력을 표시한다. 또 [표 1-5]에 20℃에서 액면이 공기와 접촉할 때의 $\sigma$를 나타낸다.

**표 1-4** 표면장력 $\sigma$[N/m]

| 물 질 | 표면유체 | 0℃ | 10℃ | 20℃ | 40℃ | 70℃ |
|---|---|---|---|---|---|---|
| 물 | 공 기 | 0.0756 | 0.0742 | 0.0728 | 0.0695 | 0.0644 |
| | 포화증기 | 0.0733 | 0.0720 | 0.0706 | 0.0675 | 0.0626 |
| 수은 | 진 공 | 0.474 | 0.473 | 0.472 | 0.468 | 0.463 |
| 에틸알코올 | 공 기 | 0.0240 | 0.0231 | 0.0223 | 0.0206 | 0.0182 |
| | 알코올증기 | – | 0.0236 | 0.0228 | 0.0210 | 0.0183 |

**표 1-5** 액체의 표면장력 $\sigma$[N/m] (표면이 공기와 접촉, 20℃)

| 액 체 | 표면장력 |
|---|---|
| 수은 | 0.476 |
| 수은(물) | 0.373 |
| 메틸알코올 | 0.0226 |
| 케로신 | 0.023 ~ 0.032 |
| 원유 | 0.023 ~ 0.038 |
| 에테르 | 0.0165 |
| 벤졸 | 0.0289 |
| 올리브유 | 0.032 |
| 10% 식염수 | 0.0754 |
| 스핀들유 | 0.0311 |

**reference**

**Wetting agent(습윤제)**

: penetrate(침투제), surface active agent(계면활성제)

물의 표면장력이 커서 이슬을 형성하는데, 목재와 같은 심부화재(deep seated fire)에서는 물이 심부의 화재면에 침투되지 않는 경향이 있다. 이를 해결하기 위하여 물의 표면장력을 감소시키고 침투성을 증가시키기 위하여 물에 첨가하는 화학물질을 습윤제라 한다. 내부로 물이 침투하기 어려운 가연물의 소화에 효과적이다. 습윤제로는 계면활성제(surface active agent)가 사용된다.

※ 심부화재(deep seated fire) : 짐더미, 곡물창고, 가구, 목재 등의 가연물 속으로 깊숙이 파고 들어가는 화재.

## [2] 모세관 현상

### 1) 정의

① 모세관을 액체 속에 넣었을 때 관 속의 액이 관을 적실 수 있으면 액면이 올라가고 관을 적실 수 없으면 내려가는 현상

② 액체 속에 가는 관을 세우면 표면장력의 작용에 의하여 액이 관속으로 상승 또는 하강하는 현상

③ 가는관을 모세관(capillary tube), 관속의 액면을 메니스커스(meniscus)라 한다.

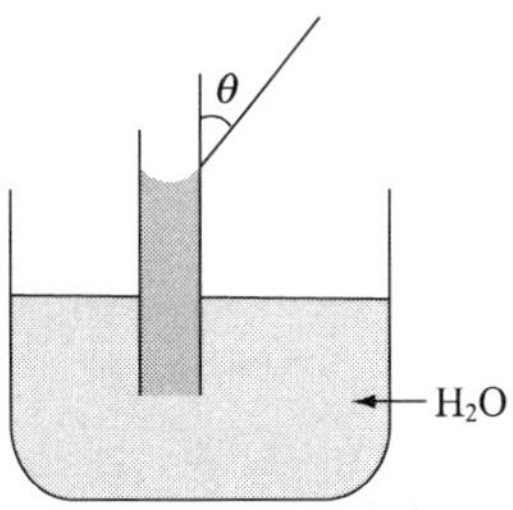


**그림 1-2** 물의 모세혈관현상

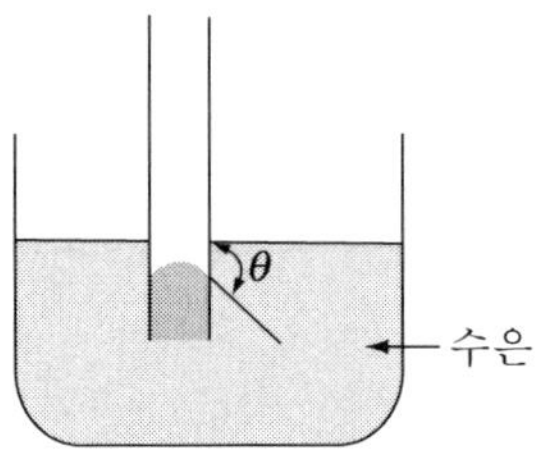


**그림 1-3** 수은의 모세관 현상

### 2) 모세관 현상

① 액체 관속으로 상승

응집력(cohesion) < 점착력(adhesion) 예) 물

② 액체 관속으로 하강

응집력 > 점착력 예) 수은

액체의 상승높이 $h=\dfrac{2\sigma\cos\theta}{\rho g r}$ (1.14)

여기서 $r$ : 모세관의 반지름
$\rho$ : 밀도
$g$ : 중력가속도
$\sigma$ : 표면장력
$\theta$ : 접촉각

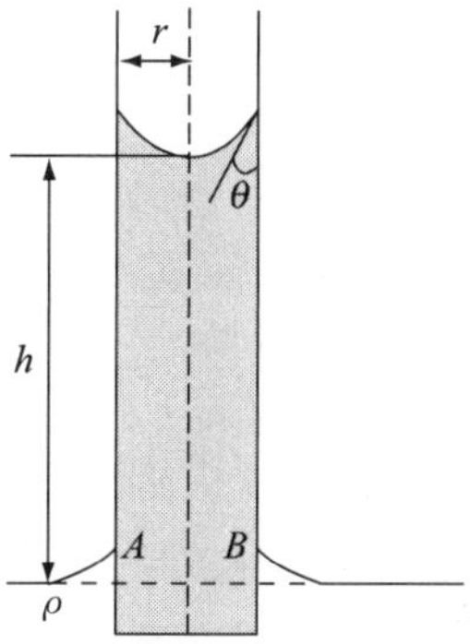


**그림 1-4** 모세관 현상

**example 1-16**

지름의 비가 1:2인 2mm의 모세관을 물속에 수직으로 세울 때 모세관 현상으로 물이 관속으로 올라가는 높이의 비는?

**풀이**

모세관의 상승높이는 관의 지름에 반비례한다.

즉, $1:\dfrac{1}{2}=2:1$

**example 1-17**

지름 1mm의 모세관에 물의 최대 상승 높이는 얼마인가?(단, $\theta=0$이고 $\sigma=7.41\times10^{-2}\text{N/m}$이다.)

**풀이**

$$h=\frac{4\times\sigma\times\cos\theta}{\rho\times g\times d}=\frac{4\times7.41\times10^{-2}}{9{,}800\times10^{-3}}=0.0302\text{m}$$

# 1-8 액체의 포화증기압

### [1] 포화증기압(saturated vapor pressure)

어떤 물질의 증기가 액체 또는 고체와 평형상태(equilibrium state)로 공존할 때 증기가 나타내는 압력을 의미하며 증기압(vapor pressure)이라고도 한다.

**reference**

평형상태(equilibrium state) : 일정한 외부 조건하에서 어떤 상태가 시간이 지나도 변하지 않는 상태

① 정적인 평형(static equilibrium)
- 어떤 물체에 동시에 작용하는 외력의 합이 0인 상태
- 대립하는 힘이 서로 상쇄되어 맞먹는 상태

예) 유체 정력학, 기름탱크, dam의 수문

② 동적인 평형(dynamic equilibrium)
- 화학 반응에서 정반응과 역반응의 속도가 같은 상태
- 증기의 포화상태에서 증발속도와 응축속도가 같은 상태(증기압)

증발속도=응축속도 → Equilibrium state의 증기압력이 증기압이다.

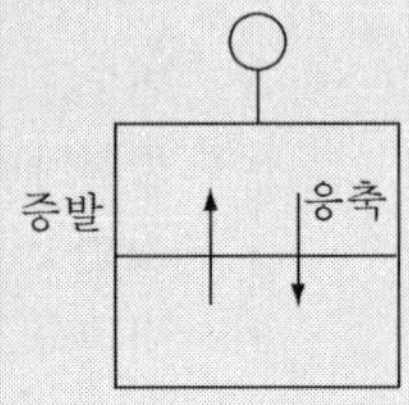


## 1-9 물의 소화특성

소화용으로써의 물은 ① 사용하기 편하고, ② 저렴하고, ③ 쉽게 저장할 수 있고 ④ 최적의 냉각효과를 얻을 수 있어서 최적의 소화제이다.

### [1] 물의 소화제로서의 조건

- 상온에서 물은 무겁고 비교적 안정된 액체이다.
- 물의 융해잠열은 80kcal/kg(333.7kJ/kg)
- 물의 비열은 1kcal/kg℃ 이다.
- 물의 증발잠열은 539kcal/kg(2261.0kJ/kg)
- 물이 증발될 때 방대한 양의 수증기를 생성하는 데 증기로 바뀌면 그 체적은1,700배 이상 커진다. 1리터의 액체 상태가 기화된 후 $1.77m^3$의 공간을 차지한다. 섭씨 260에서 팽창률은 처음 체적의 2,400배이고, 일반적인 불의 온도인 섭씨 650℃에서는 증기가 4,200배 이상 팽창한다(질식효과).
- 물을 분무하면 타는 물질에 의해 가열된 수증기의 소용돌이는 곧 가연성 물질로부터 수천 KJ의 열에너지를 제거시킨다(냉각효과).

### [2] 소화제로서의 물의 장 · 단점

1) 장점

① 냉각, 질식소화의 효과가 매우 높은 물질이다.

: 뛰어난 열흡수 능력이 있고 증발잠열이 크다.

② 가격이 저렴하고 변질의 우려가 없으며 장기보관이 가능하다.

③ 인체에 무해하며 각종 약제를 혼합하여 수용액으로 사용할 수 있다.

: 화학적으로 비반응성이며 안정하다.

④ 보통의 온도와 대기압상태에서 저장될 수 있다.

### 2) 단점

① 영하에서는 동파 및 응고현상으로 적응성이 없다.

② 금수성 화재 및 C급화재에서는 적응성이 없다.

③ 소화 후 물에 의한 2차 피해가 발생한다.

④ 불순물 때문에 전기전도성이 되어 어떤 물건을 회복불능으로 손상시킬 수 있다.

**reference**

**물의 상평형도(phase equilibrium diagram)**

① 순수한 물질의 상평형도는 그 물질이 온도와 압력에 따라 다른 상으로 존재할 수 있다는 것을 보여준다.

② 임계점은 증기-액체 평형곡선에서 아무리 큰 압력이라도 그 이상에서는 액화시킬 수 없는 점을 의미하며 물질이 그 이상의 온도에서는 액체로 존재할 수 없는 온도를 임계온도, 그리고 임계온도에서 기체의 액화를 일으키는 압력을 임계압력이라 한다.

③ 삼중점은 고체, 액체, 기체의 3相이 같이 존재할 수 있는 점이다.

④ 물의 상평형도에서 보는 Skate의 원리

Skate의 날로 얼음을 눌러 압력을 가하면 물의 상평형도에서 보이는 바 같이 고체에서 액체로 바뀌게 되고 Skate는 쉽게 앞으로 전진하게 된다.

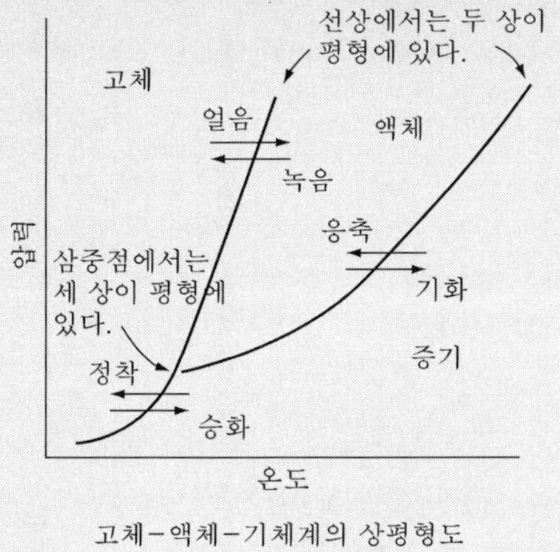

고체-액체-기체계의 상평형도

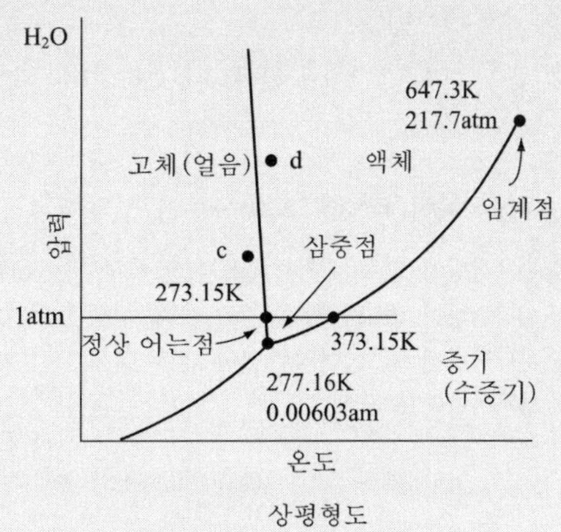

상평형도

# 연습문제

## ▶ 객관식

1. 유체에 대한 정의로서 적합한 것은?

① 유체는 극히 밀도가 작은 것을 제외하고는 연속성을 가진 균질의 물질이다.
② 유체는 점성을 갖지 않는다.
③ 물질 내부에 전단력이 생기면 연속적으로 변형(deformation)하는 물질
④ 기체 상태의 물질을 말한다.

**해설** 유체는 점성유체와 비점성유체로 구분된다.

유체 ┌ 비압축성유체(incompressible fluid)
(압력변화에 대하여 밀도변화가 없는 유체)
압축성유체(compressible fluid)
└ (압력변화에 대하여 밀도변화가 있는 유체)

┌ 비점성유체 : 이상유체, $\mu=0$
└ 점성유체 : $\mu\neq 0$

답 : ③

2. 점성계수$\mu$의 차원은 어떤 것인가?

① $ML^{-1}T^{-1}$　② $ML^{-2}T^{-1}$　③ $M^{-2}L^{-1}T$　④ $ML^{-1}T^{-2}$

**해설** 점성계수의 차원 및 단위

$$\mu=\frac{\tau}{dy/du}$$
$\tau$: $(FL^{-2})$
$u$: $(LT^{-1})$
$y$: $(L)$
$MLT$계: $(\mu)=(MLT^{-2})L^{-2}T=(ML^{-1}T^{-1})$

답 : ①

3. 이상유체란 무엇을 의미하는가?

① 점성이 없고 $PV=RT$를 만족시키는 유체
② 점성이 없고 비압축성인 유체
③ 점성이 없고 마찰손실이 없는 유체
④ 비압축성 유체

**해설** 이상유체는 점성이 없고 비압축성인 유체를 말한다.

답 : ②

4. 점도 $\mu$의 단위가 아닌 것은?

① $kg_f/m^2$ ② poise

③ Pa・s ④ kg/m・s

해설 $\mu$의 단위는 kg/m・s 이다.

답 : ①

5. 직경이 50mm 인 비누방울의 내부초과압력이 40 $kg_f/m^2$일 때, 표면장력 $\sigma$는?
(단, 비누방울은 구(球)로 본다.)

① 0.005 $kg_f/cm$ ② 0.0055 $kg_f/cm$

③ 0.006 $kg_f/cm$ ④ 0.0065 $kg_f/cm$

해설 구면($R_1 = R_2 = R$) $P_1 - P_2 = \Delta P = \frac{2\sigma}{R}$, $R = \frac{d}{2}$ 따라서 $\Delta P = \frac{4\sigma}{d}$

표면장력 $\sigma = \frac{\Delta P d}{4} = \frac{40 \times 50 \times 10^{-3}}{4} = 0.50\ kg_f/m = 50\ kg_f/cm$

답 : ①

6. 어떤 액체의 동점성 계수가 2 stokes 이며, 비중량이 $8 \times 10^{-3} N/cm^3$ 이다. 이 액체의 점성계수는 얼마인가?

① 0.1663Pa・s ② 0.01633Pa・s

③ $0.1633 \times 10^{-2}$ Pa・s ④ $0.1633 \times 10^{-3}$ Pa・s

해설 $\nu$(동점도) $= \frac{\mu}{\rho}$, 1 stoke = $1cm^2/s$

점성계수 $\mu = \nu \cdot \rho$, $\nu = 2cm^2/s = 2 \times 10^{-4} m^2/s$

$\rho(\text{밀도}) = \frac{\gamma}{g} = \frac{8 \times 10^{-3} N/cm^3}{9.8 m/s^2} = \frac{8 \times 10^3 N/m^3}{9.8 m/s^2} = 0.816 \times 10^3 kg/m^3$

$\mu = \nu \cdot \rho = 2 \times 10^{-4} [m^2/s] \times 0.816 \times 10^3\ kg/m^3 = 0.1633\ Pa \cdot s$

※ 단위는 SI단위로 통일해서 푼다.

답 : ①

7. 이상기체를 등온압축시킬 때 체적탄성계수는?
(보기에서 $P$ : 절대압력, $k$ : 비열비, $v$ : 비체적을 의미한다.)

① $kP$ ② $kv$

③ $v$ ④ $P$

해설 등온압축시 체적탄성계수 $K = P$

단열압축시 체적탄성계수 $K=kP$

답 : ④

**8.** 압력이 $P$일 때 체적 $V$인 유체에 압력을 $\Delta P$만큼 증가시켰을 때 체적이 $\Delta V$만큼 감소되었다면 이 유체의 체적탄성계수(K)는 어떻게 표현할 수 있는가?

① $K=-\dfrac{\Delta V}{\Delta P/\Delta V}$　② $K=-\dfrac{\Delta P}{\Delta V/V}$

③ $K=-\dfrac{\Delta P}{\Delta P/V}$　④ $K=-\dfrac{V}{\Delta V/P}$

**해설** 체적탄성계수 $K=-\dfrac{\Delta P}{\Delta V/V}=\dfrac{\Delta P}{\Delta P/P}$

여기서 $\triangle V/V$는 무차원이므로 K는 압력단위와 같다.

(1) 압축률 $\beta=\dfrac{1}{K}$

(2) 등온변화 $K=P$

(3) 단열변화 $K=kP$ ($k$ : 비열비)

답 : ②

**9.** 상온· 상압의 물의 체적을 1% 압축하여 줄이는데 드는 압력은 얼마인가?
(단, 물의 압축율은 $\beta=4.84\times10^{-8}\text{m}^2/\text{N}$이다)

① 20.7kPa　② 2,007Pa

③ 207kPa　④ 2,070Pa

**해설** $\beta=-\dfrac{1}{V}\cdot\dfrac{dV}{dP}$ 물의 체적을 a라 하자. $dV=0.01a$

$dP=-\dfrac{1}{V}\cdot dV\cdot\dfrac{1}{\beta}$

$dP=-\dfrac{1}{a}\cdot 0.01a\cdot\dfrac{1}{4.84\times10^{-8}\text{m}^2/\text{N}}$

$=\dfrac{1}{484}\times10^8\text{ Pa}$

$=0.00207\times10^8\text{ Pa}=207\text{ kPa}$

답 : ③

**10.** 물의 표면장력 0.726N/m, 지름 2.5mm인 물방울의 내부압력은 얼마인가?

① 100.5kPa　② 101.5kPa

③ 102.5kPa　④ 103.5kPa

**해설** $P_1-P_2=\dfrac{2\sigma}{R}$

$P_1$ : 내부압력

$P_2$ : 외부압력(=대기압=101.325kPa)

R : 물방울의 반지름

$\sigma$ : 표면장력

$$\Rightarrow \frac{2\times 0.726\text{N/m}}{0.00125\text{m}} = 1.161\times 10^3\,\text{N/m}^2 = 1.161\text{ kPa}$$

$$\therefore P_1 = 1.161\text{ kPa} + 101.325\text{ kPa} = 102.486\text{ kPa} \fallingdotseq 102.5\text{ kPa}$$

답 : ③

**11.** 전단응력이 증가할 때 속도 기울기는 어떻게 변화하는가?

① 비례 ② 반비례

③ 제곱에 비례 ④ 제곱에 반비례

답 : ①

**12.** 유체의 속도분포가 $u = 4\sqrt{y}$ ($u$ : m/s, $y$: 벽면에서의 거리m) 벽에서 100mm 떨어진 곳에서의 전단응력을 구하여라.(이 유체의 점도는0.98Pa · s 이다)

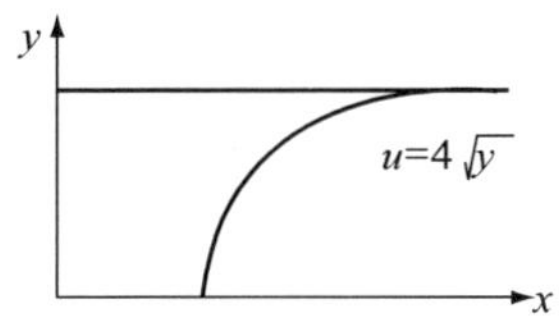


① 2.374Pa ② 3.174Pa

③ 6.174Pa ④ 10.174Pa

해설 $u = 4\sqrt{y} = 4y^{\frac{1}{2}}$

$$\frac{du}{dy} = 2y^{-\frac{1}{2}} = \frac{2}{\sqrt{y}}$$

$$y = 0.1\text{m}일\ 때 \left(\frac{du}{dy}\right)_{y=0.1} = \frac{2}{\sqrt{0.1}} = 6.3\frac{1}{s}$$

$$\tau = \mu\frac{du}{dy} = 0.98\text{ Pa}\cdot\text{s}\times 6.3\text{ s}^{-1} = 6.174\text{Pa}$$

답 : ③

**13.** 1mm의 간극을 가진 2개의 평행 평판 사이에 물이 차 있다. 아래 평판을 고정시키고 위쪽 평판을 1m/s의 일정한 속도로 움직였다. 평판 사이의 물의 속도분포는 직선적이고 물의 동점도가 $0.804\times 10^{-6}\text{m}^2/\text{s}$일 때 평판의 단위면적당에 걸리는 마찰응력을 구하여라.

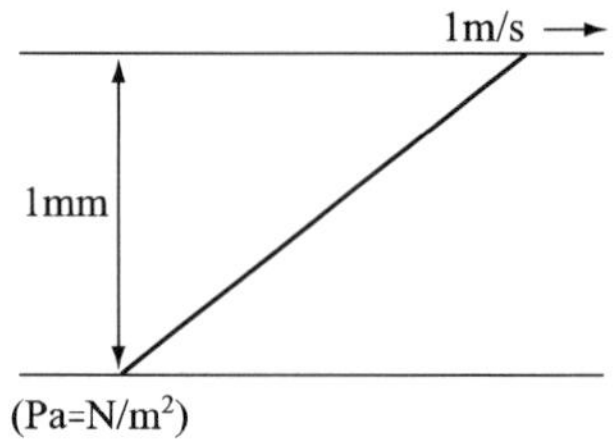


① $804\times10^{-4}$Pa · s　　② $804\times10^{-5}$Pa · s
③ $804\times10^{-6}$Pa · s　　④ $804\times10^{-7}$Pa · s

**해설** $\nu=\dfrac{\mu}{\rho}$

여기서 $\nu$ : 동점성계수, $\rho$ : 밀도, $\mu$ : 점성계수

$$\begin{aligned}\mu&=\nu\cdot\rho\\&=1000\ \mathrm{kg/m^3}\times0.804\times10^{-6}\ \mathrm{m^2/s}\\&=804\times10^{-6}\ \mathrm{kg/ms}\\&=804\times10^{-6}\ \mathrm{Pa\cdot s}\end{aligned}$$

답 : ③

**14.** 어떤 유체의 밀도가 $86\mathrm{kg_f\cdot s^2/m^4}$이다. 이 액체의 비체적은 몇 $\mathrm{m^3/kg}$ 인가?

① $1.186\times10^{-5}$　　② $1.186\times10^{-3}$
③ $2.03\times10^{-3}$　　④ $2.03\times10^{-5}$

**해설** 비체적 $v_s=\dfrac{1}{\rho}=\dfrac{1}{86\mathrm{kg_f\cdot s^2/m^4}}\times\dfrac{1\mathrm{kg_f}}{9.8\mathrm{kg\cdot m/s^2}}=\dfrac{1}{842.8\mathrm{kg/m^3}}=1.18652\times10^{-3}\mathrm{m^3/kg}$

답 : ②

**15.** 이상유체에 대한 다음 설명 중 올바른 것은?

① 비압축성 유체로서 점성이 없다.
② 비압축성 유체로서 점성이 있다.
③ 압축성 유체로서 점성이 없다.
④ 압축성 유체로서 점성이 있다.

**해설** 이상유체 : 점성이 없는 비 압축성유체

답 : ①

16. 이상 기체의 성질을 틀리게 나타낸 그래프는?

①
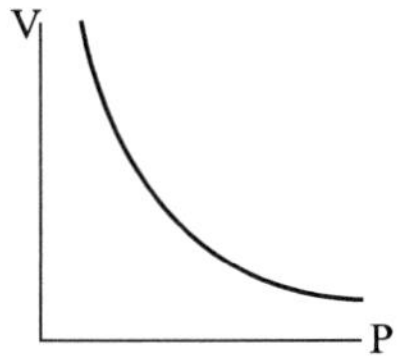


②
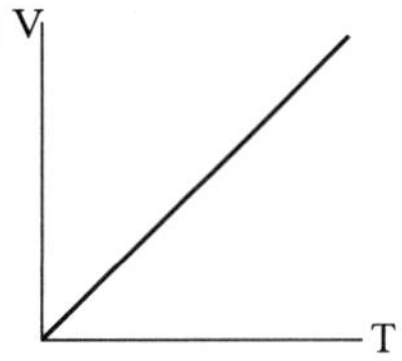


③
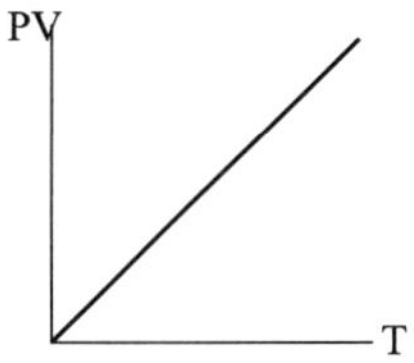


④
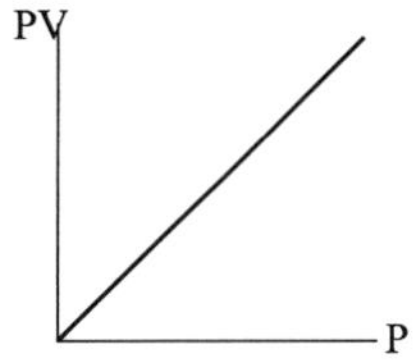


**해설** ① 보일의 법칙 ② 샤를의 법칙 ③ 보일샤를의 법칙

답 : ④

## ▶ 주관식

**1.** 체적이 $10m^3$인 기름의 무게가 20000N이라면 이 기름의 비중은 얼마인가? (단, 물의 밀도는 $1000kg/m^3$이다.)

**풀이** 비중 $S=\frac{\gamma}{\gamma_w}=\frac{204.1}{1000}=0.2041$

여기서 $\gamma=\frac{W}{V}=\frac{20000\div 9.8}{10}=204.1kg_f/m^3$

답 : 0.2041

**2.** 어떤 유체의 밀도가 $80kg_f\cdot s^2/m^4$이다. 이 액체의 비체적은 몇 $m^3/kg$인가?

**풀이** 비체적 $V_s=\frac{1}{\rho}$에서 비체적의 단위가 절대단위이므로, 단위를 환산하여야 한다.

$V_s=\frac{1}{\rho}=\frac{1}{80kg_f\cdot s^2m^4\times 9.8kg\cdot m/s^2\cdot kg_f}=1.276\times 10^{-3}m^3/kg$

답 : $1.276\times 10^{-3}$

**3.** $10kg_f\cdot s/m^2$는 몇 Poise인가?

**풀이** $Poise=1g/m\cdot s=dyne\cdot s/cm^2$이고. $1kg_f=9.8\times 10^5dyne$이므로

$10kg_f\cdot sec/m^2=\frac{98\times 10^5dyne\cdot s}{10^4cm^2}=980dyne\cdot s/cm^2=980Poise$

답 : 980

**4.** 10Poise는 몇 $N\cdot s/m^2$인가?

**풀이** $Poise=1g/cm\cdot s=dyne\cdot s/cm^2=10^{-5}N\cdot s/10^{-4}m^2=10^{-1}N\cdot s/m^2$

$10Poise=10^{-1}N\cdot s/m^2\times 10=1N\cdot s/m^2$

답 : 1

**5.** 비중 0.9인 기름의 점성계수는 $0.003kg_f\cdot s/m^2$이다. 이 기름의 동점성계수는 얼마인가? (단, 중력가속도는 $9.8m/s^2$)

**풀이** 동점도는 $\nu=\frac{\mu}{\rho}=0.003kg_f\cdot s/m^2\times 9.8m/\frac{s^2}{900kg/m^3}=3.27\times 10^{-5}m^2/s$

답 : $3.27\times 10^{-5}m^2/sec$

**6.** 어떤 액체의 동점성계수가 2 stokes이며, 비중량이 $6\times 10^{-3}N/cm^3$이다. 이 액체의 점성계수는 얼마인가?

**풀이** 점성계수를 구하면 $\nu = \dfrac{\mu}{\rho}$

여기서 $\nu$(동점도)$=2$ stokes $=2\text{cm}^2/\text{s}$

(밀도) $= \dfrac{\gamma}{g} = \dfrac{6\times10^{-3}\text{N/cm}^3}{980\text{cm/s}^2} = 6.12\times10^{-6}\text{N}\cdot\text{s}^2/\text{cm}^4$

$\therefore$ 점성계수 $\mu = \nu\cdot\rho = 2\text{cm}^2/\text{s}\times6.12\times10^{-6}\text{N}\cdot\text{s}^2/\text{cm}^4 = 1.24\times10^{-5}\text{N}\cdot\text{s/cm}^2$

답: $0.124\text{N}\cdot\text{s/m}^2$

**7.** 무게가 $4000\text{kg}_\text{f}$인 어떤 기름의 체적이 $5.36\text{m}^3$이다. 이 기름의 비중량은 얼마인가?

**풀이** 비중량 $\gamma = \dfrac{W}{V} = \dfrac{4000\text{kg}_\text{f}}{5.36\text{m}^3} = 746.3\text{kg}_\text{f}/\text{m}^3$

답 : $746.3\text{kg}_\text{f}/\text{m}^3$

**8.** 상온·상압의 물의 부피를 3% 압축하는데 필요한 압력은 몇 $\text{kg}_\text{f}/\text{cm}^2$인가? (단, $\beta = 4.75\times10^{-5}\text{cm}^2/\text{kg}_\text{f}$이다.)

**풀이** 압축율 $\beta = \dfrac{1}{K}$ ($K$: 체적탄성계수)

$\therefore K = \dfrac{1}{\beta} = \dfrac{1}{4.75\times10^{-5}} = 21052.6\text{kg}_\text{f}/\text{cm}^2$

$\Delta P = -K\dfrac{\Delta V}{V} = 21052.6\times0.03 = 631.6\text{kg}_\text{f}/\text{cm}^2$

답 : $631.6\text{kg/cm}^2$

**9.** 유체의 속도분포가 $u = 4\sqrt{y}$로 주어질 때 벽에서 200mm 떨어진 곳에서의 전단응력을 구하여라. (유체의 점도는 $0.98\text{Pa}\cdot\text{s}$ 이다.)

**풀이** $u = 4\sqrt{y} = 4y^{\frac{1}{2}}$

$\dfrac{du}{dy} = 2y^{\frac{1}{2}} = \dfrac{2}{\sqrt{y}}$

$\tau = \mu\cdot\dfrac{du}{dy} = 0.98\text{Pa}\cdot\text{s}\dfrac{2}{\sqrt{0.2}}\cdot\dfrac{1}{\text{s}}$

$= 0.98\times\dfrac{2}{0.447}$

$= 4.383\text{Pa}$

답 : 4.383Pa

**10.** 비중이 0.8인 기름의 점성계수는 $0.005(\text{kg}_\text{f}\cdot\text{s/m}^2)$이다. 이 기름의 동점성계수는 얼마인가? (단, 중력가속도는 $9.8(\text{m/s}^2)$이다.)

**풀이** 동점성계수($\nu$) $= \dfrac{\mu}{\rho}$, 비중($s$) $= \dfrac{\gamma}{\gamma_w}$

기름의 비중량$(\gamma) = s \cdot \gamma_w = 0.8 \times 1{,}000 = 800(\text{kg}_f/\text{m}^3)$

$\therefore$ 동점성계수$(\nu) = \dfrac{\mu \cdot g}{\gamma} = \dfrac{0.005 \times 9.8}{800} = 6.1 \times 10^{-5}(\text{m}^2/\text{s})$

**답** : $6.1 \times 10^{-5}\text{m}^2/\text{s}$

**11.** 물의 체적탄성계수가 $5.0 \times 10^4[\text{kg}_f/\text{cm}^2]$일 때 물의 체적을 1(%) 감소시키기 위해서는 몇 $[\text{kg}_f/\text{cm}^2]$의 압력을 가하여야 하는가?

**풀이** 체적탄성계수 $K = 5.0 \times 10^4[\text{kg}_f/\text{cm}^2]$

$$-\frac{dV}{V} = 0.01$$

$$K = \frac{1}{\beta} = -\frac{V}{dV}dP$$

$$dP = -\frac{dV}{V}K = 0.01 \times 5.0 \times 10^4 = 500[\text{kg}_f/\text{cm}^2]$$

**답** : $500\text{kg}_f/\text{cm}^2$

**12.** 어떤 액체의 체적이 $10\text{m}^3$일 때 무게가 $400\text{kg}_f$이었다. 이 액체의 비중은 얼마인가?

**풀이** 비중$(S) = \dfrac{\gamma}{\gamma_w}$

비중량$(\gamma) = \dfrac{\text{무게}}{\text{체적}} = \dfrac{400(\text{kg}_f)}{10(\text{m}^2)} = 40(\text{kgf}/\text{m}^3)$

$\therefore$ 비중$(S) = \dfrac{\gamma}{\gamma_w} = \dfrac{40}{1000} = 0.04$

**답** : 0.04

**13.** 체적이 $10\text{m}^3$인 기름의 무게가 30,000N이라면 이 기름의 비중은 얼마인가? (단, 물의 밀도는 $1{,}000\text{kg}/\text{m}^3$이다.)

**풀이** 비중$(S) = \dfrac{\gamma}{\gamma_w} = \dfrac{306.1}{1{,}000} = 0.3061$

여기서 $\gamma = \dfrac{W}{V} = \dfrac{30{,}000\text{N} \div 9.8\text{m/s}^2}{10\text{m}^3} = 306.1\text{kg}_f/\text{m}^3$

비중량은 단위체적당 유체의 중량이다.

**답** : 0.3061

**14.** 4℃인 순수 1,000 L의 무게는 $1{,}000\ \text{kg}_f$이다. SI단위로는 몇 $\text{m}^3$의 무게로서 몇 N인가?

**풀이** $1{,}000\ \text{L} = 1\ \text{m}^3$, $1{,}000\ \text{kg}_f = 9800\ \text{N}$

**답** : 9800N

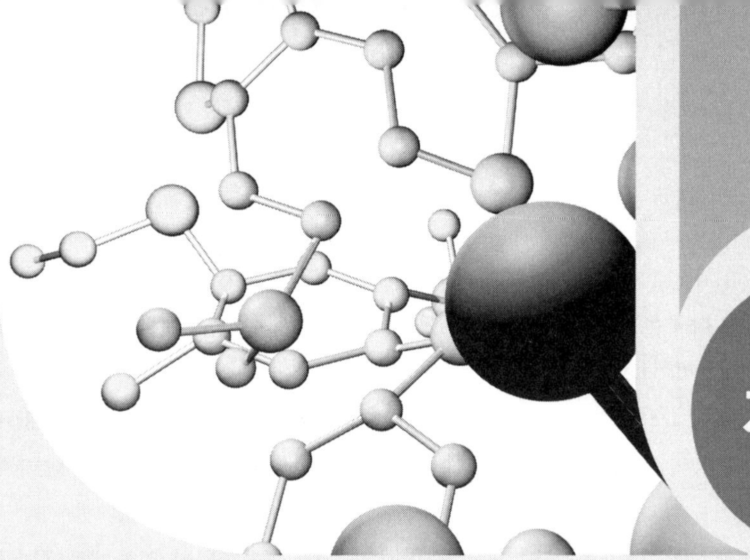

# 제 2 장

# 정수역학

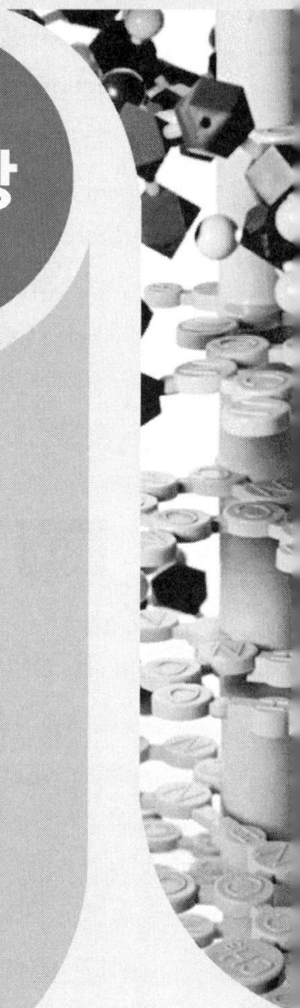


2-1 압력

2-2 소방정수역학

2-3 압력의 측정

2-4 원관에 작용하는 정수압력

유체정역학(流體靜力學, fluid statics)은 유체가 정지상태 즉, 미치는 힘들이 정적평형(static equilibrium)상태인 경우를 다루는 유체역학의 한 분야이다. 그 중에서 정지된 물은 대상으로 하는 유체정역학을 정수역학(hydrostatics)이라고 한다. 정지된 유체(물)에서 임의의 한 층의 물은 다른 이웃 층과 상대운동이 없으므로 점성에 의한 전단응력(shear stress) 또는 전단력(shear force)은 생기지 않는다. 따라서 유체정역학(정수역학)에서 고려할 수 있는 힘은 단지 압력과 중력으로 한정된다.

본 장에서는 압력의 측정, 급수탑을 사용할 시의 소화전의 압력, 수중에 잠긴 물체에 작용하는 유체압 및 액주계에 의한 압력측정 등을 언급하고자 한다.

## 2-1 압력(pressure)

### [1] 정의

1) 단위면적당 작용하는 힘
2) 단위면적(SI : 1m$^2$, 공학단위 : 1cm$^2$)당에 미치는 압축응력

$$P = \frac{F}{A} = \frac{\text{작용하는 힘}}{\text{면적}}[\text{Pa}] \tag{2.1}$$

### [2] 압력의 단위

1) SI단위 : Pa(pascal) = N/m$^2$
2) 공학단위 : kg$_f$/cm$^2$, kg$_f$/m$^2$, mmHg, cmAq
3) 표준기압(atm으로 표시)

$$\begin{aligned}1\text{atm} &= 760\text{mmHg}(0℃ = 273.15\text{K},\ g = 9.80665\text{m/s}^2)\\ &= 1.0332\text{kg}_f/\text{cm}^2 = 10.332\text{mAq} = 101325\text{Pa}\\ &= 1.01325\text{bar} = 14.7\,\text{psi}\,(\text{lb}_f/\text{in}^2)\end{aligned}$$

**example 2-1**

50m의 수두를 $kg_f/cm^2$와 kPa로 환산하시오.

**풀이**

(1) $50mH_2O \times \frac{1.0332kg_f/cm^2}{10.332mH_2O} = 5kg_f/cm^2$

(2) $50mH_2O \times \frac{101.325kPa}{10.332mH_2O} = 490.35kPa$

**example 2-2**

1Pa를 $kg_f/cm^2$와 mmHg로 나타내시오.

**풀이**

(1) $1\ Pa \times \frac{1.0332\ kg_f/cm^2}{101325\ Pa} = 1.02 \times 10^{-5}\ kg_f/cm^2$

(2) $1\ Pa \times \frac{760\ mmHg}{101325\ Pa} = 7.50 \times 10^{-3}\ mmHg$

**example 2-3**

5.2bar의 압력은 몇 atm인가?

**풀이**

(1) $5.2bar \times \frac{1atm}{1.01325bar} = 5.132atm$

### [3] 절대압(absolute pressure)과 계기압(gauge pressure)

#### 1) 절대압(기호 a)

완전진공을 기준으로 하는 압력(완전진공을 0으로 잡음)

#### 2) 계기압(기호 g)

대기압을 기준으로 하는 압력

절대압 = 대기압 + 계기압
= 대기압 − 진공압

[절대압력의 크기에 대한 상대적 계기압력]

| | Relative(계기압) | | | Absolute(절대압) | | | |
|---|---|---|---|---|---|---|---|
| | kPa | $kg_f/cm^2$ | psi | psi | $kg_f/cm^2$ | kPa | |
| 표준대기압 | 34.456 | 0.3514 | 5 | 19.7 | 1.3846 | 135.756 | |
| (상대압력 0)→ | 0 | 0 | 0 | 14.7 | 1.0332 | 101.3 | |
| | −16.883 | −0.1722 | −2.45 | 12.25 | 0.861 | 84.416 | |
| | −33.766 | −0.3444 | −4.90 | 9.80 | 0.6888 | 67.533 | |
| | −50.65 | −0.5166 | −7.35 | 7.35 | 0.5166 | 50.65 | |
| | −67.533 | −0.6888 | −9.80 | 4.90 | 0.3444 | 33.767 | |
| | −84.417 | −0.861 | −12.25 | 2.45 | 0.1722 | 16.883 | |
| | −101.3 | −1.0332 | −14.7 | 0 | 0 | 0 | ← 완전진공 |

**example 2-4**

$10kg_f/cm^2 \cdot$ a(절대)을 mmHg · G(계기)와 mbar · G(계기)로 환산하시오.

풀이

(1) 계기압 = 절대압 − 대기압 이므로,

$$(10-1.0332)kg_f/cm^2 \cdot G \times \frac{760mmHg}{1.0332kg_f/cm^2} = 6595.79mmHg \cdot G$$

(2) $$(10-1.0332)kg_f/cm^2 \cdot G \times \frac{1013.25mbar}{1.0332kg_f/cm^2} = 8793.66mb \cdot G$$

**example 2-5**

$10kg_f/cm^2 \cdot$ G(계기)을 mmHg · a(절대)와 mbar · a(절대)로 환산하시오.

풀이

(1) 절대압 = 대기압 + 계기압 이므로,

$$(10+1.0332)kg_f/cm^2 \cdot a \times \frac{760mmHg}{1.0332kg_f/cm^2} = 8,115.79mmHg \cdot a$$

(2) $$(10+1.0332)kg_f/cm^2 \cdot a \times \frac{1013.25mbar}{1.0332kg_f/cm^2} = 10,820.16mbar \cdot a$$

### [4] 유체압력의 6가지 원리(Six Principles of Fluid Pressure)

압력은 6가지 원리가 있다.

1) 유체의 압력은 유체와 접촉하는 벽면에 대하여 항상 수직으로 작용한다.

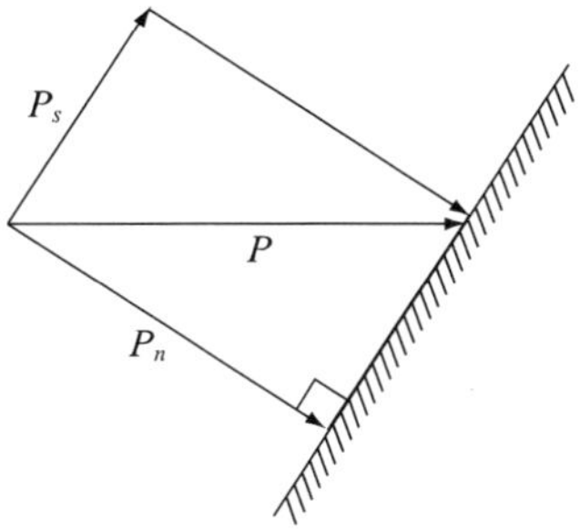


**그림 2-1** 벽면에 대한 유체의 압력

$P$가 벽면에 경사지게 미치면 $P_s$(평행한 분력)와 $P_n$(수직분력)이 존재한다.

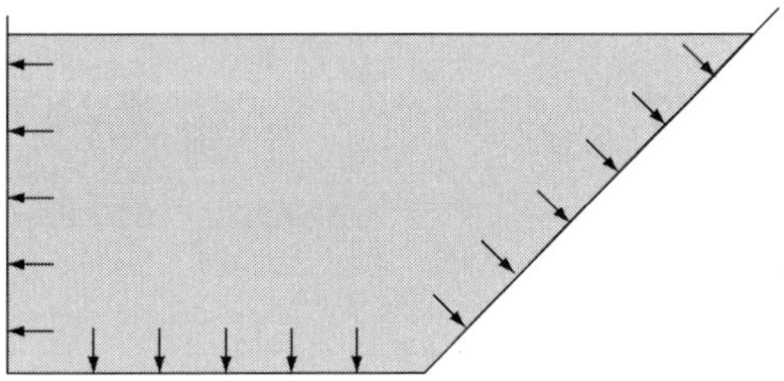

**그림 2-2** 압력은 접촉 벽면에 수직으로 작용

2) 정지유체 속에 있는 한 점에 미치는 압력의 세기는 어느 방향에서나 같다. 이 압력을 유체정압력이라 한다.

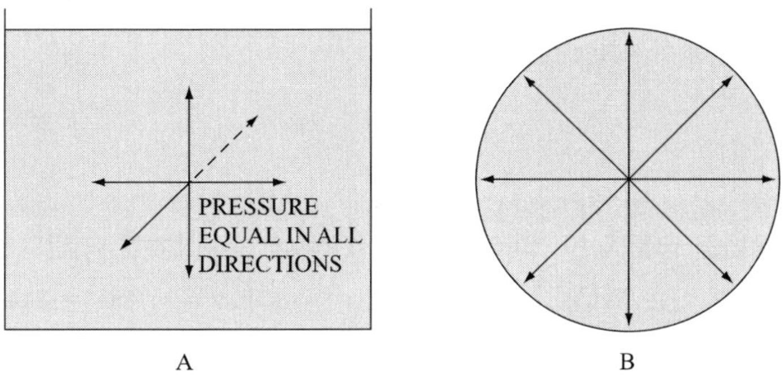


**그림 2-3** 유체속에서 압력은 모든 방향으로 같게 작용

### 3) 밀폐된 용기속의 유체(confined fluid)에 압력을 가할 경우

그 압력은 유체 내의 모든 부분에 그대로 전달된다. 이 원리를 Pascal의 원리(Pascal's principle)라고 한다.

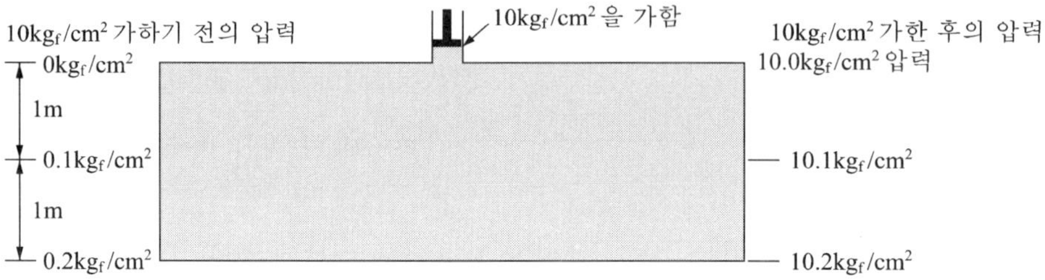


**그림 2-4** 밀폐용기내의 유체의 압력

① 수압기(hydraulic press)의 원리와 응용(파스칼의 원리 응용)

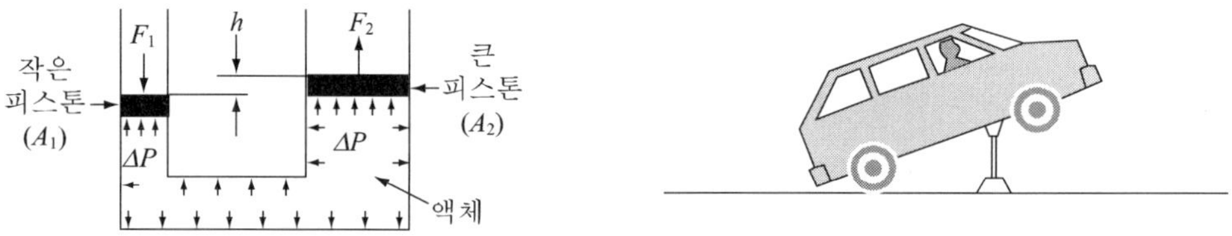


(a) 수압기의 원리 (b) 수압기 원리의 응용 예

**그림 2-5** 수압기의 원리와 응용

㉮ 피스톤에 작용하는 압력은 같다.

$$P = \frac{F_1}{A_1} = \frac{F_2}{A_2} \tag{2.2}$$

㉯ 유체의 이동량(체적)은 같다.

$$\ell_1 A_1 = \ell_2 A_2 (\text{체적}) \tag{2.3}$$

여기서 $\ell_1$, $\ell_2$는 각 피스톤의 이동거리

㉰ 양 피스톤이 하는 일은 같다.

$$F_1 \ell_1 = F_2 \ell_2 \tag{2.4}$$

수압기는 작은 단면적 $A_1$과 큰 단면적 $A_2$를 갖는 원통 피스톤을 사용한다. 유체 내에서의 증가된 압력 $\Delta P = F/A$를 발생한다는 것을 알 수 있다. 따라서 작은 피스톤에서 힘 $F_1$을 가하면 증가된 압력은 $\Delta P = F_1/A_1$이고, 이 압력이 큰 피스톤 단면적 $A_2$에 동일하게 작용한다. 결국 $\Delta P$에 의한 큰 피스톤에서 출력되는 힘은 $F_2 = \Delta PA_2$이고, 두 피스톤 사이의 높이 차 $h$에 의한 압력은 피스톤에 증가된 압력에 비하면 매우 작으므로 보통 무시한다. 그러므로 다음 관계가 성립한다.

$$\frac{F_2}{F_1} = \frac{\Delta PA_2}{\Delta PA_1} = \frac{A_2}{A_1} \quad \text{또는} \quad F_2 = \frac{A_2}{A_1}F_1 \tag{2.5}$$

**결론적으로 $A_2/A_1$ 비가 크면 수압기는 상대적으로 작은힘($F_1$)으로 매우 무거운 무게(큰힘, $F_2$)를 들어 올릴 수 있다.**

**example 2-6**

피스톤 $A_2$의 반지름이 $A_1$의 반지름의 2배일 때, 힘 $F_1$과 $F_2$사이의 관계식을 나타내시오.

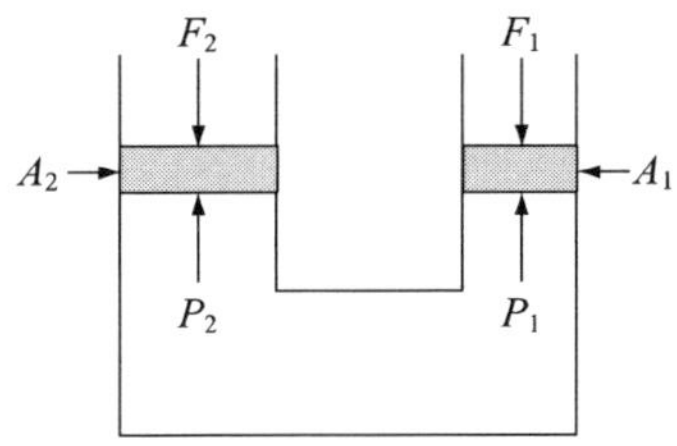


풀이

pascal의 원리에서 피스톤 $A_1$의 반지름을 $r_1$, 피스톤 $A_2$의 반지름을 $r_2$라고 하면,

$$\frac{F_1}{A_1} = \frac{F_2}{A_2} \text{이고}$$

$$\frac{F_1}{F_2} = \frac{A_1}{A_2} = \frac{\pi r_1^2}{\pi r_2^2} = \left(\frac{1}{2}\right)^2 = \frac{1}{4}$$

$$\therefore F_2 = 4F_1$$

**example 2-7**

두 피스톤의 지름이 각각 30cm와 12cm이다. 큰 피스톤(30cm)을 2cm만큼 움직이면 작은 피스톤(12cm)은 몇 cm움직이겠는가? (단, 누설량과 압축은 무시한다.)

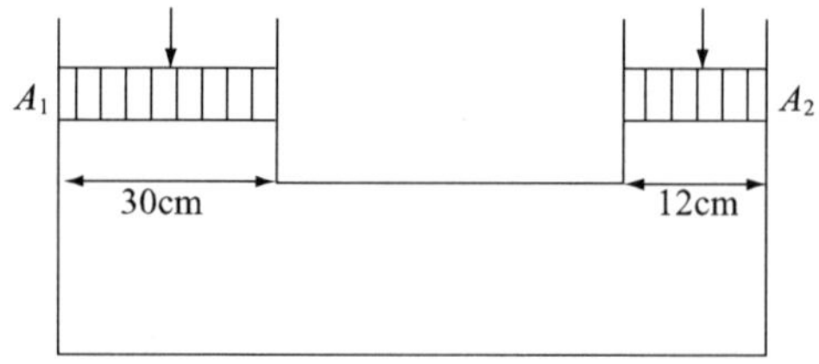


**풀이**

$$A_1\ell_1 = A_2\ell_2$$

$\ell_1$ : 큰 피스톤이 움직인 거리

$\ell_2$ : 작은 피스톤이 움직인 거리

$$\ell_2 = \ell_1 \times \frac{A_1}{A_2} = 2\text{cm} \times \frac{\frac{\pi}{4}\times 30^2}{\frac{\pi}{4}\times 12^2} = 12.5\text{cm}$$

**example 2-8**

아래 그림과 같이 무게가 $500\text{kg}_f$의 자동차를 고치기 위하여 유압잭 지렛대 손잡이에 얼마의 힘 $F$ $(\text{kg}_f)$을 작용시켜야 유압잭이 이를 지탱할 수 있겠는가? (단, 유압잭의 내부는 비압축성 기름으로 채워져 있다.)

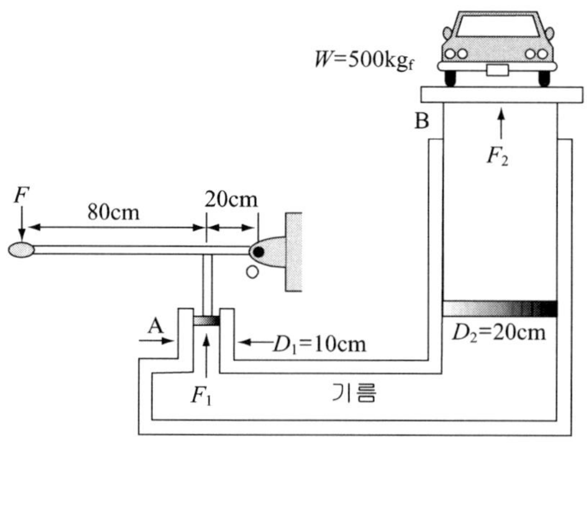


**풀이**

힘 $F$와 $F_1$에 의하여 발생한 모멘트가 평형을 이루므로 $\Sigma M_0 = 0$이다. 피스톤 $A$에 작용하는 힘 $F_1$은 0점에 관한 모멘트(지레의 원리)를 취하면 얻는다.

$$\Sigma M_0 = F(\text{kg}_f) \times (0.8 + 0.20\text{m}) - F_1(\text{kg}_f) \times 0.2\text{m} = 0$$

$$F_1 = \frac{F(\mathrm{kg_f}) \times 1.0\mathrm{m}}{0.2\mathrm{m}} = 5F(\mathrm{kg_f})$$

파스칼의 원리에 의하여 출력되는 힘 $F_2$는

$$\frac{F_2}{F_1} = \frac{\Delta PA_2}{\Delta PA_1} = \frac{A_2}{A_1} \text{ 또는 } F_2 = \frac{A_2}{A_1}F_1$$

으로부터 다음과 같다.

$$F_2 = \frac{A_2}{A_1} \times F_1 = \frac{(\pi/4)D_2^2}{(\pi/4)D_1^2} \times F_1$$

$$\Rightarrow 500(\mathrm{kg_f}) = \left(\frac{0.2}{0.1}\right)^2 \times 5F(\mathrm{kg_f})$$

$$= 20F(\mathrm{kg_f})$$

$$\therefore F = 25(\mathrm{kg_f})$$

4) 개방된 용기(open vessel)의 액체(liquid)의 압력은 액체의 깊이에 비례한다.

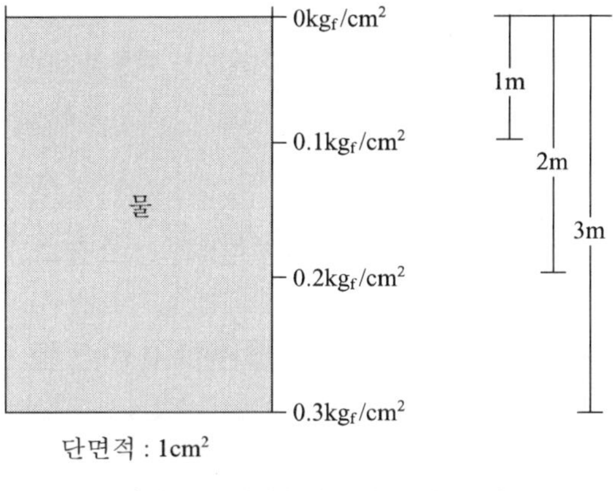


**그림 2-6** 개방용기내의 유체의 압력

단면적이 $1\mathrm{cm}^2$인 개방된 용기(open vessel)의 1m, 2m, 3m의 깊이의 각각의 압력은 $0.1\mathrm{kg_f/cm^2}$, $0.2\mathrm{kg_f/cm^2}$, $0.3\mathrm{kg_f/cm^2}$이다.

물(수주)이 10.332m인 경우에 $1.0332\mathrm{kg_f/cm^2}$의 압력을 받는다. 즉, **수주 10m인 경우에 $1\mathrm{kg_f/cm^2}$의 압력을 받는다는 것이다.** 따라서 물(수주) 1m 아래에는 $0.1\mathrm{kg_f/cm^2}$의 압력을 받게 되는 것이다.

$$1\text{atm} = 10.332\text{mAq} = 1.0332\text{kg}_f/\text{cm}^2$$

(Aq : Aqueous)

5) 개방된 용기(open vessel)에 작용하는 유체의 압력은 밀도에 비례한다.

$$P = \rho g h$$

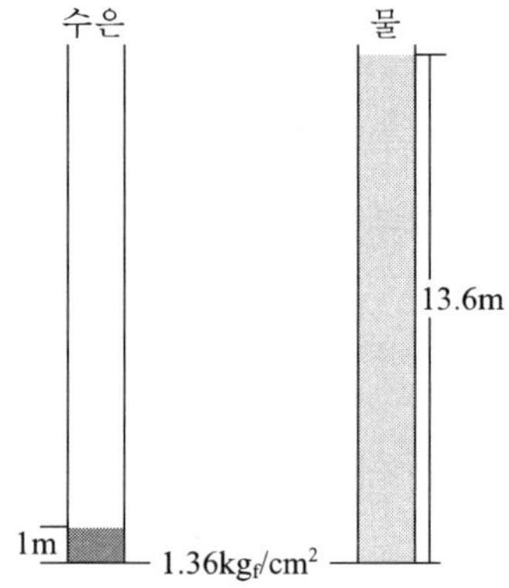


**그림 2-7** 개방된 용기에 작용하는 유체의 압력

6) 용기의 높이와 밑바닥 단면이 같은 경우

용기의 밑바닥에 작용하는 유체의 압력은 용기의 크기나 모양에 상관없이 일정하다.

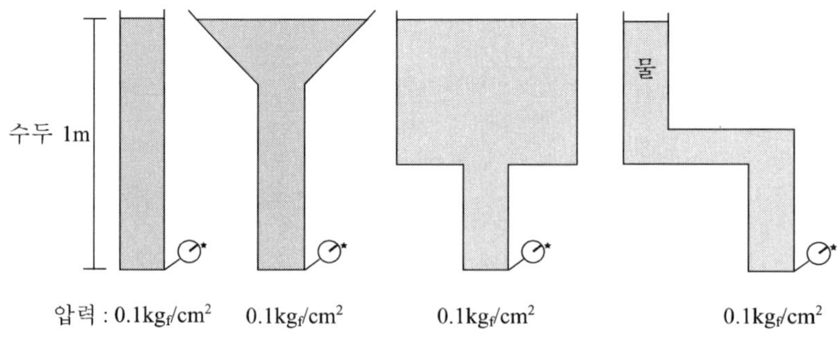


**그림 2-8** 높이와 밑바닥 단면이 같은 용기의 예

**reference**

○ **깊이방향의 압력 변화 : 유체정역학의 기초식**

정지유체속에서는 위치의 높고 낮음에 따라서 압력이 변한다.

연직(깊이)방향의 압력 변화를 구하기 위하여 수평기준면(horizontal datum plane: HDP)에서 연직방향으로 $z$축, 밑면적 $A$, 높이 $dz$인 원주의 자유체에 미치는 힘의 평형을 생각하자.

a) 표면력(surface force)

$$PA-\left(P+\frac{dp}{dz}dz\right)A$$

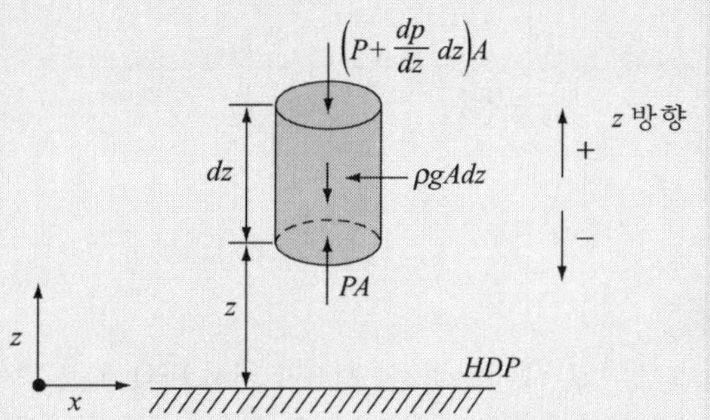


b) 질력(body force, 체적력)

$\rho gAdz$

힘의 평형조건 $\Sigma F_z=0$

$$PA-\left(p+\frac{dp}{dz}dz\right)A-\rho gAdz=0$$

$$\boxed{\frac{dp}{dz}=-\rho g}$$

**유체정역학의 기초식(general differential equation)**

(i) 일반해(general solution)

$P=-\rho gz+C$

경계조건(boundary condition) : $P=P_a$(대기압)

at $z=z_0$

(ii) 특수해(particular solution)

$C=P_a+\rho gz_0$, $\therefore\ P=P_a+\rho g(z_0-z)$

$$\boxed{\begin{aligned}P&=P_a+\rho gh\\&=P_a+\gamma h\end{aligned}}$$

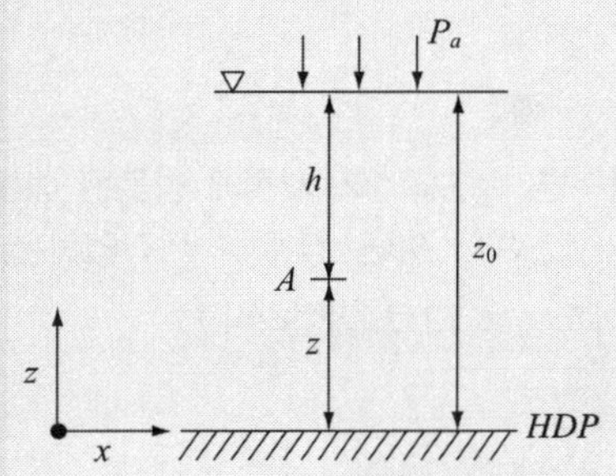

A점이 받는 유체압

단, $h=z_0-z$ (자유표면에서의 거리)

만약, 액표면에 작용하는 대기압을 기준으로 한 압력,

즉 계기압을 사용하면

$h=0$에서 $P_a=0$

$$\boxed{P=\rho gh=\gamma h\ \text{ 또는 }\ h=\frac{P}{\rho g}=\frac{P}{\gamma}\ \text{(압력헤드)}}$$

즉, 유체 내의 압력은 깊이에 비례하여 증가한다. 또한 수력학에서는 $h$를 압력헤드(pressure head)라 하고 액체가 물인 경우에는 압력수두라고 한다. 단위는 m이다.

**example 2-9**

그림과 같은 원통형 용기 바닥에 작용하는 힘을 각각 계산하시오.(각 용기 물의 수심은 10m 이다.)

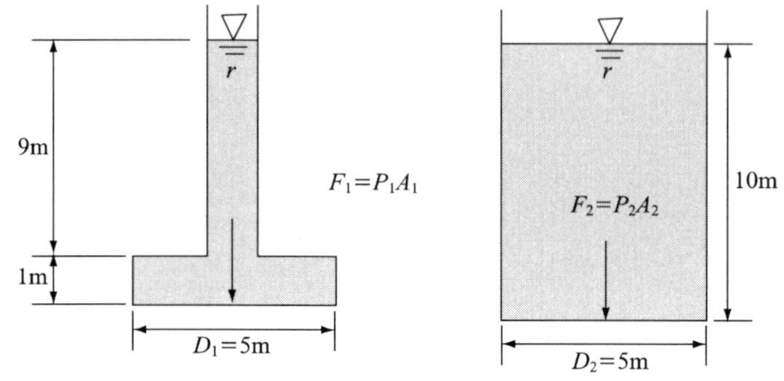


(a) 용기 1　　(b) 용기 2

**풀이**

용기모양으로 보아 용기2의 체적이 커서 바닥에 큰 힘이 작용할 것으로 보이지만, 두 용기 바닥에서의 압력과 면적이 서로 같기 때문에 바닥에 작용하는 힘도 서로 같다.

$$F_1 = F_2 = P_1A_1 = \gamma h_1 A_1 \quad (\gamma = \rho g)$$
$$= 1{,}000\text{kg/m}^3 \times 9.8\text{m/s}^2 \times 10\text{m} \times \frac{\pi \times (5\text{m})^2}{4}$$
$$= 1924225.5\text{N} = 1924.225\text{kN} = 1.924\text{MN}$$

**example 2-10**

잠수부가 해저 50m 지점에 침몰된 배를 예인하기 위하여 해수면에서 그곳까지 내려가서 작업을 하고 있었다. 이때 잠수부가 작업하는 압력은 해수면보다 얼마나 높은가? (단, 해수의 밀도는 $1025\text{kg/m}^3$으로 일정하다.)

**풀이**

$\int_{P_1}^{P_2} dP = \gamma \int_{z_1}^{z_2} dz$ 에서 해수면을 기준면으로 취하면 $z_1 = 0$이다.

$z_2$는 $z_1$보다 낮지만 증가하는 방향이므로 $z_2 = 50$이다.

이들 값과 $\gamma = \rho g$를 대입하면 압력의 증가는 다음과 같다.

$$P_2 - P_1 = \gamma(z_2 - z_1) = 1025 \times 9.8(50 - 0)$$
$$= 5.0225 \times 10^5\text{N/m}^2 = 5.02 \times 10^5\text{Pa}$$

### example 2-11

20℃의 글리세린이 밀폐된 용기에 가득 차 있다. 용기의 밑면이 6.33kPa의 압력을 받고 있다면 그 높이는 얼마인가?(글리세린의 비중은 S=1.26 이다.)

**풀이**

$P=\rho gh$에서 높이 $h=\dfrac{P}{\rho g}$

$P=6.33\times10^3\text{Pa}$ ······ ①

$\rho=S\cdot\rho_w$(물의 밀도)$=1.26\times1{,}000\text{kg/m}^3$

$=1.26\times10^3\text{kg/m}^3$ ······ ②

$g=9.8\text{m/s}$ ······ ③

①~③을 $h=\dfrac{P}{\rho g}$에 대입하여 주면,

$$h=\frac{6.33\times10^3\text{Pa}}{1.26\times10^3\text{kg/m}^3\times9.8\text{m/sec}^2}=0.513\text{m}$$

### example 2-12

뚜껑이 닫힌 밀폐탱크 속에 비중이 0.82인 기름이 깊이 5m만큼 차 있고 그 위에 가스가 150kPa의 압력으로 기름을 누르고 있다. 탱크의 밑면이 받는 유체압을 구하시오.

**풀이**

$P=P_a+\rho gh$에 의해서

$P_a$는 기름을 누르는 가스의 압력 150kPa이다. ······ ①

비중(S) $=\dfrac{\rho}{\rho_w(\text{물의 밀도})}$에서 $\rho=S\cdot\rho_w$

$=0.82\times1{,}000\text{kg/m}^3=820\text{kg/m}^3$ ······ ②

$g=9.8\text{m/s}^2$ ······ ③

$h=5\text{m}$ ······ ④

①~④ 를 $P=P_a+\rho gh$에 대입하면

$P=(150\times10^3)\text{Pa}+(820\text{kg/m}^3\times9.8\text{m/s}^2\times5\text{m})$

$=190180\text{Pa}=190.180\text{kPa}$

**reference**

$$\text{비중(S)} = \frac{\text{물체의 무게}}{\text{4℃의 동체적의 물의 무게}} = \frac{\gamma}{\gamma_w} = \frac{\rho}{\rho_w}$$

$\gamma_w$ (물의 비중량) $= 1{,}000\text{kg/m}^3 = 9{,}800\text{N/m}^3$

$\rho_w$ (물의 밀도) $= 1\text{g/cm}^3 = 1{,}000\text{kg/m}^3$ (절대단위)

$= 102\text{kg}_f \cdot \text{sec}^2/\text{m}^4$ (중력단위)

## 2-2 소방정수역학

### [1] 의의

정지상태에 있는 물에 대한 역학인 정수역학은 소방분야에서는 특히 수원과 관련되어 이용되어질 수 있다. 즉, 옥내소화전 설비나 스프링클러 설비와 같이 물을 이용하는 소화설비에서는 일정 방수압 유지가 화재진압을 위하여 필수적이다. 예를 들어, 소화전의 경우 방수구에 연결된 소방호스의 노즐 분무관창에서 방수압이 지나치게 높을 경우 진압자가 호스의 과대한 진동으로 인하여 진압 활동을 하는데 장애가 있을 수 있고, 방수압이 낮을 경우 화재 진압 효과를 거둘 수 없게 된다. 따라서, 물을 이용한 소화설비에서는 일정 방수압의 유지가 중요하고 현행 소방법령에서도 이를 명시하고 있다. 정수역학은 특히 별도의 송수장치가 없는 경우 즉, 급수탑(고가수조)만을 설치하는 경우 더욱 유용하게 이용되어진다.

### [2] 개념

정수역학은 물과 그 외의 다른 유체의 역학에 관계되며, 유체역학에 있어 우리가 대하는 유일한 힘은 중력가속도에 의해 발생된다. 중력의 영향 아래에서 뚜껑이 열린 용기에 담긴 물의 수면은 항상 수평이다. 이런 경우에 수면은 평형조건을 이루고 있다. 이런 정지된 평형상태에서 용기에 작용하는 모든 힘과 용기내의 물에 작용하는 모든 힘은 균형을 이룬다. 수면 위의 공기 무게를 무시하면, 수면에서의 정수압은 영이다. 수면 아래에서 정수압의 크기는 깊이와 중력가속도, 유체의 밀도에 비례한다. 이 비례를 나타내는 식은

정수압력 = 수심 × 단위중량(비중량)

$$P = \rho g h = h \times \gamma$$

여기서, $h$는 수면까지 연직방향으로 측정된 깊이이고, $g$는 중력가속도, $\rho$는 밀도, $\gamma$은 유체의 단위중량(비중량)이다.

수면과 평행한 각 평면상에 작용하는 수압 $p$는 용기의 모양이나 넓이에 관계없이 일정하다. [그림 2-9]는 이 개념을 이해하는 데 도움이 될 것이다.

아래 [그림 2-9]의 (a)에서 임의의 수심 $h_1$와 $h_2$에 대응하는 수압은 $P_1$과 $P_2$로 나타났다. 또, 그림 (b)처럼 용기의 모양이 다르더라도 같은 압력분포를 나타내며, 수압은 용기에 직각으로 작용함을 보여준다. 그림 (c)는 물이 찬 물탱크와 소화전, 소방호스 등을 나타낸 것이다. 이 그림에서 물탱크의 수면에서 수압은 영이다. 그리고 **가까운 위치든 먼 위치든, 또는 관이든, 소화전이든, 혹은 소방호스든 관계없이 단지 그 높이로써 이 시설 계통내의 임의점에서의 수압크기가 결정된다.** 따라서 흐름이 없는 경우 자유수면부터 알고자하는 위치까지의 높이차를 안다면 압력을 구할 수 있다.

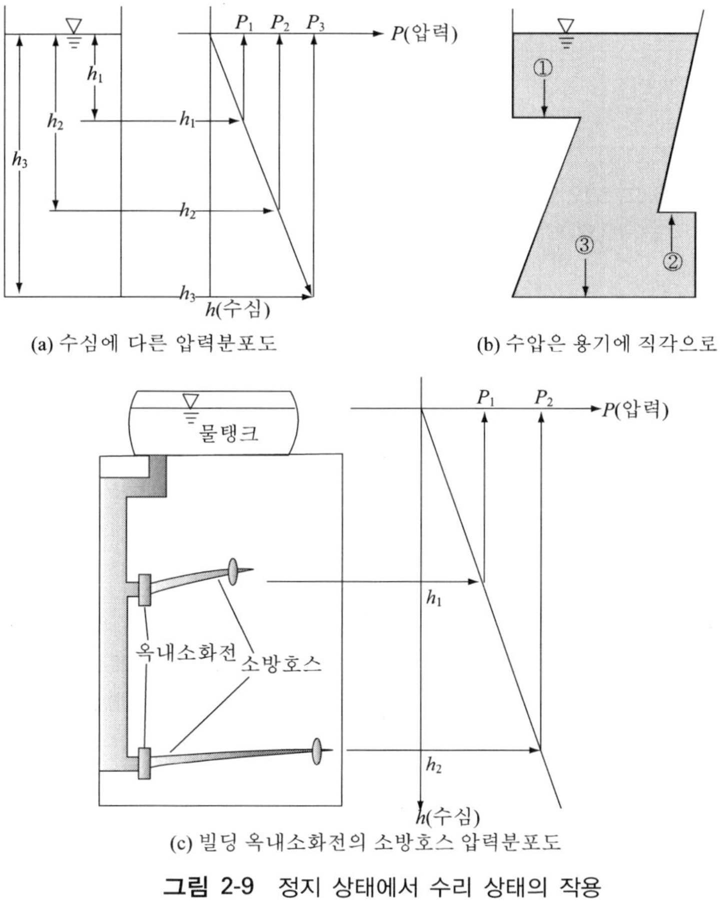


(a) 수심에 다른 압력분포도

(b) 수압은 용기에 직각으로 작용

(c) 빌딩 옥내소화전의 소방호스 압력분포도

**그림 2-9** 정지 상태에서 수리 상태의 작용

**example 2-13**

그림에 나타낸 바와 같이 급수탑의 높이는 해발 240m 이고, 탑으로부터 물을 공급받는 소화전은 해발170m 이다. 연결관에 흐름이 없다고 가정하고 (따라서 정지조건을 고려), 물의 온도가 25℃ 일 때 소화전의 정수압력을 계산하시오.

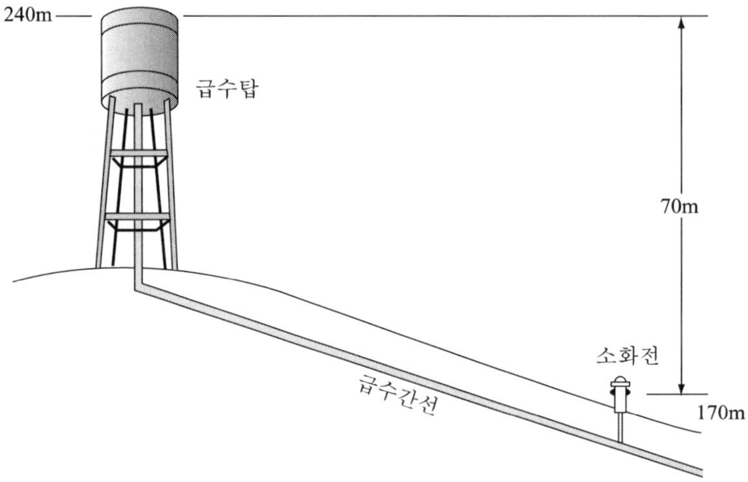


**풀이**

급수탑과 소화전 사이의 높이차는

240m − 170m = 70m

$$P = \gamma h = 70\text{m} \times 9.8\text{kN/m}^3$$
$$= 686\text{kN/m}^2$$
$$= 686\text{kPa}$$

**reference**

**물의 밀도와 비중량**

| 온도, ℃ | 밀도, $\rho$ (kg/L) | 비중량, $\gamma$ (kN/m$^3$) |
|---|---|---|
| 0 (얼음) | 0.917 | 9.0 |
| 0 (물) | 0.999 | 9.8 |
| 3.98 | 1.000 | 9.8 |
| 10 | 0.999 | 9.8 |
| 25 | 0.997 | 9.7 |
| 100(물) | 0.958 | 9.4 |

**example 2-14**

다음 그림에서 나타낸 바와 같이 소방호스의 노즐은 급수탑에서 100m 아래에 있고, 노즐은 막혀 있다. 따라서 흐름이 없을 경우 노즐에서의 정수압력을 계산하시오.(단, 수온은 섭씨 10℃이다.)

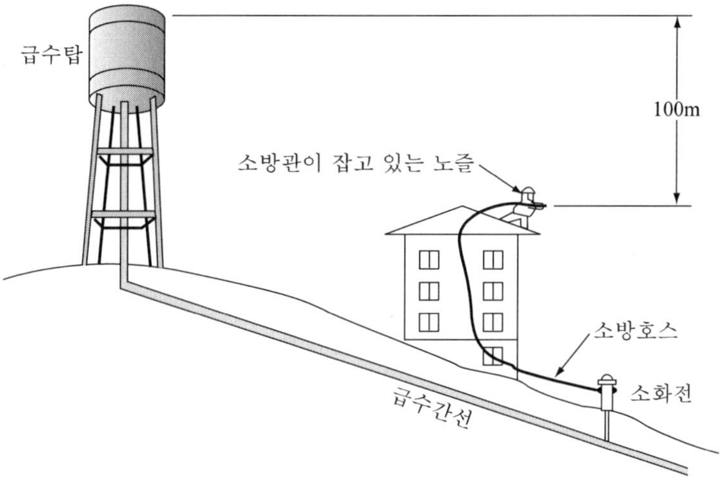


**풀이**

$P = 100\text{m} \times 9.8\text{kN/m}^3 = 980\text{kN/m}^2 = 980\text{kPa}$

**example 2-15**

다음 그림에서 보는 바와 같이 소방차 위의 스노오클(snorkel)은 도로면에서 15m 떨어져 있고, 호스에 연결된 급수관은 지표면에서 1m 아래에 있다. 급수관의 수압이 1035kPa일 때 노즐은 닫혀 있고, 보조펌프가 없을 때 노즐에서의 압력을 계산하시오.

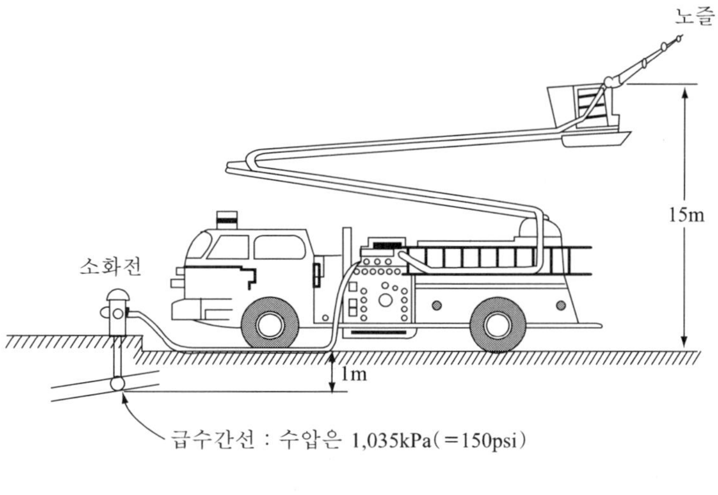

풀이

전 높이차를 급수관부터 고려하면

$$y = 15\text{m} + 1\text{m} = 16\text{m}$$

그러므로 노즐에서의 정수압력은 관에서보다 작게 될 것이다. 급수관과 노즐에서의 수압차는 $P = \gamma h = 16\text{m} \times 9.8\text{kN/m}^3 = 156.8\text{kN/m}^2$
이 양은 급수관의 압력에서 공제되어야 한다.

$$1035 - 156.8 = 878.2\text{kPa}$$

**example 2-16**

소방호스가 노즐보다 10m 더 높은 곳에 있는 소화전에 직접 연결되어 있다.
노즐에서의 압력이 1,380kPa이 되기 위해서는 소화전에서의 정수압력은 얼마나 되어야 하는가?
(단, 호스내의 흐름은 없는 것으로 가정하시오.)

풀이

노즐이 소화전으로부터 아래로 10m 떨어져 있으므로 소화전에서의 압력은 다음과 같이 작아질 것이다.

$\Delta P =$ 노즐압력 − 소화전압력 $= 9.8\text{kN/m}^3 \times 10\text{m} = 98\text{kN/m}^2$

그러나 노즐에서의 압력이 $1380\text{kN/m}^2$이므로 이 식을 소화전에서 압력을 구하는 식으로 재정리하면,

소화전 압력 $= 1380 - 98 = 1{,}282\text{kPa}$

## 2-3 압력의 측정

### [1] 부르동(Bourdon) 압력계

1) 압력의 차이를 측정하는 장치
2) 관로나 탱크에 구멍을 뚫어 유체의 압력과 대기압과의 차를 나타내주며, 양(+)의 압력만을 읽을 수 있음
3) 압력을 측정하기 위한 전형적인 상업용 계기의 정확도는 다소 떨어지지만 견고하고 사용하기 쉬우며 압력을 빠르게 직접 읽을 수 있다는 장점

4) 실물 크기에서 0.1～0.3% 범위의 정확도를 갖음
5) 압력계의 눈금판은 관의 내외부가 특정한 값에 관계없이 같은 압력에서 0을 나타내 계기압력을 측정

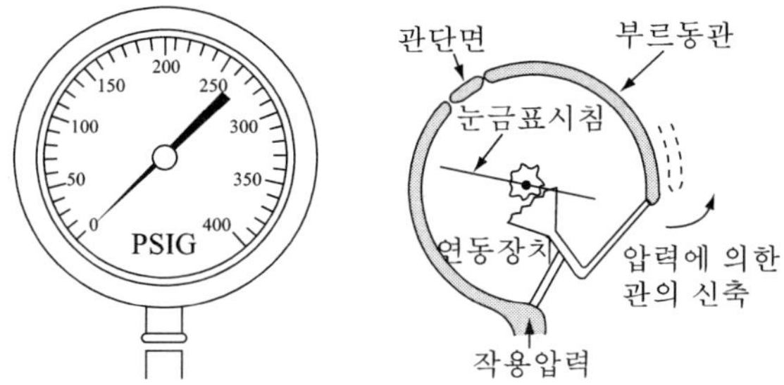


**그림 2-10** 부르동압력계

### [2] 액주계(manometer)

㉮ 액주계의 저압 쪽을 진공으로 하면 절대압력이 측정되며, 공기와 통하면 대기압을 받으므로 계기압력이 측정됨.
㉯ 두 점 사이의 압력차를 직선거리로부터 쉽게 얻을 수 있음.
㉰ 하나의 관내 압력을 측정하거나 두 공기 내의 압력차 및 유체가 흐르는 같은 관의 두 점 사이의 압력차를 결정하는데 사용.
㉱ 가장 일반적인 액주계의 유체는 기름(S : 0.8), 물(S : 1.0), 수은(S : 13.6)이다.

#### 1) 피에조미터 관(Piezometer tube)

기본적으로 가압상태의 유체를 둘러싸고 있는 용기로부터 나와 위를 향하고 있는 좁은 관으로 구성되어 있다. 압력·높이·비중 간의 관계를 통해 관 내의 유체 높이는 유체가 갖고 있는 압력이 된다.

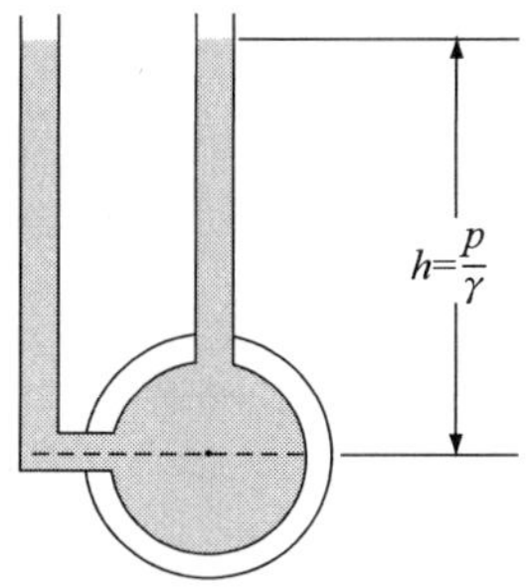


**그림 2-11** 피에조미터 관

### 2) U자관 액주계(U-Tube Manometer)

manometer의 액체가 측정하려는 유체와 다른 경우

㉮ 위압수두계로 측정할 수 없는 액체 또는 기체의 압력을 측정한 쪽 끝이 공기 중에 노출되어 있음

㉯ 관로나 밀폐된 용기의 음(－)이나 양(＋)의 크고 작은 액체압력을 측정하는데 사용

㉰ 계기유체가 용기나 관로의 유체와 다른 것이 장점

※ 액주계에 사용되는 유체를 계기유체(gauge fluid) 또는 액주계유체(manometer fluid)라고 함

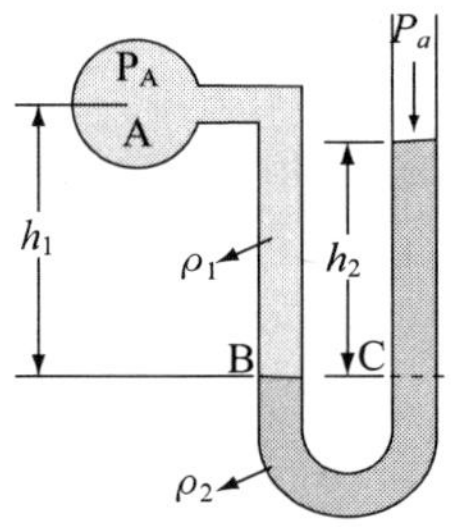


**그림 2-12** U자관 액주계

액주(液柱)가 평형(平衡) : BC선에서 압력 같다.

$$P_C = P_a + \rho_2 g h_2$$
$$P_B = P_A + \rho_1 g h_1$$

$$P_C = P_B$$
$$P_a + \rho_2 g h_2 = P_A + \rho_1 g h_1$$
$$\therefore P_A = P_a + \rho_2 g h_2 - \rho_1 g h_1 \tag{2.6}$$

### 3) 시차 액주계

㉮ 수은과 같은 무거운 액체를 사용했을 때 아주 큰 압력차를 측정하는데 적절

㉯ 기름이나 공기와 같은 가벼운 유체의 작은 압력차는 역U자관액주계(inverted U-tube differential manometer)와 같은 계기로 측정

㉰ 일반적인 계기유체는 물과 수은을 액주계에 넣는다.

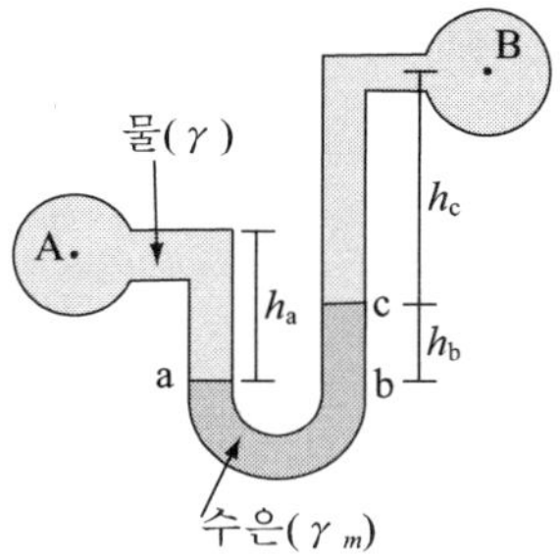


**그림 2-13** 시차액주계

점 a와 b는 같은 유체인 수은으로 되어 있고 높이가 같으므로 $P_a = P_b$이며 다음 식과 같다.

$$P_a = P_A + \gamma h_a$$

$$P_b = P_B + \gamma_m h_b + \gamma h_c$$

점 A와 B의 압력차 $P_A - P_B$를 정리하면 다음 식을 얻을 수 있다.

$$P_A - P_B = \gamma_m h_b + \gamma(h_c - h_a) \tag{2.7}$$

**example 2-17**

다음의 $U$자관 액주계에서 $\rho_1 = 950\text{kg/m}^3$(20℃의 물), $\rho_2 = 13{,}500\text{kg/m}^3$(20℃의 수은), $h_1 = 500\text{mm}$, $h_2 = 800\text{mm}$일 때 관중심 A점의 게이지압은 얼마인가?

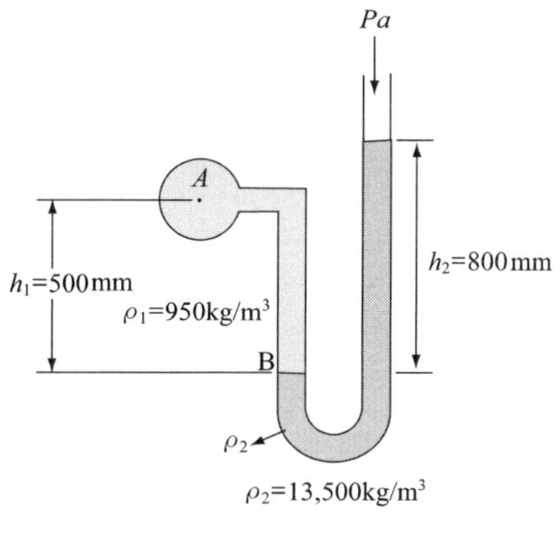


**풀이**

$P_A = P_a + \rho_2 g h_2 - \rho_1 g h_1$에서 $P_a = 0$인 경우의 $P_A$가 게이지압이다. 이것을

$(P_A)g$로 표시하면

$$(P_A)g = g(\rho_2 h_2 - \rho_1 h_1)$$
$$= 9.8(13{,}500 \times 800 \times 10^{-3} - 950 \times 500 \times 10^{-3})$$
$$= 101.185 \times 10^3 \text{Pa} = 101.2\text{kPa}$$

### example 2-18

시차액주계에서 $h_1 = 200\text{mm}$, $h_2 = 120\text{mm}$, $h_3 = 300\text{mm}$일 때 $(P_A - P_B)$를 구하여라.

(AB 두 관속의 액체는 물이고 액주계의 액은 수은이다.)

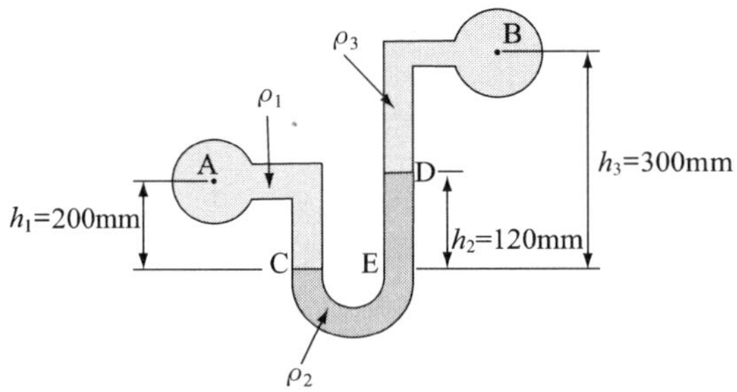


풀이

$P_A - P_B = g\{\rho_3(h_3 - h_2) + \rho_2 h_2 - \rho_1 h_1\}$에 의해

$P_A - P_B = 9.8\{1{,}000(0.3 - 0.12) + (1{,}000 \times 13.6 \times 0.12) - (1{,}000 \times 0.2)\}$

$= 15797.6\text{Pa} ≒ 15.8\text{kPa}$

### example 2-19

관오리피스(pipe orifice) 속을 비중 0.81인 기름이 흐른다. 오리피스 전후의 차압은 얼마인가?

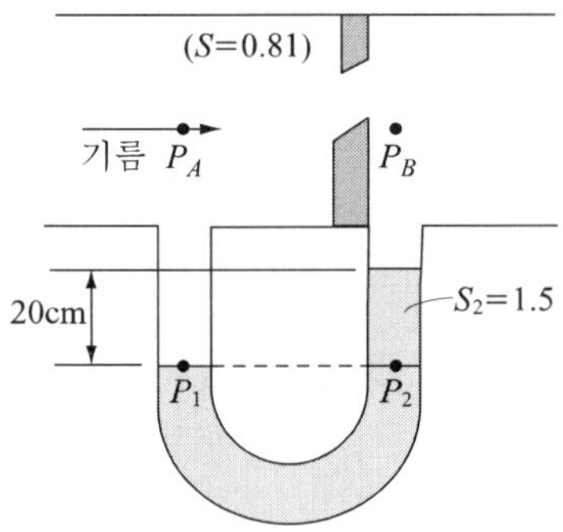

**풀이**

액주계에서 $P_1$과 $P_2$의 크기는 같으므로 이것을 같이 놓으면

$$P_A + 10^3 \times 0.81 \times 9.8 \times 0.2 = P_B + 10^3 \times 1.5 \times 9.8 \times 0.2$$

$$\therefore P_A - P_B = 10^3 \times 9.8 \times 0.2(1.5 - 0.81)$$

$$= 1352.4 \text{ Pa} \fallingdotseq 1.35 \text{ kPa}$$

## 2-4 원관에 작용하는 정수력

뉴턴의 제3법칙에 의하면 자연 상태의 모든 힘은 거의 동등한 정반대의 반작용에 의해 저항받고 있다. 정지력의 경우 저항력은 용기의 재료에 따라 달라진다. 수압관의 두께는 정수압력으로 인해 관의 벽이 받는 힘을 계산하고 직경을 알면 결정할 수 있다. [그림 2-14]를 참조해보면, 길이 $L$인 관의 한 부분인데 내부로부터 수압 $P$만큼 압력을 받고 있다. 관의 안쪽 지름은 $D$이고 관의 두께는 $t$이다. 압력 $P$가 관벽면의 재료의 강도인 응력을 초과하면 관은 파열될 것이다. 관에 작용하는 응력을 보여주기 위해서 관벽의 단면을 절단하여 표현한 그림을 예시하였다. 절단면에서 작용하는 정수력은 $D$와 $L$로 정의된 면적을 곱하여 정수압력을 계산할 수 있다.

$$\text{정수력 } F = p \times D \times L$$

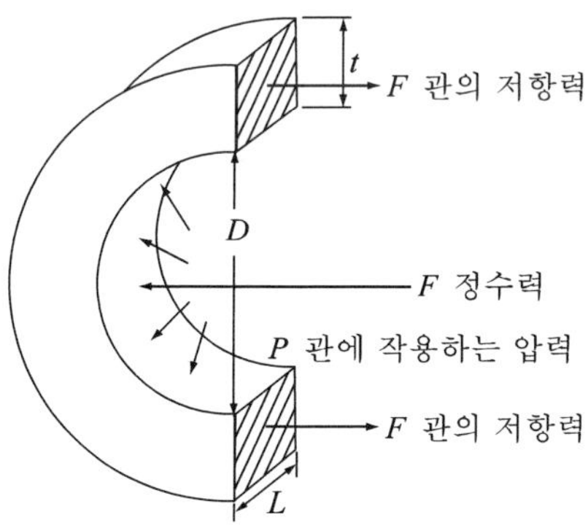


**그림 2-14** 관에 작용하는 힘과 응력

이 힘은 그 반작용에 의해 균형을 이루며, 이 반작용 힘은 관벽에서 응력을 형성하는데 두 쪽으로 되어있는 관벽의 단면적을 곱하여 구한다.

$$관저항력\ F = \sigma \times 2t \times L$$

여기서, $\sigma$는 $p$와 같은 단위로 측정된 관벽의 인장응력이다. 두 힘의 크기와 방향이 같기 때문에

$$정수력\ F = 관\ 저항력\ F$$

$$P \times D \times L = \sigma \times 2t \times L$$

이 관계로부터 다음 식을 얻을 수 있다.

$$\sigma = \frac{PD}{2t} \tag{2.8}$$

내부의 정수압력으로 생성되는 특정 재질로 만들어진 관벽의 응력은 관의 두께와 내부 지름을 알고 있다면 이 식으로써 계산할 수 있다. 이 식을 주장력공식이라 한다. 만일 압축응력이 작용할 때에는 허용인장응력 대신에 허용압력응력 $\sigma_{ca}$를 사용한다.

**example 2-20**

안지름이 15cm이고 벽의 두께가 0.3cm인 강관이 있다. 강관의 항복응력(降伏應力)이 414,000kPa일 때 관을 파열시킬 수 있는 정수압력은 얼마일까?

**풀이**

식 (2.8)에 주어진 조건을 대입하면,

$$414{,}00\text{kPa} = \frac{P \times 0.15\text{m}}{2 \times 0.003\text{m}}$$

따라서,

$$P = 16{,}560\text{kPa}$$

**example 2-21**

수두 100m 인 수압을 받는 수압관의 안지름을 800mm 라 하면 강관의 두께를 얼마로 하면 좋은가? (단, 허용응력 $\sigma_{ta} = 1{,}400\text{kg/cm}^2$이다.)

**풀이**

$$\gamma = 1{,}000\text{kg/m}^3,\ h = 100\text{m},\ D = 800\text{mm} = 80\text{cm}$$

$$P = \gamma h = 1{,}000 \times 100 = 100{,}000\text{kg/m}^2 = 10\text{kg/cm}^2$$

식 (2.8)을 사용하면

$$t = \frac{10 \times 80}{2 \times 1{,}400} = 0.285\text{cm}$$ (약 3.0mm 두께로 설계)

**example 2-22**

안지름 100cm 인 상수관을 매설하고자 한다. 이 상수관에 최고 $15\text{kg}_\text{f}/\text{cm}^2$의 수압이 작용한다면 강관의 두께는 얼마로 해야 하는가? (단, 강관의 허용인장응력 $\sigma_{ta} = 1{,}400\text{kg/cm}^2$이다.)

**풀이**

식 (2.8)을 강관의 두께 $t$에 관하여 정리하면 다음 식이 된다.

$$t = \frac{P \cdot D}{2\sigma_{ta}}$$

이 식에 주어진 조건을 대입하여 두께 $t$를 구한다.

$$t = \frac{15\text{kg}_\text{f}/\text{cm}^2 \times 100\text{cm}}{2 \times 1{,}400\text{kg}_\text{f}/\text{cm}^2} \fallingdotseq 0.54\text{cm}$$

## 연습문제

### ▶ 객관식

**1.** 표준대기압 1atm으로서 옳지 않은 것은?

① $1.033kg_f/cm^2$　　② 760mmHg　　③ $10.33mH_2O$　　④ 2.0bar

**풀이** $1atm = 760mmHg = 1.0332kg_f/cm^2 = 10.332mH_2O = 14.7psi = 1.013bar$

답 : ④

**2.** 340mmHg의 압력은 계기압으로 몇 $kg_f/cm^2$ 인가? (단, 대기압의 크기는 760mmHg이고, 수은의 비중은 13.6이다.)

① $-0.3158kg_f/cm^2$　　② $-0.5700kg_f/cm^2$

③ $-0.68428kg_f/cm^2$　　④ $-0.8565kg_f/cm^2$

**풀이** 절대압 = 대기압 + 계기압

계기압 = 절대압 − 대기압 = 340 − 760 = −420 mmHg

$$-420mmHg \times \frac{1.0332kg_f/cm^2}{760mmHg} = -0.57kg_f/cm^2$$

답 : ②

**3.** 정수압(hydrostatic pressure)에 관한 설명중 옳지 않은 것은?

① 용기벽 또는 수중의 가상면에 항상 직각방향으로 적용한다.
② 단위면적당 힘으로 표시되는 단위를 가진다.
③ 수직방향의 전단응력으로 표시된다.
④ 점성효과는 무시된다.

**풀이** 정압의 성질

① 정지 유체에 있어서 압력은 고체 벽면에 수직으로 작용한다.
② 정지 유체 속의 임의의 한점에 미치는 압력은 모든 방향에서 일정한 크기로 작용한다.
③ 밀폐된 그릇 속의 유체에 가한 압력은 모든 방향으로 일정한 크기로 전달된다(Pascal 원리).
④ 개방된 용기 액체의 압력의 깊이와 밀도에 비례한다.
⑤ 용기의 밑바닥에 작용하는 유체의 압력은 용기의 크기나 모양에 상관없이 일정하다.

답 : ③

4. 측정되는 압력에 의하여 생기는 금속의 탄성변형을 기계식으로 확대 지시하여 유체의 압력을 재는 계기는?

① 마노미터　　② 시차액주계
③ 부르돈관 압력계　　④ 기압계

풀이 부르돈관 압력계 : 계기 내부에는 타원단면으로 된 금속체의 관 끝이 폐쇄되어 있고 눈금 다이얼 위로 자유로이 회전할 수 있는 바늘에 간단한 래크와 피니온으로 연결되어 있는 감긴 튜브로 구성되어 있으며 튜브에서의 압력은 감긴 것을 풀려는 성향을 띄게 되어 이 힘이 바늘을 움직이게 한다.

답 : ③

5. 피스톤 $A_2$의 반지름이 $A_1$의 반지름의 2배일 때, 힘 $F_1$과 $F_2$사이의 관계로서 옳은 것은?

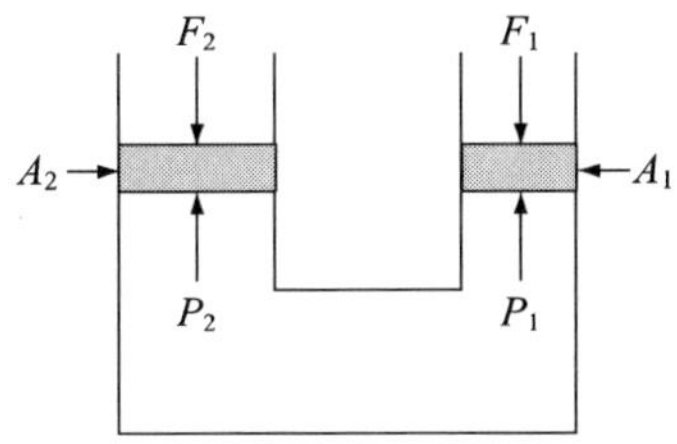


① $F_1 = 2F_2$　　② $F_2 = 2F_1$　　③ $F_2 = 4F_1$　　④ $F_1 = 4F_2$

풀이 $P = \dfrac{F_1}{A_1} = \dfrac{F_2}{A_2}$ <Pascal의 원리>

$$\frac{F_2}{F_1} = \frac{A_2}{A_1} = \frac{4A_1}{A_1} = 4$$

$$\therefore\ F_2 = 4F_1$$

답 : ③

6. 다음은 유체의 정압에 대한 설명이다. 옳지 않은 것은?

① 정지한 유체의 압력은 고체 벽면에 수직으로 작용한다.
② 정지 유체 속에 임의의 한 점에 작용하는 압력은 모든 방향에서 일정하다.
③ 밀폐된 용기 속의 유체에 가한 압력은 모든 방향에서 균일한 세기로 전달된다.
④ 정지한 유체의 압력인 정압은 움직이는 유체의 압력인 동압보다 작다.

풀이 정압의 성질
① 유체의 압력은 작용면에 수직으로 작용한다.
② 유체의 어느 한 점에 작용하는 압력은 모든 방향에 같은 크기로 작용한다(파스칼의 원리).
③ 열려진 통에 작용하는 유체의 압력은 유체의 깊이와 밀도에 비례한다.
④ 통의 밑바닥에 작용하는 유체의 압력은 통의 모양, 크기에 관계없이 일정하다.
⑤ 밀폐된 용기속의 유체에 가한 압력은 모든 방향에서 균일한 세기로 전달된다.

답 : ④

**7.** 다음 중 압력($P$)을 나타내는 식으로 옳지 아니한 것은?(단, $F$는 힘, $A$는 표면적, $\rho$는 밀도, $g$는 중력가속도, $H$는 물기둥의 높이, m은 물체의 질량, $a$는 물체의 가속도, $r$는 비중량이다.)

① $P=F/A$　② $P=\rho gh$　③ $P=\dfrac{rH}{1,000}$　④ $P=ma/A$

**답 : ③**

**8.** 다음의 $U$자형 액주계의 압력을 옳게 표시한 것은?

① $P_A+\gamma_1 h_1 = P_B+\gamma_2 h_2$

② $P_A+\gamma_2 h_2 = P_B+\gamma_1 h_1$

③ $P_A+P_B = \gamma_1 h_1+\gamma_2 h_2$

④ $P_A+\gamma_1 h_2 = P_B+\gamma_2 h_1$

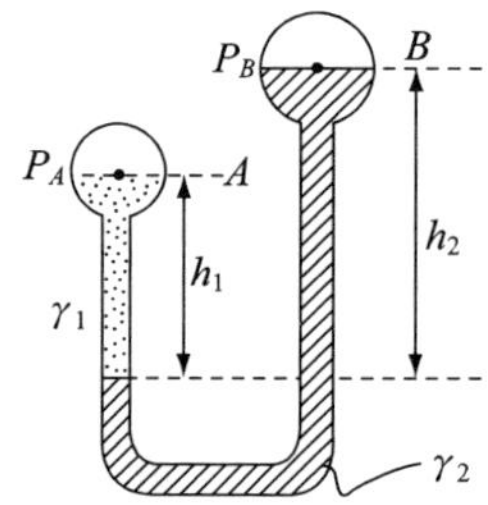


풀이 $P_A+\gamma_1 h_1 = P_B+\gamma_2 h_2$ 이다.

**답 : ①**

**9.** 다음 중 압력차를 측정하는데 사용되는 기구는?

① 벤츄리미터　② U자관
③ 오리피스미터　④ 로타미터

풀이 · 압력을 측정하는 계기
① 수은 기압계(mercury barometer) ② 아네로이드기압계(aneroid barometer) ③ 부르돈 압력계(bourdon pressure gauge) ④ 피에조미터(piezometer) ⑤ U 자관(U-tube) ⑥ 마노미터(manometer)
· 유량을 측정하는 방법
① 오리피스에 의한 방법 ② 피토관(pitot tube) ③ 벤투리미터(venturimeter) ④ 노즐(nozzle) ⑤ 위어(weir) ⑥ 로타미터(rotameter)

**답 : ②**

**10.** 유체 속에 잠긴 물체에 작용되는 부력은?

① 물체의 중량보다 크다.
② 그 물체에 의하여 배제된 액체의 무게와 같다.
③ 물체의 중력과 같다.
④ 유체의 비중량과 관계가 있다.

풀이 아르키메데스의 원리(Principle of Archimedes) : 유체 속에 있는 물체는 유체의 무게에 의한 압력 때문에 그 물체에 의하여 배제된 유체의 중량과 같은힘을 연직방향으로 받는다. 이 힘을 부력이라 한다.

**답 : ②**

**11.** Bourdon 압력계의 지침이 490kPa을 가리키고 있다. 또 실험실에 설치한 수은 기압계의 눈금이 750mm를 나타내고 있을 때, 위의 압력을 절대압과 게이지압으로 알맞은 것은 어느 것인가?

① 585.5kPa, 70.7kPa　② 589.7kPa, 99.7kPa
③ 230.2kPa, 50.1kPa　④ 230.2kPa, 99.7kPa

**풀이** 게이지압 $=10^3\times13.55\times9.8\times0.75=99.7$kPa
절대압 $=(490\times10^3)+(10^3\times13.55\times9.8\times0.75)=589.7$kPa
절대압 = 계기압 + 대기압

답 : ②

**12.** 그림과 같은 2액미압계에서 유리관 C의 안지름이 7mm, 액 유기 A와 B의 안지름은 다같이 44mm, 기름의 비중은 0.83이다. 물과 기름의 경계면이 25mm만큼 이동할 때, 이에 해당하는 A, B의 차압을 구하여라.

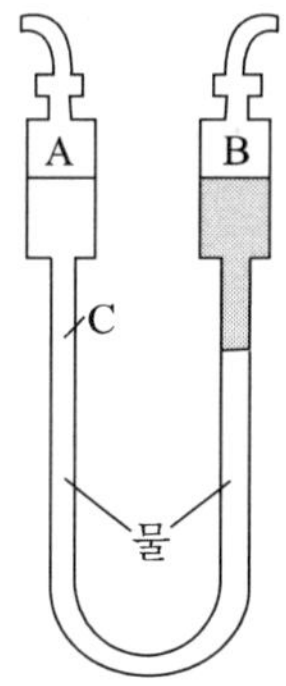


① $4.25\times kg_f/m^2$
② $-4.25\times kg_f/m^2$
③ $42.5\times kg_f/m^2$
④ $-42.5\times kg_f/m^2$

**풀이** $P_A+\rho_1gh=P_B+\rho_2gh$
$P_A-P_B=\rho_2gh-\rho_1gh$
$P_A-P_B=h(\rho_2g-\rho_1g)$
$P_A-P_B=h(\gamma_2-\gamma_1)$
$\therefore P_A-P_B=0.025\times10^3(0.83-1)$
$=-4.25kg_f/m^2$

답 : ②

**13.** 뚜껑이 닫힌 밀폐 탱크 속에 비중이 0.8인 기름이 깊이 3m만큼 차있고, 그 위에 가스가 100kPa의 압력으로 누르고 있다면, 탱크 밑면이 받는 유체압은 몇 kPa인가?

① 274.2　② 216.4
③ 182.6　④ 123.5

**풀이** $P=P_a+\rho gh$에서 $P_a$는 가스가 기름을 누르고 있는 압력 100kPa
$\rho=S\cdot\rho_w=0.8\times1{,}000kg/m^3=800kg/m^3$
$g=9.8m/s^2$, $h=3m$

$p = 100\text{kPa} + (800\text{kg/m}^3 \times 9.8\text{m/s}^2 \times 3\text{m})$
$= 123.52\text{kPa}$

답 : ④

**14.** 공기 중에서 941N인 돌이 물에 잠겨있다. 물에서의 무게가 500N이면 이 돌의 체적은 몇 $m^3$ 인가?

① $0.045m^3$ ② $0.034m^3$
③ $0.028m^3$ ④ $0.012m^3$

**풀이** $1\text{kg}_f = 9.8\text{N}$

$\frac{500}{9.8} + F = \frac{941}{9.8}$ $F = 45\text{kg}_f$

$\therefore F = 1{,}000V = 45\text{kg}_f$ $V = \frac{45\text{kg}}{1{,}000\text{kg/m}^3} = 0.045\text{m}^3$

답 : ①

**15.** 개방된 용기 내에 비중이 10인 액체면에 쇠덩어리가 떠 있는 이 쇠덩어리가 보이지 않을 때까지 물을 부었을 때 쇠덩어리가 액체 속에 있는 부분과 물속에 있는 부분의 부피는 약 얼마인가? (단, 쇠의 비중은 7.8이다)

① 2.9 : 1 ② 3.1 : 1 ③ 3.3 : 1 ④ 3.5 : 1

**풀이** 부피의 비 $= \frac{7.8}{10-7.8} = \frac{7.8}{2.2} = \frac{3.54}{1}$

답 : ④

**16.** 소방차에 설치된 펌프에 흡입되는 물의 압력을 진공계로 재어보니 75mmHg이었다. 이때 기압계는 760mmHg를 가리키고 있다고 할 때 절대압력은 몇 $\text{kg}_f/\text{cm}^2$인가?

① 93.16 ② 9.316 ③ 0.9316 ④ 0.09316

**풀이** 절대압력=대기압−진공
$= 760\text{mmHg} - 75\text{mmHg} = 685\text{mmHg}$
<단위환산>
$\frac{685\text{mmHg}}{760\text{mmHg}} \times 1.0332\text{kg}_f/\text{cm}^2 = 0.9316\text{kg}_f/\text{cm}^2$

답 : ③

**17.** 20℃ 에서 비중량이 $600kg_f/m^3$이고, 증기압이 $0.1kg_f/cm^2$ 인 액체를 흡입할 수 있는 이론 최대높이는 몇 m 인가? (단, 대기압은 $1kg_f/cm^2$)

① 15m ② 12m ③ 8m ④ 5m

**풀이** 압력

$$P = P_0 + \frac{g}{g_c}\gamma H$$

$$\therefore H = \frac{P - Po}{\gamma} = \frac{0.1\times 10^4 kg_f/m^2 - 1\times 10^4 kg_f/m^2}{600kg_f/m^3} = -15m\,(15m\text{흡입})$$

**답 : ①**

**18.** 물이 들어 있는 U자관 속에 기름을 넣었더니 기름 25cm 와 물 15cm 의 액주가 평형을 이루었다면 이 기름의 비중은?

① 0.3 ② 0.6 ③ 0.7 ④ 1.7

**풀이** 기름의 비중

$$S_1H_1 = S_2H_2$$

$$S_2 = S_1 \times \frac{H_1}{H_2} = 1\times\frac{15}{25} = 0.6$$

**답 : ②**

**19.** 그림과 같은 액주계에서 원 중심의 압력은 몇 kPa 인가? (단, 대기압은 101kPa 이 작용한다.)

① 97.08 ② 106.88 ③ 95.12 ④ 100

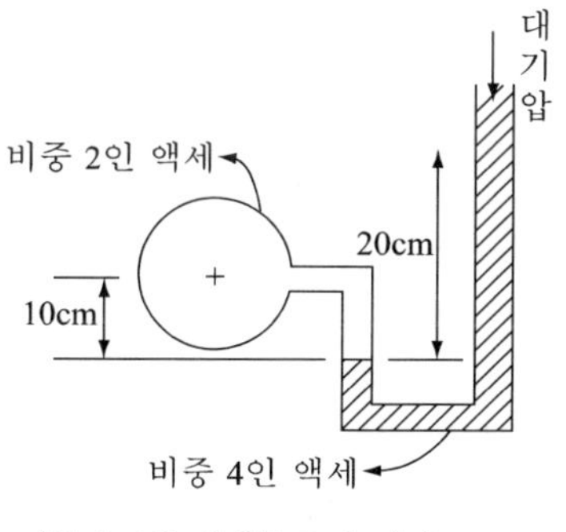


**풀이** 원 중심의 압력 A라 하고 비중이 4인 액체를 B라 하면

$$P_A = P_B + \gamma_2 h_2 - \gamma_1 h_1$$

$$= 101kPa + \left(\frac{4\times 20\times 10^{-3}kg_f/cm^2}{1.0332kg_f/cm^2}\times 101.3kPa\right) - \left(\frac{2\times 10\times 10^{-3}kg_f/cm^2}{1.0332kg_f/cm^2}\times 101.3kPa\right)$$

**답 : ②**

**20.** 유체의 정압의 성질에 대한 설명으로 맞는 것은?

① 유체의 압력은 작용면에 수평으로 작용한다.
② 개방된 용기(open vessel)에 작용하는 유체의 압력은 밀도에 반비례한다.
③ 개방된 용기(open vessel)에 작용하는 유체의 압력은 유체의 깊이에 반비례한다.
④ 밀폐된 용기에서 어느 한점에 작용하는 압력은 모든 방향에 같은 크기로 작용한다.

**풀이** 유체의 정압은 밀폐된 용기에서 어느 한점에 작용하는 압력은 모든 방향에 같은 크기로 작용한다.

답 : ④

**21.** U자관에 수은이 채워져 있다. 여기서 어떤 액체를 넣었을 때 이 액체 24cm 수은 10cm가 평형을 이루었다면, 이 액체의 비중은 얼마인가?(단, 수은의 비중은 13.6이다)

① 5.7  ② 5.8  ③ 5.9  ④ 6.0

**해설** $\gamma_1 h_1 = \gamma_2 h_2$

$$\gamma_2 = \frac{\gamma_1 h_1}{h_2} = \frac{13.6 \times 10\text{cm}}{24\text{cm}} = 5.67$$

답 : ①

**22.** 다음 그림과 같은 피에조미터에서 $P_A$의 압력은 어떻게 표시될 수 있는가?

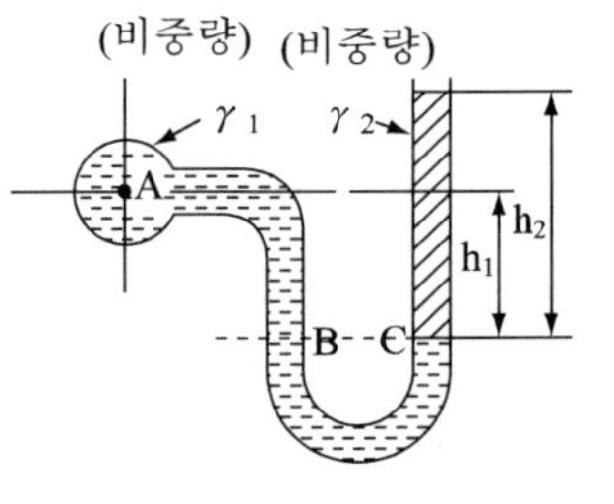


① $P_A = \gamma_1 h_1 = \gamma_2 h_2$
② $P_A = \gamma_2 h_2 - \gamma_1 h_1$
③ $P_A = \gamma_1 h_2 - \gamma_2 h_1$
④ $P_A = \gamma_1 h_1 + \gamma_2 h_2$

**풀이** $P_B = P_C$ $P_A + \gamma_1 h_1 = \gamma_2 h_2$ $\therefore P_A = \gamma_2 h_2 - \gamma_1 h_1$

답 : ②

## ▶ 주관식

**1.** 배관 속의 물에 압력을 가했더니 물의 체적이 1% 감소하였다. 이 때, 가해진 압력은 얼마인가? (단, 물의 압축률은 $50 \times 10^{-6}\text{cm}^2/\text{kg}_f$ 이다.)

풀이 $K = -\dfrac{\triangle P}{\triangle V/V}$, 압축률 $\beta = \dfrac{1}{K}$

$$\triangle P = \frac{\triangle V/V}{\beta} = \frac{0.01}{5 \times 10^{-6}\text{cm}^2/\text{kg}_f} = 200\text{kg}_f/\text{cm}^2$$

답 : $200\text{kg}_f/\text{cm}^2$

**2.** 국소대기압이 380mmHg, 게이지 압력이 $0.8\text{kg}_f/\text{cm}^2$인 경우 절대압력은 몇 $\text{kg}_f/\text{cm}^2$인가?

풀이 절대압력 = 대기압 + 게이지압력

$$= \frac{380\text{mmHg}}{760\text{mmHg}} \times 1.0332\text{kg}_f/\text{cm}^2 + 0.8\text{kg}/\text{cm}^2 = 1.316\text{kg}_f/\text{cm}^2$$

답 : $1.316\text{kg}_f/\text{cm}^2$

**3.** 어떤 물체가 공기 중에서 잰 무게는 588[N]이고, 이것을 물 속에서 잰 무게는 147.8[N]이었다. 이 물체의 비중은 얼마인가? (단, 공기의 무게는 무시한다.)

풀이 $588 = 147.8 + \gamma V$

$$\therefore V = \frac{588 - 147.8}{9800} = 0.045[\text{m}^3]$$

$$\therefore S = \frac{588}{9800 \times V} = 1.33$$

답 : 1.33

**4.** 80[mmAq]는 몇 파스칼인가?
(단, 중력 가속도는 $9.8[\text{m}/\text{sec}^2]$이고 물의 비중량은 $[1{,}000\text{kg}_f/\text{m}^3]$이다.)

풀이 표준기압 $1[\text{atm}] = 1.0332[\text{kg}_f/\text{cm}^2] = 10.332[\text{mAq}]$

$1[\text{Pa}] = 1[\text{N}/\text{m}^2]$

$80[\text{mmAq}] = 80[\text{kg}_f/\text{m}^2] = 80 \times 9.8[\text{N}/\text{m}^2] = 784[\text{Pa}]$

답 : 784[Pa]

**5.** 달에서 측정한 무게가 3.6kg중인 어느 물체를 지구상에서 재었다면 얼마의 무게가 되는가 (단, 달에서 중력 가속도는 $1.6\text{m}/\text{sec}^2$이다)?

풀이 질량은 측정 장소와 관계없이 항상 일정

$F=\dfrac{mg}{g_c}$, $m=\dfrac{g_c}{g}\times F=\dfrac{9.8}{1.6}\times 3.6=22.05\text{kg}$

∴ 지구상에서의 중량 $F=\dfrac{mg}{g_c}$

$=\dfrac{22.05\times 9.8}{9.8}=22.05\text{kg}_\text{f}$

답 : $22.05\text{kg}_\text{f}$

**6.** 대기압이 수은주 700[mmHg]일 때 수주로 몇 [m]인가?
(단, 수은의 비중량은 13,600[$\text{kg}_\text{f}/\text{m}^3$], 물의 비중량은 1,000[$\text{kg}_\text{f}/\text{m}^3$]이다.)

**풀이** 1[atm] = 760[mmHg] = 1.0332[$\text{kg}_\text{f}/\text{m}^2$] = 10.332[mAq]

$\therefore H=\dfrac{700}{760}\times 10.332=9.52[\text{mAq}]$

답 : 9.52[mAq]

**7.** 비중이 0.8인 물체를 물에 띄우면 전체 체적의 몇 %가 물 속에 잠기는가?

**풀이** 잠긴부분의 % $=\dfrac{\text{물체의 비중}}{\text{유체의 비중}}\times 100$ $\therefore \dfrac{0.8}{1}\times 100=80\%$

답 : 80%

**8.** 그림과 같이 A면에 가해지는 압력은 게이지 압력으로 몇 [$\text{kg}_\text{f}/\text{cm}^2$]이 되는가?

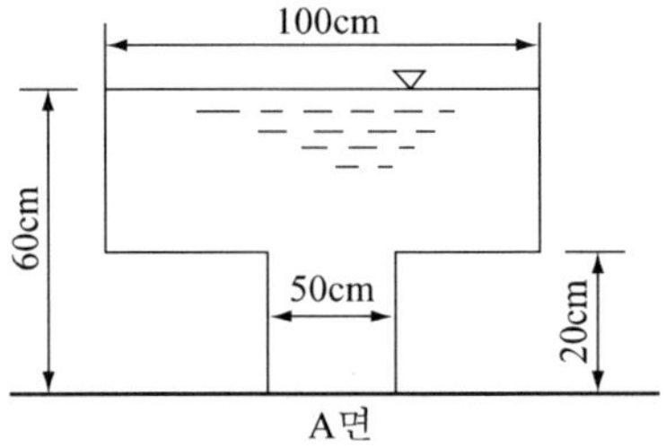


**풀이** A면에 가한 압력은 $P=\gamma h$ 이므로

$P=\gamma h$

$=1000[\text{kg}_\text{f}/\text{m}^3]\times 0.6[\text{m}]$

$=600\ [\text{kg}_\text{f}/\text{m}^2]$

$1[\text{kg}_\text{f}/\text{m}^2]=10^{-4}[\text{kg}_\text{f}/\text{cm}^2]$이므로

$P=600[\text{kg}_\text{f}/\text{m}^2]=0.06[\text{kg}_\text{f}/\text{cm}^2]$

답 : 0.06[$\text{kg}_\text{f}/\text{cm}^2$]

**9.** 다음과 같이 관로의 유량을 측정하기 위하여 오리피스를 설치한다. 유량을 오리피스에서 생기는 압력차에 의하여 계산하면 얼마인가? (단, 액주계 액체의 비중은 3.5, 흐르는 유체의 비중은 0.85마노미터 읽음은 400mm이다.)

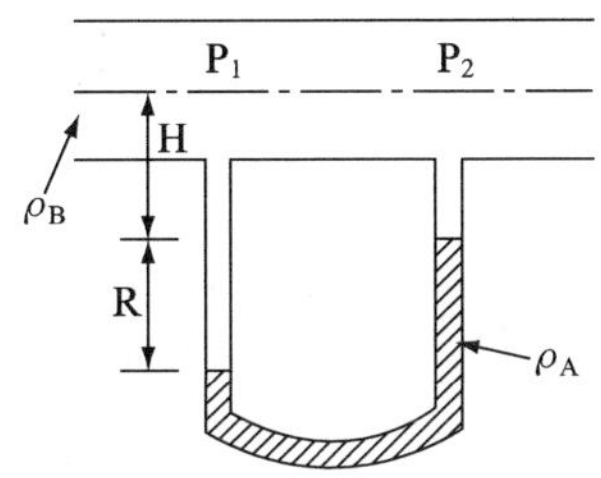


**풀이** $\Delta P=\frac{g}{g_c}R(\rho_A-\rho_B)=1\text{kg}_f/\text{kg}\times0.4\text{m}\times(3500-850)\text{kg/m}^3$

$=1{,}060\text{kg}_f/\text{m}^2$, $(1\text{kg}_f=9.8\text{Newton})$ $\therefore 1{,}060\text{kg}_f/\text{m}^2=10{,}388\text{N/m}^2(\text{Pa})=10.39\text{kPa}$

**답** : 10.39kPa

**10.** 그림과 같은 액주계에서 $S_1=1$, $S_2=13.6$, $h_1=5[\text{cm}]$, $h_2=10[\text{cm}]$일 때, A점에서의 압력은 얼마인가?

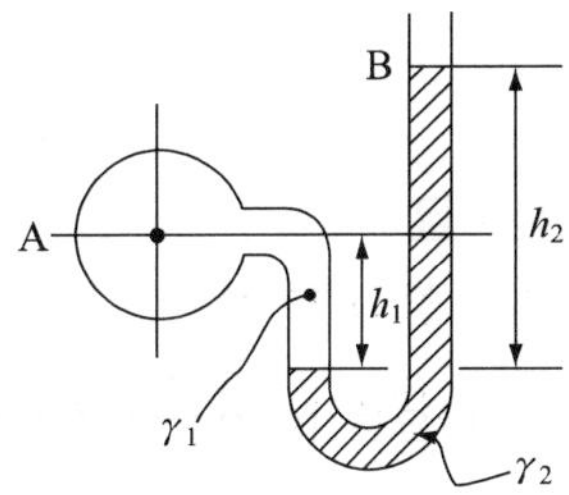


**풀이** $h_1=5[\text{cm}]$, $h_2=10[\text{cm}]$

$S_1=1$, $S_2=13.6$

$\gamma_1=S_1\cdot\gamma_w$, $\gamma_2=S_2\cdot\gamma_w$

$P_A+\gamma_1h_1=\gamma_2h_2+P_B$

$P_A=\gamma_2h_2-\gamma_1h_1+P_B$

$=\frac{(13.6\times0.1-1\times0.05)1{,}000}{10{,}000}+1.0332[\text{kg}_f/\text{cm}^2]=1.16[\text{kg}_f/\text{cm}^2]$

$P_B$에 대기압이 작용하지 않는다면

$P_A=\frac{(13.6\times0.1-1\times0.05)1{,}000}{10{,}000}=0.131[\text{kg}_f/\text{cm}^2]$

**답** : $0.131[\text{kg}_f/\text{cm}^2]$

**11.** 내경 80[mm]의 수평 배관 내에 물이 흐르지 않고 정지되어 있다. 이 배관의 전 수두가 45[$mH_2O$]이다. 배관 내에 작용하는 압력[$\text{kg}_f/\text{cm}^2$]은 얼마인가?

**풀이** $d=80[\text{mm}]=0.08[\text{m}]$

$H=15[\text{mH}_2\text{O}]$

$H=\frac{P}{\gamma}+\frac{V^2}{2g}+z$에서 $\frac{V^2}{2g}=0$, $z=0$이므로,

$P=\gamma H=\frac{1{,}000}{10^4}\times45=4.5[\text{kg}_f/\text{cm}^2]$

**답** : $4.5[\text{kg}_f/\text{cm}^2]$

12. 다음 그림과 같이 두 피스톤의 직경이 가각 10[cm], 5[cm]이다. 직경이 큰 피스톤 10[cm]을 1[cm] 아래로 움직이면 직경이 작은 피스톤의 상승높이 [cm]는 얼마나 되겠는가?

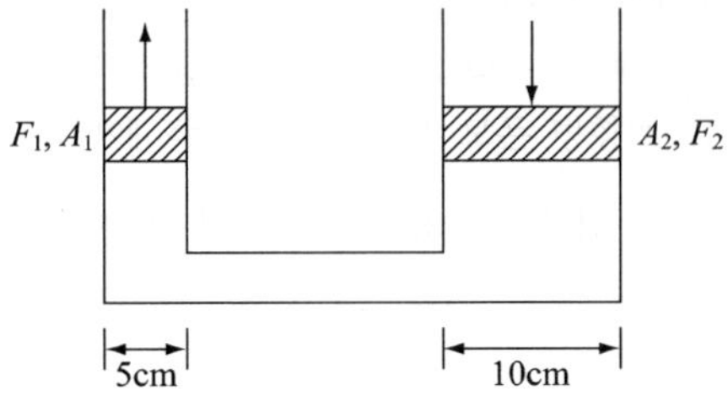


풀이 $P=\frac{F_1}{A_1}=\frac{F_2}{A_2}$

$d_1=5[cm]=0.05[m],\ l_1=?$

$d_2=10[cm]=0.1[m],\ l_2=1[cm]=0.01[m]$

$A_1 l_{1_1}=A_2 l_2$

$$l_1=\frac{A_2}{A_1}l_2=\frac{\frac{\pi}{4}(0.1)^2}{\frac{\pi}{4}(0.05)^2}\times 0.01=0.04[m]=4[cm]$$

답 : 4[cm]

13. 물이 흐르는 배관 내의 압력차를 수은 마노미터로 측정하였더니 $0.88[kg_f/cm^2]$이었다. 수은 마노미터의 읽음(R)은 얼마인가?(단, 마노미터의 읽음(R)은 [cm]이다.)

풀이 $\Delta P=(\gamma_{Hg}-\gamma_w)h$

$$0.88[kg_f/cm^2]=\frac{(13.6-1)\times 1{,}000\times h}{10{,}000}=\frac{12.6}{10}h$$

$$\therefore h=\frac{8.8}{12.6}=0.7[m]=70[cm]$$

답 : 70[cm]

14. 깊이 6[m]인 밀폐된 탱크에 물이 5[m] 높이까지 충전되어 있으며, 수면위에 $0.08[kg_f/cm^2]$ 의 증기압이 작용하고 있을 때 탱크 밑면에 작용하는 압력$[kg_f/cm^2]$은 얼마인가?

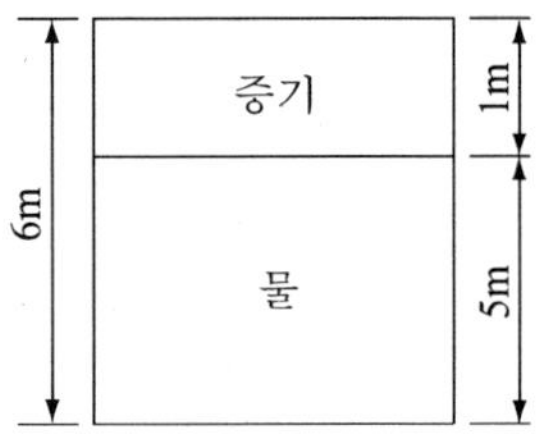


풀이 $P=0.08+\frac{1{,}000\times 5}{10{,}000}=0.58[kg_f/cm^2]$

답 : $0.58[kg_f/cm^2]$

**15.** 온도가 5도인 $CO_2$가스 3kg이 체적이 $0.283m^3$인 용기에 가득 차 있다. 가스의 압력(kPa)은 얼마인가?

**풀이** $PV = nRT = \dfrac{W}{M} \times RT$

$$P = \frac{WRT}{VM} = \frac{3{,}000\text{g} \times 0.08205\ \text{L} \cdot \text{atm/gmol} \cdot \text{K} \times (273+5) \cdot \text{K}}{0.283\text{m}^3 \times 1{,}000\ \text{L/m}^3 \times 44}$$

$= 5.5\text{atm} \times 101.3\text{kPa} = 556.7\text{kPa}$

$1\text{atm} = 760\text{mmHg} = 1.0332\text{kg/cm}^2 = 10.332\text{mH}_2\text{O}$

$= 101.3\text{kPa(kN/m}^2) = 101.3 \times 10^3\text{Pa(N/m}^2)$

답 : 556.7kPa

**16.** 진공 탱크에 부착된 진공계의 압력이 $0.57[\text{kg}_\text{f}/\text{cm}^2]$이었다. 이것을 절대압력[kPa] 으로 환산하면 얼마인가?

**풀이** $P_v = 0.57[\text{kg}_\text{f}/\text{cm}^2]$ $P_o = 1.0332[\text{kg}_\text{f}/\text{cm}^2]$

절대압력 = 대기압 − 진공압

$P_a = P_o - P_v$

$= 1.0332 - 0.57$

$= 0.4632[\text{kg}_\text{f}/\text{cm}^2] = 0.4632 \times 9.8[\text{N/cm}^2]$

$\fallingdotseq 45.3[\text{kPa}](1\text{Pa} = 1[\text{N/m}^2])$

답 : 45.3kPa

**17.** 다음의 그림과 같은 탱크에 비중이 1인 물이 4.5[m]와 비중이 0.85인 기름이 2.5[m] 중전되어 있다. 물과 기름이 탱크의 밑면에 가하는 압력$[\text{kg}_\text{f}/\text{cm}^2]$은 얼마인가? (단, 대기압은 무시한다.)

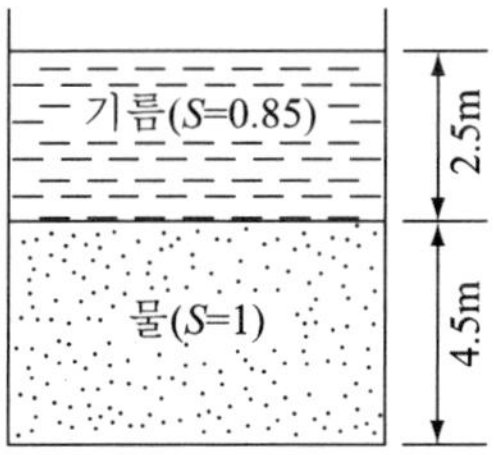


**풀이** $S_1 = 1,\ h_1 = 4.5[\text{m}],\ \gamma_1 = 1{,}000[\text{kg}_\text{f}/\text{m}^3]$

$S_2 = 0.85,\ h_2 = 2.5[\text{m}],\ \gamma_2 = S_2 \times 1{,}000[\text{kg}_\text{f}/\text{m}^3] = 850[\text{kg}_\text{f}/\text{m}^3]$

$P = \gamma_1 h_1 + \gamma_2 h_2 = 1{,}000 \times 4.5 + 850 \times 2.5$

$= 6{,}625[\text{kg}_\text{f}/\text{m}^2] = 0.6625[\text{kg}_\text{f}/\text{cm}^2]$

답 : $0.6625[\text{kg}_\text{f}/\text{cm}^2]$

18. 그림과 같이 급수탑의 높이는 해발 250[m]이고, 탑으로부터 물을 공급받는 소화전은 200[m]이다. 물의 온도가 25[℃]일 때 소화전에서의 압력을 구하여라.(단, 연결관에 흐름이 없다고 가정)

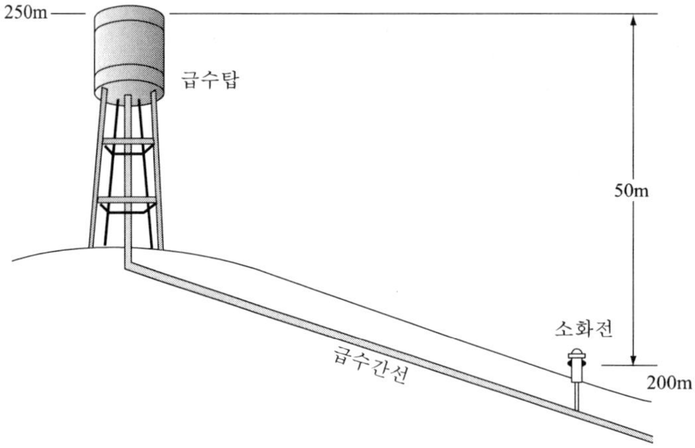


**풀이** 급수탑과 소화전 사이

높이차 $h = 250 - 200 = 50[m]$

물의 비중량 $\gamma = 9.7[kN/m^3]$

$P = \gamma h = 9.7[kN/m^3] \times 50[m] = 485[kN/m^2] = 485[kPa]$

**답** : 485[kPa]

19. 그림과 같이 소방 호스의 노즐은 급수탑에서 60[m]아래에 있고 노즐은 막혀있다. 흐름이 없을 경우 노즐에서의 압력을 계산하시오. (단, 수온은 10[℃]이다)

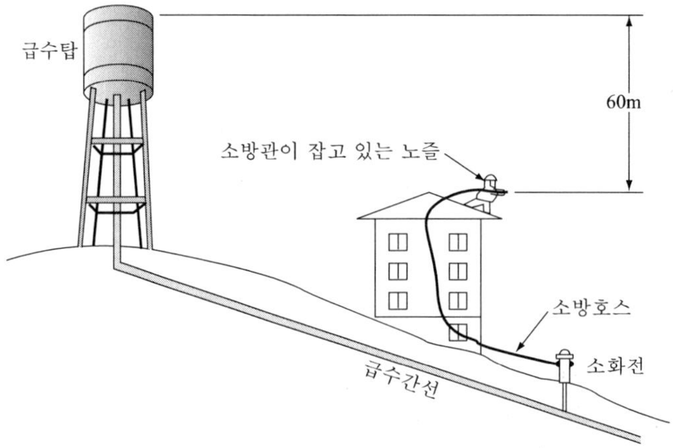


**풀이** 물의 비중량 $\gamma = 9.8[kN/m^3]$

$P=\gamma h=9.8[\mathrm{kN/m^3}]\times 60[\mathrm{m}]=588[\mathrm{kN/m^2}]$

**답** : $588[\mathrm{kN/m^2}]$

**20.** 밸브에서 공기측 면적이 $322[\mathrm{cm}^2]$이고, 물측의 면적이 $161[\mathrm{cm}^2]$이다. 수압이 $8[\mathrm{kg_f/cm^2}]$이라면 이 밸브를 닫혀 있도록 하기 위한 최소한의 공기압은 얼마인가?

**풀이** 공기의 힘, $F_1=P_1A_1$, 물의 힘 $F_2=P_2A_2$

$P_1A_1=P_2A_2$ 이어야 하므로

$P_2=P_1\dfrac{A_1}{A_2}=8\dfrac{161}{322}=4[\mathrm{kg_f/cm^2}]$

**답** : $4[\mathrm{kg_f/cm^2}]$

**21.** 아래 물 탱크의 바닥에 작용하는 힘은 얼마인가?

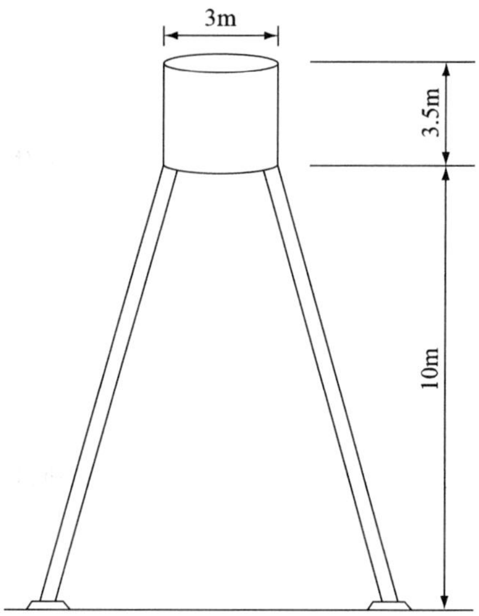


**풀이** $F=\gamma V$

$=1{,}000[\mathrm{kg_f/m^3}]\times\left(\dfrac{\pi}{4}\times 3^2\times 3.5\right)$

$=24{,}740\mathrm{kg_f}$

**답** : $24{,}740\mathrm{kg_f}$

**22.** 아래 그림에서 $F_1=80[\mathrm{kg_f}]$이면 $F_2$는 얼마인가?

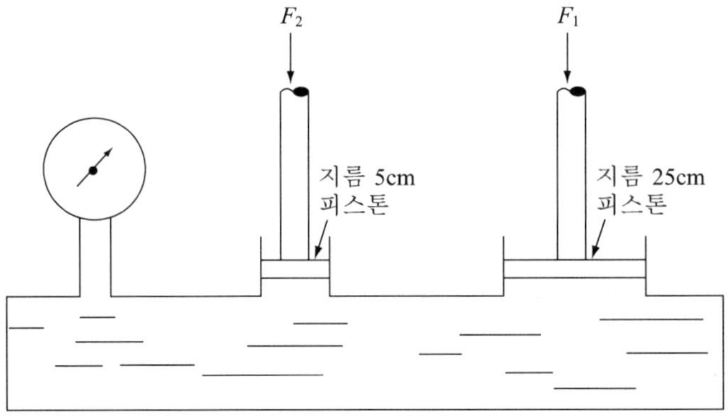


풀이 $\dfrac{F_1}{A_1} = \dfrac{F_2}{A_2}$

$$F_2 = F_1 \frac{A_2}{A_1} = 80 \frac{\frac{\pi}{4} 5^2}{\frac{\pi}{4} 25^2} = 3.2[\mathrm{kg_f}]$$

**답** : $3.2[\mathrm{kg_f}]$

**23.** 비중이 0.5인 나무 조각을 물에 띄우면 전체 체적의 몇 %가 물속에 가라 앉는가?

풀이 $1{,}000 \times 0.5 \times V = 1{,}000 \times V_1$

$\dfrac{V_1}{V} = 0.5 = 50\%$

**답** : 50%

**24.** 밀도가 $\rho_1$, $\rho_2$인 두 종류의 액체 속에서 스프링저울로 물체의 중량을 단 결과 각각 $W_1$, $W_2$ 였다. 이 물체의 체적 $V$과 무게 $G$를 구하여라.

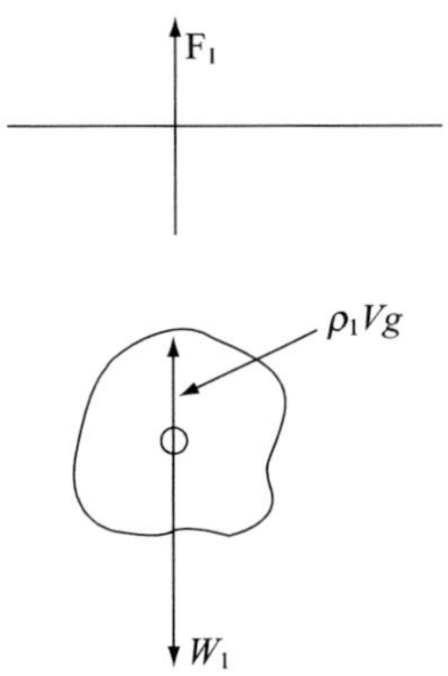


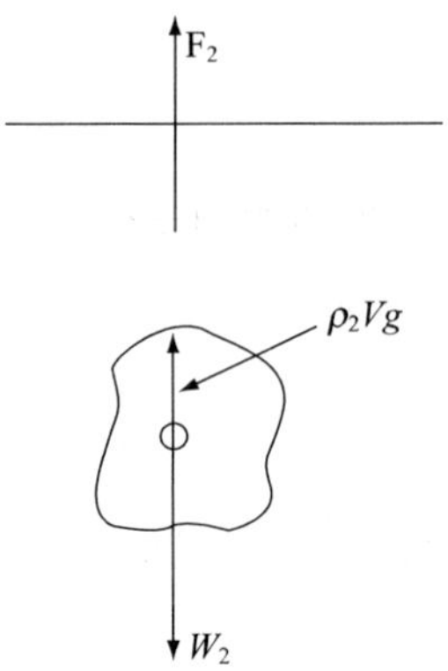

**풀이** 그림과 같이 불규칙한 물체를 액체속에서 스프링저울로 측량한 무게가 $W_1$, $W_2$ 이므로 힘의 평형조건에서

$W_1 = G - \rho_1 Vg,\ W_2 = G - \rho_2 Vg$

이 두 식으로부터

$V = \dfrac{W_1 - W_2}{(\rho_2 - \rho_1)g},\ G = \dfrac{W_1\rho_2 - W_2\rho_1}{\rho_2 - \rho_1}$ 를 얻을 수 있다.

**답** : $V = \dfrac{W_1 - W_2}{(\rho_2 - \rho_1)g},\ G = \dfrac{W_1\rho_2 - W_2\rho_1}{\rho_2 - \rho_1}$

**25.** 반지름 0.7m, 높이 1.7m 인 원주상 탱크에 물을 채우고 중심의 연직축 둘레로 각속도 10rad/s 로 회전시킬 때, 수면의 중심에서의 액면의 높이 및 탱크 저면의 중심에서의 압력을 구하여라.

**풀이** $z$ 를 탱크의 높이 $z$ 로, $r$을 탱크의 반지름 $R$로 잡으면

$$z - z_0 = \frac{R^2 W^2}{2g}$$

$$\therefore\ z_0 = z - \frac{R^2 w^2}{2g} = 1.7 - \frac{0.7^2 \times 10^2}{2 \times 9.8} = 0.8\text{m}$$

따라서 탱크 저면의 중심에서의 압력 $P$는

$P = \rho g z_0 = 10^3 \times 9.8 \times 0.8 = 7{,}840\text{Pa}$

**답** : 7,840Pa

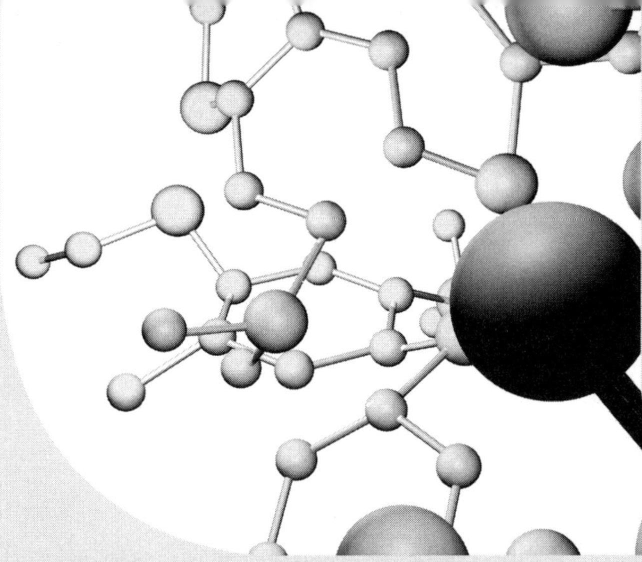

# 제 3 장

# 동수역학

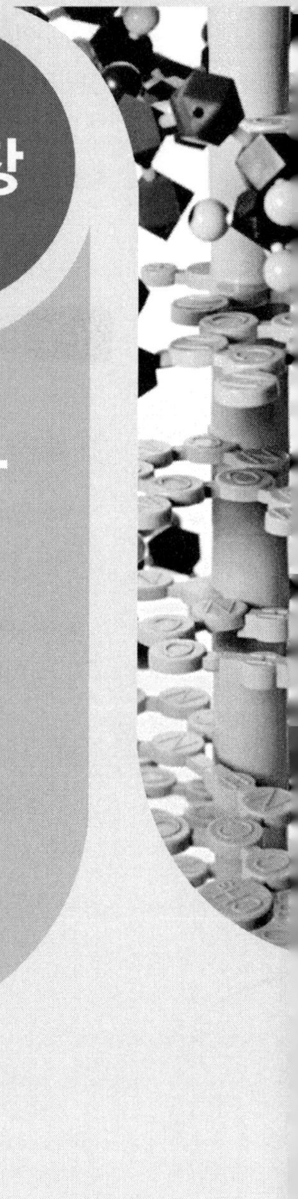


3-1 흐름의 종류
3-2 유속과 가속도
3-3 1차원 흐름의 연속방정식
3-4 오일러(Euler)의 운동방정식
3-5 Bernoulli의 원리
3-6 수정된 Bernoulli 방정식
3-7 Bernoulli 방정식의 응용

동수역학이란 물의 유동 즉, 흐르는 물에 관한 역학이다. 이 장에서는 비압축성·이상유체가 흐른다고 보고서 운동학과 유동을 지배하는 중요한 관련 법칙인 연속방정식, 베르누이 방정식 및 그 응용에 대하여 논하고자 한다. 특히 물은 비압축성 · 이상유체로 취급할 수 있다. 아울러 물의 흐름은 정상류(steady flow)를 가정한다.

## 3-1 흐름의 종류

### [1] 층류(laminar flow)와 난류(turbulent flow)

직선관로의 두 점 ①, ② 사이의 길이 $\ell$ 에 대하여 손실헤드 $h$를 측정한 결과, 다음과 같은 결론을 얻었다.

ⓐ 층류영역 : $\Delta P \propto V$
압력강하(pressure drop)는 평균속도에 비례하며 층상을 형성하면서 흐른다.

ⓑ 난류영역 : $\Delta P \propto V^{1.7 \sim 2.0}$
혼란상태를 이루면서 흐른다.

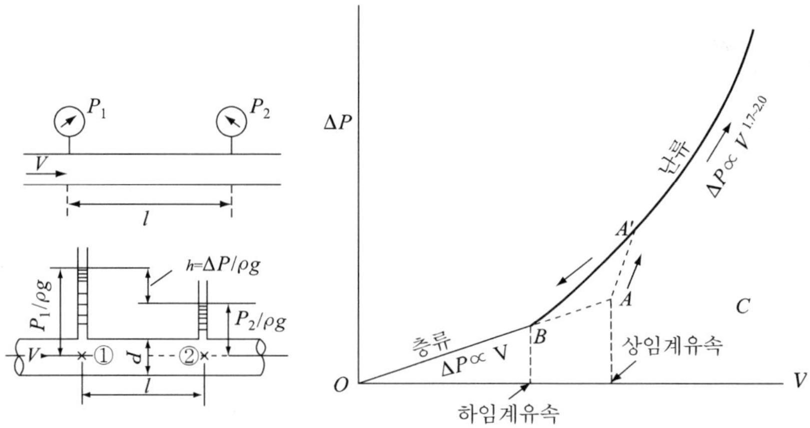


그림 3-1 층류와 난류의 압력손실

**reference**

① 압력강하(pressure drop) $\Delta P = P_1 - P_2$ 이다.

② 손실헤드(loss head) $h = \dfrac{\Delta P}{\rho g}$

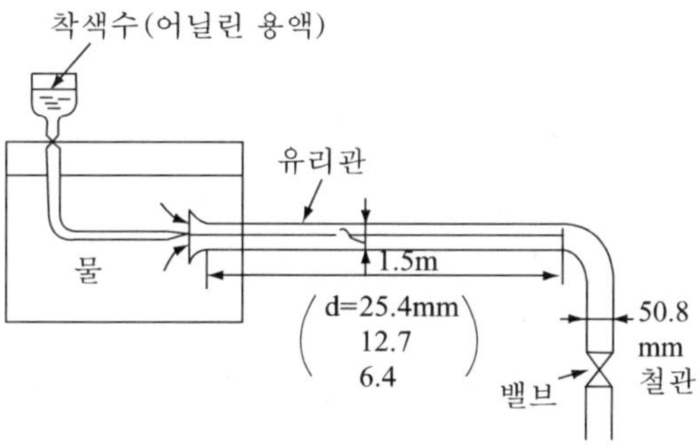


**그림 3-2** Reynolds의 실험장치

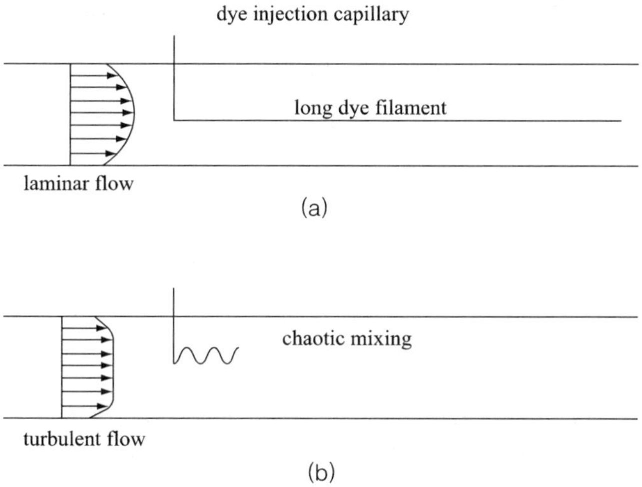


**그림 3-3** Reynolds의 실험

Osborne Reynolds경이 행한 유명한 실험으로 설명된다. 가는 염료의 흐름이, 기체 흐름의 경우에는 연기가 주사기에 의해 유체 흐름의 중심부에 도입된다. 그리고 이들이 유체에 의해 하류로 움직여가는 것이 관찰되었다. 다음의 정성적인 특징과 함께 [그림 3-1]에서 나타내고, 앞에서 특징지어진 것에 해당하는 세 가지의 뚜렷한 흐름 형태가 관찰되었다.

1. 유속이 작은 경우에, 주입된 염료나 분사 연기가 바람이 없는 조건하에서 높은 고도로 날으는 비행기 뒤로 나타나는 연기의 선과 같이 무시할 정도의 확산과 부력 하에서 유체에 따라 이동하는 긴 필라멘트 형태로 그 원형을 유지한다. 관찰된 거동은 [그림 3-3a]에서 보여지며, 이는 층류를 특징짓는다.
2. 중간 유속에서는, 결과는 비재생적이고, 염료의 선은 직선에서 벗어나서 제멋대로 비꼬기 시작한다.
3. 높은 유속비에서는 [그림 3-3b], 염료의 기류는 초기에 불안정한 비꼬임을 형성한다. 그리고 나서, 주위 유체와 매우 빨리 혼합되어서 연속성이 깨어지고 따라서 바람부는 대기에서의 연기처럼 곧 보이지 않게 된다. 파이프에서의 유체의 흐름은 시간 의존적인 속도 요동을 보이고, 이 요동이 염료를 유체로 전달하고 확산시킨다.

Reynolds는 액체의 평균 유속 $V$, 액체의 밀도 $\rho$, 액체의 점도 $\eta$ 및 관의 지름 $D$를 조합한 독특한 무차원 수를 이용하여 이 독특한 흐름 영역을 상관지었다. 이 수는 다음과 같이 정의할 수 있다.

$$Re = \frac{\rho D V}{\mu} = \frac{DV}{\nu} \quad \left[\frac{\text{관성력(inertia force)}}{\text{점성력(viscous force)}}\right] \tag{3.1}$$

$$\begin{pmatrix} Re : \text{Reynolds 수(무차원수)} \\ \nu : \text{유체의 동점성계수} \end{pmatrix}$$

**reference**

| | |
|---|---|
| 층류 | $Re < 2320$ |
| 천이영역 | $2320 < Re < 4100$ |
| 난류 | $4100 < Re$ |

- 상임계 속도(upper critical velocity) : 층류에서 난류로 천이할 때의 유속
- 하임계 속도(lower critical velocity) : 난류에서 속도를 줄이면 다시 층류로 되돌아 갈 때의 속도

하임계 Reynolds수 = 2320

**유체 흐름의 원인이 되는 힘**

① 지구의 중력
② 유체의 압력차
③ 유체의 질량과 가속도의 곱으로 표시되는 관성력
④ 유도유체의 상접부 사이에 생기는 마찰력 또는 전단력
⑤ 압축성 의한 탄성력(특히 기체인 경우)

**example 3-1**

내경이 40mm인 관 속의 유속이 10cm/s이고 동점도가 $0.01\text{cm}^2/\text{s}$인 유체가 흐를 때 $Re$의 수는 얼마인가?

**풀이**

$Re = \dfrac{D\rho V}{\mu} = \dfrac{DV}{\nu}$ 에서

$D$ : 내경(m) $V$ : 유속(m/s) $\nu$ : 동점도($\text{m}^2/\text{s}$)

$$\therefore Re = \frac{0.04\text{m} \times 0.1\text{m/s}}{0.01 \times 10^{-4}\text{m}^2/\text{s}} = 4000$$

**example 3-2**

10℃의 물($\nu = 0.0131\text{cm}^2/\text{s}$)이 내경 25mm인 원관 속을 흐를 때 하임계 속도를 구하여라.

**풀이**

하임계 Reynolds수는 $Re = \dfrac{DV}{\nu} = 2320$이므로

$$\text{하임계 속도 } V = \frac{2320 \times 0.0131 \times 10^{-4}}{0.025} = 0.1216\text{m/s} = 12.16\text{cm/s}$$

**example 3-3**

$\nu = 2 \times 10^{-3}\text{m}^2/\text{s}$인 물이 직경 15cm인 관 내를 하임계 유속으로 흐르고 있을 때 최대 유속(m/s)은 얼마인가?

**풀이**

$Re = \dfrac{DV}{\nu}$(하임계유속은 $Re$가 2320일 때의 유속)

$$V = \frac{Re \times \nu}{D} = \frac{2320 \times 2 \times 10^{-3}}{0.15} = 30.93\text{m/s}$$

**example 3-4**

동점성계수가 $1.15 \times 10^{-6}\text{m}^2/\text{s}$인 물이 내경이 40mm 지름인 원관 속을 흐르고 있다. 층류가 기대될 수 있는 최대의 유량을 계산하시오.

**풀이**

$Re = \dfrac{DV}{\nu}$(임계유속은 $Re$가 2320일 때의 유속)

$$V = Re\frac{\nu}{D} = \frac{2320 \times 1.15 \times 10^{-6}\text{m}^2/\text{s}}{0.04\text{m}}$$
$$= 6.67 \times 10^{-2}\text{m/s}$$
$$\therefore Q = VA$$
$$= 6.67 \times 10^{-2}\text{m/s} \times \frac{\pi}{4}(0.04\text{m})^2$$
$$= 4.71 \times 10^{-5}\text{m}^3/\text{s}$$

## [2] 정상류(steady flow)와 비정상류(unsteady flow)

### 1) 정상류(steady flow)

유체가 흐를 때 흐름과 관계되는 압력 $p$, 속도 $u$, 밀도 $\rho$, 온도 $T$ 등의 변수들이 시간 $t$에 따라서 일정한 흐름

$$\frac{\partial u}{\partial t} = 0,\quad \frac{\partial p}{\partial t} = 0,\quad \frac{\partial \rho}{\partial t} = 0,\quad \frac{\partial T}{\partial t} = 0$$

(예) 맑은 날 하천 A지점에서 관측

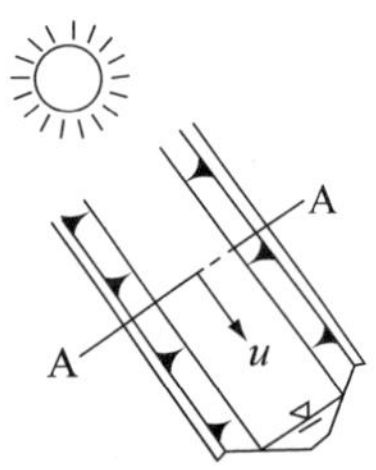


**그림 3-4** 정상류

**표 3-1** 정상류의 유적과 유속

| 시 각 | 유 적($m^2$) | 유 속(m/s) |
|---|---|---|
| 6 : 00 | 40 | 1.5 |
| 9 : 00 | 40 | 1.5 |
| 12 : 00 | 40 | 1.5 |
| 15 : 00 | 40 | 1.5 |
| 18 : 00 | 40 | 1.5 |
| 21 : 00 | 40 | 1.5 |
| 24 : 00 | 40 | 1.5 |
| 3 : 00 | 40 | 1.5 |

**reference**

수리학에서는 정상류를 수로가 있는 지점에서 시간의 경과에 관계없이 유적(흐름에 대하여 직각방향에 절단한 수로면적), 유속이 일정한 흐름으로 정의한다.

* 유적(유수단면적 : cross section of flow)

### 2) 비정상류(unsteady flow)

임의의 점에서 유체입자의 상태(속도 $u$, 압력 $p$, 밀도 $\rho$)가 시간과 함께 변하는 흐름

$$\frac{\partial \overline{u}}{\partial t} \neq 0$$

대부분의 흐름은 비정상류이지만 정상류로 취급해서 문제를 해결하는 것이 보통이다. 우리들 주위의 유체가 실제유체임에도 불구하고 가상의 유체, 즉 이상유체를 도입해 문제를 해결하여 마지막으로 보정해 주는 원리와 같은 맥락이다.

(예) 강우때의 하천 A지점에서 관측

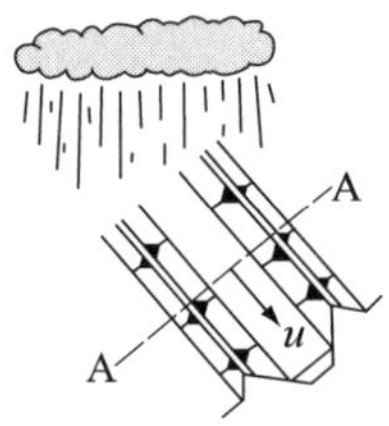


**그림 3-5** 비정상류

**표 3-2** 비정상류의 유적과 유속

| 시 각 | 유 적($m^2$) | 유 속(m/s) |
|---|---|---|
| 6 : 00 | 40.0 | 1.5 |
| 9 : 00 | 46.0 | 1.8 |
| 12 : 00 | 50.0 | 1.9 |
| 15 : 00 | 58.0 | 2.0 |
| 18 : 00 | 63.0 | 2.2 |
| 21 : 00 | 66.0 | 2.5 |
| 24 : 00 | 63.0 | 2.3 |
| 3 : 00 | 60.0 | 2.0 |

**reference**

**난류의 평균속도($\overline{u}$ 또는 $V$)**

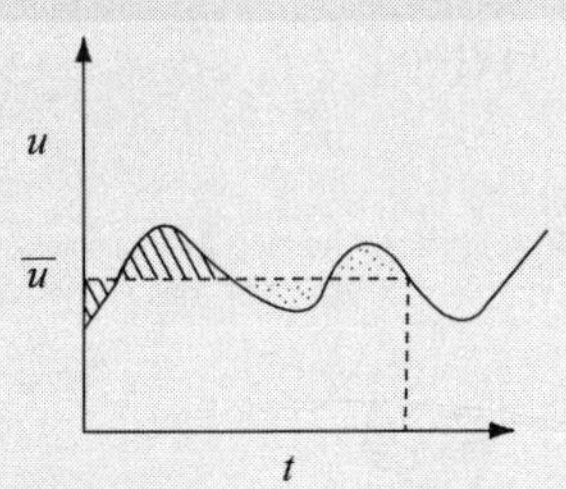


난류의 평균속도(mean velocity)

난류는 어떤 점에 대한 속도$u$가 시간에 따라서 변하는 유체이며, 따라서 난류에서는 평균속도 $\overline{u}$를 주로 사용한다.

직사각형의 면적은 가로($t$)와 세로($\overline{u}$)의 곱인데,

이 면적이 정적분 $\int_o^t udt$ 와 같다.

즉, $t \cdot \overline{u} = \int_o^t udt \quad \therefore \overline{u} = \frac{1}{t}\int_o^t udt$

### [3] 유선(stream line)과 유적선(path line)

#### 1) 유선(stream line)

흐름 속에 어떤 순간 임의의 곡선($pq$)을 가상하여 그 곡선상 임의의 점에서의 접선이 그 점에서의 유속($V$)의 방향과 일치할 때의 곡선을 유선(stream line)이라 한다.

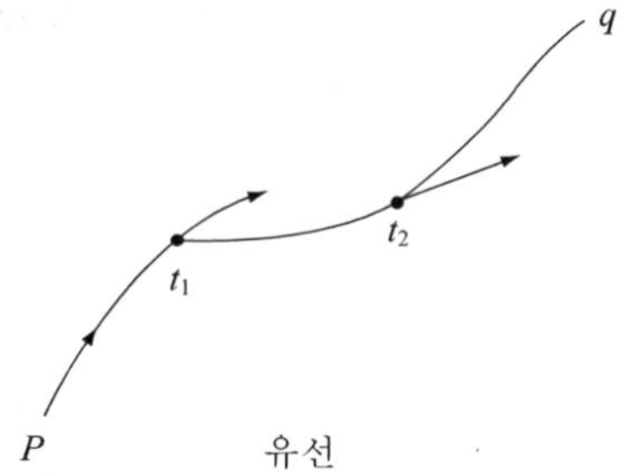


**그림 3-6** 유선

속도 $V = u\underline{i} + v\underline{j} + w\underline{k}$ (3.2)

유선의 미분 방정식 $\dfrac{dx}{u} = \dfrac{dy}{v} = \dfrac{dz}{w}$ (3.3)

#### 2) 유적선(path line)

유체 입자가 일정한 시간 내에 지나가는 궤적
정상류(steady flow)에서는 stream line과 path line이 같다.

**example 3-5**

속도성분 $u, v$가 다음 식으로 표시될 때 유선의 방정식을 구하여라.

$$u = ay,\ \ v = bx$$

**풀이**

$\dfrac{dx}{dy} = \dfrac{ay}{bx}$ $\qquad bxdx - aydy = 0$

이것을 적분하면 $\qquad bx^2 - ay^2 = \text{const.}$

따라서 $a$와 $b$가 같은 부호일 때는 쌍곡선, $a$와 $b$가 다른 부호일 때는 타원이다.

**example 3-6**

오른쪽 그림은 익형 둘레의 유동장이다. 그림에서 $b_o = 30\text{mm}$, 이 점에서의 유속이 $50\text{m/s}$라 하면 날개단면의 가까운 부분에 있는 유선간격이 $20\text{mm}$일 때 이곳의 유속을 구하여라.

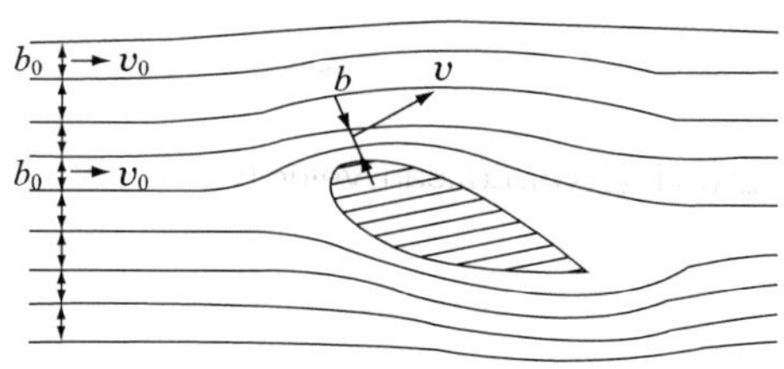


**풀이**

$q = v_o \times 1 \times b_o = 50 \times 30 = v \times 20$

$\therefore\ v = \dfrac{30 \times 50}{20} = 75\text{m/s}$

**reference**

1차원 흐름 : $u = u(x, t)$
2차원 흐름 : $u = u(x, y, t)$
3차원 흐름 : $u = u(x, y, z, t)$

## 3-2 유속과 가속도

유선을 따라 흐르는 1차원 흐름에서 유속과 가속도를 물입자의 운동을 통해 정의하면, 고정점 $o$를 기준점으로 하고 흐름방향으로 유선에 따라 움직이는 하나의 물 입자의 변위(displacement), 즉 이동거리를 $S$라 하자. 미소시간 $dt$동안 그 입자는 유선을 따라 흘러 이동 거리 미소거리 $dS$만큼 움직일 것이다. 그러면 이 입자의 유속크기 $v = \frac{dS}{dt}$가 된다. [그림 3-7]에서와 같이 0점에서 $S$만큼 떨어진 점에서 유선의 접선 및 직각 방향의 가속도 성분을 각각 다음과 같이 쓸 수 있다.

접선방향 가속도

$$a_s = \frac{d^2S}{dt^2} = \frac{d}{dt}\left(\frac{dS}{dt}\right) = \frac{dv}{dt} = \frac{dS}{dt} \cdot \frac{dv}{dS} = v\frac{dv}{dS} \tag{3.4}$$

법선방향 가속도

$$a_r = -\frac{v^2}{r} \tag{3.5}$$

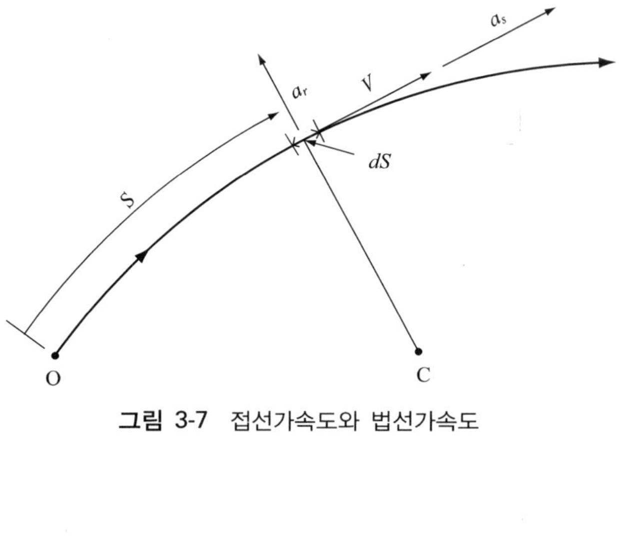


**그림 3-7** 접선가속도와 법선가속도

**example 3-7**

직경 4m의 둥근 물탱크 속의 입자가 물탱크 벽면을 따라 그림과 같이 원형 유선 운동을 한다고 하자. 이때 유선의 접선상의 유속을 일정한 유속 1.2m/s라면 유선상 어떤 점에서의 접선 및 법선 방향의 가속도 $a_s$ 및 $a_r$을 구하라.

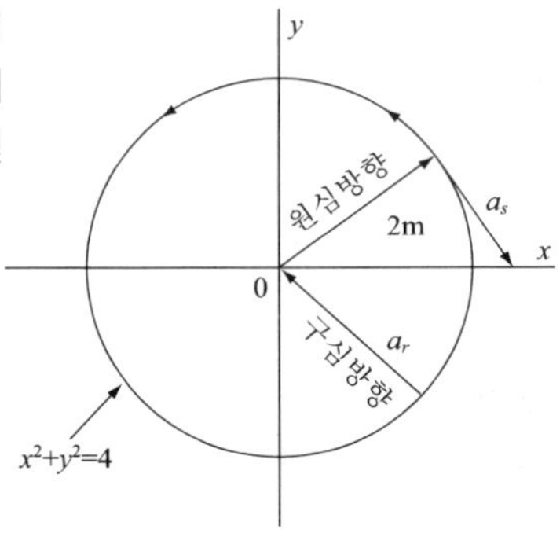


**풀이**

$V$가 일정한 유속으로 움직이고 있어 $a_s = \frac{dv}{dt} = 0$이다.

$$\text{법선가속도 } a_r = -\frac{v^2}{r} = -\frac{(1.2\text{m/s})^2}{2\text{m}} = -0.72\text{m/s}^2$$

여기서 −(minus) 부호는 위 그림에서와 같이 원심방향 가속도운동이 아닌, 중심 0를 향한 구심방향의 가속도운동을 뜻한다.

## 3-3 1차원 흐름의 연속방정식(continuity equation)

연속방정식은 질량보존의 법칙을 유체유동에 적용한 방정식이다.

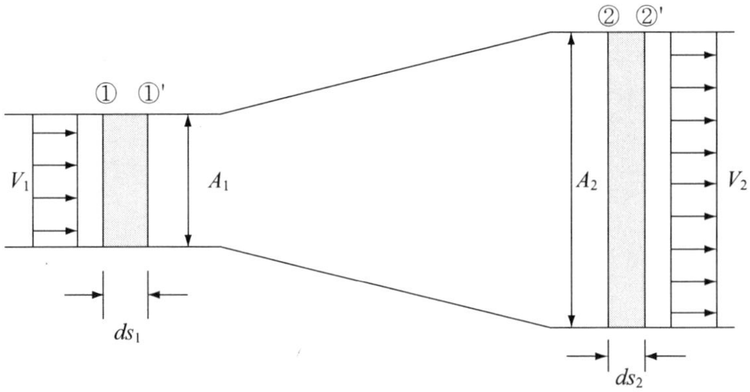


**그림 3-8** 1차원 흐름의 연속방정식

### [1] 질량유량(mass flow rate)은 일정하다.

단면 ①과 ②사이의 체적이 검사면(control surface)으로 둘러싸인 검사체적(control volume)이라 하고, 단면적 $A_1, A_2$, 유체밀도 $\rho_1$, $\rho_2$라 하자.

$dt$ 시간 동안 ①, ② 사이에 있던 유체가 ①′ ②′으로 오른쪽으로 흘러갔다면 ①′과 ② 사이의 유체는 $dt$ 시간 동안 그대로 있고 ①①′ 사이 $ds_1$구간의 유체가 ②②′ 사이 $ds_2$ 구간 사이의 유체로 이동했다고 볼 수 있다. 이를 질량보존법칙에 적용하면

$$\rho_1 A_1 ds_1 = \rho_2 A_2 ds_2 \tag{3.6}$$

위 식의 양변을 $dt$로 나누면

$$\rho_1 A_1 \frac{ds_1}{dt} = \rho_2 A_2 \frac{ds_2}{dt}$$

$$\rho_1 A_1 V_1 = \rho_2 A_2 V_2 \tag{3.7}$$

위 식은 일차원 정상류의 연속방정식이라 한다. 위 식의 차원을 보면 $MT^{-1}$이므로 질량유량(mass flow rate)이라 하며 모든 단면에서 흐르는 질량유량은 같다는 것으로, 유체역학에서 가장 기본이 되는 식이다. 이것을 다른 형식으로 표시하면

$$\rho A V = \text{일정(constant)}, \qquad d(\rho A V) = 0$$

이를 미분항으로 표시하면 다음과 같다.

$$\frac{d\rho}{\rho} + \frac{dA}{A} + \frac{dV}{V} = 0 \tag{3.8}$$

**reference**

**검사체적(control volume)**
일정하면서 그 체적 내에서 물질, 질량, 운동량 및 에너지 등이 흐를 수 있다고 생각하는 어떤 가상의 변형되지 않는 체적

**검사면(control surface)**
체적을 이루는 경계면

※ 검사체적과 검사면은 시간에 따라 크기와 위치가 변하지 않는다고 정의 됨

### [2] 중량유량(weight flow rate)은 일정하다.

$$\rho_1 g A_1 V_1 = \rho_2 g A_2 V_2 = G \tag{3.9}$$

차원은 $(MT^{-1})(LT^{-2}) = (MLT^{-2})T^{-1} = FT^{-1}$

### [3] 체적유량(volume flow rate)은 일정하다.

비압축성유체에서는 밀도 $\rho$가 일정하므로 $\rho_1 = \rho_2$이다.

$$A_1 V_1 = A_2 V_2 [\mathrm{m^3/s}] \tag{3.10}$$

단면적 $A_1$이 크면 유속은 느리고, 좁은 단면적에서는 유속이 빨라진다.

**reference**

**평균유속(mean velocity)와 점유속**

$$V = \frac{Q}{A} = \frac{\int_A v dA}{A}$$

여기서 $V$ : 평균유속(mean velocity)
$v$ : 점유속(point velocity)
$A$ : 단면적$[\mathrm{m^2}]$
$Q$ : 유량$[\mathrm{m^3/s}]$

실제유체는 점성, 관벽면에서의 부착력 및 관벽면과의 마찰력으로 인해 포물선형 유속분포를 가진다. 각 부분의 점유속이 달라 보통 $Q/A = V$ 로 표시되는 평균유속을 사용하며 대문자($V$)를 써서 점유속($v$)와 구별한다.

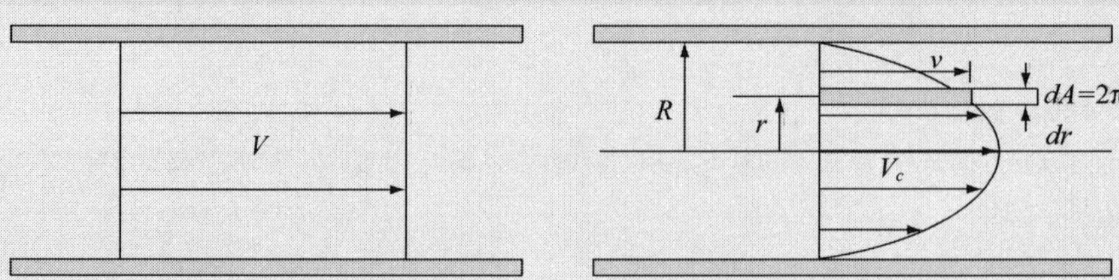


(a) 이상유체　　(b) 실제유체

이상유체와 실제유체의 속도분포

**example 3-8**

그림과 같이 지름이 350mm에서 200mm로 축소된 관으로 물이 흐르고 있다. 이 때 중량유량을 $150\text{kg}_f/\text{s}$로 하면 작은관에서의 평균속도는?

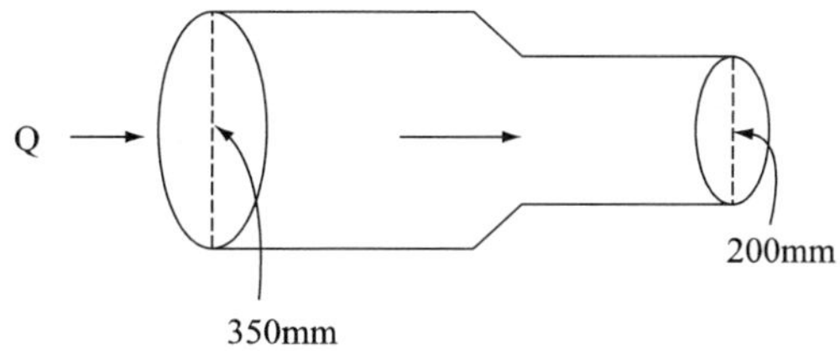


풀이

중량유량$(G) = A \cdot V \cdot \gamma$ 에서

$$\text{속도}(V) = \frac{G}{A\gamma} = \frac{150\text{kg}_f/\text{s}}{\frac{\pi \times (0.2\text{m})^2}{4} \times 1{,}000\text{kg}_f/\text{m}^3}$$

$$= 4.77\text{m/s}$$

**example 3-9**

그림과 같이 배관을 통하여 할론 1301의 정상흐름(steady flow)이 일어나고 있다. 이 흐름이 1차원 유동이라고 할 때 ②지점에서의 할론 1301의 밀도($\text{kg/m}^3$)는 얼마인가?(단, ①, ② 지점에서의 내부면적 단면의 직경은 50mm, 25mm이다.)

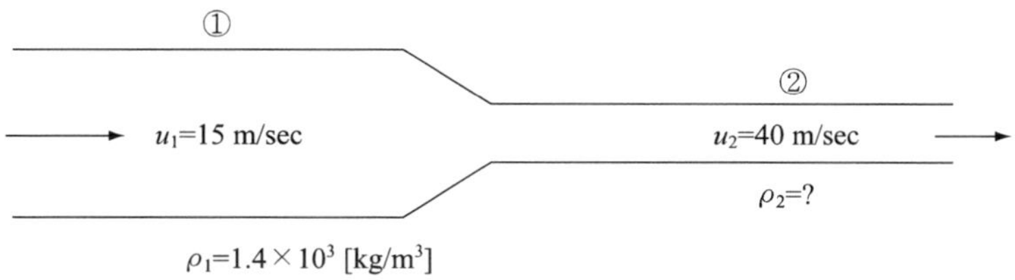


풀이

유체의 연속의 식에서 질량유량 $\dot{m} = A_1 V_1 \rho_1 = A_2 V_2 \rho_2$ 식을 이용

$A$: 단면적($\text{m}^2$), $V_1$: 유속(m/s), $\rho$: 밀도($\text{kg/m}^3$), $\dot{m}$: 질량유량(kg/s)

$$\therefore \frac{\pi}{4} \times (0.05)^2 \times 15 \times 1.4 \times 10^3 = \frac{\pi}{4} \times (0.025)^2 \times 40 \times \rho_2$$

$$\therefore \rho_2 = 2.1 \times 10^3 \text{kg/m}^3$$

## example 3-10

수심 $d$인 어떤 하천에서 연직유속분포가 다음 그림과 같이 되어 있고 이때 하천바닥(하상)에서 $y$되는 곳의 점유속($V$)과 수면에서 생긴 최대유속($V_{max}$) 사이의 관계식이 다음과 같이 주어졌다.

$$V = V_{max}\left(\frac{y}{d}\right)^{\frac{1}{2}}$$

만약 수심 $d = 2\text{m}$, 하천폭 $b = 7\text{m}$이고 최대유속 $V_{max} = 3\text{m/s}$ 라고 했을 때 이 하천의 유량 $Q$ 는 얼마인가?

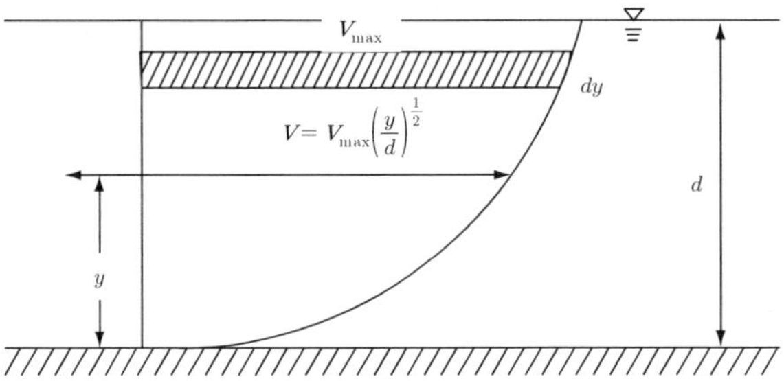


**풀이**

$$Q = \int_A VdA = \int_A V_{max}\left(\frac{y}{d}\right)^{\frac{1}{2}}(7)dy \quad (\because dA = b \times dy)$$

$$= \frac{7V_{max}}{d^{\frac{1}{2}}}\int_o^2 y^{\frac{1}{2}}dy = \left[\frac{7\times 3}{\sqrt{2}} \times \frac{2}{3}y^{\frac{3}{2}}\right]_o^2$$

$$= \frac{14}{\sqrt{2}} \times 2\sqrt{2} = 28\text{m}^3/\text{s}$$

## example 3-11

그림과 같이 직경이 $50\text{cm}$였던 관이 $20\text{cm}$로 줄어든 관로에서 $4\text{kN/s}$의 유량이 흐른다면 각 관로에서의 평균유속 $V_1$과 $V_2$를 구하라. (단, 유체는 물이다.)

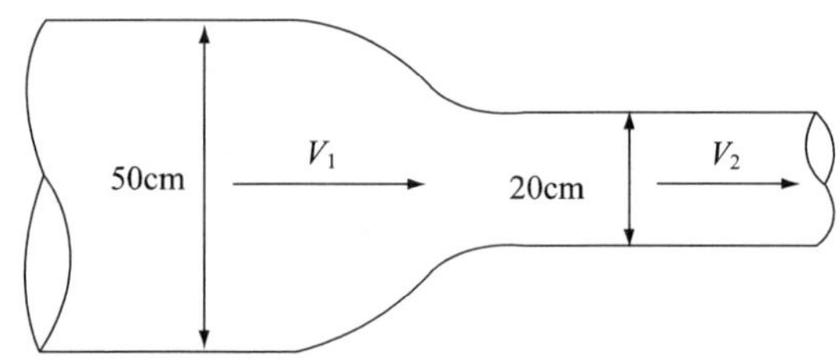

**풀이**

$G=\gamma_1 A_1 V_1=\gamma_2 A_2 V_2 \quad G=4\text{kN/s}$

$\gamma_1=\gamma_2=9.81\text{kN/m}^3=1{,}000\text{kg}_\text{f}/\text{m}^3$

$$Q=\frac{G}{\gamma_1(=\gamma_2)}=\frac{4{,}000\text{N/sec}}{9{,}810\text{N/m}^3}=0.408\text{m}^3/\text{s}$$

$$V_1=\frac{Q}{A_1}=\frac{0.408}{\frac{\pi(0.5)^2}{4}}=2.08\text{m/s}$$

$$V_2=\frac{Q}{A_2}=\frac{0.408}{\frac{\pi(0.2)^2}{4}}=12.99\text{m/s}$$

**example 3-12**

그림과 같은 소화배관에 있어서 ③ 지점의 유속은 얼마인가?(단, ① 지점유속 4[m/s], ② 지점유속 5[m/s])

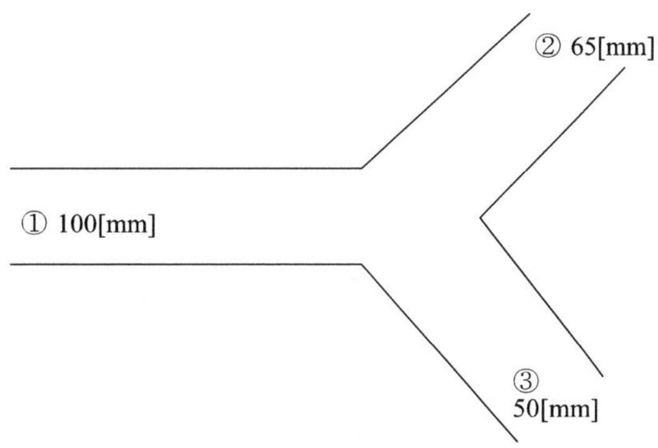


**풀이**

$$Q_1=A_1V_1=\frac{\pi}{4}(0.1)^2\times 4=0.0314[\text{m}^3/\text{s}]$$

$$Q_2=A_2V_2=\frac{\pi}{4}(0.065)^2\times 5=0.0166[\text{m}^3/\text{s}]$$

$$Q_1=Q_2+Q_3$$

$$Q_3=Q_1-Q_2=0.0314-0.0166=0.0148[\text{m}^3/\text{s}]$$

$$Q_3=0.0148=\frac{\pi}{4}(0.05)^2\times V_3$$

$$\therefore\ V_3=\frac{0.0148}{\frac{\pi}{4}(0.05)^2}=7.55[\text{m/s}]$$

## 3-4 오일러(Euler)의 운동방정식

비압축성 이상유체의 1차원 흐름에 Newton의 운동의 제2법칙을 적용하여 유체입자의 운동방정식을 구할 수 있다.

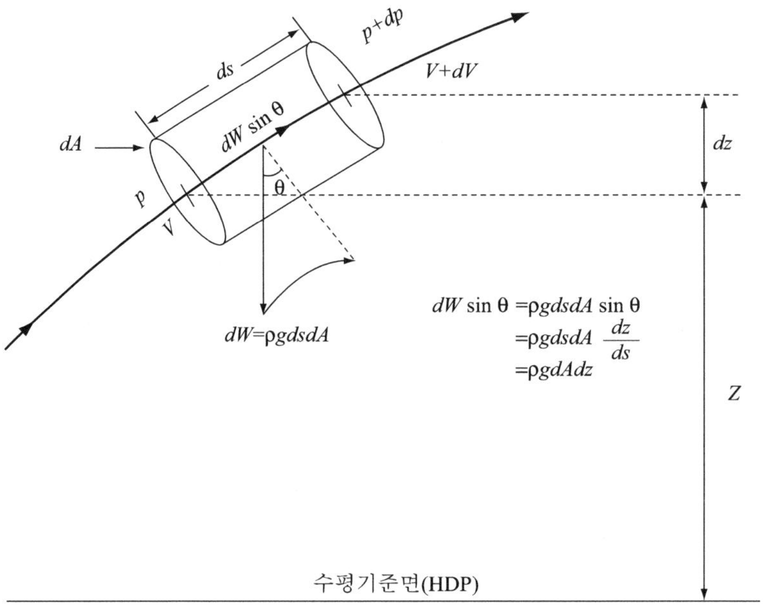


**그림 3-9** 미소유관에 미치는 힘

[그림 3-9]는 유선상의 1과 2 사이에 단면적 $dA$, 길이 $ds$인 미소유관을 잡으면, 유관에 미치는 $F$의 흐름방향의 성분인 $F_s$의 대수합 $\Sigma F_s$는 미소유관 질량 $dm$과 흐름방향에 대한 유관의 가속도 $a_s$의 곱과 같다.

$$\sum F_s = dm \cdot a_s \tag{3.11}$$

[1] 유관의 양단면에 미치는 전압력은 $pdA$와 $-(p+dp)dA$이고 중력의 흐름방향 성분은 $-\rho gds\ dA\left(\dfrac{dz}{ds}\right)$이며 이 두 성분의 합은

$$\sum F_s = pdA - (p+dp)dA - \rho gdsdA\left(\frac{dz}{ds}\right) \tag{3.12}$$

이다.

[2] 유관의 질량 $dm$은 $\rho dA \cdot ds$이고 가속도 $a_s$는 $\frac{ds}{dt} = v\frac{dv}{ds}$이다. 이것을 식 (3.11)에 대입하여 위의 식과 같게 놓으면 $-dpdA - \rho gdA \cdot dz = \rho dA\, dsv\frac{dv}{ds}$가 성립하며, 이 식을 $\rho dA \cdot ds$로 나눈 후 간단히 하면

$$\frac{dp}{\rho} + vdv + gdz = 0 \tag{3.13}$$

을 얻을 수 있다.

식 (3.13)은 Newton의 제2법칙을 이상유체의 입자운동에 적용하여 얻은 식으로 이것을 정상류에 대한 **Euler의 운동 방정식(Euler's equation of motion)**이라 한다.

## 3-5 Bernoulli의 원리(에너지 보존의 법칙)

Euler 운동방정식(force balance를 세운 식)

$$\frac{1}{\rho}\frac{dp}{ds} + v\frac{dv}{ds} + g\frac{dz}{ds} = 0 \tag{3.14}$$

변위 $s$에 대하여 적분하면 [힘]×[변위]가 되어서 유선을 따라서 유체가 가지는 energy (work)가 된다.

$$\int \frac{dp}{\rho} + \frac{v^2}{2} + gz = \text{constant} \tag{3.15}$$

**이상유체가 유선 위의 임의 점에서 보유하는 여러 에너지 꼴의 총합은 일정불변이다.**

**: Bernoulli의 원리**

**reference**

Bernoulli식 유도의 가정

① 이상유체(ideal fluid)

② 정상류(steady flow)

③ 유선(stream line)을 따라 성립

④ 밀도가 압력의 함수이다.

### 1) 비압축성 유체($\rho$=constant)인 경우(J/kg으로 표현)

$$\underset{\text{비압력E}}{\frac{p}{\rho}} + \underset{\text{비운동E}}{\frac{v^2}{2}} + \underset{\text{비위치E}}{gz} = \text{constant}\ (= gH) \tag{3.16}$$

질량 1kg의 유체가 가지는 에너지의 총합은 유선에 따라 변하지 않는다. 단위는 N · m/kg = J/kg으로 단위질량의 유체가 가지는 에너지이다.

### 2) 두(head, m)로 표현(단위 : m = N · m/N = J/N)

두(head)는 단위중량의 유체가 갖는 에너지로 표시

$$\underset{\substack{\text{압력두}\\ \text{(pressure head)}}}{\frac{p}{\rho g}} + \underset{\substack{\text{속도두}\\ \text{(velocity head)}}}{\frac{v^2}{2g}} + \underset{\substack{\text{위치두}\\ \text{(potential head)}}}{z} = \text{constant}\ (= H) \tag{3.17}$$

유선을 따라 단위중량의 유체가 갖는 에너지의 총합(압력두 + 속도두 + 위치두)은 같다(Bernoulli 정리).

### 3) 압력[Pascal]으로 표현(에너지를 압력의 차원으로 표시)

$$\underset{\substack{\text{정압}\\ \text{(static pressure)}}}{P} + \underset{\substack{\text{동압}\\ \text{(dynamic pressure)}}}{\frac{\rho v^2}{2}} + \underset{\substack{\text{퍼텐셜압력}\\ \text{(potential pressure)}}}{\rho g z} = \text{constant} \tag{3.18}$$

에너지를 압력의 단위[$N/m^2$ = Pa]로 나타낸 것으로 비압축성유체를 다룰 때 사용한다. 전압(total pressure)은 정압과 동합의 합이다.

**reference**

Bernoulli 정리에 의한 에너지선(에너지 경사선, energy line)과 수력기울기선(동수경사선, Hydraulic grade line)

$$EL = HGL + \frac{v^2}{2g}$$

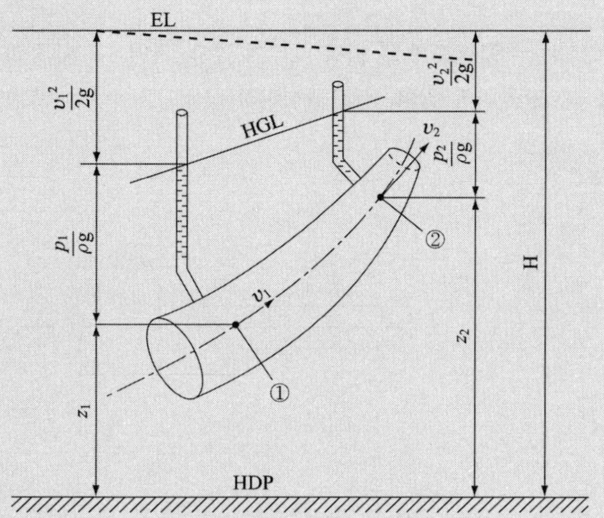


Bernoulli 정리의 도식표현

여기서 EL : Energy line(에너지선)
HGL : Hydraulic grade line(동수경사선)

$p/\rho g$는 피에조미터의 액주이며 Energy line이 ①, ② 지점에서 같은 것은 ideal fluid이기 때문이다. 실제 유체에서는 점선의 에너지선을 가진다. 이는 마찰손실(friction loss) 때문이다.

### example 3-13

내경 100mm의 수평배관 내로 물이 5m/s의 속도로 흐르고 있다. 배관내에 작용하는 압력은 $2.5\text{kg}_f/\text{cm}^2$이다. 이 배관내의 전수두($\text{mH}_2\text{O}$)는 얼마인가?

풀이

베르누이 방정식에서

(1) 속도수두 $= \dfrac{v^2}{2g} = \dfrac{5^2}{2\times 9.8} = 1.27\text{m}$

(2) 압력수두 $= \dfrac{p}{\gamma} = \dfrac{2.5\times 10^4}{1{,}000} = 25\text{m}$

∴ 전수두 = 속도수두 + 압력수두 $= 1.27 + 25 = 26.27\text{m}$

### example 3-14

내경이 100mm의 수평배관내로 물이 흐르고 있는데 이 때 압력이 $3\text{kg}_f/\text{cm}^2$이고 이 때 전수두는 39m이다. 배관내를 흐르는 물의 유속은 얼마인가?

풀이

베르누이 정리에 의하여

$$\frac{v^2}{2g} + \frac{p}{\gamma} + z = H, \qquad \frac{v^2}{2\times 9.8} + \frac{3\times 9.8\times 10^4\ \text{N/m}^2}{1{,}000\text{kg/m}^3\times 9.8\text{m/s}^2} = 39$$

$\therefore v = 13.28\text{m/sec}$

### example 3-15

지름 $d_1 = 40\text{cm}$에서 $d_2 = 80\text{cm}$로 확대되는 수평관로 속을 물이 흐르고 있다. 단면 1의 유속과 압력이 각각 $V_1 = 4\text{m/s}$, $P_1 = 98\text{kPa}$일 때, 단면 2의 압력 $P_2$를 구하여라.

**풀이**

$$\frac{p_1}{\gamma}+\frac{V_1^2}{2g}=\frac{p_2}{\gamma}+\frac{V_2^2}{2g}$$

$$p_2 = p_1 + \frac{\gamma}{2g}\left(V_1^2 - V_2^2\right)$$

$$V_2 = V_1 \times \left(\frac{d_1}{d_2}\right)^2 = 4 \times \left(\frac{40}{80}\right)^2 = 1[\text{m/s}]$$

$$\therefore p_2 = 98 + \frac{9.8}{2\times 9.8}(4^2 - 1^2)$$

$$= 105.5[\text{kPa}]$$

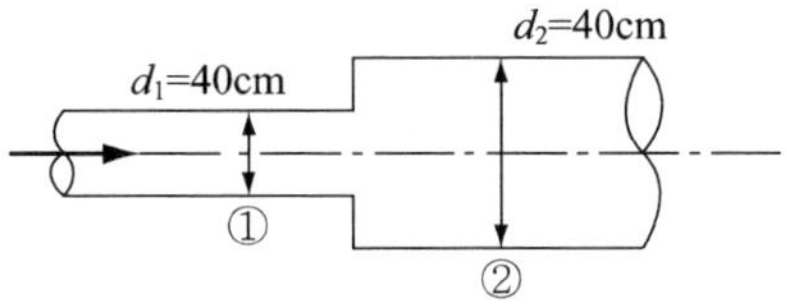


### example 3-16

수평도관으로 공기를 수송하고 있다. 관의 단면적이 $0.50\text{m}^2$에서 $0.12\text{m}^2$로 감소하는 축소관이다. 손실이 없는 것으로 하여 $6.66\text{N/s}$의 공기(비중량 $12.1\text{N/m}^3$)가 흐를 때 정압(靜壓)의 감소는 얼마인가?

**풀이**

연속방정식 $\rho_1 g A_1 V_1 = \rho_2 g A_2 V_2 = G$에서

$$Q = \frac{G}{\rho g} = \frac{6.66}{12.1} = 0.55\text{m}^3/\text{s}$$

따라서 $A_1 V_1 = A_2 V_2 = Q$에 의하여

$$v_1 = \frac{0.55}{0.50} = 1.1\text{m/s},\ v_2 = \frac{0.55}{0.12} = 4.58\text{m/s}$$

두 단면 사이에 Bernoulli의 식 $\left(\frac{p_1}{\rho g}+\frac{v_1^2}{2g}+z_1 = \frac{p_2}{\rho g}+\frac{v_1^2}{2g}+z_2\right)$ 을 적용하면 도관은 수평으로 설치되어 있으므로 $z_1 = z_2$ 따라서

$$\frac{p_1}{\rho g}+\frac{v_1^2}{2g}=\frac{p_2}{\rho g}+\frac{v_2^2}{2g} \quad \therefore \frac{p_1 - p_2}{\rho g} = \frac{v_2^2 - v_1^2}{2g} = \frac{4.58^2 - 1.1^2}{2\times 9.81} = 1.01\text{m}$$

$$\therefore p_1 - p_2 = 1.01 \times 12.1 = 12.221\text{Pa}$$

**example 3-17**

그림과 같은 관을 물이 흐를 때 단면 II의 압력 $p_2$, 속도 $v_2$, 그리고 압력수두를 구하여라.
(단, $p_1 = 2\text{kg}_f/\text{cm}^2$, $v_1 = 1.8\text{m/s}$, $d_1 = 50\text{cm}$, $d_2 = 30\text{cm}$이다.)

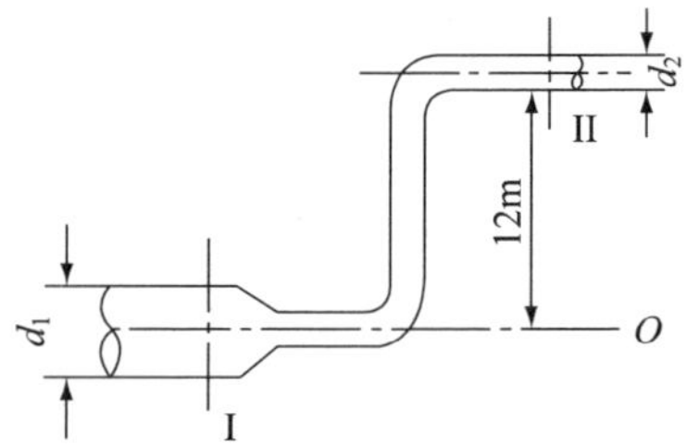


**풀이**

$Q = A_1 v_1 = A_2 v_2$에서 $v_2 = \dfrac{A_1}{A_2} v_1$

여기서 $d_1 = 50\text{cm} = 0.5\text{m}$, $d_2 = 30\text{cm} = 0.3\text{m}$, $v_1 = 1.8/\text{s}$이므로

$$v_2 = \frac{\pi \times 0.5^2}{4} \times \frac{4}{\pi \times 0.3^2} \times 1.8 = 5(\text{m/s})$$

베르누이 정리

$$z_1 + \frac{p_1}{r} + \frac{v_1^2}{2g} = z_2 + \frac{p_2}{r} + \frac{v_2^2}{2g} \text{에서} \quad \frac{p_2}{r} = z_1 - z_2 + \frac{p_1}{r} + \frac{v_1^2 - v_2^2}{2g}$$

여기서 $z_1 = 0$, $z_2 = 12\text{m}$, $p_1 = 2\text{kg}_f/\text{cm}^2 = 2 \times 10^4 \text{kg}_f/\text{m}^2$

$$\therefore \frac{p_2}{r} = 0 - 12 + \frac{20{,}000}{1{,}000} + \frac{1.8^2 - 5^2}{2 \times 9.8} = 6.9(\text{m})$$

$$p_2 = 6.9 \times 1{,}000 = 6{,}900\text{kg}_f/\text{m}^2 = 0.69(\text{kg}_f/\text{cm}^2)$$

## 3-6 수정된 Bernoulli 원리

Bernoulli 방정식은 이상유체에 대한 식이므로 이를 실제유체에 적용하고 펌프 및 수차에 적용하는 경우에는 보다 확장되고 수정된 베르누이 방정식을 사용하여야 한다. 관로의 마찰손실을 고려한 수정(modified) Bernoulli 방정식은 다음과 같다.

$$\frac{p_1}{\rho g}+\frac{v_1^2}{2g}+z_1=\frac{p_2}{\rho g}+\frac{v_2^2}{2g}+z_1+h_\ell\,[\mathrm{m}] \tag{3.19}$$

여기서 $h_\ell$ : 손실두(loss head)

아울러 펌프(pump)는 기계적 에너지를 액체의 압력에너지로 변환하여 낮은 곳(저압)에 있는 액체를 높은 곳(고압)으로 수송하는 역할을 한다. 반대로 수차(water turbine)는 높은 곳에 있는 물을 아래로 떨어뜨려 그 위치에너지를 수차에 공급함으로써 기계적 에너지(출력)를 얻는 역할을 한다. 따라서 펌프를 거쳐 흐르는 유체는 Bernoulli의 식의 에너지 외에 펌프에 의하여 부가되는 기계적 에너지 $E_P$[J/kg]만큼 증가하게 되고 수차에 있어서는 이것이 추출(抽出)하는 기계적 에너지 $E_T$[J/kg] 만큼 역시 증가하게 된다. 따라서 에너지방정식은 다음과 같이 된다.

$$\text{펌프 : }\frac{p_1}{\rho}+\frac{v_1^2}{2}+gz_1+E_P=\frac{p_2}{\rho}+\frac{v_2^2}{2}+gz_2\,[\mathrm{J/kg}] \tag{3.20}$$

$$\text{수차 : }\frac{p_1}{\rho}+\frac{v_1^2}{2}+gz_1=\frac{p_2}{\rho}+\frac{v_2^2}{2}+gz_2+E_T\,[\mathrm{J/kg}] \tag{3.21}$$

**reference**

**소방수리학의 EL과 HGL**

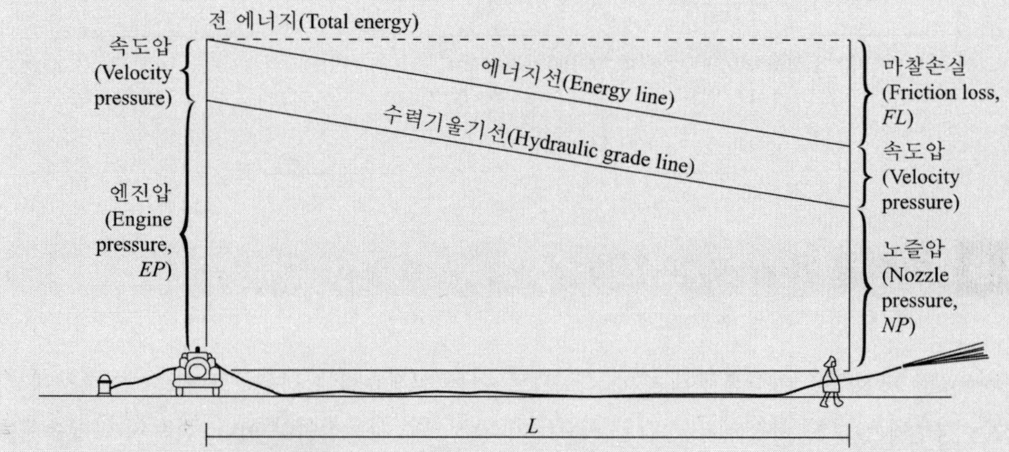


엔진압(EP) + 속도압(동압, VP) = 노즐압(NP) + 속도압(동압, VP) + 마찰손실(FL)

속도압(velocity pressure)은 같기 때문에, 엔진압 = 노즐압 + 마찰손실

**example 3-18**

다음 그림과 같이 내경이 각각 100mm, 50mm인 두 배관이 수평으로 직결된 상태에서 화살표의 방향으로 정상류의 물이 흐르고 있다. 이 때 압력계 $A, B$에서의 지시 수압은 각각 $4.5\,\text{kg}_f/\text{cm}^2$ 및 $4.0\text{kg}_f/\text{cm}^2$이며, 내경 100mm의 배관에서 측정된 유속은 1m/sec이었다. $A-B$간에 발생된 마찰 손실수두는 얼마인가?(단, 중력가속도는 $9.8\text{m/s}^2$이며, 물의 열역학적인 상태 변화는 무시한다.)

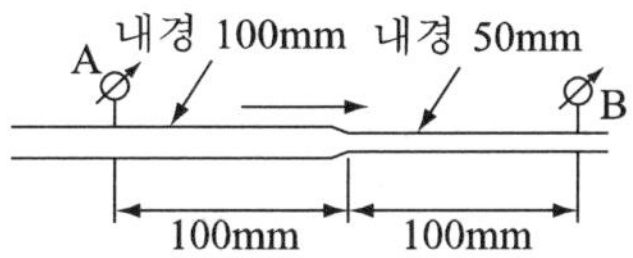


**풀이**

수정된 Bernoulli 방정식에서

$$\frac{p_1}{r}+\frac{v_A^2}{2g}=\frac{p_2}{r}+\frac{v_B^2}{2g}+H_\ell$$

$$=\frac{4.5\times10^4}{1{,}000}+\frac{1^2}{2\times9.8}=\frac{4\times10^4}{1{,}000}+\frac{4^2}{2\times9.8}+H_\ell$$

$$\therefore\ H_\ell=4.23\text{m}$$

**example 3-19**

지름이 200mm인 관에서 속도는 0.2m/s이고 압력은 300kPa로 유동하는 물이 지름이 100mm인 수축된 수평관으로 연결되어 흐를 때 압력은 몇 kPa인가?(단, 수축 전후 사이의 손실수두 2m였다.)

**풀이**

$$v_2=\left(\frac{d_1}{d_2}\right)^2 v_1=\left(\frac{200}{100}\right)^2\times0.2=0.8(\text{m/s})$$

베르누이 방정식에서

$$\frac{p_1}{r}+\frac{v_1^2}{2g}=\frac{p_2}{r}+\frac{v_2^2}{2g}+H_\ell$$

$$\frac{300{,}000}{9{,}801}+\frac{(0.2)^2}{19.62}=\frac{p_2}{9{,}801}+\frac{(0.8)^2}{19.62}+2$$

$$p_2=9{,}801\times\left(-2+\frac{300{,}000}{9{,}801}+\frac{(0.04-0.64)}{19.62}\right)=279{,}823.05\text{Pa}=279.823\text{kPa}$$

### example 3-20

그림과 같이 펌프의 압력계가 출구쪽에서 440kPa, 입구쪽에서 $-30$kPa을 나타내고 있을 때 펌프가 물에 공급한 에너지는 얼마인가? 단, 도중에 에너지의 손실은 없고 또 출구쪽 압력계는 입구쪽의 것보다 60cm 높은 곳에 있으며 흡입관과 송출관의 지름은 같다. 또 물의 밀도는 $\rho=998\text{kg/m}^3$이다. 또 펌프의 유량이 $3\text{m}^3/\text{min}$일 때 펌프의 동력은 얼마인가?

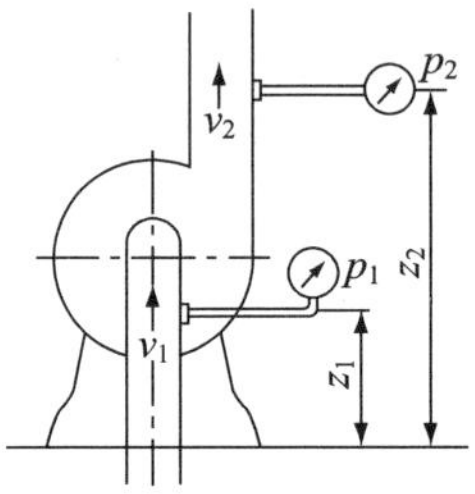


**풀이**

$$\frac{p_1}{\rho}+\frac{v_1^2}{2}+gz_1+E_p=\frac{p_2}{\rho}+\frac{v_2^2}{2}+gz_2\text{에서}$$

$$E_p=\frac{p_2-p_1}{\rho}+\frac{v_2^2-v_1^2}{2}+g(z_2-z_1)$$

그런데 흡입관과 송출관의 지름은 같으므로 물의 유속은 같다.

즉, $v_1=v_2$

또 $z_2-z_1=0.6\text{m}$, $g=9.81\text{m/s}^2$을 위 식에 대입하면

$$E_p=\frac{(440+30)\times10^3}{998}+0+9.81\times0.6=477\text{J/kg}$$

전(全)수두 $H$와 비에너지 $E_p$는 $E_p=gH$의 관계에 있고 펌프의 동력 $L$은 질량유량 $\rho Q$와 비에너지 $gH$와의 곱이 되므로

$$L=\rho QgH=\rho QE_P=998\times\frac{3}{60}\times477\ =23{,}802\text{W}=23.8\text{kW}$$

### example 3-21

다음 그림과 같은 흡입관과 송출관의 지름이 동일한 펌프에서 펌프의 운전 중 압력계는 20mAq, $(2\text{kg}_\text{f}/\text{cm}^2)$ 진공계는 73.5mmHg이었다. 압력계와 진공계의 거리가 0.4m일 경우 펌프의 전양정은 얼마인가? (단, 마찰손실은 무시한다.)

**풀이**

수정된 베르누이 방정식(손실수두는 무시한다.)

$$\frac{p_1}{\rho g}+\frac{v_1^2}{2g}+z_1+H=\frac{p_2}{\rho g}+\frac{v_2^2}{2g}+z_2[\text{m}]$$

여기서, $H$는 pump의 양정이다. 양정은 pump가 물을 올릴 수 있는 높이를 의미한다.

$$H=\frac{p_2-p_1}{\rho g}+\frac{v_2^2-v_1^2}{2g}+(z_2-z_1)$$

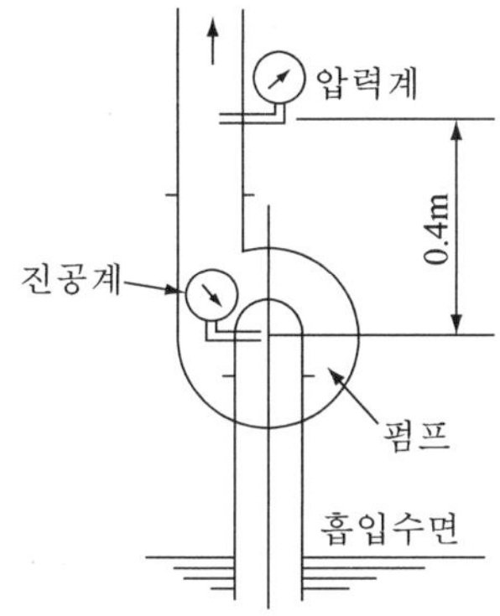


진공계 위치 ①, 압력계 위치는 ②이다.

흡입관과 송출관의 내경이 같으므로 $v_1=v_2$

① 압력계 $p_2/\rho g=20\text{m}$ [압력수두]

② 진공계 $p_1=73.5\text{mmHg}$

$$p_1=73.5\text{mmHg}\times\frac{10.332\text{mAq}}{760\text{mmHg}}=1\text{mAq}\ \text{[압력수두]}$$

즉 진공계는 $-1\text{mAq}$에 해당된다.

③ 압력계와 진공계의 거리 $z_2-z_1=0.4\text{m}$, pump의 전양정

$\therefore\ H=20+1.0+0.4=21.4\text{m}$

## 3-7 Bernoulli 방정식의 응용

### [1] Torricelli의 정리(오리피스 관)

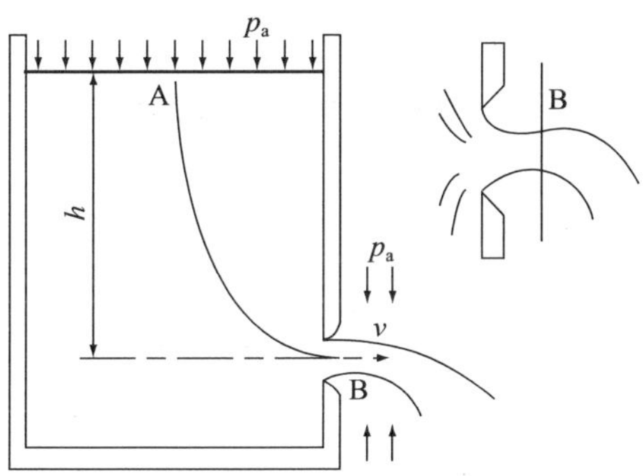


**그림 3-10** 오리피스

수조의 측면에 작은 구멍(오리피스)을 열어 유출시킬 경우, 수조에서의 공기저항과 배출구에서의 마찰을 무시할 때 오리피스에서 나오는 흐름의 유속 $V$는 수두 $h$의 제곱근에 비례한다.

$$V=\sqrt{2gh} \tag{3.22}$$

이 식은 수면 $A$ 점과 오리피스 중심점 사이에 Bernoulli 방정식을 사용하면 다음과 같은 식을 구할 수 있다. 중심점을 수평기준면으로 하면,

$$\frac{p_A}{r}+\frac{v_A^2}{2g}+h=\frac{p_o}{r}+\frac{v_o^2}{2g}+o \tag{3.23}$$

여기서 $A$점이나 오리피스 중심점은 대기압을 받으므로 $p_a = p_o = o$이고 접근유속 $v_A$는 $v_o$에 비해 매우 작아 무시하면 위 식은

$$h=\frac{v_o^2}{2g} \quad \therefore\ v_o=\sqrt{2gh} \tag{3.24}$$

### [2] 벤츄리미터(venturi meter)

벤츄리미터는 유량을 측정하는 계량기로써 관의 일부에 단면을 축소하여 압력수두차가 생기게하여 이를 계속한다.

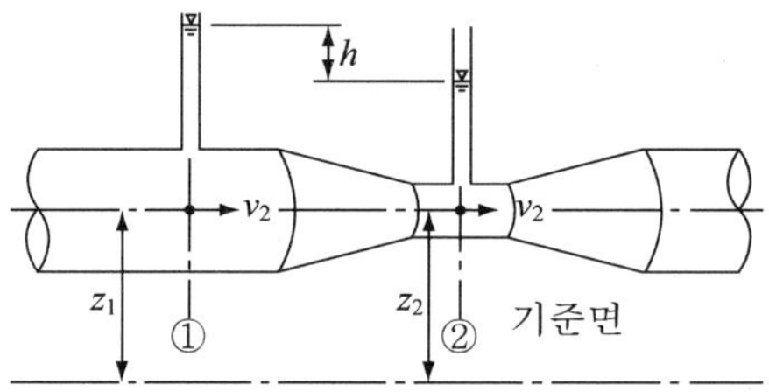


**그림 3-11** 벤츄리미터

단면 ①과 단면 ②에 베르누이의 정리를 적용하면

$$z_1+\frac{v_1^2}{2g}+\frac{p_1}{\rho g}=z_2+\frac{v_2^2}{2g}+\frac{p_2}{\rho g} \tag{3.25}$$

관축을 수평으로 두면 $z_1 = z_2$가 된다.

$$\frac{p_1}{\rho g}-\frac{p_2}{\rho g}=\frac{v_2^2-v_1^2}{2g} \tag{3.26}$$

단면 ①, ②를 흐르는 유량은 일정하므로, $Q = A_1 v_1 = A_2 v_2$라 할 수 있다. 그러므로 $v_1 = Q/A_1$, $v_2 = Q/A_2$가 되며, 이를 위 식에 대입하면

$$\frac{p_1}{\rho g}-\frac{p_2}{\rho g}=\frac{\left(\frac{Q}{A_2}\right)^2-\left(\frac{Q}{A_1}\right)^2}{2g}=\frac{Q^2}{2g}\left(\frac{1}{A_2^2}-\frac{1}{A_1^2}\right)=\frac{Q^2}{2g}\left(\frac{A_1^2}{A_1^2A_2^2}-\frac{A_2^2}{A_1^2A_2^2}\right)$$

$$\therefore \frac{p_1}{\rho g}-\frac{p_2}{\rho g}=\frac{Q^2}{2g}\left(\frac{A_1^2-A_2^2}{A_1^2A_2^2}\right) \tag{3.27}$$

위 식의 $(p_1/\rho g)-(p_2/\rho g)$는 압력수두차 $H$이므로

$$Q=\frac{A_1A_2}{\sqrt{A_1^2-A_2^2}}\sqrt{2gH} \tag{3.28}$$

압력수두차 $H$가 커서 시차액주계를 달았을 때, 수은면 차이를 $h$라 하면 다음과 같다. 여기서 $p_1$관에 흐르는 유체의 밀도, $p_2$는 액주계 유체를 의미한다.

$$Q=\frac{A_1A_2}{\sqrt{A_1^2-A_2^2}}\sqrt{2gh\left(\frac{p_2}{p_1}-1\right)} \tag{3.29}$$

### [3] 피토관(pitot-tube)

양단이 개구되어 있는 1개의 관을 직각으로 굽힌 것을 피토관(pitot tube)이라 한다. 이는 정압과 동압을 이용하여 국부유속을 측정하는 장치이다.

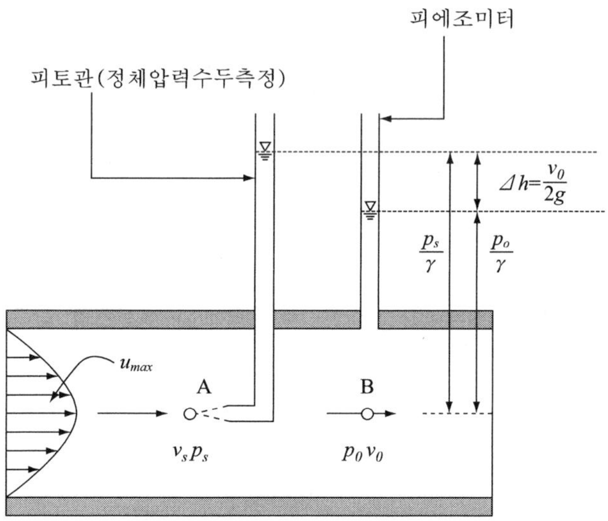


**그림 3-12** 피토관

$A$점과 $B$점 사이에 베르누이 방정식을 관 중심선을 수평기준면으로 하여 적용하면

$$\frac{p_s}{r}+\frac{v_s^2}{2g}=\frac{p_0}{r}+\frac{v_0^2}{2g} \tag{3.30}$$

$A$점부터 파선으로 연결된 피토관 개구까지는 흐름이 없는 정체구간(stagnant region)으로 $v_s=0$이 되며,

$$v_0=\sqrt{2g\left(\frac{p_s}{\gamma}-\frac{p_0}{\gamma}\right)}=\sqrt{2g\triangle h} \tag{3.31}$$

으로 정리될 수 있다.

여기서 피토관은 정체 압력수두 $\left(\frac{p_s}{r}\right)$를 구하기 위한 것이고, 피에조 미터(piezo meter)는 정압력 수두 $\left(\frac{p_0}{r}\right)$를 구하기 위한 것이며, 속도 수두의 차이가 $\Delta h$가 된다.

**example 3-22**

오른쪽 그림과 같이 유체의 높이가 20m되는 탱크의 밑면에서 유출되는 유체의 속도(m/sec)는?

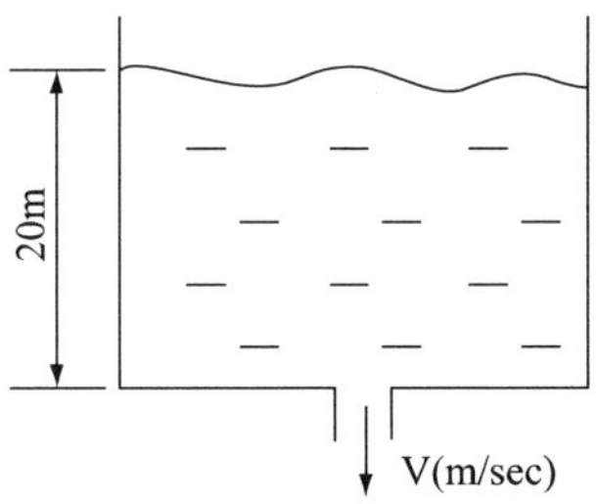


풀이

$V=\sqrt{2gh}=\sqrt{2\times 9.8\times 20}=19.8(\mathrm{m/s})$

**example 3-23**

관 속에 물이 흐르고 있다. 피토관을 수은이 든 U자관에 연결하여 전압과 정압을 측정한 바 700mm의 액면차가 생겼다. 피토관 위치에 있어서의 유속[m/s]는?

풀이

피토관(pitot tube)

$$V=\sqrt{2gh\left(\frac{\gamma_{Hg}}{\gamma_{H_2O}}-1\right)}=\sqrt{2\times 9.8\times 0.7\left(\frac{13.6}{1}-1\right)}=13.15[\mathrm{m/sec}]$$

**example 3-24**

다음 그림과 같은 물탱크에 노즐(nozzle)을 달았을 경우 출구속도와 유량은?

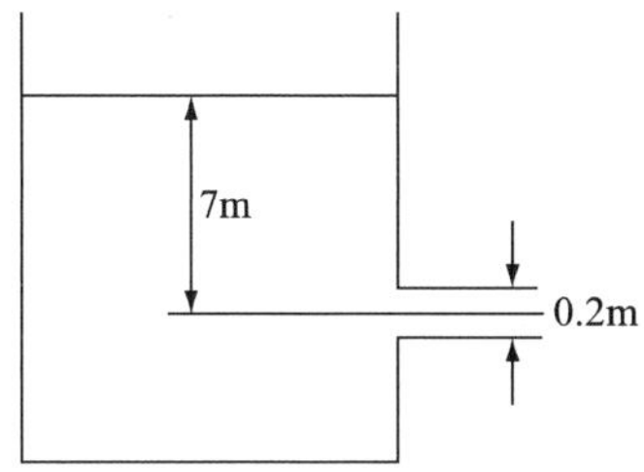


**풀이**

$V=\sqrt{2gh}=\sqrt{2\times 9.8\times 7}=11.7\text{m/s}$

$Q=AV=\frac{\pi}{4}(0.2)^2\times 11.7=0.3676\text{m}^3/\text{s}$

**example 3-25**

깊이 1m까지 물을 놓은 물탱크의 밑에 오리피스가 있다. 수면에 대기압이 작용할 때의 2배 유속으로 오리피스에서 물을 유출할 때 수면에는 얼마의 압력을 가하면 되는가?(단, 손실은 무시한다.)

**풀이**

$V_1=\sqrt{2gH}=\sqrt{2\times 9.8\times 1\text{m}}=4.43\text{m/s}$

$V_2=2V_1=2\times 4.43=8.86\text{m/sec}\quad H=\frac{V_2^2}{2g}=\frac{(8.86)^2}{2\times 9.8}=4\text{m}$

$\therefore\ P=\gamma h=1{,}000\text{kg}_\text{f}/\text{m}^3\times(4-1)\text{m}=3{,}000\text{kg}_\text{f}/\text{m}^2$

이것을 단위환산하면

$$\frac{3{,}000\text{kg}_\text{f}/\text{m}^2}{10{,}332\text{kg}_\text{f}/\text{m}^2}\times 101.3\text{kPa}=29.41\text{kPa}$$

## example 3-26

다음 그림과 같이 탱크의 측면에서 설치된 노즐에서 물이 유출되고 있다. 노즐에서의 총 손실 수두는 $\dfrac{3v^2}{2g}$이다. 노즐로 유출되는 물의 유속(m/s)은 얼마인가?

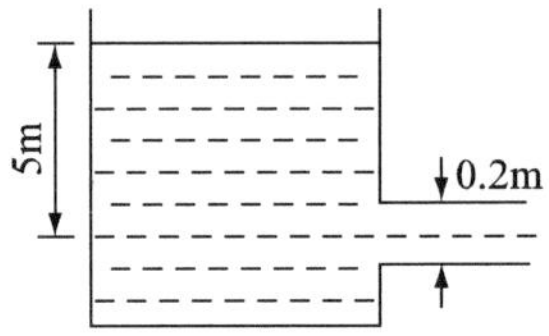


**풀이**

베르누이 정리에서

$$\frac{v_1^2}{2g}+\frac{p_1}{\gamma}+z_1=\frac{v_2^2}{2g}+\frac{p_2}{\gamma}+z_2+h_1$$

$v_1=0,\ p_1=p_2=0,\ z_1=z_2$이므로 $\dfrac{v^2}{2g}+\dfrac{3v^2}{2g}=5-\dfrac{0.2}{2}\quad \dfrac{4v^2}{2g}=4.9$

$$\therefore\ v=\sqrt{\frac{2\times 9.8\times 4.9}{4}}=4.9\text{m/s}$$

# 연습문제

## ▶ 객관식

1. 다음 중 배관 내의 유량을 측정하기 위하여 사용되는 기계·기구가 아닌 것은?

① 마노미터　② 벤츄리미터
③ 오리피스미터　④ 로타미터

풀이 마노미터 : 관속의 압력을 측정
종류 : 1) differential manometer(시차액주계)
2) micro-manometer(미압계)
3) inclined micro manometer(경사 미압계)

답 : ①

2. 다음 그림과 같이 두 개의 가벼운 공사이로 빠른 기류를 불어넣으면 공은 어떻게 되겠는가?

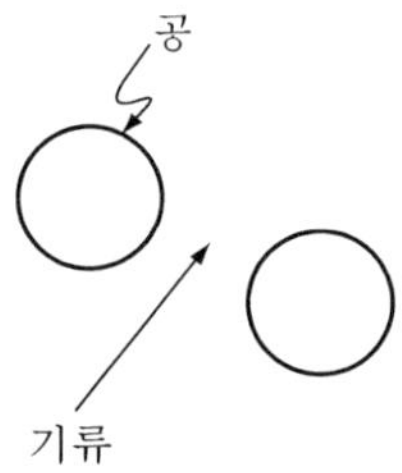


① 베르누이 법칙에 따라 달라붙는다.
② 베르누이 법칙에 따라 벌어진다.
③ 뉴턴의 법칙에 따라 달라붙는다.
④ 뉴턴의 법칙에 따라 벌어진다.

풀이 베르누이 방정식에 의해 두 개의 공 사이에 압력이 작아지므로 서로 달라붙는다.

답 : ①

3. 오른쪽 그림과 같이 공을 회전시켜 던졌다. $A$점에서 공을 바라본다면 공은 어느 쪽으로 운동할까?

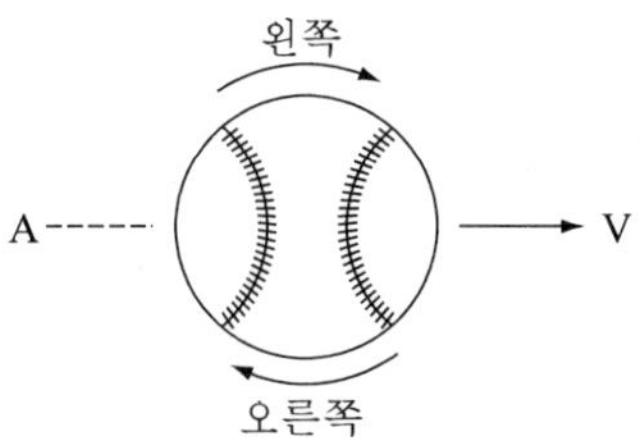


① 뉴턴의 제3법칙에 의하여 왼쪽으로 운동한다.
② 뉴턴의 제3법칙에 의하여 오른쪽으로 운동한다.
③ 베르누이의 정리에 의하여 왼쪽으로 운동한다.
④ 베르누이의 정리에 의하여 오른쪽으로 운동한다.

풀이 베르누이의 정리에 의하여 공의 왼쪽은 공의 속도와 공기속도 $V$가 서로 상쇄되어 기류속도는 감소되므로 압력은 증가하지만 오른쪽에서는 중첩되어 기류속도가 증가하므로 압력은 감소한다. 즉, $p_1 > p_2$이므로 공은 오른쪽으로 구부러진다.

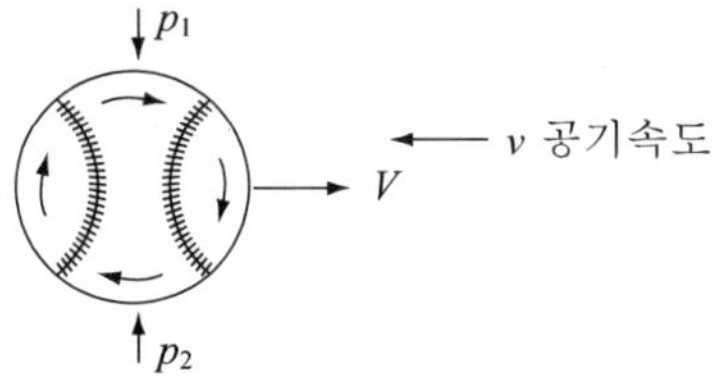


답 : ④

4. 배관 내를 흐르는 물의 속도가 7[m/s]이며, 배관 내에 작용하는 압력은 $2.5[kg_f/cm^2]$이다. 속도수두$[mH_2O]$와 압력수두$[mH_2O]$의 값으로 옳은 것은?

① 속도수두 2.5, 압력수두 2.5
② 속도수두 25, 압력수두 25
③ 속도수두 2.5, 압력수두 25
④ 속도수두 25, 압력수두 2.5

풀이 $v = 7[m/s]$ $\quad p = 2.5[kg_f/cm^2] = 2.5 \times 10^4 [kg_f/m^2]$

속도수두 : $\frac{v^2}{2g} = \frac{7^2}{2 \times 9.8} = 2.5[m]$

압력수두 : $\frac{p}{\gamma} = \frac{2.5 \times 10{,}000}{1{,}000} = 25[m]$

답 : ③

5. 내경의 변화가 없는 곧은 수평 배관 속에서 정상류의 물의 흐름에 관계되는 다음의 설명 중 옳은 것은 어느 것인가?

① 물의 압력수두는 배관의 모든 부분에서 같다.
② 물의 속도수두는 배관의 모든 부분에서 같다.
③ 물의 속도수두와 압력수두의 총합은 배관의 모든 부분에서 같다.
④ 배관의 어느 부분에서도 물의 위치 에너지는 존재하지 않는다.

풀이 베르누이 정리에 의해서 곧은 원관내를 흐르는 물이 정상류일 경우에는 관내의 어느 지점에서도 전 수두 ($H$, m)와 같이 일정하다.

$\frac{p_1}{\gamma} + \frac{v_1^2}{2g} + z_1 = \frac{p_2}{\gamma} + \frac{v_2^2}{2g} + z_2 = H$가 일정하다.

답 : ③

6. 비압축성 유체가 배관속의 $AB$지점을 정상류의 상태로 그림 (1)과 같이 흘러가고 있다. $AB$ 지점 사이에 기존배관과 동일한 직경의 분기 배관을 그림 (2)와 같이 설치할 경우, $B$지점에서의 압력 및 유량에 관한 설명 중 옳은 것은?(단, $A$지점에서의 압력 및 유량은 그림 (1), (2)의 경우 모두 동일하다.)

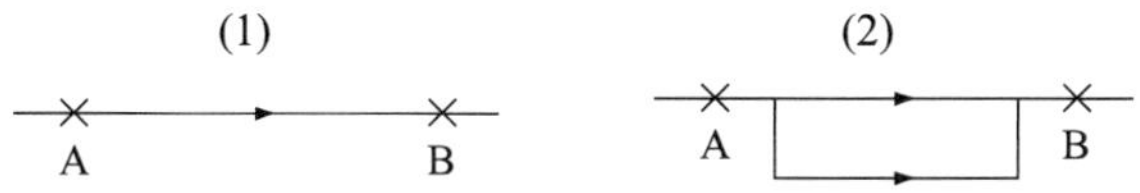


① 압력은 (1)의 경우가 높고, 유량은 (2)의 경우가 많다.
② 압력은 (2)의 경우가 높고, 유량은 (1)의 경우가 많다.
③ 압력은 (2)의 경우가 높고, 유량은 (1), (2)의 경우 모두 동일하다.
④ 압력과 유량 모두 (1), (2)의 경우가 동일하다.

**풀이** 비압축성 유체인 경우, 배관이 분기되기 전과 분기 후 합류된 배관내에서의 압력과 유량은 일정하다.

답 : ④

**7.** 위치 수두가 동일한 수평배관 내에서의 전수두($H$)산출식으로 옳은 것은?

① $\frac{p_1}{\gamma}-\frac{v_1^2}{2g}=\frac{p_2}{\gamma}-\frac{v_2^2}{2g}=H$

② $\frac{p_1}{\gamma}+\frac{v_1^2}{2g}=\frac{p_2}{\gamma}+\frac{v_2^2}{2g}=H$

③ $\frac{p_1}{\gamma}+\frac{v_1^2}{2g}-z_2=\frac{p_2}{\gamma}+\frac{v_2^2}{2g}-z_1=H$

④ $\frac{p_1}{\gamma}-\frac{v_1^2}{2g}+z_2=\frac{p_2}{\gamma}-\frac{v_2^2}{2g}+z_1=H$

**풀이** 전수두($H$) = 압력수두 + 속도수두 + 위치수두

$$\frac{p_1}{\gamma}+\frac{v_1^2}{2g}+z_1=\frac{p_2}{\gamma}+\frac{v_2^2}{2g}+z_2$$

위치수두가 같으므로

$$H=\frac{p_1}{\gamma}+\frac{v_1^2}{2g}=\frac{p_2}{\gamma}+\frac{v_2^2}{2g}$$

답 : ②

**8.** 관내의 물의 속도가 $12[\mathrm{m/s}]$, 압력이 $1.05[\mathrm{kg_f/cm^2}]$이다. 속도수두와 압력수두는?(단, 중력가속도는 $9.8[\mathrm{m/s^2}]$이다)

① 5.10[m], 9.52[m]
② 5.10[m], 10.3[m]
③ 5.35[m], 10.3[m]
④ 5.35[m], 10.52[m]

**풀이** $v=12[\mathrm{m/s}]$ $p=1.05[\mathrm{kg_f/cm^2}]=1.05\times10^4[\mathrm{kg_f/m^2}]$, $\gamma=1{,}000\mathrm{kg_f/m^3}$

속도수두 : $H=\frac{v^2}{2g}=\frac{12^2}{2\times9.8}=7.35[\mathrm{m}]$, 압력수두 : $H=\frac{p}{\gamma}=\frac{1.05\times10^4}{1{,}000}=10.5=[\mathrm{m}]$

답 : ②

9. Reynold수의 물리적 의미를 옳게 설명한 것은?

① $\frac{점성력}{관성력}$　　② $\frac{관성력}{점성력}$

③ $\frac{점성력}{중력}$　　④ $\frac{중력}{관성력}$

풀이 레이놀즈수는 관성력/점성력이다.

답 : ②

10. 질량 유량이 1,350kg/s인 물이 다음 그림과 같은 통로를 흐르고 있다. ㉮, ㉯ 점에서의 평균 속도는 몇 m/s인가?

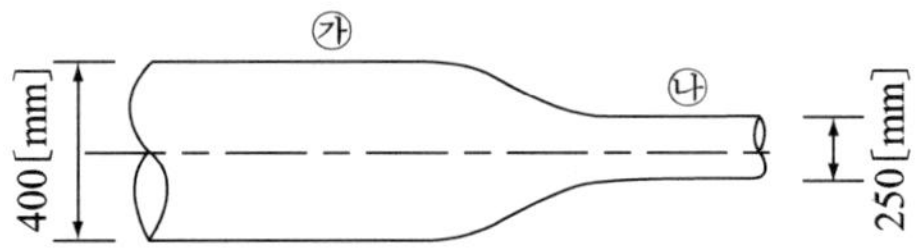


① 10.74m/s, 27.50m/s
② 12.45m/s, 28.5m/s
③ 18.4m/s, 28.5m/s
④ 20.4m/s, 27.50m/s

풀이 $W_1 = W_2$ $W = AV$이므로

$$V_1 = \frac{W_1}{A_1 \rho_1} = \frac{1,350\text{kg/s}}{\frac{\pi(0.4)^2}{4} \times 1,000} = 10.74\text{m/s}$$

$$V_2 = \frac{W_2}{A_2 \rho_2} = \frac{1,350\text{kg/s}}{\frac{\pi(0.25)^2}{4} \times 1,000} = 27.50\text{m/s}$$

답 : ①

11. 내경이 서로 상이한 배관 내에 비중이 일정한 물질이 흐르는 경우, 연속의 방정식으로 적합하지 않은 것은? (단, 물질의 밀도는 $\rho$이며, 비중량은 $\gamma$이다. 면적은 $A$로 한다.)

① $Q = A_1 V_1 = A_2 V_2$
② $m = \gamma A_1 V_1 = \gamma A_2 V_2$
③ $G = \gamma A_1 V_1 = \gamma A_2 V_2$
④ $m = \rho A_1 V_1 = \rho A_2 V_2$

풀이 $Q = AV$　　$S = \frac{\gamma}{\gamma_\omega} = \frac{\rho}{\rho_\omega}$

$m = \rho AV$　　$\gamma = S\gamma_\omega$

$G = \gamma AV$　　$\rho = S\rho_\omega$

$$\begin{bmatrix} Q = A_1 V_1 = A_2 V_2 \\ m = \rho A_1 V_1 = \rho A_2 V_2 \\ G = \gamma A_1 V_1 = \gamma A_2 V_2 \end{bmatrix}$$

답 : ②

12. 정상류의 흐름이 $2.7m^3/mim$ 이고 관내경이 100mm일 때 평균유속은 다음 중 어느 것인가? (단, 마찰손실은 무시한다)

① 약 3m/s
② 약 4.7m/s
③ 약 5.7m/s
④ 약 6m/s

**풀이** $Q = AV$ $Q$ : 유량$(m^3/s)$, $A$ : 관의 단면적$(m^2)$ $V$ : 유속$(m/s)$

$$V = \frac{Q}{A} = \frac{\frac{2.7}{60}m^3/s}{\frac{\pi(0.1)^2}{4}m^2} = 5.729m/s$$

답 : ③

13. 그림과 같은 배관에서 화살표의 방향으로 분말 소화약제가 흐른다고 할 때 다음의 설명 중 옳은 것은 어느 것인가?(단, 두 방사노즐은 똑같은 규격과 재질의 것이라고 한다.)

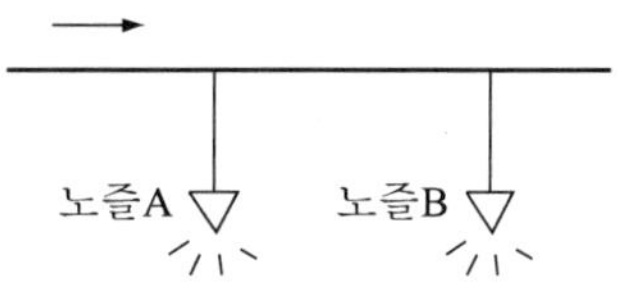


① $A$ 노즐에서의 방사압력이 $B$ 노즐보다 약간 작다.
② $A$ 노즐에서의 분말 방출량이 $B$ 노즐보다 작다.
③ $A$ 노즐에서의 분말방출량이 $B$ 노즐보다 많다.
④ 두 노즐에서의 분말 방출량은 거의 같다.

**풀이** $A$ 노즐이 $B$ 노즐보다 마찰손실이 작기 때문에 방사압력이 크며 그러므로 방사량도 많다.

답 : ③

14. 직경 100mm인 관속에 흐르는 물의 평균속도는 5m/s이다. 이 때 유량은 몇 $m^3/min$인가?

① $0.23355m^3/min$
② $1.413m^3/min$
③ $2.355m^3/min$
④ $14.13m^3/min$

**풀이** $Q = A \cdot V$

$$3.14 \times \frac{0.1^2}{4}m^2 \times 5m/s = 0.03925m^3/s$$

$$= 2.355m^3/min$$

답 : ③

**15.** 배관 내 물의 속도가 9.8m/s, 압력이 98kPa이다. 이 파이프가 기준면으로부터 10m 위에 있다면 전 수두는 몇 m인가?

① 13.5　　② 16
③ 16.7　　④ 24.9

**풀이** 전수두$(m)$ = 압력수두 + 속도수두 + 위치수두

$$98\text{kPa} \times \frac{1.0332\text{kg}_f/\text{cm}^2}{101.32\text{kPa}} \times \left(\frac{100\text{cm}}{1\text{m}}\right)^2 = 9993.45\text{kg}_f/\text{m}^2$$

$$H = \frac{p}{\gamma} + \frac{v^2}{2g} + z = \frac{9,993.45\text{kg}_f/\text{m}^2}{1,000\text{kg}_f/\text{m}^3} + \frac{(9.8\text{m/sec})^2}{2 \times 9.8\text{m/sec}^2} + 10\text{m} = 24.9\text{m}$$

답 : ④

**16.** 유량을 측정하는 방법에 다음과 같은 것들이 있다. 다음 방법 중 적당하지 않은 것은?

① 오리피스에 의한 방법　　② 벤투리계에 의한 방법
③ 피토관에 의한 방법　　④ 노즐에 의한 방법

**풀이** 피토관은 국부속도를 측정하는 계측기이다.

답 : ③

**17.** 개수로의 유량측정에 사용되는 것은 다음 중 어느 것인가?

① 오리피스(orifice)　　② 벤투리 미터(venturi meter)
③ 피토(pitot)관　　④ 위어(weir)

**풀이** 위어의 종류 :직각위어, 사각위어

답 : ④

**18.** 직경 10cm의 원관에 20℃ 물이 흐르는데 층류로 흐를 수 있는 최대 유량에 제일 가까운 것은?(단, 20℃ 물의 동점성 계수는 $1.0064 \times 10^{-6}\text{m}^2/\text{s}$이다.)

① 1.27 L/분　　② 2.67 L/분
③ 4.97 L/분　　④ 10.97 L/분

**풀이** $Re = \frac{DV}{\nu}$　　$D$: 내경(m),　$\nu$: 동점도$(\text{m}^2/\text{sec})$

$$2,320 = \frac{0.1\text{m} \times V}{1.0064 \times 10^{-6}\text{m}^2/\text{sec}} \quad \therefore V = 0.0233\text{m/sec}$$

$$Q = AV = \frac{\pi \times 0.1^2}{4} \times 0.0233 = 18.29\text{m}^3/\text{s} = 1.829\text{m}^3/\text{s} \times \frac{1,000\text{ L}}{1\text{m}} \times \frac{60s}{1\text{min}} = 10.97\text{ L/min}$$

답 : ④

**19.** 다음의 그림에서 $H=10[\mathrm{m}]$, $h=7[\mathrm{m}]$일 때 손실수두 $[\mathrm{m}]$은 얼마인가?

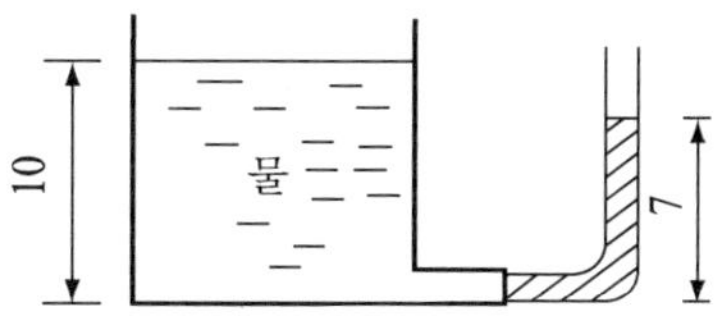


① $3[\mathrm{m}]$
② $4.5[\mathrm{m}]$
③ $5[\mathrm{m}]$
④ $9.5[\mathrm{m}]$

**풀이** 손실수두$=10-7=3[\mathrm{m}]$

답 : ①

**20.** 파이프 속을 흐르는 수압을 측정하기 위한 계기가 아닌 것은?

① 부르동관 압력계 ② 마노미터
③ 시차 압력계 ④ 피에조 미터

**풀이** 피에조미터는 유동하고 있는 유체에서 교란되지 않는 유체의 정압(靜壓)을 측정하는 계기이다.

답 : ④

**21.** 물이 아래 그림과 같이 수평 벤츄리관을 통과하고 있다. $B$ 단면의 면적이 단면 $A$, $C$의 $1/4$이라고 하면 연속 방정식과 에너지 보존 법칙을 고려할 때 다음 중 어느 것이 맞는가?

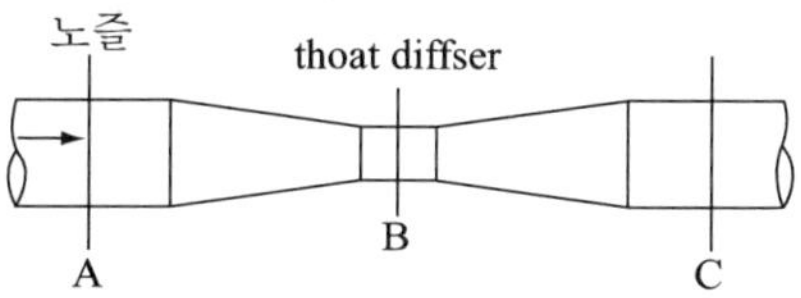


① $B$에서 압력이 증가한다.
② $B$에서 유속이 감소한다.
③ $B$에서 압력에너지가 감소한다.
④ $B$에서 운동에너지가 감소한다.

답 : ③

**22.** 유량을 측정하기 위하여 그림과 같은 벤츄리관에 물이 흐르고 있다. 단면 1과 2의 단면적비가 2이고 압력수두차가 $\Delta h$일 때 단면 2를 흐르고 있는 유체의 속도 $V_2$는?(단, 모든 손실은 무시한다.)

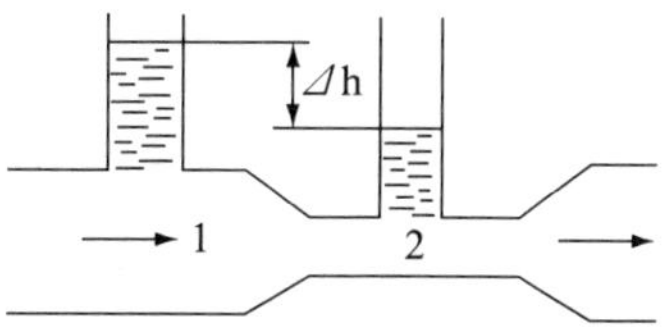


① $2g\Delta h$ ② $2\sqrt{g\Delta h}$

③ $\sqrt{\frac{2g\triangle h}{3}}$ ④ $2\sqrt{\frac{2g\triangle h}{3}}$

풀이 유속 $V_2 = \frac{Q}{A_2} = \frac{1}{\sqrt{1-\left(\frac{A_2}{A_1}\right)^2}}\sqrt{2g\left(\frac{P_1-P_2}{r}\right)}$

여기서 $\frac{A_1}{A_2} = \frac{1}{2}$이고 $\frac{P_1-P_2}{r} = \triangle h$이므로

유속 $V_2 = \frac{1}{\sqrt{1-\left(\frac{1}{2}\right)^2}}\sqrt{2g\triangle h} = 2\sqrt{\frac{2g\triangle h}{3}}$

답 : ④

**23.** 피토-정압관과 액주계를 이용하여 공기의 속도를 측정하였다. 비중이 1.0 인 액주계의 차압은 10mm이고 공기밀도는 $1.22\text{kg/m}^3$이다. 공기의 속도는 몇 m/s인가?

① 2.1 ② 12.7 ③ 68.4 ④ 160.2

풀이 공기의 속도 $V = \sqrt{2gR\left(\frac{S_o}{S}-1\right)} = \sqrt{2\times 9.8\times 0.01\left(\frac{1000}{1.22}-1\right)} = 12.67\text{m/s}$

답 : ②

**24.** 직경이 10cm인 원관속에 비중이 0.85인 기름이 $0.02[\text{m}^3/\text{s}]$로 흐르고 있다. 이 기름의 동점성계수가 $1\times 10^{-4}[\text{m}^2/\text{s}]$일 때 레이놀즈수와 흐름의 상태를 알맞게 짝지은 것은?

① 층류, 1295 ② 층류, 2014
③ 천이구역, 2546 ④ 난류, 9705

풀이 $Re = \frac{V\cdot D}{\nu}$

$Q = A\cdot V$

$V = \frac{Q}{A} = \frac{0.02}{\frac{\pi(0.1)^2}{4}} = 2.546[\text{m/s}]$

$Re = \frac{2.546\times 0.1}{1\times 10^{-4}} = 2546$

$2100 < Re < 4100$이므로 천이구역

답 : ③

**25.** 레이놀즈수는 다음 중 어느 것인가?

① 정상류와 비정상류를 구별하여 주는 척도가 된다.
② 실제유체와 이상유체를 구별하여 주는 척도가 된다.
③ 층류와 난류를 구별하는 척도가 된다.
④ 레이놀즈수가 4,000 이상이면 층류가 된다.

**풀이** 층류와 난류를 구분하는 무차원수로서 다음과 같이 정의한다.

$$Re = \frac{\rho VD}{\mu} = \frac{VD}{\nu}$$

층류 : $Re < 2100$

천이구역 : $2100 < Re < 4000$

난류 : $Re > 4000$

답 : ③

**26.** 직경이 2cm인 수평원관에 평균속도 0.5m/s로 물이 흐르고 있다. 레이놀즈수를 구하여라. (단, 0℃ 물의 동점성계수는 $1.7887 \times 10^{-6}m^2/s$이고, 0℃의 물이 흐르고 있다.)

① 3957 ② 4813

③ 5590 ④ 11930

**풀이** $Re = \frac{DV\rho}{\mu} = \frac{DV}{\nu}$ $\quad \therefore Re = \frac{0.02m \times 0.5m/s}{1.7887 \times 10^{-6}m^2/s} = 5590$

답 : ③

**27.** 다음은 배관 내를 흐르는 물에 대하여 베르누이 정리를 적용한 것이다. 이 중 틀린 설명은 어느 것인가?

① 배관 내의 모든 지점에서의 위치수두, 속도수두 및 압력수두의 값은 일정하다.

② 바닥면과 수평으로 설치된 배관 내에서의 위치수두의 값은 모든 부분에서 일정하다.

③ 수평배관에서 구경이 큰 지점에서의 속도수두는 구경이 작은 지점에서보다 작은 값을 가진다.

④ 배관내의 모든 지점에서의 위치수두, 속도수두 및 압력수두를 합한 전수두의 값은 일정하다.

**풀이** 베르누이 정리

정상류일 때 $\frac{p}{\gamma} + \frac{v^2}{2g} + z = H$ (일정) 또는 $\frac{p_1}{\gamma} + \frac{v_1^2}{2g} + z_1 = \frac{p_2}{\gamma} + \frac{v_2^2}{2g} + z_2$

답 : ①

**28.** 배관 내 물의 속도가 7.6m/s, 압력이 93kpa이다. 이 배관이 기준면으로부터 5m 위에 있다면 전수두는 몇 m인가?

① 13.6 ② 15.9

③ 17.4 ④ 19.3

**풀이** 전수두($H$) = 속도수두 + 압력수두 + 위치수두

$$93kPa \times \frac{1.0332kg_f/cm^2}{101.32kPa} \times \left(\frac{100cm}{1m}\right)^2 = 9,483.58kg_f/m^2$$

$$H = \frac{v^2}{2g} + \frac{p}{\gamma} + z = \frac{(7.6m/s)^2}{2 \times 9.8m/s^2} + \frac{(93/101.3) \times 10,332kg/m^2}{1,000kg/m^3} + 5m = 17.432$$

답 : ③

**29.** 그림과 같은 사이펀이 설치되어 있다. $B$지점에서 흐를 수 있는 유량($m^3/min$)은?
(단, 사이펀은 원관으로 내경이 0.7m)

① 289
② 4818
③ 17340
④ 12.5

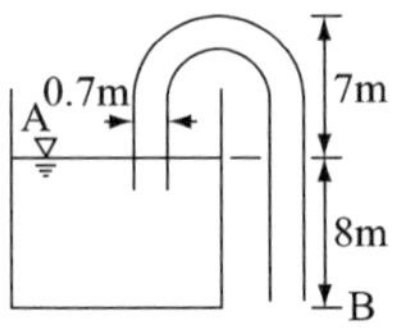


**풀이** 자유표면과 $B$지점에 대해 베르누이방정식을 적용하면

$$\frac{v_A^2}{2g}+\frac{p_A}{\gamma}+z_A=\frac{v_B^2}{2g}+\frac{p_B}{\gamma}+z_B$$

여기서 $v_a=0,\ p_A-p_B=0,\ z_A-z_B=8\text{m}$

$$v_B=\sqrt{2g(z_A-z_B)}=\sqrt{2\times9.8\times8}=12.52\text{m/s}=751.2\text{m/min}$$

$$\text{유량 } Q=VA=751.2\text{m/min}\times\frac{\pi}{4}(0.7\text{m})^2=289\text{m}^3/\text{min}$$

답 : ①

**30.** 질량유량 300kg/s의 물이 관로 내를 흐르고 있다. 내경이 350mm인 관에서 320mm의 관으로 물이 흐를 때 320mm인 관의 평균 유속은 얼마인가?

① 3.120m/s
② 37.32m/s
③ 3.732m/s
④ 31.20m/s

**풀이** 질량유량 $\overline{m}=AV\rho,\ V=\frac{\overline{m}}{A\rho}=\frac{300\text{kg/s}}{\frac{\pi}{4}(0.32\text{m})^2\times1{,}000\text{kg/m}^3}=3.732\text{m/s}$

답 : ③

**31.** 유속 4.9m/s의 속도로 소방호스의 노즐로부터 물이 방사되고 있을 때 피토관인 흡입구를 Vena Contracta 위치에 갖다 대었다고 하자. 이때 피토관의 수직부에 나타나는 수주의 높이는 몇 m인가?(단, 중력가속도는 $9.8\text{m/s}^2$이다.)

① 1.225 ② 1.767 ③ 2.687 ④ 3.696

**풀이** 유속 $V=\sqrt{2gh}$

여기서 $V$ : 유속, $g$ : 중력가속도, $h$ : 수주의 높이(m)

$$\therefore h=\frac{v^2}{2g}=\frac{(4.9\text{m/s})^2}{2\times9.8\text{m/s}^2}=1.225\text{m}$$

답 : ①

**32.** 그림과 같은 수조에서 노즐을 통해 흘러나가는 물의 유속은?(단, 에너지 손실은 무시하고 단

면적은 노즐에 비해 대단히 크다고 가정한다.)

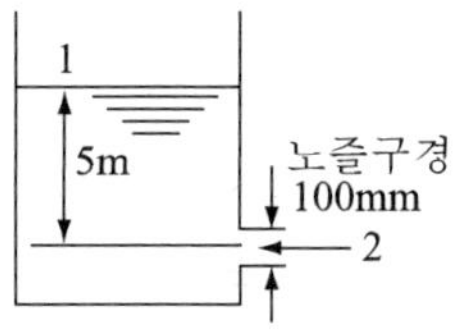


① 9.9(m/s) ② 5(m/s)
③ 3.16(m/s) ④ 1(m/s)

풀이 유속 $V=\sqrt{2gh}$

여기서 $g$ : 중력가속도($9.8\text{m/s}^2$) $h$ : 수주의 높이(m)

∴ $V=\sqrt{2\times 9.8\text{m/s}^2\times 5\text{m}}=9.9\text{m/s}$

답 : ①

**33.** 피에조미터의 구멍은 무엇을 측정하기 위한 구멍인가?

① 전압력 ② 정지 유체에서의 압력
③ 유동하는 유체의 압력 ④ 교란되지 않는 유체의 정압

풀이 피에조미터(Piezometer) : 유동하고 있는 유체에서 교란되지 않는 유체의 정압측정

답 : ④

**34.** 다음 설명 중 옳은 것은?

① 유체의 속도는 압력에 비례한다.
② 유체의 속도는 빠르면 압력이 커진다.
③ 유체의 속도는 압력과 관계가 없다.
④ 유체의 속도가 빠르면 압력이 작아진다.

풀이 베르누이식에서

$$\frac{v_1^2}{2g}+\frac{p_1}{\gamma}+z_1=\frac{v_2^2}{2g}+\frac{p_2}{\gamma}+z_2$$

∴ 유속이 빠르면 압력이 작아진다.

답 : ④

**35.** 원관내를 흐르는 층류 흐름에서 유체의 점도에 의한 마찰손실을 어떻게 나타내는가?

① 레이놀즈수에 비례한다.
② 레이놀즈수에 반비례한다.
③ 레이놀즈수의 제곱에 비례한다.
④ 레이놀즈수의 제곱에 반비례한다.

풀이 레이놀드수

$Re=\dfrac{DV\rho}{\mu}$, $\mu=\dfrac{DV\rho}{Re}$, 층류영역에서 관마찰계수 $f=\dfrac{64}{Re}$ 이다.

∴ 점도는 레이놀드수에 반비례한다.

답 : ②

**36.** 다음 중 베르누이 정리를 이용한 유량 측정장치는?

① 벤츄리관 ② 부르돈관
③ 마노미터 ④ 피에조미터

**풀이** 벤츄리미터는 베르누이 정리를 이용한 유량 측정장치이다.

답 : ①

**37.** 비중이 2인 유체가 유동하고 있다. 동압이 $4\text{kg}_f/\text{cm}^2$이라면 이 유체의 유속은 얼마인가?

① 19.8m/s ② 17.8m/s
③ 15.8m/s ④ 13.8m/s

**풀이** 유속 $V=\sqrt{2g\dfrac{P}{\gamma}}$

여기서 $g$ : 중력가속도$(9.8\text{m/s}^2)$ $P$ : 압력$(4\times10^4\text{kg}_f/\text{m}^2)$ $\gamma$ : 비중량$(2{,}000\text{kg}_f/\text{m}^3)$

$\therefore V=\sqrt{2g\dfrac{P}{\gamma}}=\sqrt{2\times9.8\dfrac{4\times10^4}{2{,}000}}=19.8\text{m/s}$

답 : ①

**38.** 내경의 변화가 없는 곧은 수평배관 속에서, 비압축성 정상류의 물의 흐름에 관계되는 설명 중 옳은 것은?

① 물의 속도수두는 배관의 모든 부분에서 같다.
② 물의 압력수두는 배관의 모든 부분에서 같다.
③ 물의 속도수두와 압력수두의 총합은 배관의 모든 부분에서 같다.
④ 배관의 어느 부분에서도 물의 위치에너지는 존재하지 않는다.

답 : ③

**39.** 오일러의 방정식을 유도하는데 필요하지 않은 사항은?

① 정상류
② 유체입자는 유선에 따라 움직인다.
③ 비압축성 유체이다.
④ 유체마찰이 없다.

**풀이** 오일러의 운동방정식이 적용될 수 있는 조건
(1) 정상유동(정상류)
(2) 유선에 따라 입자가 움직일 때
(3) 유체의 마찰이 없을 때

답 : ③

40. 그림과 같은 형태의 수평배관에 물이 흐르고 있다. 압력계 $A$에서의 지시압은 $5kg_f/cm^2$, 이 지점에서의 물의 동압은 $0.05kg_f/cm^2$일 때 압력계 $B$에서의 지시압은 얼마인가(단, $B$지점에서의 동압은 $0.15kg_f/cm^2$, $AB$간의 마찰손실압력은 $0.08kg_f/cm^2$라 한다)?

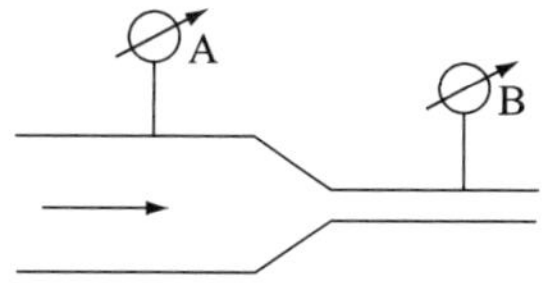


① $4.29kg_f/cm^2$　② $4.82kg_f/cm^2$
③ $4.75kg_f/cm^2$　④ $4.72kg_f/cm^2$

풀이 두 지점의 전체 압력은 같으므로 $P_A$ + 동압 = $P_B$ + 동압 + 마찰손실압력
$\therefore P_B = 5 + 0.05 - (0.15 + 0.08) = 4.82kg_f/cm^2$

답 : ②

41. 수력도약(hydraulic jump)이 일어나는 원인은?

① 개수로에서 유속의 갑작스런 증가로 생기는 에너지 손실 때문이다.
② 개수로에서 유로 단면이 갑자기 증가하면 액체가 팽창하기 때문이다.
③ 개수로에 흐르는 운동에너지가 갑자기 위치에너지로 변하기 때문이다.
④ 수력도약은 비가역과정이므로 비가역량 만큼 수면이 상승한다.

풀이 수력도약이란 개수로를 흐르는 유체가 빠른 흐름에서 갑자기 느린 흐름으로 바뀔 때 운동에너지가 위치에너지로 바뀌면서 수면이 갑자기 상승하는 현상을 말한다.

답 : ③

42. 흐르는 유체에서 정상류란 어떤 것을 지칭하는가?

① 흐름의 임의의 점에서 흐름특성이 시간에 따라 일정하게 변하는 흐름
② 흐름의 임의의 점에서 흐름특성이 시간에 따라 변하지 않는 흐름
③ 임의의 시각에 유로 내 모든 점의 속도벡터가 일정한 흐름
④ 임의의 시각에 유로 내 각 점의 속도벡터가 다른 흐름

풀이 정상류 : 흐름의 임의의 점에서 온도, 속도, 압력, 밀도 등 흐름특성이 시간에 따라 변하지 않는 흐름

답 : ②

43. 파이프 내를 흐르는 유체의 유량을 파악할 수 있는 기능을 갖지 않는 것은?

① 벤츄리미터　② 사각 위어
③ 오리피스 미터　④ 로타 미터

풀이 파이프 내를 흐르는 유량측정 : 벤츄리미터, 오리피스미터, 로타미터
위어(weir) : 개수로 등의 유량측정, 다량의 유량측정

답 : ②

**44.** 유속이 13.0m/s인 물의 흐름 속에 피토관을 흐름의 방향으로 두었을 때 자유표면과의 높이 차 $\triangle h$는 몇 m인가?

① 19.6　② 16.9
③ 8.62　④ 6.82

**풀이** 유속 $V=\sqrt{2gh}$, $h=\dfrac{V^2}{2g}$

$\therefore h=\dfrac{v^2}{2g}=\dfrac{(13.0\mathrm{m/s})^2}{2\times 9.8\mathrm{m/s^2}}=8.62\mathrm{m}$

답 : ③

**45.** 내경 20cm인 배관에 정상류로 흐르는 물의 동압을 측정하였더니 $0.1\mathrm{kg_f/cm^2}$이었다. 이들의 유량은?(단, 계산의 편의상 중력가속도는 $10\mathrm{m/s^2}$, $\pi$의 값은 3, $\sqrt{20}$의 값은 4.5로 하며 물의 밀도는 $1\mathrm{kg}/\ell$이다)

① $2{,}400\ell/\mathrm{min}$　② $6{,}300\ell/\mathrm{min}$
③ $8{,}100\ell/\mathrm{min}$　④ $9{,}800\ell/\mathrm{min}$

**풀이** 유량 $Q=VA=V\times\dfrac{\pi}{4}D^2$

주어진 숫자를 잘 적용할 것

$\therefore Q=VA=V\times\dfrac{\pi}{4}D^2$

$=4.5\mathrm{m/s}\times\dfrac{3}{4}(0.2\mathrm{m})^2=0.135\mathrm{m^3/s}=0.135\times 10^3\mathrm{L/s}\times 60\mathrm{s/min}=8{,}100\ell/\mathrm{min}$

여기서 $V=\sqrt{2gh}=\sqrt{2\times 10\mathrm{m/s^2}\times 1\mathrm{m}}=4.5\mathrm{m/s}$ $\left(0.1\mathrm{kg_f/cm^2}=1\mathrm{m}\right)$이므로

답 : ③

**46.** 베르누이방정식을 실제기체에 적용시키려면?

① 실제유체에는 적용이 불가능하다.
② 베르누이방정식의 위치수두를 수정해야 한다.
③ 손실수두의 항을 삽입시키면 된다.
④ 베르누이방정식은 이상유체와 실제유체에 같이 적용된다.

**풀이** 베르누이방정식을 실제기체에 적용시키려면 손실수두의 항을 삽입시키면 된다.

답 : ③

## ▶ 주관식

**1.** 그림의 물탱크에서 $h=5$[m], 오리피스의 지름이 10[cm]일 때, 오리피스의 출구 속도와 유량을 구하여라.

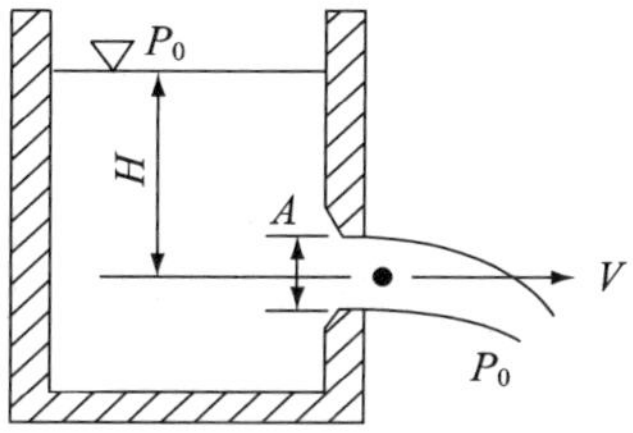


풀이 $V=\sqrt{2gh}=\sqrt{2\times9.8\times5}=9.9$[m/s]

$$Q=AV=\frac{\pi\times(0.1)^2}{4}=9.9=0.078[\text{m}^3/\text{s}]$$

답 : $V=9.9$[m/s], $Q=0.078[\text{m}^3/\text{s}]$

**2.** 문제 1의 그림에서 $H=2$[m]일 때 지름 5[cm]인 오리피스를 통해 유출하는 물의 유량을 구하여라.

풀이 $Q=AV=A\sqrt{2gh}\quad=\frac{\pi}{4}\times0.05^2\times\sqrt{2\times9.8\times2}=0.0123[\text{m}^3/\text{s}]$

답 : $Q=0.0123[\text{m}^3/\text{s}]$

**3.** 문제 1의 그림에서 오리피스에서 분출하는 물의 속도가 15.3[m/s]일 때, 수위 $h$는 몇 [m]인가?

풀이 $h=\frac{v^2}{2g}=\frac{15.3^2}{2\times9.8}=11.94$[m]

답 : $h=11.94$[m]

**4.** 500[N/s]의 물이 200[mm]의 관로를 흐르고 있을 때의 평균 속도를 구하여라.

풀이 $G=\gamma AV,\qquad V=\frac{G}{\gamma A}=\frac{500}{9{,}800\times\frac{\pi}{4}\times0.2^2}=1.6$[m/s]

답 : $V=1.6$[m/s]

**5.** 안지름 200(mm)인 소화설비의 파이프를 통해 10(m/s)의 속도로 흐르는 물의 유량은 얼마인가?

**풀이** 파이프내 흐르는 유체의 유량은 다음 식에 의하여 계산된다.
유량$Q$=단면적($A$)×유속($V$)

$$Q(\text{m}^3/\text{분}) = \frac{\pi \times 0.2^2}{4} \times 10(\text{m/s}) \times 60(\text{s/min})$$
$$= 18.85(\text{m}^3/\text{min})$$

답 : $Q = 18.85(\text{m}^3/\text{min})$

6. 내경 100[mm]의 수평 배관 내로 물이 흐르고 있다. 이 때에 배관 내 압력은 2.5[$\text{kg}_\text{f}/\text{cm}^2$]이며, 전수두의 값은 29[$\text{mH}_2\text{O}$]이다. 배관 내를 흐르는 물의 속도[m/sec]는 얼마나 되겠는가?

**풀이** $d = 100[\text{mm}]$
$p = 2.5[\text{kg}_\text{f}/\text{cm}^2]$
$$H = \frac{p}{\gamma} + \frac{V^2}{2g} + Z$$
$H = 29[\text{mH}_2\text{O}]$
$$29 = \frac{2.5 \times 10{,}000}{1{,}000} + \frac{V^2}{2 \times 9.8} + 0$$
$\therefore V = 8.85[\text{m/s}]$

답 : $V = 8.85(\text{m/s})$

7. 지름이 10cm인 소방호스에 노즐구경이 3cm인 노즐팁이 부착되어 있고 1.5$\text{m}^3$/min의 방수량으로 대기중에 방사할 경우 다음 조건에 따라 각 물음에 답하시오.(단, 마찰손실은 무시한다.)

① 소방용호스의 평균유속은 몇 m/s인가?

② 소방용호스에 부착된 노즐의 평균유속은 몇 m/s인가?

**풀이** ① $Q = AV \quad V = \frac{Q}{A} = \frac{4Q}{\pi d^2}$

$Q$ : 유량($\text{m}^3$/s), $A$ : 단면적($\text{m}^2$), $V$ : 유속(m/s), $d$ : 직경(m)

$$\therefore V = \frac{4 \times \frac{1.5}{60}\text{m}^3/\text{s}}{\pi \times 0.1^2\text{m}^2} = 3.1847\text{m/s}$$

② $Q = AV \quad V = \frac{Q}{A} = \frac{4Q}{\pi d^2}$

$Q$ : 유량($\text{m}^3$/s), $A$ : 단면적($\text{m}^2$), $V$ : 유속(m/sec), $d$ : 직경(m)

$$\therefore V = \frac{4 \times \frac{1.5}{60}\text{m}^3/\text{s}}{\pi \times 0.03^2\text{m}^2} = 35.386\text{m/s}$$

답 : ① 3.1847m/s
② 35.386m/s

**8.** 다음의 도면상 $B$ 지점에서의 유량$(m^3/s)$을 계산하시오.

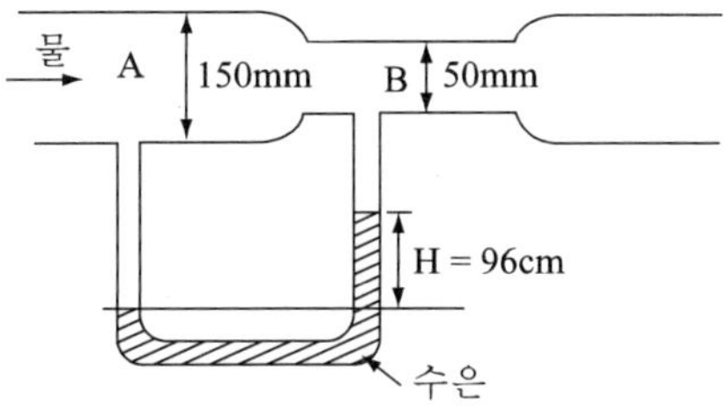


**풀이** $Q=\left(\frac{\pi D_O^2}{4}\right)\left(\frac{C_O}{\sqrt{1-m^2}}\right)\sqrt{2gH\left(\frac{\rho_A-\rho_B}{\rho_B}\right)}$

$Q$ : 유량$(m^3/s)$, $D_o$ : 오리피스의 직경(m)

$C_o$ : 오리피스의 계수 $g$ : 중력가속도$(m/s^2)$

$H$ : 마노미터의 높이차(m) $\rho_A$ : $A$물질의 밀도

$\rho_B$ : $B$물질의 밀도, m=개구비$\frac{A_O}{A_1}$

$\therefore Q=\left(\frac{\pi\times 0.05^2}{4}\right)\left(\frac{1}{\sqrt{1-\left(\frac{0.05}{0.15}\right)^2}}\right)\sqrt{2\times 9.8\times 0.96\left(\frac{13,600-1,000}{1,000}\right)}=0.032m^3/s$

답 : $Q=0.032m^3/s$

**9.** 유속 $5[m/s]$인 물의 흐름 속에 피토관을 흐름의 방향으로 세웠을 때 그 수주의 높이는?

**풀이** $h=\frac{p_T-p_S}{\gamma}=\frac{v_0^2}{2g}=\frac{5^2}{2\times 9.8}=1.28[mAq]$

답 : $h=1.28[mAq]$

**10.** 기준면에서 $5[m]$ 높은 곳에 유속 $5[m/s]$인 물이 흐르고 있다. 이때 압력이 $50[kPa]$이었다. 전수두는 얼마인가?

**풀이** $h=\frac{p}{\gamma}+\frac{v^2}{2g}+z=\frac{50}{9.8}+\frac{5^2}{2\times 9.8}+5=11.37[m]$

답 : $h=11.37[m]$

**11.** 그림과 같이 지름이 350mm에서 200mm로 축소된 관으로 물이 흐르고 있는데, 이때 중량유량을 $150kg_f/s$로 하면 작은 관의 평균속도는 얼마인가?

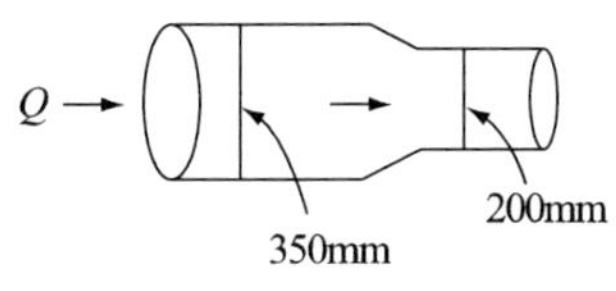

**풀이** 중량유량$(G) = A \cdot V \cdot \gamma$

$$속도\ V = \frac{G}{A\gamma} = \frac{150}{\frac{\pi \times 0.2^2}{4} \times 1{,}000} = 4.14\text{m/s}$$

답 : $V = 4.14\text{m/s}$

**12.** 그림과 같이 액주계에서 $\rho_1 = 2{,}000\text{kg/m}^3$, $\rho_2 = 27{,}200\text{kg/m}^3$, $h_1 = 5{,}000\text{m}$, $h_2 = 800\text{mm}$일 때, 관중심 $A$의 게이지압은 얼마인가?

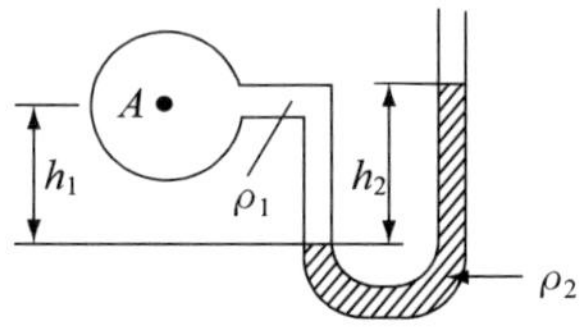


**풀이** 동일 수평선상의 모든 점의 압력은 동일하므로

$P_A + r_1 h_1 = r_2 h_2$

$\therefore P_A = r_2 h_2 - r_1 h_1$

$= (27{,}200 \times 0.8) - (2{,}000 \times 0.5)$

$= 20{,}760\text{kg}_f/\text{cm}^2 = 203.448\text{kPa}$

$\fallingdotseq 203.4\text{kPa}$

답 : $P_A = 203.4\text{kPa}$

**13.** 그림에서 탱크의 수면이 소화전 출구위 50[m]에 있다면 소화전이 열렸을 때 물의 속도는 얼마인가?

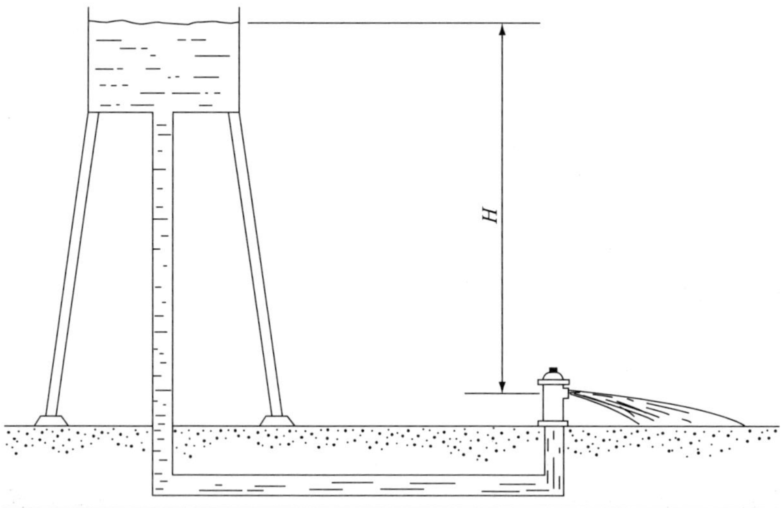


**풀이** $h = \frac{v^2}{2g} \quad V = \sqrt{2gh} = \sqrt{2 \times 9.8 \times 50} \fallingdotseq 31.30[\text{m/s}]$

답 : $V = 31.3[\text{m/s}]$

**14.** 그림과 같은 관로를 물이 흐르고 있다. ②의 관경은 ①의 관경의 $\frac{1}{2}$인 경우 ②를 흐르는 물의 평균 속도는 ①의 평균 속도의 몇 배가 되는가?(단, 관마찰 손실수두는 무시한다)

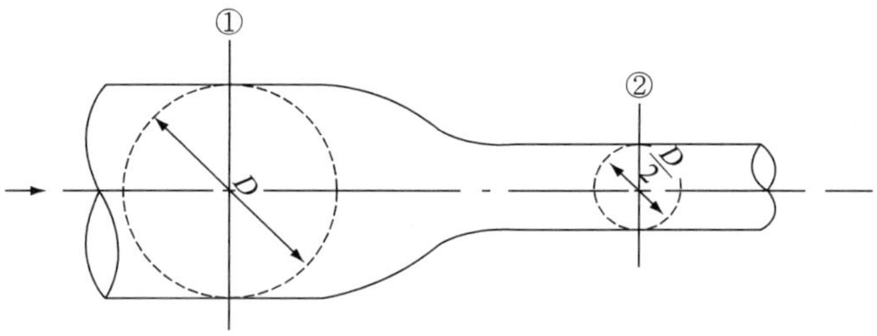


**풀이** $Q = A_1 V_1 = A_2 V_2 =$ 일정

$A_1 V_1 = \left(\frac{A_1}{4}\right) V_2 \quad \therefore V_2 = 4V_1$

답 : 4배

**15.** 원관 속에 정상류, 비압축성인 물의 흐름이 있다. 지름 500[mm]인 단면에서의 평균 속도가 9[m/s]이면, 지름 300[mm]인 단면에서의 평균 속도는 얼마인가?

**풀이** $A_1 V_1 = A_2 V_2 \quad V_2 = \frac{A_1}{A_2} V_1 = \left(\frac{500}{300}\right)^2 \times 9 = 25[\text{m/s}]$

답 : $V = 25[\text{m/s}]$

**16.** 관 속에 물이 흐르고 있다. 피토관을 수은이 든 $U$자 관에 연결하여 전압과 정압을 측정한 바 100[mm]의 액면체가 생겼다. 피토관 위치에 있어서의 유속[m/s]은?(단, 수은의 비중 = 13.6)

**풀이** 피토관(pitot tube)

$v = \sqrt{2gh\left(\frac{r'}{r} - 1\right)} = \sqrt{2 \times 9.8 \times 0.1\left(\frac{13.6}{1} - 1\right)} = 4.97[\text{m/s}]$

답 : $V = 4.97[\text{m/s}]$

**17.** 소화설비의 노즐을 통하여 방사압력 $8\text{kg/cm}^2$으로 방사될 때 방사속도(m/s)는 얼마인가?(단, 중력가속도는 $9.8\text{m/s}^2$으로 한다.)

**풀이** $v = \sqrt{2gh} = 14\sqrt{p}$

$v$ : 유속(m/s)

$g$ : 중력가속도($\text{m/sec}^2$)

$h$ : 수두(m)

$p$ : 방사압력($\text{kg} \cdot \text{cm}^2$)

$\therefore v = 14\sqrt{8} = 39.598\text{m/s}$

답 : $V = 39.598\text{m/s}$

**18.** 관에 흐르는 유체에 피토관을 적용하여 부르돈 압력계로 압력을 측정하였더니 50psi였다. 유속은 얼마인가?

**풀이** 압력을 공학단위로 바꾸면 50psi는 345kPa이다. 이에 상응하는 압력 수두는 아래와 같고

$$h = \frac{345\text{kPa}}{9.8\text{kN/m}^3} = 35.2\text{m}$$

속도를 계산하면 다음과 같다.

$$v = \sqrt{2gh} = \sqrt{2(9.81\text{m/s}^2)35.2\text{m}} = 26.3\text{m/s}$$

답 : $V = 26.3\text{m/s}$

**19.** 그림에서 같은 관 속을 유량 $Q = 40 \times 10^{-3}[\text{m}^3/\text{s}]$의 물이 흐르고 있다. 단면 ① 및 ②의 안지름을 각각 $d_1 = 150\text{mm}$, $d_2 = 200\text{mm}$라 하고 단면 ①에서 ②까지의 거리를 $l = 4\text{m}$, 관의 경사각을 $\theta = 30°$, 단면 ①의 마노미터의 지시수두를 $H_1 = 1\text{m}$라 하면 단면 ②의 수두 $H_2$는 얼마인가?

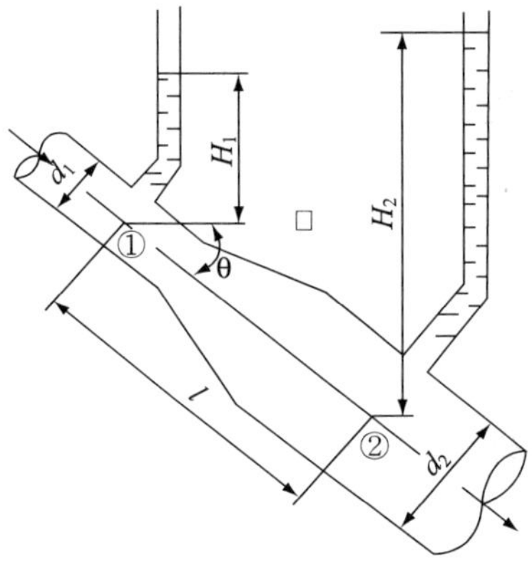


**풀이** 연속방정식 $Q = A_1 V_1 = A_2 V_2$에

$A_1 = (\pi/4)d_1^2 = 0.0177\text{m}^2$, $A_2 = (\pi/4)d_2^2 = 0.0314\text{m}^2$를

대입하면

$$V_1 = \frac{Q}{A_1} = \frac{40 \times 10^{-3}}{0.0177} = 2.26\text{m/s}$$

$$V_2 = \frac{Q}{A_2} = \frac{40 \times 10^{-3}}{0.0314} = 1.27\text{m/s}$$

여기에 단면 ① 및 ②에서의 압력을 각각 $p_1$, $p_2$라 하고 이상유체의 정상류라 하여 Bernoulli의 방정식을 적용하면 다음 식이 성립한다.

$$\frac{p_1}{\rho g} + \frac{v_1^2}{2g} + z_1 = \frac{p_2}{\rho g} + \frac{v_2^2}{2g} + z_2[\text{m}]$$

$z_2 = 0$로 잡고 위 식에

$p_1/\rho g = 1\text{m}$, $g = 9.81\text{m/s}^2$, $v_1 = V_1 = 2.26\text{m/s}$,

$v_2 = V_2 = 1.27\text{m/s},\ z_1 = l\ \sin\theta = 2\text{m}$를 대입하면

$$H_2 = \frac{p_2}{\rho g} = \frac{p_1}{\rho g} + \frac{1}{2g}\left(v_1^2 - v_2^2\right) + \left(z_1 - z_2\right)$$

$$= 1 + \frac{1}{2\times 9.81}\left(2.26^2 - 1.27^2\right) + 2 = 3.17\text{m}$$

**답** : $H_2 = 3.17$

**20.** 그림과 같이 화살표 방향으로 물이 흐르고 있는 호칭구경 100mm의 배관에 압력계와 피토계가 설치되어 있다. 압력계와 피토계의 지시바늘이 각각 $4\text{kg}_\text{f}/\text{cm}^2$, $4.4\text{kg}_\text{f}/\text{cm}^2$를 가리키고 있다면 유속은 몇 m/s 인가? (단, 표준 중력 가속도는 $980\text{cm/s}^2$이다.)

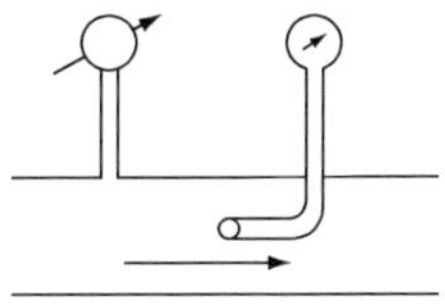

**풀이** $v = \sqrt{2gh}$

$v$ : 유속(m/s), $g$ : 중력가속도($\text{m/s}^2$), $h$ : 수두차(m)

$\therefore\ v = \sqrt{2\times 9.8\times(44-40)} = 12.56\text{m/sec}$

**답** : 12.56m/s

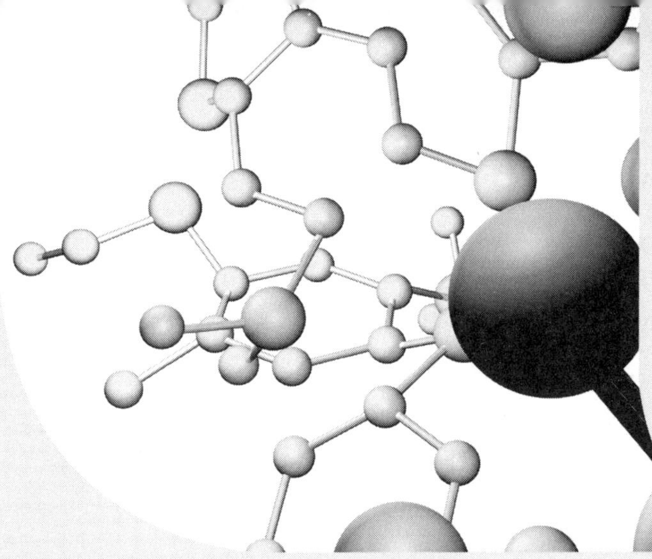

# 제 4 장

# 운동량의 원리

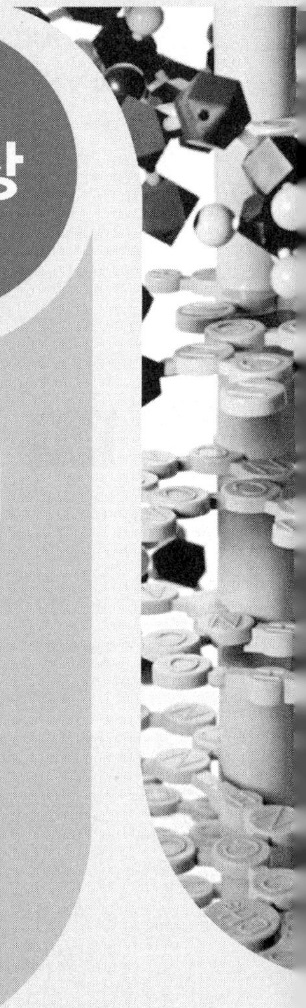


4-1 역적-운동량 방정식

4-2 역적-운동량 방정식의 응용

4-3 운동량 모멘트의 원리

고체의 운동에 적용되는 운동량의 원리를 유체의 운동에도 적용하면 이것은 연속방정식, 운동방정식 또는 에너지 방정식과 함께 유체운동의 문제를 해결하는 하나의 방편으로서, 매우 복잡한 과정을 거쳐야만 해결을 얻을 수 있는 것들도 이 원리를 이용하면 간단히 해결되는 특성이 있다. 이 원리는 유체의 압축성이나 점성의 유무에도 관계없이 모든 유체에 적용될 수 있다. 연속방정식, Bernoulli 방정식과 운동량 방정식을 수리학의 3대 방정식이라고 한다. 배관의 곡면에 미치는 힘, 소방 nozzle의 반발력을 계산하는데 이용된다.

## 4-1 역적-운동량 방정식

질량 $m$인 유체가 매우 짧은 시간 $dt$시간 동안에 유속이 $V_1$에서 $V_2$로 변했다고 하고 이 때 유체에 작용한 외력의 전부를 $\Sigma F$라 하자(여기서 $\Sigma$는 영어 Summation 단어의 첫글자 $S$에 해당하는 그리스 문자($\Sigma$)로 합(合)을 뜻하는 기호이다).

뉴턴의 제2법칙에서

$$\Sigma F = ma = m\frac{V_2 - V_1}{dt} = \frac{d}{dt}(mV) \tag{4.1}$$

$$(\Sigma F)dt = m(V_2 - V_1) \tag{4.2}$$

위 식의 왼쪽 항 $(\Sigma F)dt$은 힘$(\Sigma F)$은 어느 시간$(dt)$동안 힘$(F)$을 쌓아 두었다 하여 역적(力積 impulse)이라 하고 오른쪽 항은 운동량의 변화량$(mV_2 - mV_1)$을 뜻한다. 그리고 위 식을 **역적-운동량 방정식**이라 한다.

$\frac{m}{dt}$은 질량유량(mass flow rate)라 하는데 이는

$$\frac{m}{dt} = \rho_1 A_1 V_1 = \rho_2 A_2 V_2 = \rho Q \tag{4.3}$$

따라서 식 (4.1)과 식 (4.3)에서 다음과 같이 표시될 수 있다.

$$\Sigma F = \rho Q(V_2 - V_1) = \frac{d}{dt}(mV) \tag{4.4}$$

위 식의 의미는 **외력의 합$(\Sigma F)$은 시간에 대한 운동량의 변화량과 같다**는 중요한 뜻이다. 여기서 $\rho Q(V_2 - V_1)$의 양을 **운동량 유속(momentum flux)**이라 하고 $F$와 $V$는 크기와 방향을 지닌 벡터(vector)의 양인데, 대부분의 문제에서 벡터양보다는 방향을 주어서 방향을 이미 알고 크기만을

달리하는 스칼라(scalar)양을 써서 풀 때가 더욱 문제 풀이가 용이할 때가 많다.

즉, $F$와 $V$처럼 방향이 막연하기보다는 $F_x$, $F_y$, $V_x$, $V_y$ 처럼 방향을 주어졌을 때, 즉 스칼라양을 쓸 때가 문제풀이가 더욱 쉬워진다.

운동량과 역적은 다같이 백터량이므로 공간 안에 적당히 선정한 직각좌표 $x$, $y$, $z$의 방향으로 이것을 분해하여 취급하고 연후에 백터적으로 합성하면 된다. 즉,

$$
\begin{aligned}
x \text{ 방향}: \ & F_x dt = m dv_x \\
y \text{ 방향}: \ & F_y dt = m dv_y \\
z \text{ 방향}: \ & F_z dt = m dv_z
\end{aligned} \tag{4.5}
$$

식 (4.2)에서 $dt$를 단위시간$(dt=1)$으로 잡으면 $F = m\,dv$로 되므로 **운동량의 원리(momentum principle)**는 다음과 같이 정의된다. 즉 **어떤 물체의 운동량의 시간적 변화율은 그 물체에 작용한 힘(외력)과 같다.**

이 원리를 유체에 적용할 때에는 우선 유체를 비압축성, 정상류로 생각하여 관계식을 유도한다. 지금 [그림 4-2]와 같은 관로의 단면 ①과 ② 사이에 유량 $dQ$인 미소유관(微小流管 : 파선부분)을 취하여 이 유관을 따라 유체가 $dt$ 시간 동안 흘러서 생긴 체적 $dQ \cdot dt$인 자유체를 생각한다. 이 자유체에 대한 $x$방향의 외력과 유속을 $dF_x$ 및 $dv_x$, 미소유관의 질량을 $dm$이라 하면 운동방정식은

$$dF_x = dm\frac{dv_x}{dt} = \rho dQdt = \frac{dv_x}{dt} = \rho dQdv_x$$

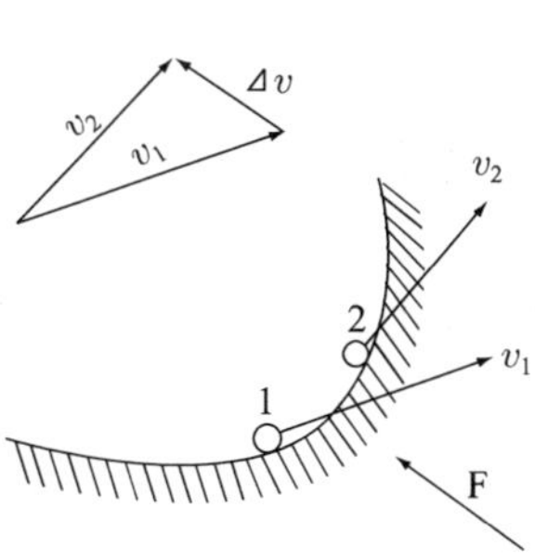


**그림 4-1** 질점의 속도 변위

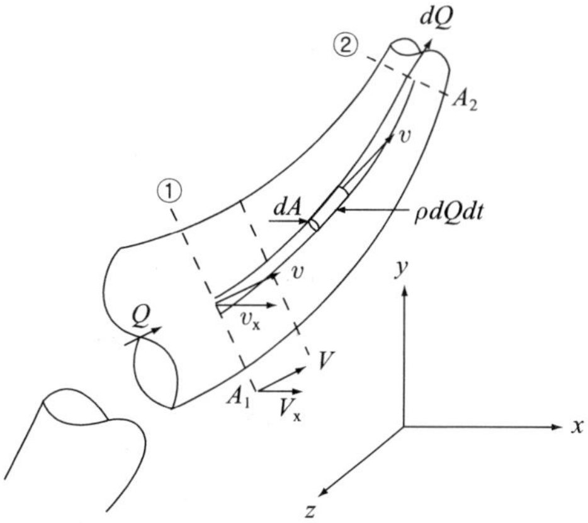


**그림 4-2** 운동량 원리의 적용

가 된다. 이 식을 단면 ①에서 ②까지 유관에 따라 적분할 때 유체는 비압축성이므로 $\rho=\text{const}$, 또는 정상류이므로 $dQ=\text{const}$.로 되어

$$\sum dF_x=\rho dQ\int_1^2 dv_x=\rho dQ(v_{x2}-v_{x1})$$

이 성립한다. 이것을 단면 ①, ② 사이의 유관 전체에 대하여 적분하면

$$\int_A\sum dF_x=\rho\int_A(v_{x2}dQ-v_{x1}dQ) \tag{4.6}$$

이 된다. 좌변은 단면 ①과 ② 사이의 유체입자 전체에 미치는 힘의 $x$방향 선분의 합계를 나타낸다. 그리고 유체입자의 각 면에 미치는 힘은 서로 같고 방향이 반대이므로 상쇄되고, 남는 힘은 단면 ①, ② 사이의 자유체에 외부에서 미치는 힘(이 힘은 자유체를 둘러싼 외부의 유체 또는 벽이 미치는 힘이다)의 $x$성분의 합계가 된다. 따라서 $\int\sum dF_x=\sum F_x$로 나타낼 수 있다. 지금 유관의 단면적을 $dA$, 관로의 단면 ①의 면적을 $A_2$라 하면 $dQ=vdA$이므로 식 (4.6)은 다음과 같이 표시된다.

$$\sum F_x=\rho\int_{A2}v_{x2}v_2dA-\rho\int_{A1}v_{x1}v_1dA \tag{4.7}$$

이 두 항의 값은 관로 속의 속도분포만 알면 적분이 된다. 지금 임의의 단면의 관로면적을 $A$, 평균속도를 $V$, $V$의 $x$방향 성분을 $V_x$라 하여

$$\rho\int_A v_xvdA=\rho V_xVA\times\beta$$

로 되는 계수 $\beta$를 도입하면

$$\beta=\frac{1}{A}\int_A\frac{v_x}{V_x}\cdot\frac{v}{V}dA=\frac{1}{A}\int_A\left(\frac{v}{V}\right)^2dA \tag{4.8}$$

으로 된다. 왜냐하면 [그림 4-2]에서 $v_x/V_x=v/V$이기 때문이다. 이 $\beta$를 **운동량의 보정계수**라 한다. $VA=Q=\text{const}$.이므로 $\beta$를 써서 식 (4.7)을 표시하면

$$\sum F_x=\rho Q(\beta_2V_{x2}-\beta_1V_{x1}) \tag{4.9}$$

과 같이 된다. **층류인 경우에는 $\beta=4/3$이고 난류인 경우에는 $\beta=1.01\sim1.05$가 된다.** 그러므로 관로

의 단면은 될 수 있는 대로 속도분포가 균일하게 되는 곳을 잡는 것이 좋다. 이때에는 $\beta=1$이 되어 식 (4.9)는 다음과 같이 된다.

$$\sum F_x = \rho Q(V_{x2} - V_{x1}) \tag{4.10}$$

같은 방법으로 y, $z$방향에 대한 운동량의 식을 구하면 다음과 같이 된다.

$$\sum F_{\mathrm{y}} = \rho Q(V_{\mathrm{y}2} - V_{\mathrm{y}1}) \tag{4.11}$$

$$\sum F_z = \rho Q(V_{z2} - V_{z1}) \tag{4.12}$$

즉, 유체의 자유체에 작용하는 단위시간당의 역적, 다시 말하면 **외력은 질량유량과 속도변화를 곱한 것과 같다.** 이 $\rho Q(v_2 - v_1)$의 양을 **운동량유속**(運動量流束 : momentum flux)이라 한다. 식 (4.9)는 운동량의 원리를 유체운동에 적용하였을 때의 일반공식이다.

Bernoulli의 정리는 정상류에서의 평균유속이나 압력 등의 상호관계를 나타내지만 운동량의 원리는 특정한 방향에 있어서의 유체가 벽면에 미치는 힘과 그 방향에서의 속도변화와의 관계를 표시하고 있다. 따라서 운동량의 원리는 유체내부의 상태가 분명하지 않더라도 경계면의 상태만 알면 이것으로부터 계산할 수 있게 된다.

**reference**

**노즐의 반발력**

뉴턴의 운동법칙의 또다른 변형은 충격력의 형태로 쓰는 것이다.

$$F = \rho Q \Delta t\left(\frac{\Delta v}{\Delta t}\right) = \Delta(\rho Q v) = \rho Q(v_2 - v_1) = \rho Q v_2 - \rho Q v_1$$

여기서, 오른쪽 항을 운동량이라 부른다. 운동량은 흐르는 유체의 특성으로서 그 운동에너지와 마찬가지로 생각할 수 있다. 그리고 $\Delta$은 운동량의 변화량이 충격력과 같음을 의미한다. 힘이 벡터량이기 때문에, 운동량도 크기뿐만 아니라 방향도 갖고 있으므로 벡터량이다. 여기에서 낯설은 $\Delta$문자를 빼면 두 점사이의 운동량 변화량(반발력)을 다음과 같이 나타낼 수 있다.

$$F = \rho Q(v_2 - v_1) = M_2 - M_1$$

여기서, $M_2$와 $M_1$은 각각 점 2와 1에서의 운동량을 뜻한다.

**운동량 보정계수**

$$\beta = \frac{1}{A}\int_A \left(\frac{v}{V}\right)^2 dA$$

여기서 $\beta$ : 운동량보정계수, $V$ : 평균속도, $v$ : 국부속도(점속도), $A$ : 단면적

층류 : $\beta=\frac{4}{3}$, 난류 : $\beta=1.01\sim1.05$

$$\Sigma F_x=\rho Q(\beta_2 V_{x2}-\beta_1 V_{x1})$$

### example 4-1

폭 $W$를 갖는 평행평판 사이의 포물선 유속 분포가 다음과 같을 때 운동량 수정계수는?

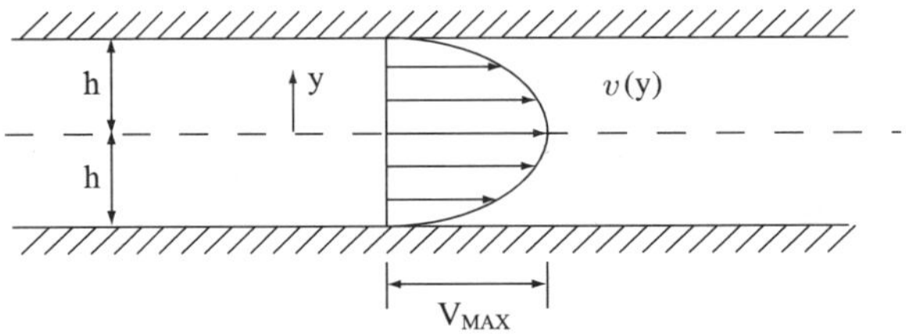


**풀이**

속도분포 $v(y)=v_{\mathrm{MAX}}\left(1-\frac{y^2}{h^2}\right)$

평균속도 $V=\frac{1}{A}\int_A vdA=\frac{1}{h}\int_o^h v_{\mathrm{MAX}}\left(1-\frac{y^2}{h^2}\right)dy=\frac{v_{\mathrm{MAX}}}{h}\int_o^h\left(1-\frac{y^2}{h^2}\right)dy$

$$=\frac{v_{\mathrm{MAX}}}{h^3}\int_o^h(h^2-y^2)dy=\frac{v_{\mathrm{MAX}}}{h^3}\left[yh^2-\frac{1}{3}y^3\right]_o^h$$

$$=\frac{v_{\mathrm{MAX}}}{h^3}\left(h^3-\frac{1}{3}h^3\right)=\frac{2}{3}v_{\mathrm{MAX}}$$

운동량수정계수($\beta$)

$$\beta=\frac{1}{A}\int_A\left(\frac{v}{V}\right)^2dA=\frac{1}{h}\int_o^h\left[\frac{v_{\mathrm{MAX}}\left(1-\frac{y^2}{h^2}\right)}{\frac{2}{3}v_{\mathrm{MAX}}}\right]^2dy=\frac{9}{4h}\int_o^h\left(1-\frac{y^2}{h^2}\right)^2dy$$

$$=\frac{9}{4h}\int_o^h\left(\frac{h^2-y^2}{h^2}\right)^2dy=\frac{9}{4h^5}\int_o^h(h^2-y^2)^2dy$$

$$=\frac{9}{4h^5}\int_o^h(h^4-2h^2y^2+y^4)dy=\frac{9}{4h^5}\left[yh^4-\frac{2}{3}h^2y^3+\frac{1}{5}y^5\right]_o^h$$

$$=\frac{9}{4h^5}\left[h^5-\frac{2}{3}h^5+\frac{1}{5}h^5\right]=\frac{9}{4h^5}\left[\frac{15}{15}h^5-\frac{10}{15}h^5+\frac{3}{15}h^5\right]$$

$$=\frac{9}{4h^5}\times\frac{8}{15}h^5=\frac{6}{5}$$

**example 4-2**

40mm의 소방호스로 80lpm의 물이 흐르고 있다. 지름이 13mm인 노즐에서 다음을 구하시오.

① 노즐에서의 가속도
② 호스와 노즐팁의 운동에너지
③ 노즐의 반발력

**풀이**

① 노즐에서의 가속도

$Q = 80\text{lpm} \times 1.67 \times 10^{-5}\text{m}^3/\text{s}/\text{lpm} = 0.00133\text{m}^3/\text{s}$

$(1\text{lpm} = 1.67 \times 10^{-5}\text{m}^3/\text{s},\ 1\ell = 1{,}000\text{cm}^3)$

구경 40mm 호스의 단면적은 $A_1 = \dfrac{\pi \times (0.04\text{m})^2}{4} = 0.00126\text{m}^2$

호스에서의 속도 $V_1 = \dfrac{Q}{A_1} = \dfrac{0.001336\text{m}^3/\text{s}}{0.00126\text{m}^2} = 1.06\text{m/s}$

노즐 끝의 단면적 $A_2 = \dfrac{\pi \times (0.013\text{m})^2}{4} = 0.000133\text{m}^2$

노즐 끝에서의 속도 $V_2 = \dfrac{Q}{A_2} = \dfrac{0.00133\text{m}^3/\text{s}}{0.000133\text{m}^2} = 10.045\text{m/s}$

속도의 차이는 $\Delta V = V_2 - V_1 = 10.045 - 1.06 = 8.985\text{m/s}$

노즐에서의 흐름의 가속도$(\text{m/s}^2)$ $a = \dfrac{\Delta V}{s}$이므로 $8.985\text{m/s}^2$

② 호스와 노즐팁의 운동에너지

노즐팁에서의 속도가 10.045m/s이므로 운동에너지 $K_E = \dfrac{V^2}{2g}$이므로 이를 계산해 보면,

$K_E = \dfrac{(10.045\text{m/s})^2}{2 \times 9.8\text{m/s}^2} = 5.148\text{m}$

또한 호스에서의 속도는 1.06m/s이므로 운동에너지

$K_E = \dfrac{(1.06\text{m/s})^2}{2 \times 9.8\text{m/s}^2} = 0.057\text{m}$

이것이 만일 연직상향의 노즐이라면 분출되는 물의 높이를 나타내게 된다.

③ 노즐의 반발력

노즐의 반발력은 반사적으로 작용하는 힘의 크기를 계산해주면 되므로

$F = \rho Q(V_2 - V_1) = M_2 - M_1$

로 표현될 수 있다.

$F = 1000\text{kg/m}^3 \times 0.001336\text{m}^3/\text{s} \times (10.045 - 1.06)\text{m/s}$

$= 12.004\text{kg} \cdot \text{m/s}^2 = 12.004\text{N}$

## 4-2 역적-운동량 방정식의 응용

### [1] 단면이 변하는 관에 미치는 힘

[그림 4-3]에서와 같이 직관 도중에 단면적이 $A_1$에서 $A_2$로 변할 때 이 관 속을 흐르는 유체는 운동량의 변화를 받고 그 결과 원추벽(圓錐壁)에 힘 $F$를 미친다. 단면 1에서 압력을 $p_1$, 속도를 $v_1$, 단면 2에서의 이들을 $p_2$, $v_2$라 한다. 전술한 바와 같이 단면 1, 2 사이에 있는 유체부분을 자유체로 잡고 이것에 미치는 $x$방향의 힘을 구한다. 이 힘에는 두 종류가 있다. 그 하나는 유체의 압력 $p$에 의한 힘으로서 단면 1에서 $p_1A_1$, 단면 2에서는 $p_2A_2$로서 그 차 $(p_1-p_2)$의 힘이 오른쪽으로 미친다. 또한 힘은 원추벽이 유체에 미치는 힘 $F$의 $x$방향 성분 $F_x$로서 이것은 [그림 4-3]에서와 같이 왼쪽으로 작용한다. 이 두 힘의 합 $(p_1A_1-p_2A_2-F_x)$는 유체를 단위시간에 속도 $v_1$에서 $v_2$로 가속시키는 것이 된다. 즉, 식 (4.10)에 의하여

$$\begin{aligned} p_1A_1-p_2A_2-F_x &= \rho Q(v_2-v_1) \\ \therefore\ F_x &= (p_1A_1-p_2A_2)-\rho Q(v_2-v_1) \end{aligned} \tag{4.13}$$

을 얻는다. 또 원추의 정각을 $\theta$라 한다면 합력 $F$는 다음과 같이 된다.

$$F=F_x\operatorname{cosec}\left(\frac{\theta}{2}\right) \tag{4.14}$$

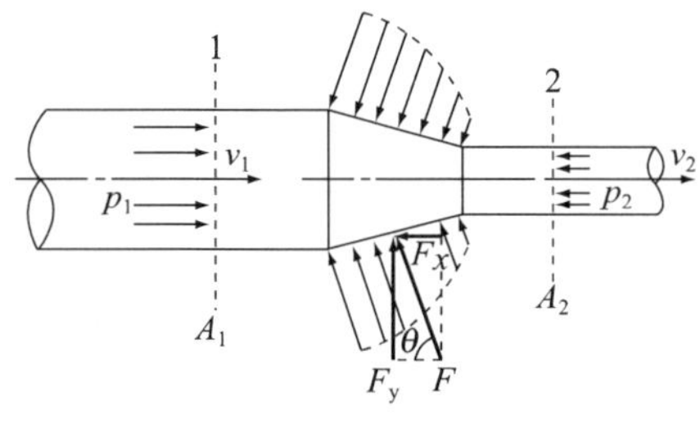


**그림 4-3** 관로의 원추면에 미치는 힘

이 힘 $F$는 그림에 나타낸 바와 같이 원추면에 대한 압력분포(압력프리즘)를 알고 있으면 이것을 벽면에 대하여 적분하면 구해진다. 그러나 전술한 바와 같이 운동량의 원리를 적용하면 압력분포를 모르더라도 이 힘은 구해진다. [그림 4-3]의 관로(管路)가 노즐(nozzle)인 경우에는 $p_2$는 대기압이 되므로 $p_1$을 게이지압이라 하면

$$F_x = p_1 A_1 - \rho Q(v_2 - v_1) \tag{4.15}$$

이 된다. 이 힘은 유체에 대하여 흐름의 방향과 반대방향으로 미치는데 유체는 이 힘 $F_x$로 노즐을 오른쪽으로 밀게 된다. 식 (4.15)는 노즐 외주(外周)의 유체압 $p_2$를 대기압으로 잡았기 때문에 $p_1$이 게이지압으로 표시된다. 만일 $p_1$과 $p_2$를 절대압으로 사용할 때에는 노즐 외주에 미치는 대기압에 의한 노즐축 방향의 분력을 합쳐서 생각하지 않으면 안된다.

또 노즐 내에서 손실을 무시할 수 있다면 $p_1$, $p_2$ 중 어느 하나가 주어지면 다른 쪽은 Bernoulli의 정리로부터 구해진다. 이를테면 $p_2$가 기지(既知)일 경우라 하면

$$p_1 = \rho(v_2^2 - v_1^2)/2 + p_2, \qquad Q = A_1 v_1$$

을 식 (4.13)에 대입하면

$$\begin{aligned} F_x &= \frac{\rho A_1 (v_2^2 - v_1^2)}{2} + A_1 p_2 - A_2 p_2 - \rho A_1 v_1 (v_2 - v_1) \\ &= p_2 (A_1 - A_2) + \frac{\rho A_1 (v_2 - v_1)^2}{2} \end{aligned} \tag{4.16}$$

으로부터 $F_x$가 구해진다.

### [2] 곡관벽면에 작용하는 힘

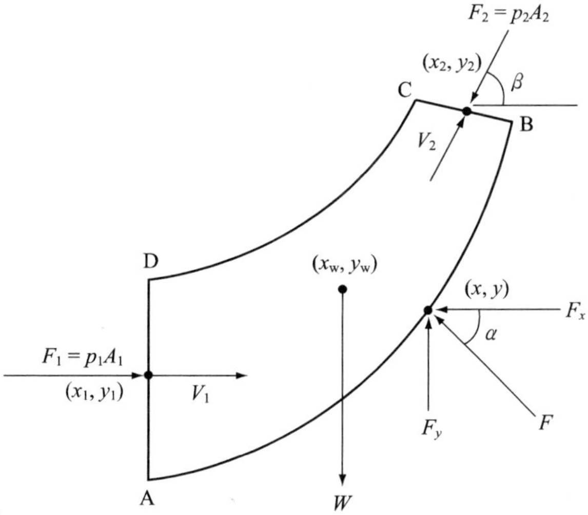


**그림 4-4** 곡관벽면에 작용하는 힘

[그림 4-4]와 같은 곡관의 일부인 검사체적 $ABCD$에 물이 흐른다고 생각하자. $F_1$과 $F_2$는 곡관 입구 및 출구에 작용하는 힘(수압)들이고 $F$는 곡관 내를 흐르면서 곡관내부 벽면에 작용하는 힘이지만 그림에서처럼 이를 편의상 곡관이 물에 작용하는 힘이라 생각하자.

$$\Sigma F_x = p_1 A_1 - F_x - p_2 A_2 \cos\beta = \rho Q(V_2 \cos\beta - V_1) \tag{4.17}$$

$$\Sigma F_y = F_y - p_2 A_2 \sin\beta - W = \rho Q(V_2 \sin\beta - 0) \tag{4.18}$$

유량 $Q, d_1, d_2, \beta$를 알고 압력계를 통해 $p_1, p_2$를 측정하면 위의 두 식에서 $F_x, F_y$를 알게 되고 $F = \sqrt{F_x^2 + F^2 y}$를 통해 $F$를 구하게 된다. $F$의 작용방향은 $\alpha = \tan^{-1}\left(\frac{F_y}{F_x}\right)$을 통해 구할 수 있다.

**example 4-3**

굴곡이 90°인 관에서 100lpm의 유량이 흐르고 있다. 관의 지름은 4in이다. 다음을 구하시오.

① 굴곡부를 통과하는 흐름의 공간 가속도를 결정하시오.

② 점1과 2사이의 운동량의 변화량을 구하시오.

**풀이**

① 미터 단위계를 사용한다면, 단위를 미터제로 바꾸어야 한다. 따라서 유량은 1,000Ls $= 1\text{m}^3$이므로

$$Q = 100\,\ell\text{pm} \times 1.67 \times 10^{-5} \frac{\text{m}^3/\text{s}}{\ell\text{pm}} = 1.67 \times 10^{-3}\text{m}^3/\text{s}$$

관의 지름을 미터로 바꾸면,

$$D = 4\text{in} \times 0.0254\text{m/in} = 0.1016\text{m}$$

관의 단면적은

$$A_1 = \frac{\pi \times D^2}{4} = 0.008\text{m}^2 = 8 \times 10^{-3}\text{m}^2$$

유속은

$$v = \frac{Q}{A} = \frac{1.67 \times 10^{-3}}{8 \times 10^{-3}} = 0.21\text{m/s}$$

속도가 방향은 바뀌지 않고 다만 크기만 바뀌었다. 그런데 본 문제에서는 그 반대이다. 다음 그림을 참조하면 이해가 될 것이다. 유입구에서는 속도가 수평이며, 유출구에서는 수직을 이룬다. 가속도를 계산하기 위해 기하학적인 문제로 생각해보면 보다 분명해진다. 각 방향별로 어떠한지를 살펴보면, 유입구에서의 수평속도는 물이 굴절부를 통해 진행하면서 영(零)까지 감소할 것이다. 그러므로 가속도 벡터 성분은

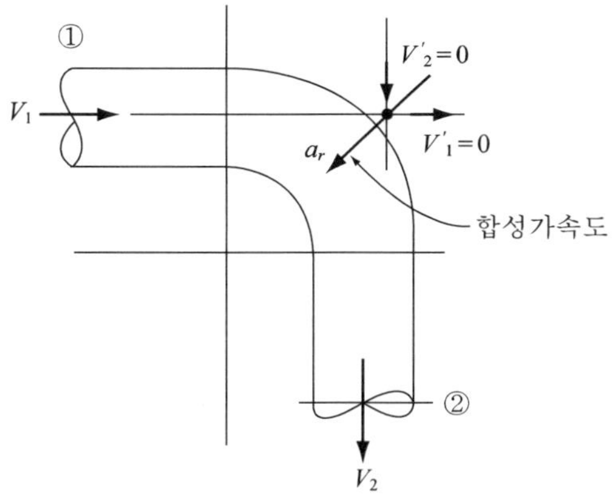


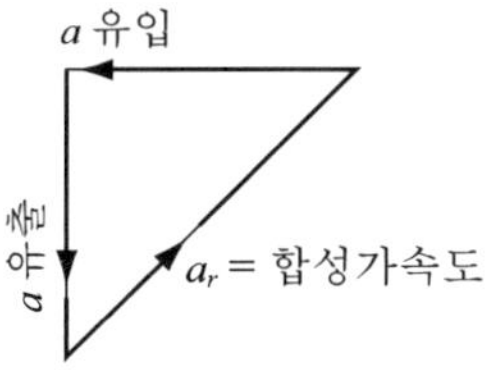


$$a(\text{수평})=-\frac{v(\text{유입구})}{s}=-0.21\text{m/s}^2$$

여기서, 음 부호는 이 방향에서 흐름 속도가 영(零)까지 점차 줄어들고 있음을 뜻한다. 관 굴곡부의 출구에서 방향이 아래로 향하고 있음을 제외하면 유입구에서와 같은 속도를 나타낼 것이다. 굴곡부 중앙에서부터 연직속도(하향 속도)는 영부터 0.21m/s까지 증가한다. 따라서 가속도의 하향 성분은

$$a(\text{연직})=\frac{v(\text{유출구})}{s}=0.21\text{m/s}^2$$

적당한 자를 사용해서 이 두 가속도 성분을 도해적으로 그려 이 문제를 풀어볼 수 있다. 그 결과 그림에서 나타낸바와 같이 합성 가속도를 얻을 수 있다. 이 문제를 푸는 다른 방법은 피타고라스의 정리를 적용하는 것이다. 이 정리로부터 얻은 합성가속도의 크기는 다음과 같다.

$$a=\sqrt{a^2(\text{유입구})+a^2(\text{유출구})}=\sqrt{(-0.21)^2+0.21^2}=0.30\text{m/s}^2$$

이 합성가속도의 방향은 위의 그림에 나타낸 바와 같다.

② 물의 밀도는 1kg/L이고 이것은 1,000kg/m³이다. 유량은 $Q=1.67\times10^{-3}\text{m}^3/\text{s}$이다. 두 점에서 유속은 0.21m/sec이고, 두 점 사이의 흐름 방향을 생각하지 않으면 다음과 같이 쓸 수 있다.

$$M=1{,}000\text{kg/m}^3\times1.67\times10^{-3}\text{m}^3/\text{s}\times0.21\text{m/s}$$
$$=0.35\text{kgm/s}^2=0.35\text{N}$$

합성력 $F$는 이등변 직각삼각형의 두 등변이 각각 힘 $M$일 때 피타고라스 정리를 사용하여 계산할 수 있다.

$$F=\sqrt{0.35^2+0.35^2}=0.49\text{kN}$$

이 힘의 방향은 합성가속도와 일치한다. 소방관들은 이 힘의 크기가 어느 정도인가에 대해 이미 익숙해져 있다. 소방실무 관점에서 하나의 규칙으로 만일 700kPa의 압력을 받는 분무노즐에서 되돌아오는 힘은 4Lpm만큼 흐를 때 약 9뉴턴 정도 된다.

**example 4-4**

아래 그림과 같은 관로를 유량 $0.01\text{m}^3/\text{s}$의 물이 흐르고 있다. 단면 1의 지름이 100mm, 단면 1에 미치는 유체압이 500kPa, 단면 2의 지름이 50mm일 때 유체가 원추벽에 미치는 힘을 계산하여라. 단 원추각은 60°이다.

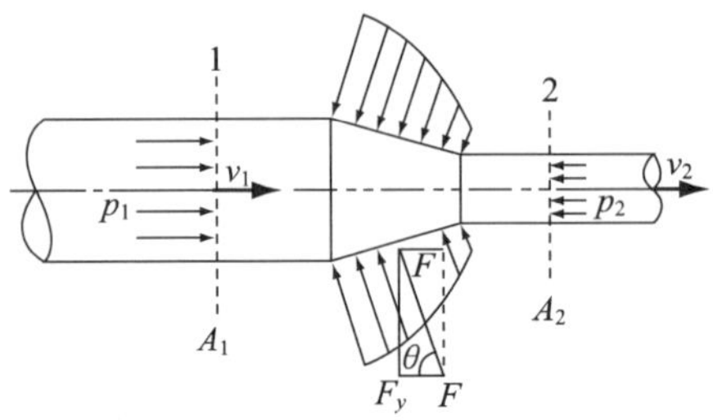


관로의 원추면에 미치는 힘

풀이

단면 1, 2에서의 유속 $v_1$, $v_2$는

$$v_1 = \frac{Q}{A_1} = \frac{0.01}{\frac{\pi}{4} \times (0.1)^2} = 1.27\text{m/s}$$

$$v_2 = \frac{Q}{A_2} = \frac{0.01}{\frac{\pi}{4} \times (0.05)^2} = 5.10\text{m/s}$$

압력 $p_2$를 구하기 위하여 단면 1, 2 사이에 Bernoulli의 식을 세우면

$$\frac{p_1}{\rho} + \frac{v_1^2}{2} = \frac{p_2}{\rho} + \frac{v_2^2}{2}$$

$$\therefore\ p_2 = p_1 + \frac{\rho}{2}(v_1^2 - v_2^2) = 500 \times 10^3 + \frac{10^3}{2}(1.27^2 - 5.10^2)$$

$$= 48{,}7801\text{Pa} = 487.8\text{kPa}$$

원추면이 유체에 미치는 힘 $F_x$는

$$F_x = (p_1A_1 - p_2A_2) - \rho Q(v_2 - v_1)$$

$$= \left\{500 \times 10^3 \times \frac{\pi}{4} \times (0.1)^2 - 4{,}878 \times 10^3 \times \frac{\pi}{4} \times (0.05)^2\right\}$$

$$- 10^3 \times 0.01 \times (5.10 - 1.27)\ = 2{,}969\text{N} \fallingdotseq 3\text{kN}$$

따라서 합력 $F$는

$$F = F_x \text{cosec}\left(\frac{\theta}{2}\right) = 3 \times \text{cosec}30^\circ\ = 3.48\text{kN}$$

따라서 유체가 원추벽면에 미치는 힘은 3.48kN이 된다.

**example 4-5**

노즐을 통하여 액체가 대기로 유량 $Q$를 분출하고 있다. 노즐에 미치는 유체의 힘 $F$는 $F = \frac{\rho A_1 Q^2}{2}\left(\frac{A_1 - A_2}{A_1 A_2}\right)^2$ 이 됨을 증명하여라.(단, $A_1$, $A_2$는 노즐의 단면 1, 2에서의 단면적이고 $\rho$는 유체의 밀도이다.)

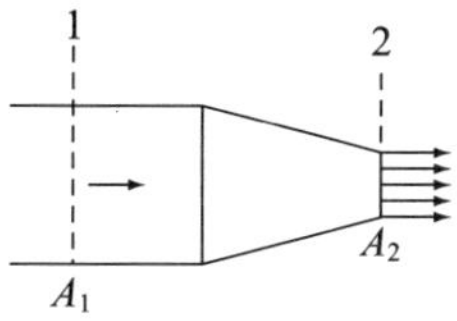


노즐에 미치는 힘

풀이

구하는 힘을 $F$라 하고 단면 1, 2사이에 운동량의 원리를 적용하면

$$F = \rho Q(v_1 - v_2) + p_1 A_1 = \rho Q\left(\frac{Q}{A_1} - \frac{Q}{A_2}\right) + p_1 A_1 \qquad (1)$$

한편 단면 1, 2 사이에 Bernoulli의 정리를 적용하면 $p_2 = 0$(대기압)이므로

$$\frac{\rho v_1^2}{2} + p_1 = \frac{\rho v_2^2}{2} + p_2 = \frac{\rho v_2^2}{2} \qquad (2)$$

식 (1), (2)로부터

$$F = \rho Q\left(\frac{Q}{A_1} - \frac{Q}{A_2}\right) + \frac{\rho A_1}{2}\left\{\left(\frac{Q}{A_2}\right)^2 - \left(\frac{Q}{A_1}\right)^2\right\} = \frac{\rho A_1 Q^2}{2}\left(\frac{A_1 - A_2}{A_1 A_2}\right)^2$$

### example 4-6

아래 그림과 같은 안지름 1m인 90° 의 벤트 속을 평균유속 3m/s로 물이 흐르고 있다. 벤트의 입구와 출구에 단 압력계에는 둘 다 100kPa을 가리키고 있다. 유체가 곡관에 미치는 힘의 크기와 방향을 구하여라.(단, 중력의 영향은 무시한다.)

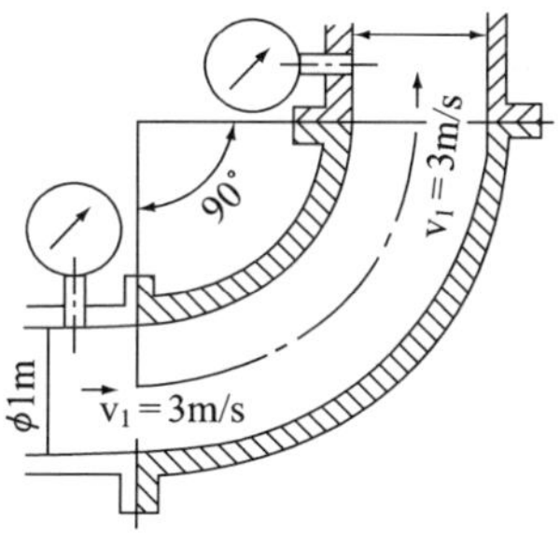


벤트에 미치는 힘

풀이

입구와 출구의 단면적은

$$A = \frac{\pi}{4} \times 1^2 = 0.785\text{m}^2,\ \text{유량은}\ Q = A_1 v_1 = A_2 v_2$$

$$Q = 0.785 \times 3.0 = 2.36\text{m}^3/\text{s},\ \text{그러면}\ F_x$$

$$F_x = (p_1 A_1 - p_2 A_2 \cos\theta) + \rho Q(v_1 - v_2 \cos\theta)$$

$$= (100\times10^3\times0.785 - 100\times10^3\times0.785\cos90^\circ)$$
$$+10^3\times2.36(3-3\cos90^\circ) = 85580\text{N} = 85.6\text{kN}$$

또 $F_y$는

$$F_y = (\rho Q v_2 + p_2 A_2)\sin\theta = -(10^3\times2.36\times3 + 100\times10^3\times0.785)\sin90^\circ$$
$$= -85580\text{N} = -85.6\text{kN}$$

따라서 합력 $F$는

$$F = \sqrt{F_x^2 + F_y^2} = \sqrt{85.6^2 + 85.6^2} = 121\text{kN}$$

또 $F$의 방향은

$$\tan^{-1}\frac{-85.6}{85.6} = -45^\circ$$

### [3] 평판에 충돌하는 물제트의 힘

오리피스나 노즐에서 분출된 물제트가 고체의 표면에 수직으로 충돌하는 경우, 경사지게 충돌하는 경우 또는 그 표면이 이동하는 경우가 있을 수 있다. 이때의 힘을 살펴보면 다음과 같다.

#### 1) 고정평판에 수직으로 충돌하는 분류의 힘

① [그림 4-5]에서와 같이 물제트가 넓은 고정면에 충돌할 경우 속도의 방향은 변하지만 그 크기는 변하지 않는다. 그 힘 $F$는,

$$F = \rho a v v = \rho Q v \tag{4.19}$$

여기서 $\rho$ : 유체의 밀도
$v$ : 분류의 속도
$Q$ : 유량$= av$ ($a$ : 분류의 단면적)

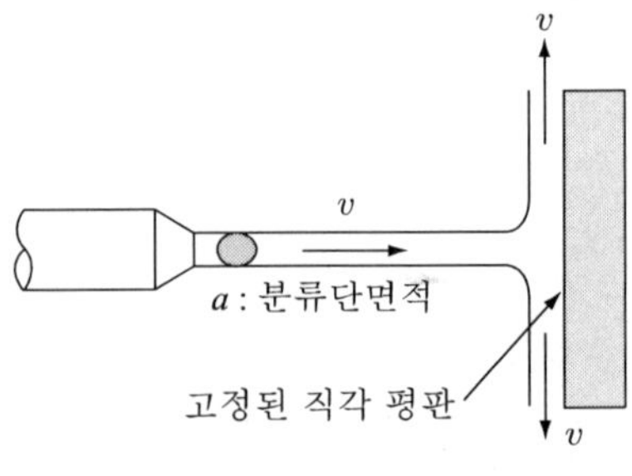


**그림 4-5** 물제트가 넓은 고정면에 충돌할 경우

② [그림 4-6]에서 같이 물제트의 지름에 비해 상대적으로 평판이 작은 경우 ①에서와 같은 방향전환이 일어나지 않고 원래의 방향에 대한 분속도를 가지면서 평판 끝에서 떨어져 나간다.

$$F = \rho av(v - v\cos\theta) = \rho Qv(1 - \cos\theta) \tag{4.20}$$

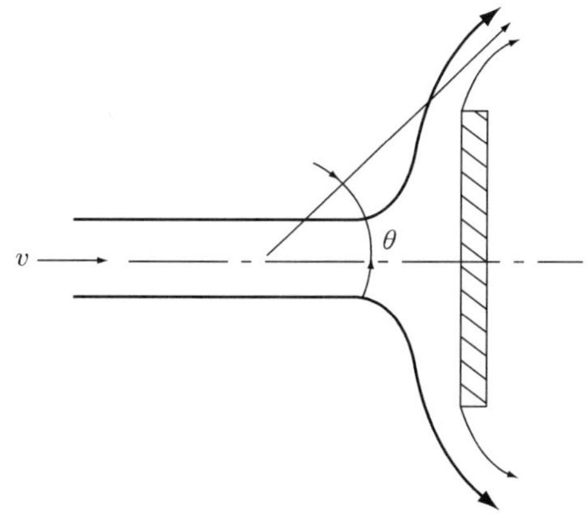


**그림 4-6** 물제트의 지름에 비해 평판이 작은 경우

### 2) 고정평판과 경사진 물제트의 힘

[그림 4-7]과 같이 물제트가 경사진 고정평판에 충돌하는 경우, 평판에 수직으로 미치는 힘 $F$를 구하기 위해서 먼저 물제트의 속도를 평판과 직각인 성분과 평행한 성분으로 분해하여 운동량방정식을 적용한다.

$$F_x = (P_1A_1 - P_2A_2) + \rho Q(v_{x1} - v_{x2}) \tag{4.21}$$

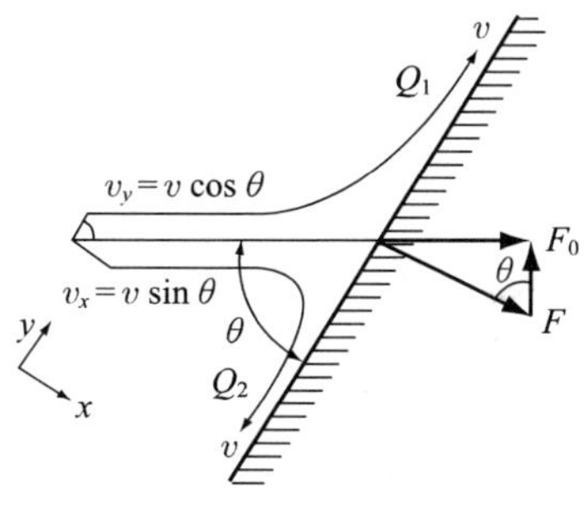


**그림 4-7** 고정평판과 경사진 분류의 힘 $F$

여기서 $P_1 = P_2 = P_o$(대기압)$= 0$, $v_x = v\sin\theta$, $v_{x_2} = 0$이므로

$$F_x (= F) = \rho Q v \sin\theta$$

따라서, 물제트방향의 힘 $F_o$는,

$$F_o = F\sin\theta = \rho Q v \sin^2\theta \tag{4.22}$$

분할유량 $Q_1$, $Q_2$를 구해보면 먼저 평판과 평행한 힘은 작용하지 않고 평판과 평행한 방향의 운동량의 변화는 없고 평행한 물제트의 최초의 운동량은 충돌후의 운동량의 합과 같으므로,

$$\begin{aligned} \rho Q v \cos\theta &= \rho Q_1 v - \rho Q_2 v \\ Q\cos\theta &= Q_1 - Q_2 \end{aligned} \tag{4.23}$$

한편, $Q = Q_1 + Q_2$이므로

$$Q_1 = \frac{Q}{2}(1 + \cos\theta) \tag{4.24}$$

$$Q_2 = \frac{Q}{2}(1 - \cos\theta) \tag{4.25}$$

### 3) 이동하는 평판과 수직으로 충돌하는 물제트의 힘

[그림 4-8]에서와 같이 평판이 물제트의 방향으로 $u$의 속도로 이동할 때 물제트가 평판에 충돌하는 속도는 물제트의 속도 $v$에서 평판의 속도 $u$를 뺀 값이다. 따라서 평판이 받는 유량은 $a(v-u)$이고 평판에 미치는 힘 $F$는,

$$F = \rho Q(v-u) = \rho a(v-u)^2 \tag{4.26}$$

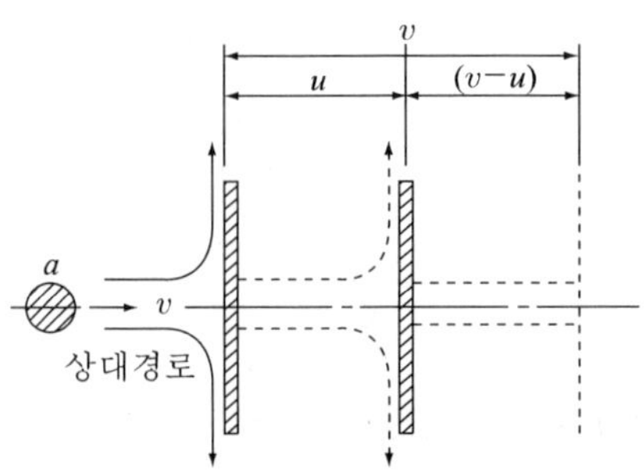


**그림 4-8** 평판이 물제트의 방향으로 $u$의 속도로 이동하는 경우

### example 4-7

아래 그림과 같은 평판이 속도 $u=10\text{m/s}$로 움직이고 있을 때, 지름 60mm인 노즐에서 물이 35m/s의 속도로 분수(噴水)와 수직인 평판에 충돌할 때의 평판에 미치는 힘을 구하여라.

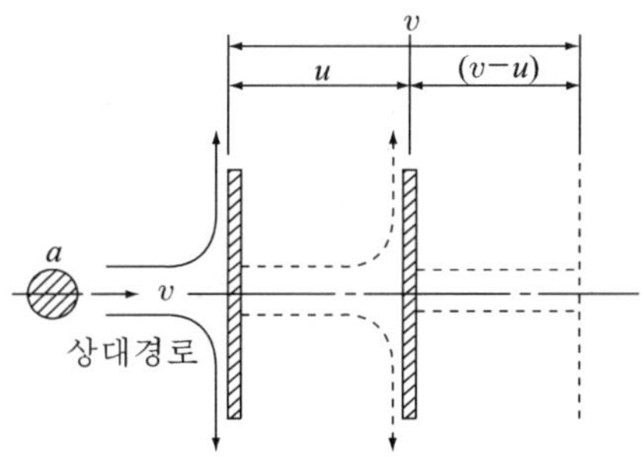


분류방향으로 운동하는 평판에 충돌하는 분류의 힘

**풀이**

$$F=\rho A(v-u)^2=10^3\times\frac{\pi}{4}\times0.06^2\times(35-10)^2=1767.1\text{N}$$

### example 4-8

지름 80mm인 분수가 100m/s의 속도로 고정평판에 45°의 각도를 가지고 충돌할 때 평판이 받는 힘을 구하여라.

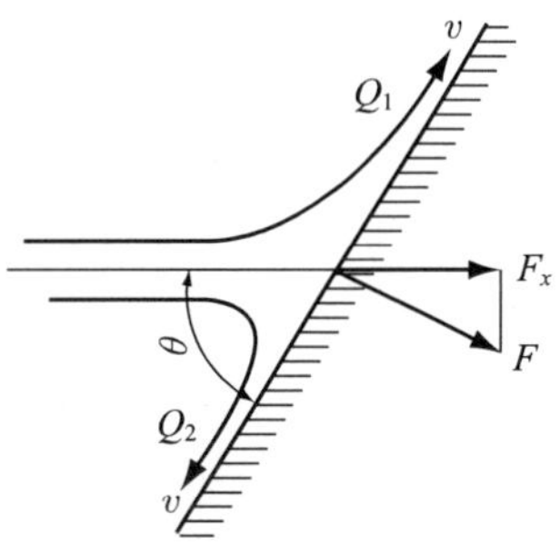


고정평판과 경사진 분류의 힘 $F$

**풀이**

$$F=\rho Qv\sin\theta$$
$$=10^3\times\frac{\pi}{4}\times(0.08)^2\times100^2\times\sin45^\circ$$
$$=35543\text{N}=35.54\text{kN}$$

### example 4-9

노즐에서 10m/s의 속도로 240L/s의 물이 분출할 때 이 수조차를 그 자리에 정지시키는 데 필요한 힘을 구하여라.(단, 마찰은 무시한다.)

**풀이**

수조차를 정지시키는 데 필요한 힘, 즉 분류의 반작용에 의하여 수조차를 움직이는 힘 $F$는

$$F=\rho Qv$$

이다. $\rho = 10^3 \mathrm{kg/m^3}$, $A = Q/v = 0.240/10 = 0.024\mathrm{m}^2$ 및 $v = 10\mathrm{m/s}$를 대입하면

$$F = \rho Q v = \rho A v^2 = 10^3 \times 0.024 \times 10^2 = 2400\mathrm{N} = 2.4\mathrm{kN}$$

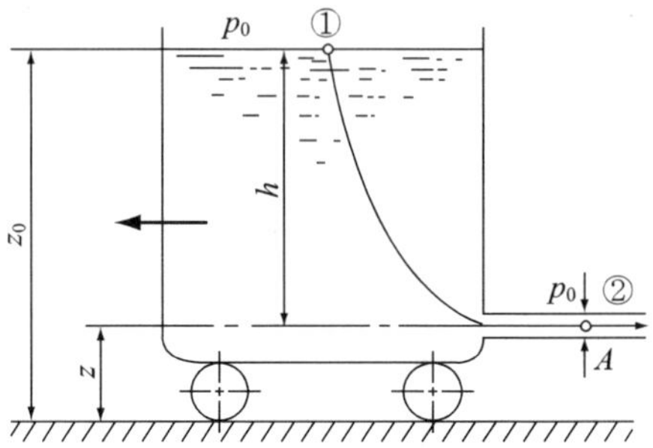


분사추진

## 4-3 운동량 모멘트의 원리

임의의 1점을 중심으로 하여 물체에 작용한 힘의 모멘트는 그 점을 중심으로 한 물체의 운동량 모멘트의 단위시간에 대한 변화와 같다. 이것을 **운동량 모멘트의 원리(moment of momentum theory)** 또는 **각운동량(角運動量)의 원리(angular momentum principle)**라 한다. 즉, 질량 $m$인 물체가 임의의 1점을 중심으로 하여 반지름 $r$인 곡선 위를 운동하고 있을 때 이 물체에 작용하는 힘의 모멘트(토크) $T$는

$$T = \frac{d(mvr)}{dt} \tag{4.27}$$

으로 표시된다.

이 원리를 선회류(旋回流)에 적용하여 보자. [그림 4-9]에서와 같이 유체가 원점 O를 중심으로 하여 선회하면서 유출하고 있는 정상류(定常流)를 생각한다. 반지름 $r_1$, $r_2$ 사이에 있는 유체에 착안하여 여기에 둘레에서 작용하는 O점을 중심으로 한 일정한 모멘트를 $T$라 한다. 반지름 $r_1$, $r_2$ 사이에 있는 유체가 시간 $dt$ 후에 반지름 $r_1'$, $r_2'$사이로 진행하였다고 하면 $dt$시간 사이에 증가한 운동량 모멘트는

$$(2\pi r_2 v_2 dt \rho_2) u_2 r_2 - (2\pi r_1 v_1 dt \rho_1) u_1 r_1$$

이다. 여기서 $v_1,\ v_2$는 반지름 $r_1,\ r_2$에서의 반지름방향 유속이고, $u_1,\ u_2$는 $r_1,\ r_2$에 대한 원추방향 유속이며, $\rho_1,\ \rho_2$는 $r_1,\ r_2$에 대한 밀도이다. 식 (4.27)에 의하여

$$T = \frac{(2\pi r_2 v_2 dt \rho_2) u_2 r_2 - (2\pi r_1 v_1 dt \rho_1) u_1 r_1}{dt}$$

이 된다. $Q_1,\ Q_2$를 $r_1,\ r_2$에 대한 유량이라 하면 $Q_1 = 2\pi r_1 v_1,\ Q_2 = 2\pi r_2 v_2$이므로

$$T = \rho_2 Q_2 u_2 r_2 - \rho_1 Q_1 u_1 r_1 \tag{4.28}$$

이 된다. 그런데 연속의 식 $\rho_1 Q_1 = \rho_2 Q_2 = \rho Q$가 성립할 때에는

$$T = \rho Q(u_2 r_2 - u_1 r_1) \tag{4.29}$$

으로 된다. 이 식은 원심력(遠心力) 펌프나 송풍기의 회전차 속을 흐르는 유체의 토크(회전모멘트)를 나타내는 기본식으로서 매우 중요하다.

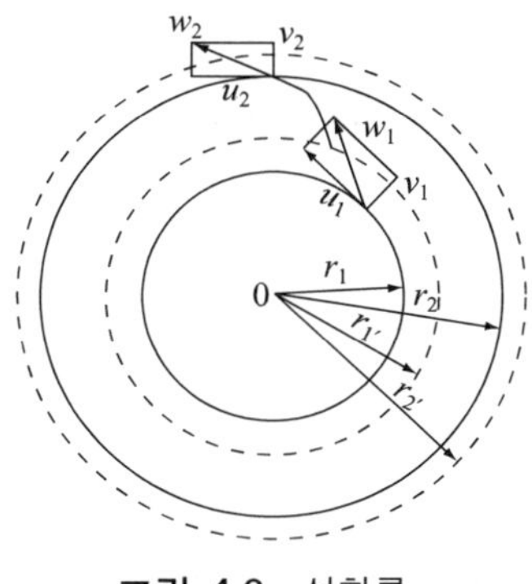


**그림 4-9** 선회류

펌프, 터빈, 물차(水車)나 일반적으로 가정해서 사용하는 정원용 스프링클러와 같은 회전수력기계(回轉水力機械)는 운동량 원리에 의해 작동한다. 충격력(衝擊力)과 회전각(回轉角)의 곱은 소위 토크라 부르는 운동모멘트가 된다. 이 원리를 설명하기 위해 [예제 4-10]의 정원용 스프링클러 문제를 생각해 보자.

**example 4-10**

지름이 12인치인 정원용 스프링클러로부터 두개의 수평분출구가 다음 그림에 도시한 바와 같이 접선방향으로 분사되고 있다. 분출 속도는 10m/s이고, 스프링클러의 유량은 $0.014m^3/s$이다. 스프링클러의 회전에 의해 생성된 토크를 계산하시오.

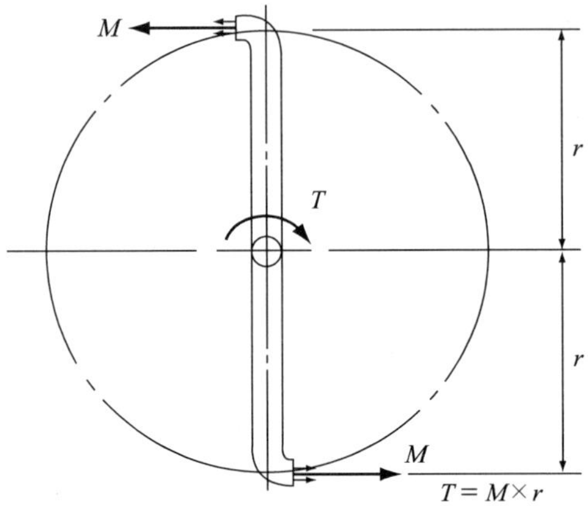


정원용 스프링클러에 작용하는 토크

**풀이**

전유량이 $0.014m^3/s$이므로 각 분출구로부터의 유량은

$$Q = \frac{0.014m^3/s}{2} = 0.007m^3/s$$

스프링클러의 한쪽 팔에 작용하는 충격력은

$$F = \rho Qv = 1{,}000kg/m^3 \times 0.007m^3/s \times 10m/s = 70N$$

이 힘들은 운동각에 직각으로 작용하며 팔 길이는 15cm이다. 그러므로 각 팔의 토크는

$$70N \times 0.15m = 10.5N \cdot m$$

스프링클러의 전 토크는 두 팔에 작용하는 토크를 합하면 된다.

$$T = 2 \times 10.5 = 21N \cdot m$$

# 연습문제

## ▶ 객관식

1. 유체운동의 법칙은 어떤 경우에 적용할 수 있는가?

① 점성유체에만 적용할 수 있다.
② 압축성유체에만 적용할 수 있다.
③ 정상유동하는 이상 유체에만 적용할 수 있다.
④ 모든 유체에 적용할 수 있다.

답 : ④

2. 분류판의 지름이 5(cm)이고, 매분 1.8($m^3$)의 물을 평면판에 직각으로 토출할 경우 평면판에 작용하는 힘(kg)을 구하여라.

① 29.37　　② 31.13
③ 39.05　　④ 46.85

**풀이** 분류하는 관의 단면적 $A=\frac{\pi}{4}\times(0.05\text{m})^2=0.00196(\text{m}^2)$

$$\text{유속}(V)=\frac{Q}{A}=\frac{0.030}{0.00196}=15.31(\text{m/s})$$

$$\text{힘}(F)=\rho QV=\frac{1000}{9.8}\times 0.03\times 15.31=46.85(\text{kg})$$

$$F=46.85(\text{kg})$$

답 : ④

3. 지름 5cm인 원형노즐에서 매초 $0.1\text{m}^3$의 물을 수평으로 분출하고 있다. 이 때 추력은 몇 N인가?

① 5520　　② 5095
③ 4831　　④ 4579

**풀이** $F=\rho QV$ 　$\rho$ : 밀도($\text{kg/m}^3$), $Q$ : 유량($\text{m}^3/\text{s}$), $V$ 유속(m/s)

$$V=\frac{Q}{A}=\frac{0.1}{\frac{\pi\times 0.05^2}{4}}=50.955\text{m/s}$$

$$\therefore F=1{,}000\text{kg/m}^3\times 0.1\text{m}^3/\text{s}\times 50.955\text{m/s}=5{,}095\text{kg}\cdot\text{m/s}^2(\text{Newton})$$

답 : ②

4. 운동량에 대한 다음 설명 중 틀린 것은?

① Newton의 운동 제2법칙과 관계가 있다.
② 운동량이 일정할 때 외력은 시간과 반비례한다.
③ 유체에 작용하는 외력의 합은 압력과 중력의 곱이다.
④ 압축성, 점성유체에도 적용된다.

답 : ③

5. 운동량 방정식 $\Sigma F = \rho Q(V_2 - V_1)$을 유도하는데 필요한 가정은 어느 것인가(단, $a$ : 단면에서의 평균 유속은 일정하다. $b$ : 정상유동이다. $c$ : 균속도이다. $d$ : 압축성유체이다. $e$ : 마찰이 없는 유체이다)?

① $a, b$ ② $a, e$ ③ $a, c$ ④ $c, e$

풀이 운동량 방정식은 정상류이고 비압축성 유체에 적용된다.

답 : ①

6. 그림과 같이 곡면판이 제트를 달고 있다. 제트속도 $V$m/s, 유량 $Q$m$^3$/s, 밀도 $\rho$kg/m$^3$ 방출방향을 $\theta$라 하면 곡면판이 $x$ 방향에 받는 힘을 나타내는 식은?

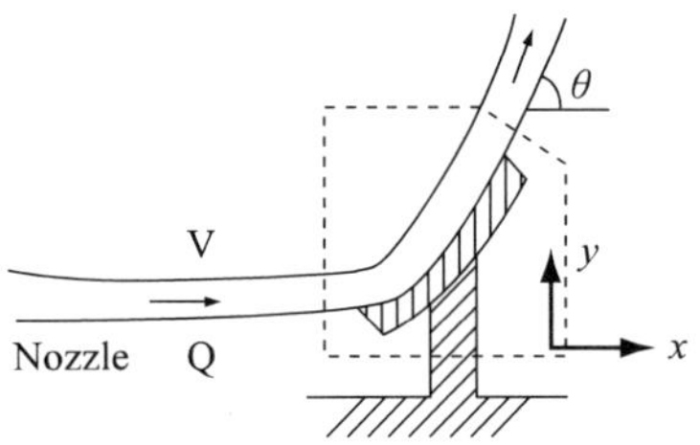


① $\rho QV^2\cos\theta$ ② $\rho QV\cos\theta$
③ $\rho QV\sin\theta$ ④ $\rho QV(1-\cos\theta)$

풀이 $x$ 방향 $F = \rho QV\cos\theta$, $y$ 방향 $F = \rho QV\sin\theta$

답 : ②

7. 운동량 방정식 $\Sigma F = \rho Q(V_2 - V_1)$을 유도하는데 필요한 가정은 어느 것인가?

[보기]
a. 단면에서의 평균유속은 일정하다.
b. 정상유동이다.
c. 균속도 운동이다.
d. 압축성 유체이다.
e. 마찰이 없는 유체이다.

① $a, b$　　② $a, e$　　③ $a, c$　　④ $c, e$

**답 : ①**

**8.** 단면 $A$를 흐르는 유체의 유속을 변수 $u$라 하며, 이때의 미소 단면적을 $dA$라고 할 경우 운동량 보정계수($\beta$)를 나타내는 식으로 적합한 것은?

① $\frac{1}{AV^2}\int_A u^3 dA$　　② $\frac{1}{A^3V^2}\int_A u^2 dA$

③ $\frac{1}{AV^2}\int_A u^2 dA$　　④ $\frac{1}{A^2V^2}\int_A u^2 dA$

**풀이** 운동량 보정계수($\beta$) : $\beta = \frac{1}{A}\int_A \left(\frac{u}{V}\right)^2 dA$　층류일 때 : $\beta = \frac{4}{3}$

난류일 때 : $\beta = 1.01 \sim 1.05$

**답 : ③**

**9.** 그림과 같이 비중이 0.8인 기름이 노즐로부터 분출하고 있다. 노즐 입구의 계기압력이 $P_1 = 686.5\text{kPa}$일 때, 노즐이 받는 힘은 몇 N인가?

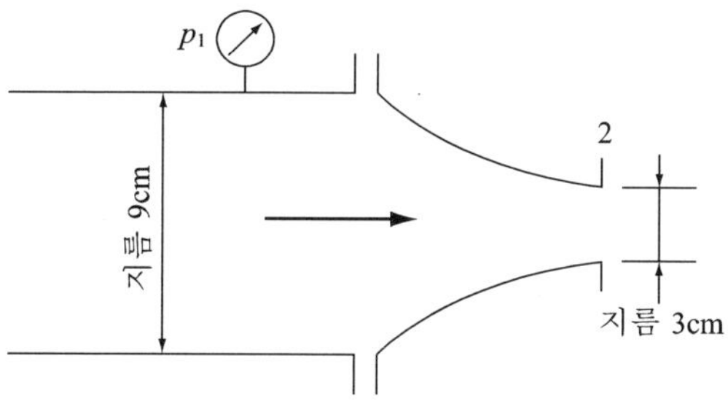


① 3,492　　② 1,246

③ 946　　④ 300

**풀이** 베르누이 방정식을 이용하면

$$\frac{u_1^2}{2g} + \frac{p_1}{\gamma} + z_1 = \frac{u_1^2}{2g} + \frac{p_2}{\gamma} + z_2$$

여기서 ① $p_1 = \frac{686.5\text{kPa}}{101.325\text{kPa}} \times 10{,}332\text{kg/m}^2 = 70{,}019\text{kg}_f/\text{m}^2$

② $\gamma$(비중량)$= \gamma_w \cdot S = 0.8 \times 1{,}000 = 800\text{kg}_f/\text{m}^3$

③ $Z_1$과 $Z_2$는 같고

④ 연속의 방정식에서 $A_1U_1 = A_2U_2$에서 $U_2 = U_1 \times \frac{A_1}{A_2} = U_1 \times \frac{(9)^2}{(3)^2} = 9U_1$

$$\therefore \frac{u_1^2}{2g}+\frac{70,019}{800}=\frac{u_2^2}{2g}=\frac{(9U_1)^2}{2g} \qquad \frac{u_1^2}{2g}(81-1)=87.52$$

계산하면

$$U_1=4.63\text{m/s} \qquad U_2=41.67\text{m/s}$$

$$Q=A_1U_1=\frac{\pi}{4}(0.09)^2\times 4.63\text{m/s}=0.0294\text{m}^3/\text{s}$$

노즐이 기름에 작용하는 반력 $F$라 하고 운동량 방정식을 적용하면

$$\boxed{P_1A_1=F-P_2A_2}$$

여기서 $P_1=70,019\text{kg}_\text{f}/\text{m}^2$, $P_2=0$이므로

$$\therefore F=-\frac{800}{9.8}\times 0.0294(41.67-4.63)+70,019\times\frac{\pi}{4}(0.09)^2=356.314\text{kg}_\text{f}$$

기름이 노즐에 준 힘 $K=-F=356.314\times 9.8\text{N}=3492\text{N}$

**답 : ①**

## ▶ 주관식

**1.** 50(mm) 소방호스로 100[L/min]의 물이 흐르고 있다. 지름이 13[mm]로 줄어든 노즐에서의 가속도를 계산하여라.

**풀이** $Q_1 = 100[\ell/\text{min}] = 0.1[\text{m}^3/\text{min}] = 0.00167[\text{m}^3/\text{s}]$

호스 단면적 $A_1 = \frac{\pi}{4}d^2 = \frac{\pi}{4}\times 5^2 = 19.635[\text{cm}^2] = 0.0019635[\text{m}^2]$

호스에서의 속도 $V_1 = \frac{Q}{A_1} = \frac{0.00167}{0.0019635} = 0.850522\text{m/s}$

노즐 끝이 단면적 $A_2 = \frac{\pi}{4}(1.3)^2 = 1.327(\text{cm}^2) = 0.0001327(\text{m}^2)$

$V_2 = \frac{Q}{A_2} = \frac{0.00167}{0.0001327} = 12.58[\text{m/s}]$

$\triangle V = V_2 - V_1 = 12.58 - 0.85 = 11.73[\text{m/s}]$

<가속도>

$$a = \frac{\triangle V}{\text{sec}} = 11.73[\text{m/s}^2]$$

**참고** <운동에너지>

소방호스 $E_k = \frac{V_1^2}{2g} = \frac{(0.8505)^2}{2\times 9.8} = 0.0369[\text{kg}_\text{f}\cdot\text{m}]$

노즐팁 $E_k = \frac{V_2^2}{2g} = \frac{(12.58)^2}{2\times 9.8} = 8.07[\text{kg}_\text{f}\cdot\text{m}]$

<노즐의 반동력>

$F = \rho Q(V_2 - V_1) = M_2 - M_1$

$= 1{,}000[\text{kg/m}^3]\times 0.00167[\text{m}^3/\text{s}]\times(12.58 - 0.851)$

$= 19.587[\text{kg}\cdot\text{m/s}^2] = 19.59[\text{N}]$

<u>답 : $a = 11.73[\text{m/s}^2]$</u>

**2.** 65[mm] 소방호스가 30[mm]의 곧은 노즐에 연결되어 있다. 유량은 700[L/min]이다. 운동량 때문에 생긴 반발력을 계산하시오.

**풀이** 소방 호스의 단면적 : $A_1 = \frac{\pi}{4}(6.5)^2 = 33.16[\text{cm}^2]$

노즐의 단면적 : $A_2 = \frac{\pi}{4}(3)^2 = 7.06[\text{cm}^2]$

$Q = 700[\text{L/min}] = 0.0117[\text{m}^3/\text{s}]$

$V_1 = \frac{Q}{A_1} = \frac{0.0117}{0.003316} = 3.52[\text{m/s}]$

$V_2 = \frac{Q}{A_2} = \frac{0.0117}{0.000706} = 16.57[\text{m/s}]$

$F = \rho Q(V_2 - V_1)$

물의 밀도 : $\rho = 0.997[\text{kg/L}] = 997[\text{kg/m}^3]$

$$F = \rho Q(V_2 - V_1) = 997 \times 0.0117(16.57 - 3.52) = 152.2[\text{kg} \cdot \text{m/s}^2] = 152.2[\text{N}]$$

**답** : 152.2[N]

3. 노즐에서 10m/s의 속도로 240 L/s의 물이 분출할 때 이 수조차를 그 자리에 정지시키는데 필요한 힘을 구하여라. (단, 마찰은 무시한다.)

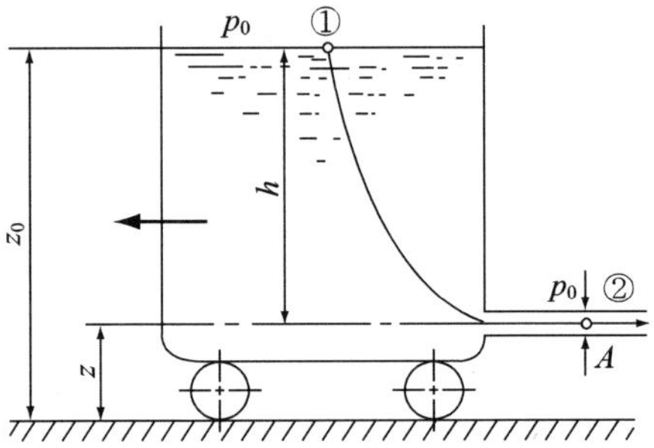


**풀이** 수조차를 정지시키는데 필요한 힘, 즉 분류의 반작용에 의하여 수조차를 움직이는 힘 $F$는 $F = \rho QV$이다.
$\rho = 10^3\,\text{kg/m}^3$, $a = Q/v = 0.240/10 = 0.024\text{m}^3$ 및
$v = 10\text{m/s}$를 대입하면
$F = \rho Qv = \rho Av^2 = 10^3 \times 0.024 \times 10^2 = 2{,}400\text{N} = 2.4\text{kN}$

**답** : 2.4kN

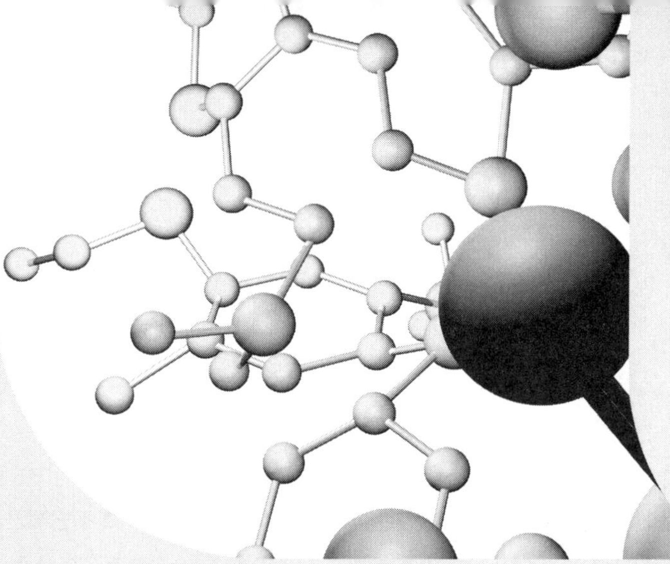

# 제 5 장

# 관속의 유체흐름

5-1 원관속의 층류
5-2 종속도(terminal velocity)
5-3 관로의 여러 손실
5-4 병렬 및 직렬연결
5-5 관망해석
5-6 루프형 및 격자형 구조(Hazen-Williams식 적용)

관흐름의 계산목적은 많은 경우, 어떤 점에서 다른 점까지 물을 수송할 때에 생기는 에너지손실을 아는 것에 있다. 이 에너지손실은 유체의 점성저항에 의해서 생기는 것이고, 일반적으로 마찰손실과 형상손실의 두가지로 분류한다. 이들의 에너지손실에 영향을 주는 요소로는 흐름의 운동에너지가 가장 중요한 것으로 더욱이 관로의 길이, 관경 등의 기하학적 요소가 중요하고, 압력과는 무관하다. 또한, 이 에너지손실은 물이 흐르는 방법, 다시 말하면 흐름의 성격에 의해서 변화된다. 그래서 우선 **유속이나 압력이 시간적으로 변하지 않는 정상류를 대상으로 삼아 그 전반적인 성격에 관해서 말하기로 한다.** 이 장에서는 원관속의 층류 속도분포, 유체흐름의 마찰손실, 형상손실(부차적 손실) 및 관로망에서의 손실에 대하여 언급하고자 한다.

## 5-1 원관속의 층류

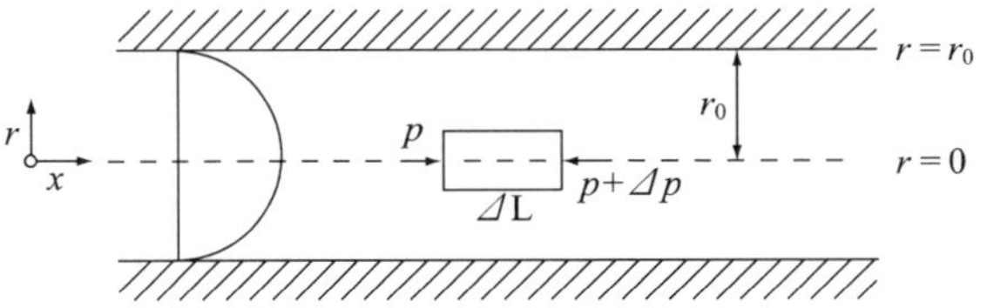


**그림 5-1** 원관속의 층류 흐름

원관속을 점성유체가 정상적으로 층류로 흐를 때 그 속도분포, 유량 및 압력강하 사이의 관계는 이론적으로 구할 수 있다. 반지름 $r_o$인 직선원관 속에 반지름 $r$, 길이 $\triangle L$인 원극상의 자유체를 생각하면 여기에 미치는 힘의 대수합은 0이 되어야 한다(Newton의 운동의 제1법칙).

자유체에 미치는 힘은 ① 원통단면에 걸쳐 외부유체가 미치는 압력에 의한 힘과 ② 원통측면을 둘러싸는 유체와의 사이에 생기는 전단력의 두 가지 힘을 생각할 수 있다. 따라서 다음의 방정식이 성립한다.

$$P_aA_a - P_bA_b - F_w - F_g(\text{무시}) = 0 \tag{5.1}$$

여기서 $\begin{cases} F_w\text{: 전단력} \\ F_g\text{: 중력에 의한 힘} \end{cases}$

$$\pi r^2 p - \pi r^2(p + \triangle p) - (2\pi r \triangle L)\tau = 0$$

$$\frac{\triangle p}{\triangle L} + \frac{2\tau}{r} = 0$$

$$\therefore \ \tau = -\frac{\Delta p}{\Delta L} \cdot \frac{r}{2} \tag{5.2}$$

여기서 $\Delta p/\Delta L$는 흐름방향의 압력기울기이다. 전단응력 $\tau$는 $r=0$(중심)에서 0이 되고 $r=r_o$(표면)인 관벽에 이르러 최대값 $\tau_o$을 가진다. $\Delta p/\Delta L$ 는 음이 되고 $-\Delta p/\Delta L$은 양이 된다. 식 (5.1)는 힘의 평형조건에 따라 구한 것이므로 층류뿐만 아니라 난류나 일반적 흐름에 대해서도 성립한다. 왜냐하면 이 식을 유도할 때 다만 역학적 전단응력 $\tau$를 가정했을 뿐 $\tau$의 내용(전단기구의 내용)에는 개의치 않았기 때문이다.

1차원흐름의 층류에서는 Newton의 점성법칙의 식은 $\tau = -\mu\dfrac{du}{dr}$ 이 된다. 여기서 우변의 $(-)$는 $r$이 증가하면 $u$가 감소하기 때문이다. 이를 식 (5.2)에 대입하면

$$\frac{du}{dr} = \frac{1}{\mu} \cdot \frac{\Delta p}{\Delta L} \cdot \frac{r}{2} \tag{5.3}$$

로 된다. $\Delta p/\Delta L$은 흐름방향의 압력강하이고 $r$과는 무관하다.

따라서 $r$에 대하여 적분하면

$$\int \frac{du}{dr} dr = \frac{1}{2\mu} \cdot \frac{\Delta p}{\Delta L} \int r dr + c$$

$$u = \frac{1}{4\mu} \frac{\Delta p}{\Delta L} \cdot r^2 + c$$

경계조건 $r=r_o,\ u=0$

$$\therefore \ u = -\frac{1}{4\mu} \cdot \frac{\Delta p}{\Delta L}\left(r_0^2 - r^2\right) \tag{5.4}$$

(원관 속 층류의 속도분포)

### 1) 최대속도(maximum velocity)

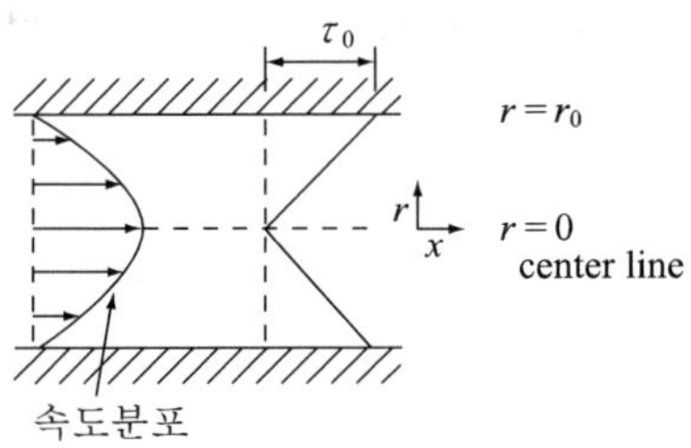


**그림 5-2** 원관 속의 속도분포와 전단응력분포

$$at \quad r=0, \; u=u_{\max}$$

$$u|_{r=0}=u_{\max}=-\frac{r_0^2}{4\mu}\frac{\triangle p}{\triangle L} \tag{5.5}$$

### 2) 평균속도(mean velocity)

$$\overline{V}=\frac{Q}{S}=\frac{\int_o^{r_o}2\pi ru(r)dr}{\pi r_o^2}=\frac{-\triangle pr_o^2}{8\mu\triangle L}=\frac{u_{\max}}{2} \tag{5.6}$$

### 3) 유량

$$Q=\int_o^{r_o}2\pi ru(r)dr=-\frac{\triangle p}{\triangle L}\frac{\pi r_o^4}{8\mu}=\frac{-\triangle p\pi D^4}{128\mu l} \tag{5.7}$$

$$-\triangle p=\frac{8\mu l\overline{V}}{r_o^2} \quad \text{or} \quad -\triangle p=\frac{128\mu lQ}{\pi D^4} \quad \text{(Hagen-Poiseuille 식)} \tag{5.8}$$

여기서, $\triangle p=p_2-p_1$이며 $-\triangle p=p_1-p_2$이다.

일반적으로 압력강하 $\triangle p$를 $p_1-p_2$로 하여 $-\triangle p$ 대신에 $\triangle p$로 처리하여도 무방하다.

점성에 의한 압력 손실 $\triangle p$는 유체의 점성계수 $\mu$, 관의 길이 $l$ 및 유량 $Q$에 비례하고, 관의 직경의 4제곱에 반비례한다(Hagen-Poiseuille 식).

**reference**

**Hagen-Poiseuille식의 가정**

① 층류 ② 완전히 발달된 흐름(fully developed flow)
③ 정상류 ④ $\mu$ = 일정(constant) ⑤ 뉴턴유체

**유량계산(원관)**

폭 $dr$의 동심원대를 통과하는 유량은 $dQ=Au=(2\pi rdr)u$

이므로 $r$에 관해서 0으로부터 $r_0$까지 적분하여 관단면을 통과하는 유량 $Q$

$$Q=\int_0^{r_0}u\cdot 2\pi rdr$$

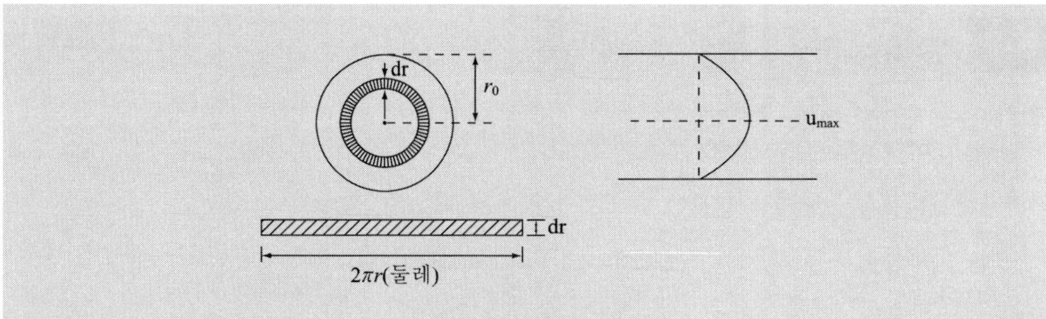


$$dA = 2\pi r dr$$

### example 5-1

지름 50mm, 길이 1.2km인 매끈한 원관을 써서 유량 300 $dm^3/min$의 기계유를 소송할 때 관로에서의 압력강하는 얼마인가? (단, 기름의 비중은 0.92, 기름의 점도는 0.056Pa·s이다.)

**풀이**

연속방정식에 의하여 평균속도 $V$는

$$V = \frac{4Q}{\pi D^2} = \frac{4 \times 300 \times 10^{-3}/60}{3.14 \times 0.05^2} = 2.55\text{m/s}$$

Reynolds수는 $Re = \frac{\rho DV}{\mu} = \frac{0.92 \times 10^3 \times 0.05 \times 2.55}{0.056} = 2{,}094.6$

$Re = 2094.6 < 2320$이므로 흐름은 층류이다. 따라서 압력강하는

$$+\Delta p = \frac{128\mu l Q}{\pi D^4} = \frac{128 \times 0.056 \times 1.2 \times 10^3 \times (300 \times 10^{-3}/60)}{3.14 \times 0.05^4}$$

$$= 21.91 \times 10^5\text{Pa} = 2{,}191\text{kPa}$$

### example 5-2

지름 4mm, 길이 10m인 원관 속을 20℃의 물이 흐른다. 관출구와 입구의 압력차가 98mbar이면 유량은 얼마인가? (단, 흐름은 층류이다. 물 20℃의 점도 $\mu = 1.002 \times 10^{-3}$Pa·s이다.)

**풀이**

$$98\text{mbar} \times \frac{101.3 \times 10^3\text{Pa}}{1{,}013\text{mbar}} = 9{,}802.4\text{Pa}$$

$$Q = \frac{\Delta p\, \pi D^4}{128\mu l}$$

$$= \frac{9{,}802.4 \times \pi \times (0.004)^4}{128 \times 1.002 \times 10^{-3} \times 10} = 6.146\text{cm}^3/\text{s}$$

## 5-2 종속도(terminal velocity)

종속도(중력침강속도) : 정지하고 있는 유체의 밀도를 $\rho$라 하고 그 속에 밀도 $\rho_s$인 작은 구를 낙하시킬 때 가속이 끝내서 일정한 속도로 낙하하는 속도를 의미한다.

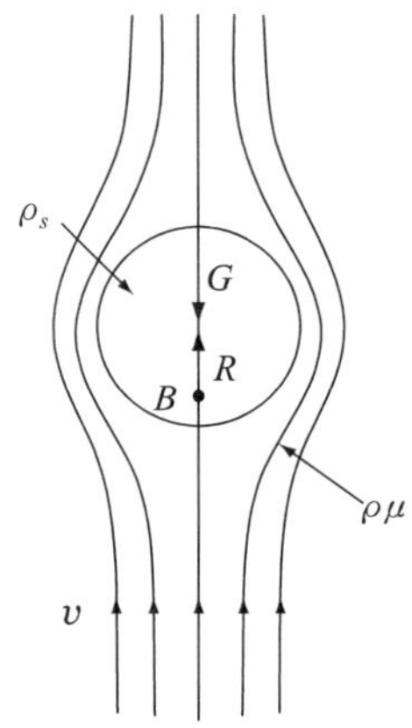


**그림 5-3**

등속운동이므로 구에 미치는 힘의 대수합은 0이다.

$$[\text{부력 } B] + [\text{마찰저항 } R] - [\text{자중 } G] = 0$$

$$\frac{\pi}{6}d^3\rho g + 3\pi\mu dv = \frac{\pi}{6}d^3\rho_s g$$

따라서 종속도는 다음과 같다.

$$v = \frac{d^2 g(\rho_s - \rho)}{18\mu} \tag{5.9}$$

종속도를 구하여 점성도 측정을 하며 공기 속에서의 물방울, 물속의 기포의 운동(수력기계나 증기보일러 등)을 비롯하여 공장에서의 집진이나 매연의 제거 등을 다루는 분체공학(粉體工學)에 활용된다.

**reference**

**stokes 법칙**($Re \ll 0.6$)

점성유체 $\mu$인 유체 속을 일정한 속도 $v$로 운동하는 지름 $d$인 구의 저항 $D_r$(resistance or drag)은 구 둘레의 흐름이 완전히 층류일 때 저항

$$D_r = 3\pi\mu dv$$

이를 stokes 법칙이라 한다.

**example 5-3**

Stokes 종속도의 식을 써서 20℃, 101.3kPa에 있어서의 건조공기의 속 또는 물속에 있는 비중 1.92, 지름 1, 10, 100 및 600$\mu$m인 각 구의 종속도를 구하여라.

**풀이**

20℃에서 건조공기의 점도는 $\mu = 1.882 \times 10^{-5}\text{Pa} \cdot \text{s}$ 또 밀도는 $\rho = 1.205\text{kg/m}^3$, $\rho_s = 1.92$, $\times 10^3\text{kg/m}^3$ 이때 $\rho_s$에 비하여 $\rho$는 극히 작으므로 생략하면 지름 $d = 1\mu\text{m} = 10^{-6}\text{m}$에 대해서는

$$v = \frac{(10^{-6})^2 \times 9.81 \times 1.92 \times 10^3}{18 \times 1.882 \times 10^{-5}} = 5.74 \times 10^{-5}\text{m/s}$$

$d = 10\mu\text{m} = 10^{-5}\text{m}$에 대해서는 $v = 5.74 \times 10^{-3}\text{m/s}$

$d = 600\mu\text{m} = 6 \times 10^{-4}\text{m}$에 대해서는 $v = 20.7\text{m/s}$

다음에 물인 경우에는 $\rho = 998.2\text{kg/m}^3$ 또는 $\mu = 1.002 \times 10^{-3}\text{Pa} \cdot \text{s}$이므로 $d = 1\mu\text{m} = 10^{-6}\text{m}$에 대해서는

$$v = \frac{(10^{-6})^2 \times 9.81 \times (1920 - 998.2)}{18 \times 1.002 \times 10^{-3}} = 5.01 \times 10^{-7}\text{m/s}$$

**example 5-4**

Stokes의 종속도의 식을 써서 20℃, 101.3kPa에 있어서의 건조공기 속에 있는 비중 1.92, 지름 5, 50, 500 및 600$\mu$m인 각 구의 종속도를 구하여라.
(단, 건조공기의 점도 $\mu = 1.822 \times 10^{-5}\text{Pa} \cdot \text{s}$, 밀도 $\rho = 1.205\text{kg/m}^3$, $\rho_s = 1.92 \times 10^3\text{kg/m}^3$, 물의 밀도 $\rho = 998.2\text{kg/m}^3$, 점도 $\mu = 1.002 \times 10^{-3}/\text{Pa} \cdot \text{s}$)

**풀이**

건조공기의 점도는 $\mu = 1.882 \times 10^{-5}\text{Pa} \cdot \text{s}$, 밀도 $\rho = 1.205\text{kg/m}^3$, $\rho_s = 1.92 \times 10^3\text{kg/m}^3$, 이때 $\rho_s$에 비하여 $\rho$는 극히 작으므로 생략하면 지름 $d = 5\mu\text{m} = 50 \times 10^{-6}\text{m}$에 대해서는

$$v = \frac{(50 \times 10^{-6})^2 \times 9.81 \times 1.92 \times 10^3}{18 \times 1.882 \times 10^{-5}} = 2.35 \times 10^{-13}\text{m/s}$$

$d = 50\mu m = 50 \times 10^{-5} m$에 대해서는 $v = 5.88 \times 10^{-10} m/s$

$d = 500\mu m = 50 \times 10^{-4} m$에 대해서는

$d = 600\mu m = 6 \times 10^{-4} m$에 대해서는 $v = 20.7 m/s$

**reference**

**건조공기의 동점성도 $\nu$ 와 밀도 $\rho$**

| 온도 [℃] | $\nu[m^2/s]$ | | | $\rho[kg/m^3]$ | | |
|---|---|---|---|---|---|---|
| | 740[mmHg] 98.6[kPa] | 760 101.3 | 780 104.0 | 740 98.6 | 760 101.3 | 780 104.0 |
| −10 | $1.281 \times 10^5$ | $1.247 \times 10^5$ | $1.215 \times 10^5$ | 1.307 | 1.342 | 1.377 |
| 0 | $1.369 \times 10^5$ | $1.333 \times 10^5$ | $1.299 \times 10^5$ | 1.259 | 1.293 | 1.327 |
| 10 | $1.460 \times 10^5$ | $1.421 \times 10^5$ | $1.385 \times 10^5$ | 1.215 | 1.247 | 1.280 |
| 20 | $1.552 \times 10^5$ | $1.512 \times 10^5$ | $1.473 \times 10^5$ | 1.173 | 1.205 | 1.237 |
| 30 | $1.647 \times 10^5$ | $1.604 \times 10^5$ | $1.563 \times 10^5$ | 1.134 | 1.165 | 1.196 |
| 40 | $1.744 \times 10^5$ | $1.698 \times 10^5$ | $1.654 \times 10^5$ | 1.098 | 1.128 | 1.158 |

**example 5-5**

20℃, 101kPa의 물속에 있는 비중 1.92, 지름 $10\mu m$인 구의 종속도를 구하여라.

(단, $\rho = 998.2 kg/m^3, \mu = 1.002 \times 10^{-3} Pa \cdot s$)

**풀이**

$d = 10\mu m = 10^{-5} m$에 대해서는

$$v = \frac{(10^{-5})^2 \times 9.81 \times (1920 - 998.2)}{18 \times 1.002 \times 10^{-3}} = 5.01 \times 10^{-5} m/s$$

# 5-3 관로의 여러 손실

유체가 관로 속을 흐를 때에는 관벽 때문에 생기는 마찰 손실(주손실, major loss) 이외에 흐름의 단면적의 크기, 형상 또는 방향에 따라 변화하는 것, 또는 관로의 입구와 출구, 관로 도중에 장치되는 밸브, 콕(cock), 유니온(union), 티(Tee) 등을 지날 때에 손실이 생긴다. 이것을 관로의 부차적 손실(미소손실, minor loss) 또는 형상손실이라 한다.

## [1] 주손실(major loss) : 마찰손실

주손실은 관벽의 마찰력에 의한 손실이며 이는 흐름 및 관의 특성에 따라 다르다. 따라서 에너지 손실과 유속과의 관계를 나타내는 많은 식이 제시되었으며 일반적으로 Darcy-Weisbach 식 또는 Hazen-Williams식이 주로 사용된다.

### 1) Darcy-Weisbach식을 차원해석에 의하여 유도하면 다음과 같다.

관마찰에 의한 압력손실 $\Delta p$(손실수두는 $h = \Delta p / \rho g$)는 관로의 길이 $\ell$, 유속 $v$, 관의 안지름 $D$, 유체의 점도 $\mu$, 밀도 $\rho$ 및 관벽의 조도 $\epsilon$의 함수로 생각할 수 있다. 즉,

$$\Delta p = \rho g h = f(\ell, v, D, \mu, \rho, \epsilon)$$

위 식을 다음과 같이 가정한다.

$$\Delta p = k \ell^a v^b D^c \mu^d \rho^e \epsilon^f \tag{5.10}$$

그런데 실험에 의하면 $\Delta p \backsim \ell$ 의 관계가 확인되어 있으므로 $a = 1$이라 하고 식 (5.10)의 양변에 대한 차원방정식을 세우면

$$\begin{aligned}[L^{-1}MT^{-2}] &= [L]^a [LT^{-1}]^b [L]^c [L^{-1}MT^{-1}]^d [L^{-3}M]^e [L]^f \\ &= [L^{a+b+c-d-3e+f} M^{d+e} T^{-b-d}]\end{aligned}$$

$$\left.\begin{aligned} L &: \ -1 = a + b + c - d - 3e + f \\ M &: \ 1 = d + e \\ T &: \ -2 = -b - d \end{aligned}\right\}$$

미지수 $b, c, e$를 $d, f$의 함수로 놓고 그 값을 구하면

$$b = 2 - d, \quad c = -1 - d - f, \quad e = 1 - d$$

이다. 이것을 식 (5.10)에 대입하면

$$\begin{aligned}\Delta p &= k\ell v^{2-d}D^{-1-d-f}\mu^{d}\rho^{1-d}\epsilon^{f}\\ &= 2k\frac{\ell}{D}\cdot\frac{\rho v^2}{2}\left(\frac{\mu}{\rho D v}\right)^{d}\left(\frac{\epsilon}{D}\right)^{f}\end{aligned}$$

$$\therefore\ h = \frac{\Delta p}{\rho g} = 2k\left(\frac{1}{R_e}\right)^{d}\left(\frac{\epsilon}{D}\right)^{f}\frac{\ell}{D}\cdot\frac{v^2}{2g} \tag{5.11}$$

이것을 일반식으로 표시하면

$$\begin{aligned}&h = f\frac{\ell}{D}\frac{v^2}{2g} \qquad \text{(Darcy-Weisbach eq.)}\\ &\Delta p = \rho g h = f\frac{\ell}{D}\frac{\rho v^2}{2}\end{aligned} \tag{5.12}$$

과 같이 된다. 이것을 Darcy-Weisbach의 식(또는 Darcy의 식, 미국에서는 Fanning의 식이라 한다) 식 중 $f$는 $R_e$ 수와 상대조도 $\epsilon/D$의 함수, 즉 $f = f'n\,(R_e, \epsilon/D)$로서 이것을 관마찰계수(friction coefficient of pipe)라 한다.

**reference**

**차원해석(dimensional analysis)**

물리적인 의미가 있는 모든 등식의 각항의 차원은 같다고 하는 원리(차원의 등차성원리)를 이용하여 문제의 물리량과 이것에 관계되는 여러 인자간의 차원은 같도록 놓음으로써 그 물리현상을 나타내는 수식을 구하는 해석방법을 차원해석(dimensional analysis)이라 한다. 상대적으로 많은 변수들을 몇 개의 무차원량으로 상과 그 함수관계를 줄여주는 효과를 가질 수 있다.

**Buckingham pi theorem ($\pi$ 정리)**

"어떤 문제에 있어서 측정량(차원상수를 포함) $x_1, x_2, \cdots, x_{\mathrm{m}}$이 $m$대로서

$$f(x_1, x_2, \cdots, x_{\mathrm{m}}) = 0$$

인 식으로 표시되는 것으로 한다. 기본단위의 개수를 $n$개라 한다. 이때 $x_1^{a}, x_2^{\beta}, \cdots, x_{\mathrm{m}}^{\delta}$의 곱에 의하여 무차원량 $\pi$를 만들면 무차원량의 수는 $(\mathrm{m}-\mathrm{n})$개이고 $f=0$인 식은

$$F(\pi_1, \pi_2, \cdots, \pi_{\mathrm{m}-\mathrm{n}}) = 0$$

인 식으로 변환된다."

이것이 광의(廣義)의 $\pi$정리이다. $\pi$정리에 따라 무차원량 $\pi$의 개수 $(m-n)$은 알지만 각 $\pi$가 어떤 형태로 되는가 하는 것은 미정이다. 대개의 경우 이것은 경험적 사실에 근거하여 차원적으로 정해진다.

**example 5-6**

안지름 $d=0.1\text{m}$인 파이프내를 평균유속 $V=5\text{m/s}$로 물이 흐르고 있다. 길이 10m 사이에서 나타나는 손실수두는?(단, 관마찰계수 $f=0.013$이다.)

**풀이**

손실수두 $h$는

$$h=f\frac{l}{d}\cdot\frac{v^2}{2g}=0.013\times\frac{10}{0.1}\times\frac{5^2}{2\times 9.80}=1.7(\text{m})$$

**example 5-7**

안지름 70mm인 곧은 원관에 풍속 30m/sec인 공기를 보낸 바, 원관의 길이 1m 사이에 정압차가 16mmAq가 되었다고 한다. 공기의 비중량을 $1.22\text{kg}_f/\text{m}^3$로 하여 이 원관의 관마찰계수를 구하면?

**풀이**

$$\Delta p=\rho gh=\gamma h=\gamma\cdot f\cdot\frac{\ell}{d}\frac{v^2}{2g}$$

관마찰계수 $f=\dfrac{2gd\Delta p}{\gamma l v^2}$

그런데 $\Delta p=$ 압력손실 $=16\text{mmAq}=16\text{kg/m}^2$, $d=0.07\text{m}$, $\text{L}=1\text{m}$, $\gamma=1.22\text{kg}_f/\text{m}^3$,

$u=30\text{m/s}$이므로

$$f=\frac{2\times 9.80\times 0.07\times 16}{1.22\times 1\times 30^2}=0.02$$

**example 5-8**

압력기울기의 실험식은 다음과 같다. 이를 3개의 무차원량으로 표시하시오.

$$\frac{\Delta p}{l}=k\frac{\rho v^2}{D}\left(\frac{\mu}{\rho D v}\right)^b$$

**풀이**

변형하면 $\dfrac{\Delta p}{\rho v^2}=k\dfrac{l}{D}\left(\dfrac{\mu}{\rho D v}\right)^b$

무차원량 $\pi_1=\dfrac{\Delta p}{\rho v^2}\quad \pi_2=\dfrac{l}{D},\quad \pi_3=\dfrac{\mu}{\rho D v}$

따라서 $\pi_1=k\pi_2(\pi_3)^b$

일반적인 표현식은

$$f(\pi_1,\pi_2,\pi_3)=0$$

난류의 경우에는 층류와 같이 에너지 손실을 해석적으로 계산할 수 없기 때문에 실험 또는 경험에 의하여 산정해야 한다.

난류는 흐름 상태에 따라 ① **수리학적 매끄러운 흐름(hydraulically smooth turbulent)**, ② **수리학적 거친 흐름(hydraulically rough turbulent flow)**, ③ **두 흐름의 천이흐름(transition flow)**으로 나눌 수 있다. 수리적 거친 흐름은 유속이 커 점성저층 또는 층류저층의 두께가 조도보다 작은 경우로 마찰계수는 상대 조도만의 함수가 된다. 반면에 수리적 매끄러운 흐름은 점성저층이 조도보다 큰 경우로 마찰계수는 레이놀즈 수만의 함수이다. 천이 흐름은 앞의 두 흐름의 중간 형태로 마찰계수는 레이놀즈 수 및 상대조도 모두의 함수가 된다. 이를 정리하면 다음과 같다.

① **수리학적 매끄러운 흐름(Prandtl)**

$$\frac{1}{\sqrt{f}} = 2\log_{10}(Re\sqrt{f}) - 0.8 \tag{5.13}$$

② **수리학적 거친 흐름(Nikuradse)**

$$\frac{1}{\sqrt{f}} = 1.14 - 2\log_{10}\frac{\epsilon}{D} \tag{5.14}$$

③ **천이영역(colebrook & White)**

$$\frac{1}{\sqrt{f}} = 1.14 - 2\log_{10}\left(\frac{\epsilon}{D} + \frac{9.35}{Re\sqrt{f}}\right) \tag{5.15}$$

관마찰계수 $f$를 구하기 위하여 Moody는 Moody도표(diagram)을 만들어서 레이놀즈수에 따른 층류, 한계, 천이 및 난류 영역으로 나눠서 매개변수를 $\epsilon/D$로 하여 관마찰계수 $f$를 구할 수 있다.

④ **매끈한 관($\epsilon/D=0$)내 난류($3{,}000 < Re < 100{,}000$) : Blausius**

$$f = \frac{0.316}{Re^{\frac{1}{4}}} \tag{5.16}$$

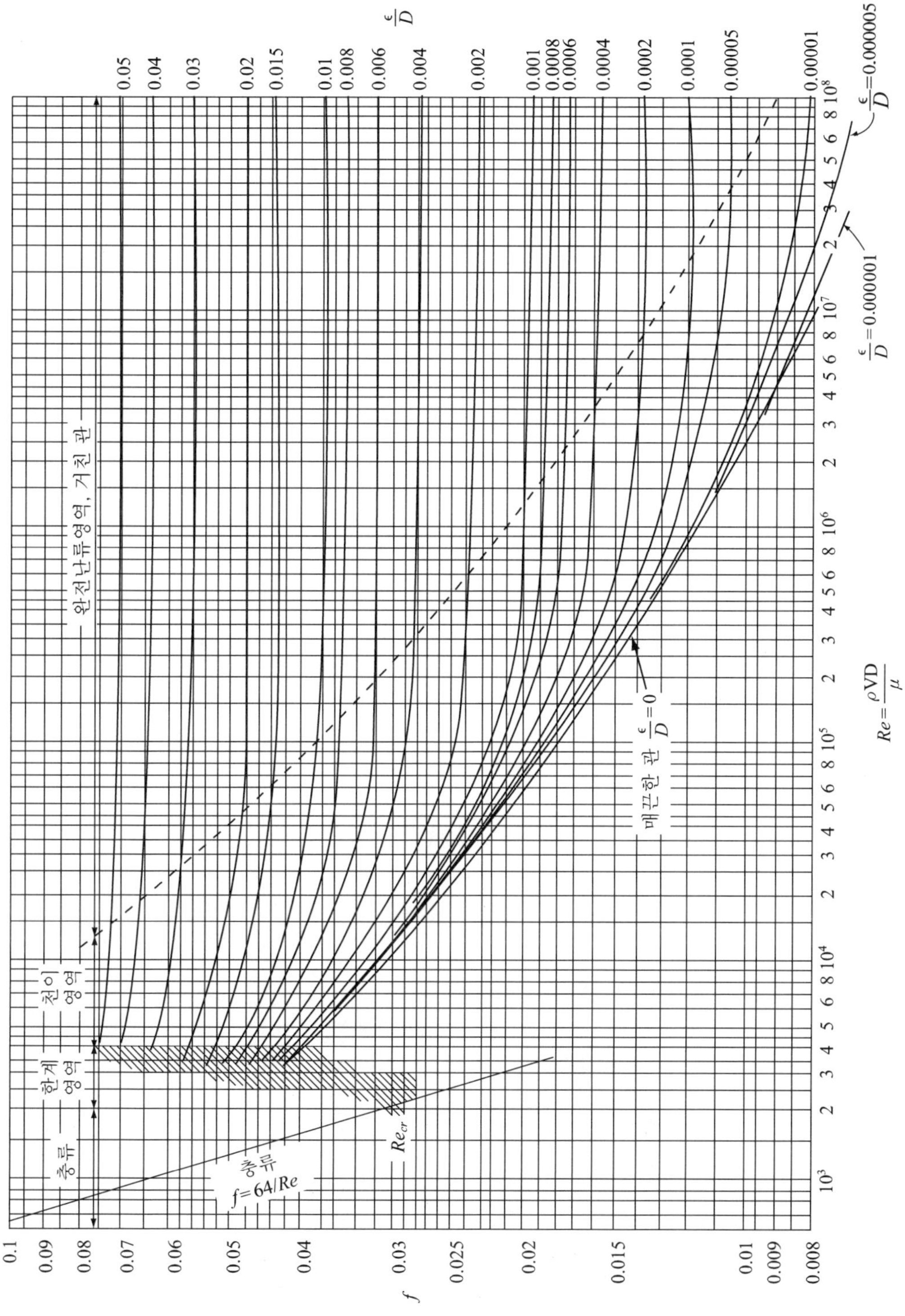


그림 5-4 moody 선도

**example 5-9**

길이 80m, 지름 250mm의 아연도금 강관내를 $0.14m^3/s$의 유량으로 수온 20℃의 물이 흐르고 있다. 마찰손실수두를 구하시오.(아연도금 강관의 조도는 0.015cm이다.)

**풀이**

관의 조도는

$$\epsilon = 0.015cm = 1.5 \times 10^{-4}m$$

이므로 상대조도는

$$\frac{\epsilon}{D} = \frac{1.5 \times 10^{-4}}{250 \times 10^{-3}} = 0.0006$$

이다. 또한

$$A = \frac{\pi D^2}{4} = \frac{3.14 \times 0.25^2}{4} \fallingdotseq 0.049m^2$$

$$v = \frac{Q}{A} = \frac{0.14}{0.049} = 0.857m/s$$

이며, 수온 20℃에서는

$$\nu = 1.0 \times 10^{-6}m^2/s$$

이므로 $R_e$는

$$R_e = \frac{vD}{\nu} = \frac{2.857 \times 0.25}{1.0 \times 10^{-6}} = 7.14 \times 10^5$$

가 된다. 이 값과 상대조도의 교점을 [그림 5-4]의 무디도표상에서 구하면

$$f \fallingdotseq 0.017$$

이다. 따라서, $h_f$는 다음과 같이 구해진다.

$$h_f = f\frac{L}{D}\frac{v^2}{2g} = 0.017 \times \frac{80}{0.3} \times \frac{2^2}{2 \times 9.8} = 0.925m$$

**reference**

**관의 조도($\epsilon$)**

| 재 료(신) | (cm) |
|---|---|
| 공업용 강관 | 0.0045 |
| 아스팔트 도장된 주철관 | 0.012 |
| 아연도금 강관 | 0.015 |
| 주철 관 | 0.025 |
| 나무 관 | 0.02 ~ 0.09 |
| 콘크리트 관 | 0.03 ~ 0.30 |
| 리벳이음 강관 | 0.09 ~ 0.90 |

**example 5-10**

15℃의 정수가 지름 300mm인 리베팅강관(절대조도의 평균값 $\epsilon = 3\text{mm}$) 속을 흐르고 있다. 길이 100m에 대한 손실수두가 2m일 때의 유량을 구하여라.

**풀이**

$f$와 $V$는 다 같이 미지수이므로 Darcy－Weisbach의 식과 Moody 선도를 써서 시행오차법(trail and error method)으로 계산한다. 즉, $\epsilon/D$는 알고 있으므로 관류는 완전난류라고 가정하여 Moody 선도에서 $f$의 개략치를 구한다. 이 근사치의 $f$를 Darcy－Weisbach의 식에 대입하여 관류의 평균속도 $V$를 정한다. 이것으로부터 $R_e$수의 근사치를 알 수 있다. 이 $R_e$수를 써서 다시 Moody 선도에서 $f$의 제2 근사치를 구한다. 이 방법을 반복하여 $f$의 유효숫자 2자리까지를 합치시키면, 이때의 $f$의 값을 써서 산출한 $V$의 값은 충분한 정도를 가지게 된다. 이렇게 하여 유량 $Q$는 $V$에 단면적 $A$를 곱함으로써 구해진다. 차례로 계산해 보자. 상대조도는

$$\epsilon/D = 3/300 = 0.01$$

이것에 대하여 흐름이 완전난류라고 가정하면 [그림 5-4]에서 $f = 0.038$이 된다. 이것을 식 (5.12)에 대입하여 $V$를 구하면

$$2 = 0.038 \times \frac{100}{0.300} \times \frac{V^2}{19.6}$$

$$\therefore\ V = 1.76\text{m/s}$$

15℃인 물의 동점도(動粘度) $\nu = 1.139 \times 10^{-6}\text{m}^2/\text{s}$이므로 이 때의 $R_e$수는

$$R_e = \frac{DV}{\nu} = \frac{0.300 \times 1.76}{1.139 \times 10^6} = 4.64 \times 10^5$$

이것은 $\epsilon/D = 0.01$에 대하여 완전난류의 영역에 있으므로 상기한 $f$의 값은 참값이 된다. 따라서 구하는 유량은

$$Q = \frac{\pi}{4} D^2 V = 0.785 \times 0.300^2 \times 1.76 = 0.124\text{m}^3/\text{s}$$

### 2) Hazen-Williams식(직관의 마찰손실 구하는 식)

Hazen-Williams식은 **유체가 물인 경우의 소방배관 관망의 수리해석**에 가장 많이 사용되고 있는 경험식이다. 특히 스프링클러의 Grid형태의 배관망 수리 계산에 많이 사용된다.

$$h_L = 6.35 \frac{Q^{1.85}}{C^{1.85} d^{4.87}} = KQ^{1.85} \tag{5.17}$$

여기서 $h_L$ : 마찰손실(m)

$K = \dfrac{6.35L}{C^{1.85}d^{4.87}}$

$Q$ : 유량(L/min)

$d$ : 관안지름(cm)

$C$ : 조도계수(마찰손실계수 또는 유속계수)

$$P = 6.174 \times 10^5 \times \frac{Q^{1.85}}{C^{1.85}d^{4.87}} \times \mathrm{L} \tag{5.18}$$

여기서 $P$ : 마찰손실에 의한 손실압력($\mathrm{kg_f/cm^2}$)

$C$ : 관의 조도계수(마찰손실계수 또는 유속계수)

$Q$ : 유량(L/min)

$d$ : 관의 내경(mm)

L : 관의 길이(m)

물이 배관내를 흐르면 마찰에 의하여 압력 강하가 일어나며 이때 발생하는 손실을 수두(head)로 나타낸 것으로 이는 관경, 유량 및 관의 상태에 따라 다르다. 일반적으로 마찰손실을 구하는 이론식은 여러 방법이 있으나 **소화설비에서는 직관의 마찰손실은 Hazen-Williams의 공식을 사용한다.**

이 공식은 단지 물에만 적용할 수 있으며, 조도계수인 $C$를 적절히 선정할 경우에만 유효하다. 실험에 의하면 아주 매끈하고 신형인 관에 대해서는 **$C$ 값이 140, 콘크리트와 같이 비교적 거친관 약 130 정도, 오래되고 심하게 부식된 관은 100 이하 값이 적용된다.** 모노그램의 형태로 Hazen-Williams의 공식을 나타내면 그림 5-5와 같다.

$C$값은 원칙적으로 소방설비를 설계할 시에는 신규건물은 $C=140$이나 경년변화를 감안하여 설계시 일반적으로 $C=120$으로 적용하며 시스템별로 $C$값이 다를 경우에는 환산인자(conversion factor)를 이용하여 각 수두값을 변환시킨다.

**표 5-1** Hazen-Williams의 유속계수(조도계수, 마찰손실계수) $C_{HW}$

| 관의 종류(재료) | | $C_{HW}$ | | 관의 종류(재료) | | $C_{HW}$ |
|---|---|---|---|---|---|---|
| 주철 | 신제품 | 모든 크기 | 130 | 용접강관 | | 주철관에 5년 가산된 $C_{HW}$ |
| | 5년경과 | 300mm 이상 | 120 | 강관(신제품) | | 140 ~ 150 |
| | | 200mm | 119 | 콜타르 피복 강관 | | 145 ~ 150 |
| | | 100mm | 118 | 리벳 강관 | | 110 |
| | 10년 경과 | 600mm 이상 | 113 | 콘크리트관 또는 콘크리트 피복관 | 강재거푸집으로 제조된(큰 관) | 140 |
| | | 300mm | 111 | | 목재거푸집으로 제조된(큰 관) | 120 |
| | | 100mm | 107 | | 원심력관 | 135 |
| | 20년 경과 | 600mm 이상 | 100 | 시멘트 피복 연(또는 단)철관 | | 140 |
| | | 300mm | 96 | 석면시멘트 | | 140 |
| | | 100mm | 89 | 벽돌 | | 100 |
| | 30년 경과 | 600mm 이상 | 90 | 황동(또는 놋쇠) | | 130 ~ 140 |
| | | 300mm | 87 | 유리 | | 140 |
| | | 100mm | 75 | 구리(또는 동) | | 130 ~ 140 |
| | 40년 경과 | 750mm 이상 | 83 | 아연도금철판(또는 함석) | | 120 |
| | | 400mm | 80 | 납 | | 130 ~ 140 |
| | | 100mm | 64 | 주석 | | 130 |
| | 50년 경과 | 1,000mm 이상 | 77 | 플라스틱 | | 140 ~ 150 |
| | | 600mm | 74 | 나무(또는 목)(연령에 관계없이) | | 120 |
| | | 100mm | 55 | 점토 | | 110 |

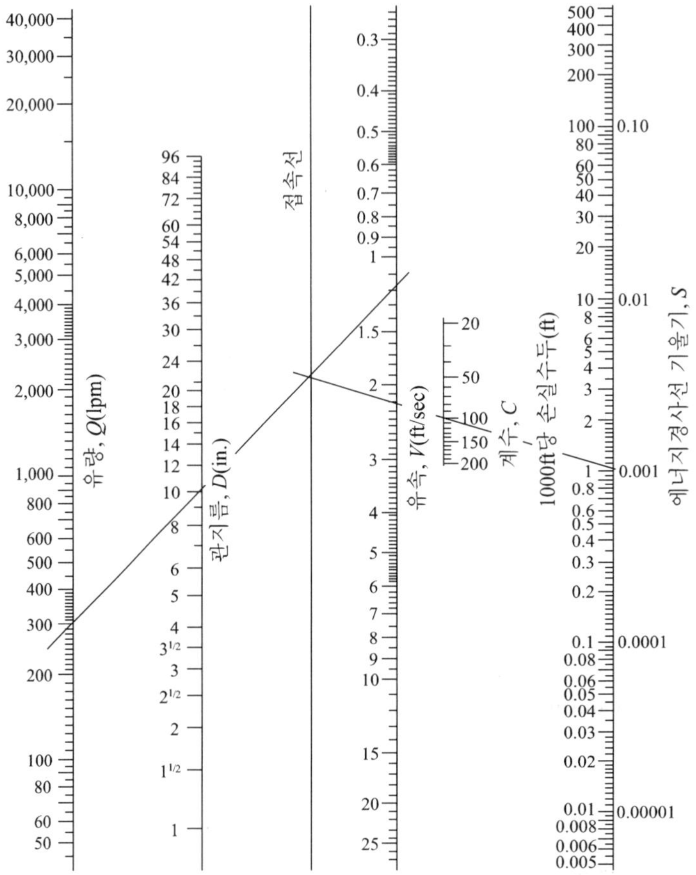


그림 5-5 관에서 흐르는 물에 대한 Hazen-Williams 노모그램

**표 5-2** 마찰계수 $C$값

| 백관 | 흑관 | | 동관/스테인리스관/PVC관 |
|---|---|---|---|
| | 습식/일제살수식 | 준비작동식/건식 | |
| 120 | 120 | 100 | 150 |

**표 5-3** $C$값의 환산인자($C=120$ 기준)

| $C$ 값 | 100 | 120 | 130 | 140 | 150 |
|---|---|---|---|---|---|
| 환산인자 | 0.713 | 1.00 | 1.16 | 1.33 | 1.51 |

**example 5-11**

소화배관의 내경이 40mm, 유량이 300L/min일 경우 배관 입구의 압력이 $4kg_f/cm^2$이라면 30m 끝에서의 압력은 얼마나 되겠는가?
(단, 배관 1m당 압력손실되는 식은 $\Delta P_m = 6.174\times10^5\times\dfrac{Q^{1.35}}{C^{1.85}d^{4.87}}$이고 $C$ 값은 120으로 한다)

**풀이**

$$\Delta P = 6.174\times10^5\times\frac{300^{1.85}}{120^{1.85}40^{4.87}}\times30 = 1.59164kg_f/cm^2$$

$$P = 4-1.59164 = 2.40836kg_f/cm^2$$

**example 5-12**

다음은 소화설비를 배관에서 물 흐름에 대한 마찰손실을 산출하는 헤어젼(Hazen–Williams)공식이다.

$$P_d = \frac{4.52\times q^{1.85}}{C^{1.85}\times d^{4.87}}$$

$P_d$ : 배관의 단위길이(foot)당 마찰손실에 의한 압력강하(psi)
$q$ : 배관내의 유수량(Galon/min)
$C$ : 무차원 상수
$d$ : 관의 내경(inch)

위의 공식을 우리의 사용 관습에 맞도록 하기 위해 각 변수의 단위가 같이 되도록 차원변환(Dimension Conversion)을 하여 식을 재정립하시오.
$P_d$의 단위, psi/ft → $(kg_f/cm^2)/m$(m : 배관의 길이 단위)
$q$의 단위, $GPM$ → 리터/min　　$d$의 단위, inch → mm
(단, 1pound = 0.4535kg, 1Galon = 3.785L, 1inch = 25.4[mm] 라고 한다.)

**풀이**

$P_d = \dfrac{4.52\times q^{1.85}}{C^{1.85}\times d^{4.87}}$ 식은 $P_d$(psi/ft), $q$(galon/min), $d$(in) 단위 관계를 갖는 것으로 나타낸 식이므로 이를

$$p_d(kg_f/cm^2/m),\ q(L/min),\ d(mm)$$

로 계산하면 된다.
단위환산을 하면 다음과 같다.

$$q^{1.85} = \left(\frac{q(gal)}{min}\right)^{1.85}\left(\frac{3.785L}{1gal}\right)^{1.85} = 11.7333q^{1.85}$$

$$d^{4.86} = [d(in)]\left(\frac{25.4mm}{1in}\right)^{4.87} = 6,942,888.65d^{4.87}$$

$$p_d(\mathrm{psi/ft}) = \frac{p_d \mathrm{psi}}{\mathrm{ft}} \left| \frac{1.0332\mathrm{kg_f/cm^2}}{14.7\mathrm{psi}} \right| \frac{1\mathrm{ft}}{0.3048\mathrm{m}} = 0.23\mathrm{kg_f/cm^2/m} \cdot P_d$$

※ $1.0332\mathrm{kg_f/cm^2} = 14.7\mathrm{psi}$

$1\mathrm{ft} = 30.48\mathrm{cm} = 0.3048\mathrm{m}$

본래의 식에 대입하여 재정리하면

$$p_d = 6.167 \times 10^5 \frac{q^{1.85}}{c^{1.85} \times d^{4.87}}$$

식이 된다.

## example 5-13

그림과 같은 배관에 물이 흐를 경우 배관 ①, ②, ③에 흐르는 각각의 유량을 계산하여라.(단, $A, B$ 사이의 배관 ①, ②, ③의 마찰손실수두는 모두 각각 10m로 같고, 관경 및 유량은 아래 그림과 같다. 이 때 다음의 Hazen-Williams의 식을 이용하라.

$$P = 6.174 \times \frac{Q^{.185} \times 10^5}{C^{1.85} \times d^{4.87}} \times L$$

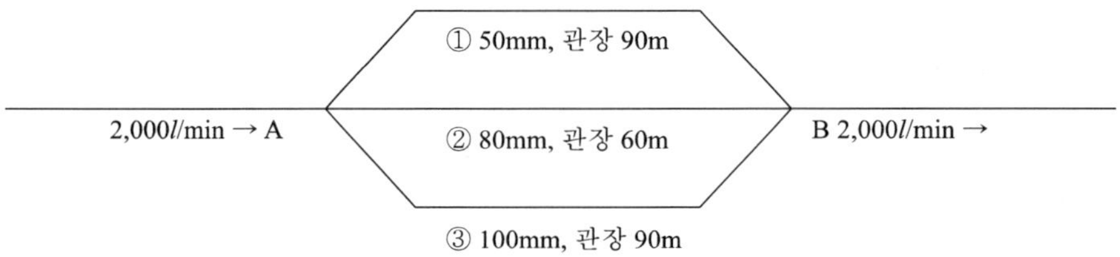


**풀이**

배관의 마찰손실에 의한 손실압력을 $P$라 하면, 주어진 조건에 의해

$$P_1 = P_2 = P_3 \quad \cdots\cdots \text{식 ①}$$

각 배관에 흐르는 유량을 $Q_1$, $Q_2$, $Q_3$라 하면

$$Q_1 + Q_2 + Q_3 = 2{,}000\ell/\mathrm{min} \quad \cdots\cdots \text{식 ②}$$

위의 배관에 Hazen-Williams의 식을 이용하면

- $P_1(\mathrm{kg/cm^2}) = 6.174 \times \dfrac{Q_1^{1.85} \times 10^5}{C^{1.85} \times 50^{4.87}} \times 90$

- $P_2(\mathrm{kg/cm^2}) = 6.174 \times \dfrac{Q_2^{1.85} \times 10^5}{C^{1.85} \times 80^{4.87}} \times 60$

- $P_3(\text{kg/cm}^2) = 6.174 \times \dfrac{Q_3^{1.85} \times 10^5}{C^{1.85} \times 100^{4.87}} \times 90$

식 ①에 의해 $P_1 = P_2 = P_3$이므로

$$\frac{Q_1^{1.85}}{50^{4.87}} \times 90 = \frac{Q_2^{1.85}}{80^{4.87}} \times 60 = \frac{Q_3^{1.85}}{100^{4.87}} \times 90 \quad \cdots\cdots \text{식 ③}$$

식 ③에 각 항에 $\left(\dfrac{100^{4.87}}{30}\right)$을 곱하면

$$\left(\frac{100}{50}\right)^{4.87} \times Q_1^{1.85} \times 3 = \left(\frac{100}{80}\right)^{4.87} \times Q_2^{1.85} \times 2 = Q_3^{1.85} \times 3$$

$$Q_2^{1.85} = \left(\frac{100/50}{100/80}\right)^{4.87} \times \frac{3}{2} \times Q_1^{1.85}$$

$$\therefore Q_2 = 1.6^{\frac{4.87}{1.85}} \times \left(\frac{3}{2}\right)^{\frac{1}{1.85}} Q_1 = 4.29 Q_1$$

$$Q_3^{1.85} = \left(\frac{100}{50}\right)^{4.87} \times 1 \times Q_1^{1.85}$$

$$\therefore Q_3 = 2^{\frac{4.87}{1.85}} \times (1)^{\frac{1}{1.85}} \times Q_1 = 6.20 Q_1$$

식 ②에서 $Q_1 + Q_2 + Q_3 = 2{,}000$이므로

$$Q_1 + 4.29 Q_1 + 6.20 Q_1 = 2{,}000$$

따라서

$$Q_1 \fallingdotseq 174\text{L/min}, \ Q_2 = 746\text{L/min}, \ Q_3 = 1079\text{L/min}$$

### 3) 통수능 방정식

화재 지역의 급박한 상황에서도 필요한 엔진압력을 계산할 수 있어야 하므로 계산방법이 간단하며 충분히 만족할 만한 결과를 얻을 수 있는 근사법이 필요하다. 압력손실 $P_{\text{loss}}$는 다음과 같다.

$$P_{\text{loss}} = 0.434 h_L = C\left(\frac{L}{100}\right)\left(\frac{Q}{100}\right)^2 \qquad (5.19)$$

여기서 $P_{\text{loss}}$: psi, $h_L$: ft(1ft = 30.48cm)
$L$ : ft, $Q$ : gpm(gallon/min)(1gpm = 3.79lpm)

위 식에서 $L$과 $Q$를 100으로 나눈 이유는 원래의 공식이 길이는 100ft를 유량은 100gpm을 기본단위로 사용하였기 때문이다. 일부 소방수리학 책에서는 소방호스의 길이가 50ft이므로 100대신에 50을 사용하는 경우도 있다.

**reference**

**동수반경(수력학적 반경, hydraulic radius) : $R_h$**

Non-circular 단면적인 경우에는 동수직경 $D_h$(수력학적 직경, 상당직경, hydraulic diameter)을 사용한다.

$$D_H = 4 \times \frac{\text{단면적(cross sectional area)}}{\text{젖은 둘레(wetted perimeter)}}$$

여기서 동수반경 $R_h = \dfrac{\text{단면적}}{\text{젖은 둘레}}$ 이다.

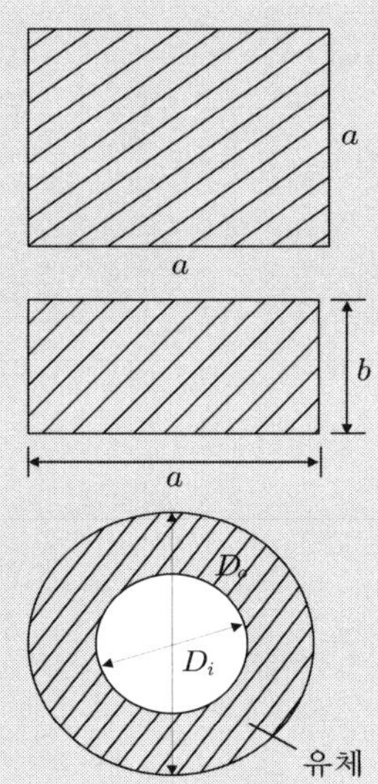


$$D_H = 4 \times \frac{a^2}{4a} = a$$

$$D_H = 4 \times \frac{ab}{2(a+b)}$$

$$\frac{D_H = 4 \times \frac{\pi}{4}(D_o^2 - D_i^2)}{\pi(D_o + D_i)} = D_o - D_i$$

**표 5-5** 소방호스와 강관 통수능(通水能)

| 지름 inch | $C$ | 통수능, K | | |
|---|---|---|---|---|
| | | lpm | $m^3/s$ | $\ell/s$ |
| 소방호스 | | | | |
| 0.75 | 1,100 | 74 | 0.001 | 1.24 |
| 1.0 | 150 | 204 | 0.003 | 3.42 |
| 1.5 | 24 | 507 | 0.008 | 8.48 |
| 2.0 | 8 | 881 | 0.015 | 14.74 |
| 2.5 | 2 | **1,758** | 0.029 | 29.43 |
| 2.75(3in 연결부 부착) | 1.5 | 2,030 | 0.034 | 33.98 |
| 3.0(2.5in 연결부 부착) | 0.8 | 2,782 | 0.047 | 46.58 |
| 4.0 | 0.2 | 5,560 | 0.093 | 93.10 |
| 4.5 | 0.1 | 7,857 | 0.135 | 131.58 |
| 강관 | | | | |
| 2 | | 847 | 0.01 | 14 |
| 6 | | 15,445 | 0.26 | 258 |
| 8 | | 32,757 | 0.55 | 546 |
| 12 | | 94,031 | 1.57 | 1,570 |
| 24 | | 568,569 | 9.48 | 9,480 |

※ 출처 : Andrew L. Simon, Fire Hydraulics

**example 5-14**

길이가 800ft이고 지름이 4.5inch인 소방호스에서 유량이 500gpm일 때의 압력손실을 계산하시오.

**풀이**

$$P_{loss} = 0.434h_L = C\left(\frac{L}{100}\right)\left(\frac{Q}{100}\right)^2, \qquad L = 800\text{ft}$$

$Q = 500\text{gpm} \qquad C = 0.1$ [표 5-5]

$$P_{loss} = 0.1\left(\frac{800}{100}\right)\left(\frac{500}{100}\right)^2 = 0.1(8)(5)^2$$

$$= 20\text{psi}$$

$$= 20\text{psi} \times \frac{101.32\text{kPa}}{14.7\text{psi}}$$

$$= 137.85\text{kPa}$$

간단한 흐름공식을 유도하면 다음과 같다.

$$Q = K\sqrt{\frac{h_L}{L}}$$

기억하기 좋게 표현을 바꾸면,

$$\frac{h_{\rm loss}}{L} = \left(\frac{Q}{K}\right)^2 \tag{5.20}$$

여기서 유량 $Q$와 통수능 $K$는 모두 유량의 단위이다.
위 식이 통수능방정식으로 관이나 호스내의 수두손실을 계산하는데 미국의 소방실무분야에서 많이 사용된다. 여기서 두 개의 결론을 얻을 수 있다. **하나는** 관내에서 동수경사선의 기울기가 1일 때 즉 에너지손실이 관의 길이와 같을 때는 관의 통수능은 유량과 같다. **두 번째는** 통수방정식은 무차원이기 때문에 단위계에서 단위변환이나 교체없이 사용할 수 있다.

**reference**

에너지 경사선의 기울기는 단위길이당 에너지 감소 또는 수두감소량을 나타낸다. 즉,

$$S = \frac{h_{\rm loss}}{L}$$

내경이 같으면 에너지경사선 기울기와 동수경사선 기울기는 같다.

**example 5-15**

소방수리학에서 사용되는 통수능방정식과 Darcy-Weisbach 방정식으로부터 관의 통수능 $K$를 $D$와 $f$로 표시하시오.

**풀이**

$$h_L = f\frac{L}{D}\frac{v^2}{2g}, \quad h_L = L\left(\frac{Q}{K}\right)^2$$

$$f\frac{L}{D}\frac{v^2}{2g} = L\left(\frac{Q}{K}\right)^2$$

우변 괄호를 풀어서 분모와 분자의 제곱항으로 만들고, 양변의 $L$을 소거하면,

$$f\frac{v^2}{2gD} = \frac{Q^2}{K^2}$$

$$v = \frac{Q}{A} = \frac{Q}{(\pi D^2/4)} = \frac{4Q}{\pi D^2}$$

양변을 제곱하고 다시 정리하면,

$$v^2 = \left(\frac{4}{\pi}\right)^2 \cdot \frac{Q^2}{(D^2)^2} = \left(\frac{4}{\pi}\right)^2 \cdot \frac{Q^2}{D^4}$$

처음 식을 $v^2$ 항에 관한 식으로 이항 정리해서 좌변 $v^2$ 항에 대입하면,

$$\frac{f}{2gD}\left(\frac{4}{\pi}\right)^2 \frac{Q^2}{D^4} = \frac{Q^2}{K^2}$$

$D$항을 합하고, 양변에 $K^2/Q^2$를 곱하면,

$$K^2\left[\frac{f}{2g}\left(\frac{4}{\pi}\right)^2 \frac{1}{D^5}\right] = 1$$

양변을 대괄호내의 항들로써 나누어주면,

$$K^2 = \frac{1}{\left[\frac{f}{2g}\left(\frac{4}{\pi}\right)^2 \frac{1}{D^5}\right]}$$

여기서, 우변내의 괄호를 정리하면,

$$K^2 = \frac{2g\pi^2 D^5}{4^2 f}$$

양변에 제곱근을 취하면,

$$K = D^{5/2}\frac{\pi}{4}\sqrt{\frac{2g}{f}}$$

와 같은 식을 얻게 된다. 이 식은 다른 매개변수항으로 표현된 것으로 관이나 호스의 통수능을 구하는 관계식이다.

**example 5-16**

**통수능방정식의 통수능 $K$의 차원을 구하시오.**

풀이

$K = D^{5/2}\frac{\pi}{4}\sqrt{\frac{2g}{f}}$ $f$와 $\pi$는 무차원수이고 $g$는 $\mathrm{m/s^2}$이다.

$$[K] = (\text{길이})^{5/2}\sqrt{\frac{\text{길이}}{\text{시간}^2}}$$

$$[K] = \frac{(\text{길이})^{6/2}}{\text{시간}} = \frac{\text{길이}^3}{\text{시간}}$$

즉, $K = \frac{\text{체적}}{\text{시간}} = \text{유량}$

따라서 $Q$의 단위가 분당리터라면 $K$도 당연히 분당리터로 사용하여야 한다.

소방호스의 마찰손실을 해석할 경우에 서로 다른 크기를 갖는 호스들을 어떻게 비교할 것인가를 생각해야 한다. 대개 펌프차에 연결되는 호스는 지름 2.5inch인 고무호스인데 이를 기준으로 같은 유량을 흘려 보내는 다른 크기의 호스에 대한 마찰손실을 비교해서 구한다. 여기에서는 2.5inch 호스의 마찰손실을 100%로 보고, 각 호스별 마찰손실의 실험결과를 나타내면 다음과 같다.

**표 5-6** 2.5inch 표준호스를 기준으로 한 각 호스의 마찰손실(%)

| 호스 내경 | 호스형태 | % |
|---|---|---|
| 1inch | 가압송수관선 | 34,500% |
| 1.5inch | 고무호스 | 1,350% |
| 2.5inch | 표준호스 | 100% |
| 3inch | 고무호스 | 40% |
| 4inch | 고무호스 | 9% |
| 4.5inch | 고무호스 | 5% |
| 5inch | 고무호스 | 3% |

이 실험결과를 사용하면 상당히 편리한 경우가 있다. 즉, 2.5inch 호스를 표준으로 하여 이와 동일한 조건에서 4.5inch 호스의 마찰손실은 5%만 나타난다. 호스가 큰 경우의 유일한 단점은 물이 완전히 차 있을 때 무게가 증가한다는 점이다. 이렇게 되면 화재현장에서 다루기 어렵다.

**example 5-17**

4인치 소방호스로 15L/s의 유량을 보낸다. 이 호스의 길이는 300m이다. 동수경사선 기울기와 압력손실을 구하시오.

**풀이**

4인치 소방호스의 통수능 $K = 93.10\text{L/sec}$ [표 5-5] 동수경사선 기울기

$$S = \frac{h_L}{L} = \left(\frac{Q}{K}\right)^2 = \left(\frac{15}{93.10}\right)^2 = 0.0259\text{m/m}$$

에너지손실(손실수두)

$$h_L = 300\text{m} \times 0.0259\text{m/m} = 7.77\text{m}$$

압력손실

$$\Delta p = \rho g h_L = 1{,}000\text{kg/m}^3 \times 9.8\text{m/s}^2 \times 7.77\text{m}$$

$$= 76{,}146\text{Pa} = 76.146\text{kPa}$$

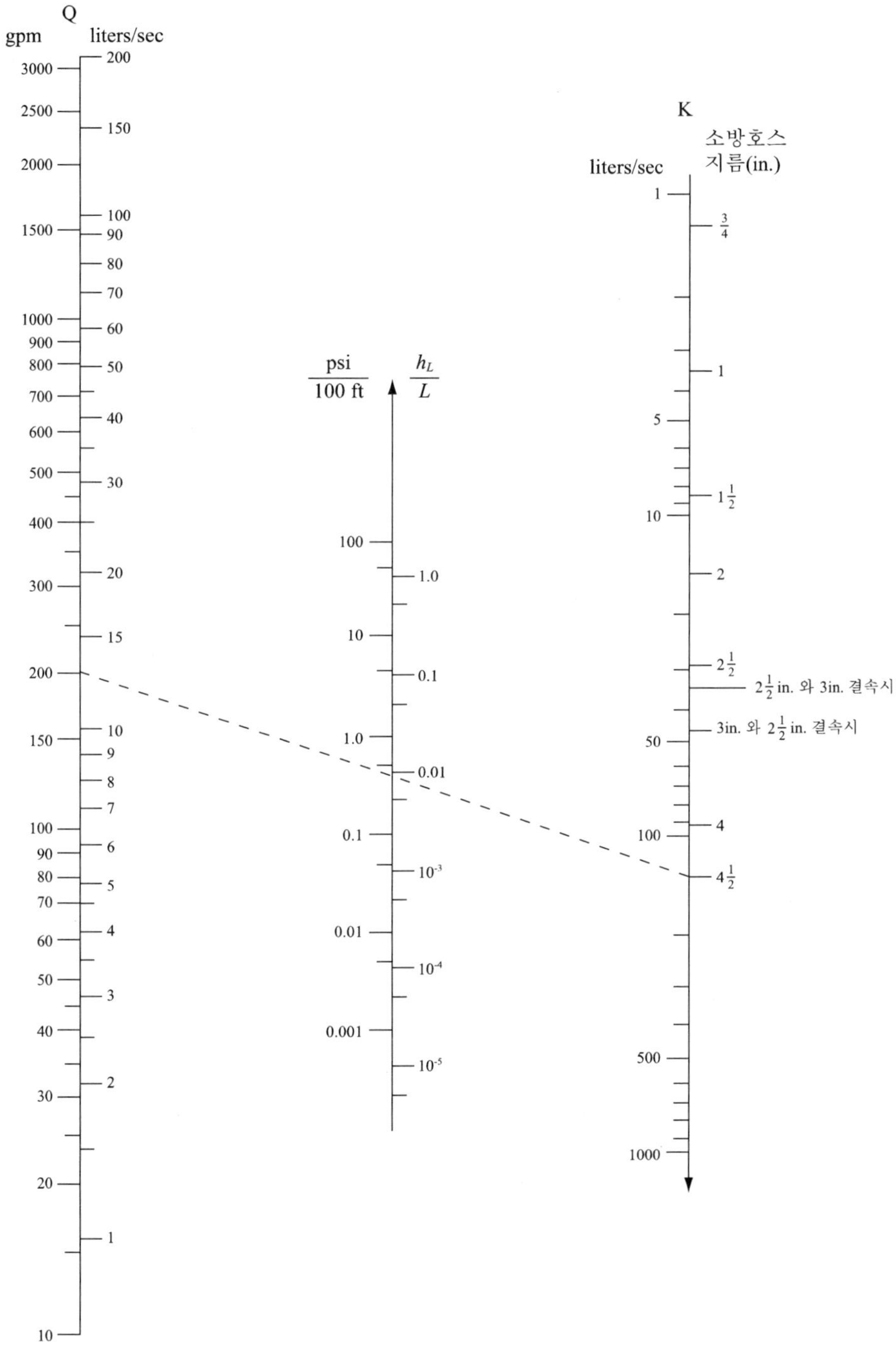


**그림 5-6** 관 및 소방호스에 대한 마찰손실 노모그램

(예 : 길이가 100피트이고, 지름이 4.5인치인 소방호스의 유출량이 200gpm이라면 손실은 0.433psi이다.)

**reference**

관의 단면적이 같다면(관의 내경이 같다) 에너지 경사선의 기울기와 동수경사선의 기울기는 같다.

**example 5-18**

길이가 100m이고, 지름이 2.5inch인 소방호스의 최대허용손실수두가 6m일 때의 유량은 얼마인가?

풀이

통수능 $K=1,758\text{lpm}$ ……[표 5-5]

$h_L=6\text{m}$

$L=100\text{m}$

$$Q=K\sqrt{(h_L/L)}=1,758\sqrt{\frac{6\text{m}}{10\text{m}}}=1.362\text{ lpm}$$

**example 5-19**

길이 100m인 소방호스로 $0.01\text{m}^3/\text{s}$의 유량을 양수하려 한다. 호스의 최대 에너지손실은 15m를 초과할 수 없다고 할 때 이 일을 수행할 수 있는 최대 규모의 호스를 선정하시오.

풀이

$Q=K\sqrt{\frac{h_L}{L}}$, $\quad Q=0.01\text{m}^3/\text{s}$,

$h_L=15\text{m}$, $\quad L=100\text{m}$,

$0.01\text{m}^3/\text{s}=K\sqrt{15/}100=0.39K$, $\quad K=(0.01/0.39)=0.026\text{ m}^3/\text{s}$

그런데 소방호스 2.5inch일 때 통수능 $K=0.029\text{m}^3/\text{s}$이다. 따라서 2.5inch호스를 선택하면 필요한 통수능보다 약간 큰 값을 얻는다. 즉, 2.5inch 호스를 선정한다.

**example 5-20**

다음 그림에서 도시한 바와 같이 지름 2.5inch 소방호스의 길이가 75m이다. 이 호스의 끝에서 700kPa의 압력과 600 lpm의 유량이 필요할 경우 펌프에서의 압력은 얼마가 되어야 하나?

풀이

2.5inch 소방호스의 통수능은 1,758 lpm임을 알 수 있다(표 5-5).

에너지 손실을 계산하면

$$h_{\text{loss}}=L\left(\frac{Q}{K}\right)^2=75\left(\frac{600}{1,758}\right)^2=8.7\text{m}$$

이 결과를 킬로 파스칼 단위의 압력으로 표현하려면 9.81을 곱하면 된다.

$$p_{\text{loss}} = 8.7 \times 9.81 = 85.35\text{kPa} \;\; \text{또는} \;\; 8.7\,\text{m} \times \frac{101.32\,\text{kPa}}{10.332\,\text{m Aq}} = 85.35\,\text{kPa}$$

펌프에 의해 발휘되는 압력을 얻기 위해서는 마찰에 의한 손실압력에 필요한 노즐압력을 더하면 된다.

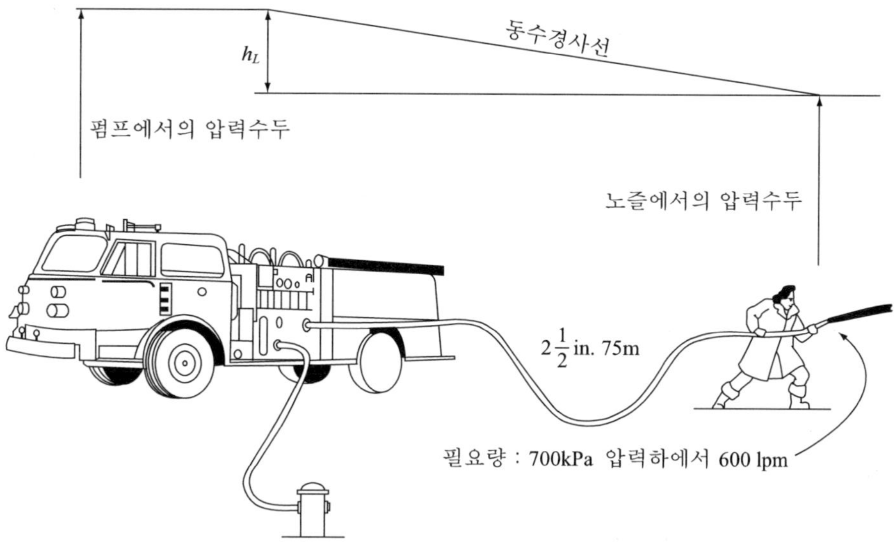


$$p_{engine} = p_{loss} + p_{nozzle} = 85.35 + 700 = 785.35\text{kPa}$$

### [2] 부차적손실(형상손실, 국소손실 minor loss)

실제 관로는 똑같은 단면의 1개의 직관만이 아니라 관의 출입구, 휨, 단면급변부, 결합부, 밸브 등 여러 가지 형태로 구성되어 있다. 흐름이 급변한다고 생각되는 이러한 부분에서는 벽면과의 마찰에 의한 에너지손실과는 성격이 다른 에너지손실이 일어난다. 이 손실은 관로의 전장에 걸쳐 생기는 것이 아니라 국소적이다. 일반적으로 이와 같은 손실을 형상손실 또는 부차적손실(국소손실)이라고 한다.

이 형상손실을 수두로 나타낸 형상손실수두(부차적손실)에는 운동에너지수두 $v^2/2g$의 일부가 충당되는 것으로 생각되므로, 일반적으로

$$h_l = K\frac{v^2}{2g}$$

의 모양으로 나타낸다. $K$를 **손실계수(저항계수)**라고 말하고, $K$는 단면급확대의 경우를 제외하고는 이론적으로 구하지 않고, 실험적으로 정해지고 있다. 또, 위 식의 $v$에는 단면이 변화되는 경

우, 그 전후의 유속중 빠른 쪽의 유속을 쓰는 것이 관습으로 되어 있다. 아래에서 실제의 관로계에 나타나는 각종의 형상손실수두에 관해서 간단히 설명하자.

수리학 문제에서 일반적으로 관길이가 30m인 이상인 경우는 입구와 출구상태, 그리고 관의 형상에 의한 손실보다는 관로에서 발생하는 마찰손실이 훨씬 더 크다. 그런데 짧은 관일수록 상대적으로 마찰손실이 작게 되기 때문에 국부손실의 비중이 더욱 커지게 된다. 화재진압시에 이런 손실은 흡입호스와의 연결부에서 발생한다. 특히 펌프차가 웅덩이나 연못으로부터 취수할 때 이런 형태의 손실은 중요해진다.

**reference**

**부차적손실(형상손실, 미소손실, minor loss)의 정량적 표현 방법**

① 저항계수(손실계수)법

부차적손실을 결정하는 방법으로 손실계수(저항계수)를 속도수두 $h=\dfrac{v^2}{2\mathrm{g}}$와의 관계로 나타내는 방법

$h_L = K\dfrac{v^2}{2g}$ $K$ : 손실계수(저항계수, 무차원)

② 상당길이법

fitting류(부속품)의 부차적손실을 직관에 상당하는 길이로 나타내는 방법

상당길이$(L/D)$는 저항계수식과 Darcy-Weisbach식에 의해 유도된다.

$$h = f\frac{L}{D}\cdot\frac{v^2}{2g} = K\frac{v^2}{2g}$$

$$L/D = K/f$$

상당길이(직관) $L_{eq} = \dfrac{KD}{f}$

③ 유량계수법

관부속류와 유동형태에 대한 손실계수를 유량계수$(C_v)$값으로 계산하는 방법으로, 가능하면 제작자 제공자료를 사용하는 것이 좋다.

$$Q = C_v\sqrt{h_L}$$

$$= C_v\sqrt{\frac{P}{\gamma}}$$

$P = \gamma\dfrac{Q^2}{C_v^2} = 0.433\dfrac{Q^2}{C_v^2}$(물의 경우)

여기서 $P$ : 손실압력

$\gamma$ : 물의 비중량

### 1) 입구손실(유입손실 수두)

큰 수조나 저수지 등으로부터 관로에 물이 흘러들어 오면 관로입구의 직하류부에서 유수단면이 축소되어 관벽부근에 소용돌이가 생기고, 그 후 속 확대하여 관전체에 충만하여 흐른다. [그림 5-7]는 관의 입구에 생기는 손실수두와 동수구배선, 에너지구배선이 변화되는 상태를 확대하여 나타낸 것이다(파선으로 표시). 즉, 입구부 직하류의 $a$점에서 감압영역이 있고, $b$점에서 압력은 상승한다. $b \sim c$의 구간에서의 에너지선과 동수구배선의 저하는 관의 마찰손실과 축류에 의한 와류손실이 합성된 결과이다. $c$점 하류에서는 통상적인 난류로 되며, 에너지선은 관의 마찰손실에 따라서 낮아진다. $c$와 $d$사이의 에너지선을 $E-E$선까지 상류로 늘리면, 유입손실수두는 $h_e$인 것을 알 수 있다.

이와 같이, 실제 형상손실은 관로의 어느 길이에 걸쳐 생기고 있지만, 에너지선 및 동수구배선의 도시의 편의상 [그림 5-7] 실선으로 나타낸 예와 같이, 형상손실은 일반적으로 해당부분이 있는 단면의 위치로 집중하여 생긴 것처럼 도시하는 것이 보통이다. 유입에 의한 손실수두는 다음 식으로 나타낸다.

$$h_e = K_e \frac{v^2}{2g}$$

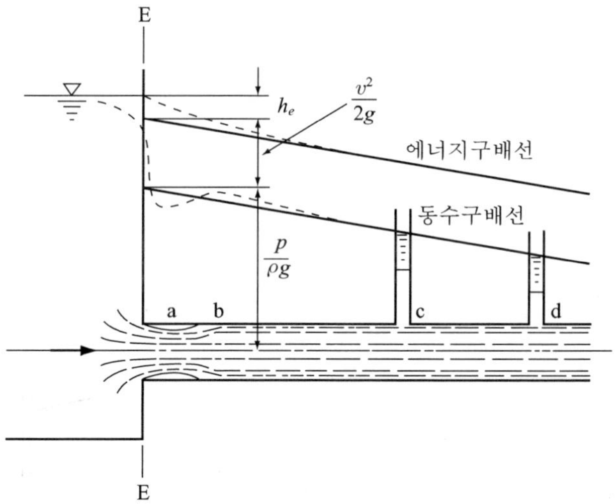


**그림 5-7** 입구부근의 흐름

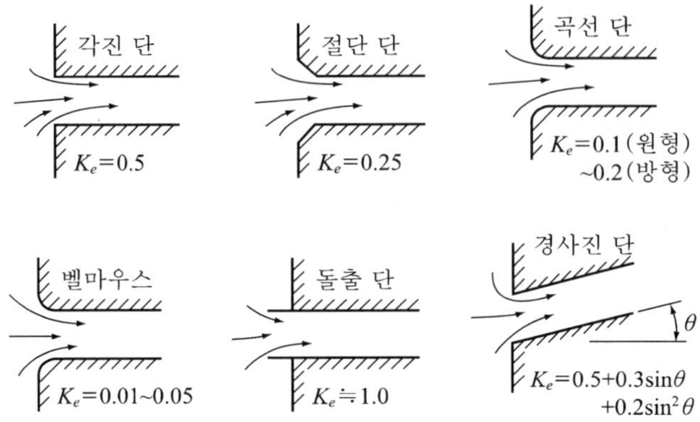


**그림 5-8** 입구의 형상과 손실계수 $K_e$

여기서, $h_e$는 유입의 손실수두, $v$는 관로의 평균유속, $K_e$는 유입의 손실계수이다. $K_e$는 입구의 형상에 따라 다르고, [그림 5-8]에 나타낸 값이 쓰인다.

**reference**

**조주거리 또는 입구길이(inlet length or entrance length)**

유체가 관을 흐를 때 입구에서는 퍼텐셜흐름(potential flow)의 형태를 이루면서 계속해서 속도분포(velocity profile)의 형태가 변하다가 관 단면의 속도분포가 일정하게 될 때까지의 거리를 조주거리(입구길이)라 한다.

① 층류 : $L=0.065Re\ D$

② 난류 : $L=(25\sim40)D$

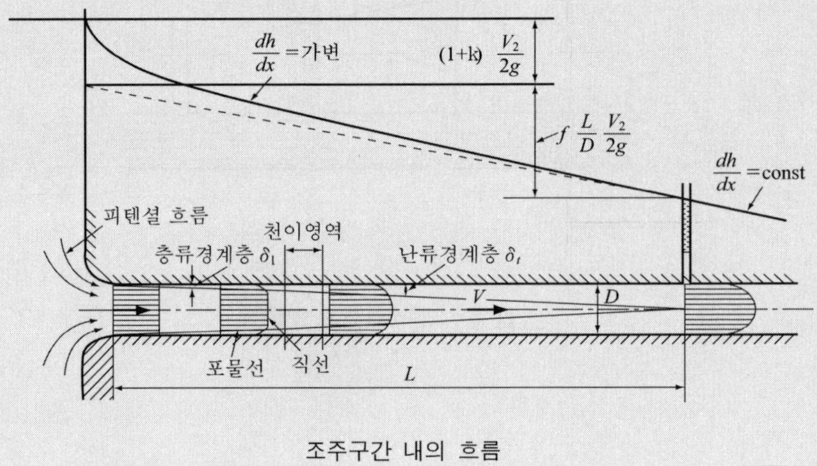


조주구간 내의 흐름

### 2) 급확대관로의 손실

관로의 단면적이 $A_1$에서 $A_2$로 갑자기 확대될 때, 유체는 작은 단면 $A_1$으로부터 분류(噴流)를 이루면서 큰 단면 $A_2$로 유입하고 그 주위에 비교적 이동속도가 느린 와류(渦流)를 일으킨다. 그러나 이 와류의 스케일은 크다. 속도가 빠른 주류(主流)와 느린 와류 사이에는 큰 속도기울기가 생겨, 이 불연속면에 강한 전단응력이 발생하고, 평균류와 직각인 방향(가로방향)으로 유체부분이 혼합작용이 생기며, 분류는 점차 확산하여 마침내 큰 관로의 전단면으로 퍼지게 된다.

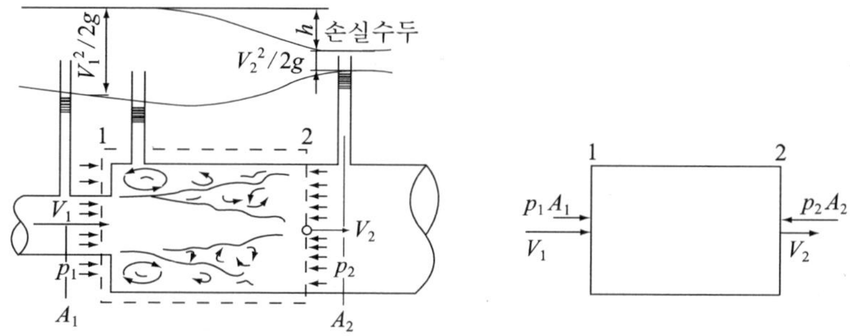


**그림 5-9** 급축소 관로 속의 흐름

그래서 큰 와류는 차차 작은 와류로 분열되고, 관지름 $D$의 50배 정도가 되는 거리의 하류에 이르러 소멸하게 되며 이곳에서 비로소 보통의 난류로 되돌아간다. 이 단면을 2, 급확대면의 단면을 1이라 한다. [그림 5-9] (b)와 같이 단면 1, 2사이의 자유체를 생각한다([그림 5-9] (a)와 같은 검사면(control surface)을 생각하여도 좋다). 지금 흐름은 큰 와류에서 작은 것으로 바뀌면서 흐르고 관벽의 마찰력은 와류에 의한 절단력에 비하여 작기 때문에 이것을 생략하고 운동량의 원리를 이 자유체에 적용하면

$$p_1A_1 - p_2A_2 = \rho Q(V_2 - V_1)$$

이 되고, 또 단면 1, 2 사이의 손실수두를 $h$라 하여 이 사이에 Bernoulli의 정리를 적용하면

$$\frac{p_1}{\rho g} + \frac{V_1^2}{2g} = \frac{p_2}{\rho g} + \frac{V_2^2}{2g} + h$$

와 같이 된다. 위의 두 식에서 $(p_1 - p_2)/\rho g$를 구하여 이들을 같이 놓으면

$$\frac{p_1 - p_2}{\rho g} + \frac{Q}{gA_2}(V_2 - V_1) = \frac{V_2^2 - V_1^2}{2g} + h$$

그런데 $Q/A_2 = V_2$이므로

$$h = \frac{2V_2(V_2 - V_1)}{2g} - \frac{V_2^2 - V_1^2}{2g} = \frac{(V_1 - V_2)^2}{2g}$$

**reference**

**출구손실**(exit loss), $K=1$ $A_1 << A_2$**(관류가 탱크로 유입)**

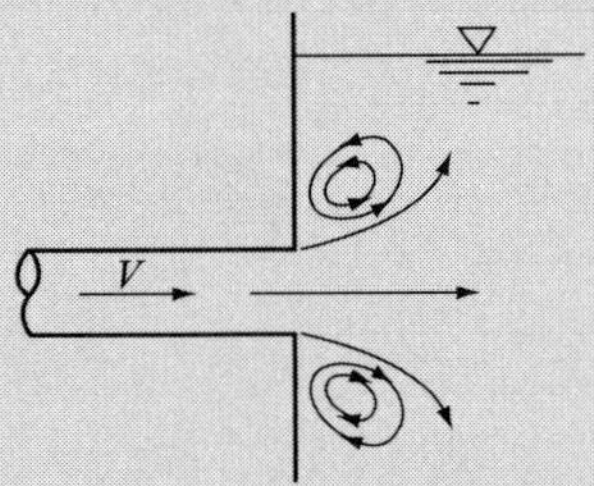


$$h = \frac{V^2}{2g}$$

관속 물의 운동에너지가 탱크속에서 와류가 되고, 잇달아 그 와류의 에너지가 열로 변하여 손실된다.

**example 5-21**

안지름 250mm인 원관이 안지름 400mm인 원관으로 급확대되어 있을 때 유량 $230\ell/s$가 흐르면 손실수두는 얼마로 되는가?

**풀이**

연속방정식에 의하여 유속 $V_1, V_2$를 구하면

$$V_1 = \frac{4Q}{\pi D_1^2} = \frac{4 \times 0.230}{\pi \times 0.25^2} = 4.69\text{m/s}$$

$$V_2 = \frac{4Q}{\pi D_2^2} = \frac{4 \times 0.230}{\pi \times 0.40^2} = 1.83\text{m/s}$$

따라서 손실수두 $h$는

$$h = \frac{(V_1 - V_2)^2}{2g} = \frac{(4.69 - 1.83)^2}{2 \times 9.81} = 0.417[\text{m} = \text{J/N}]$$

### 3) 급축소관로의 손실

급확대와 반대로 굵은 관으로부터 가는 관으로 흐를 때에 일어나는 손실로서

$$h = \left(1 - \frac{A_C}{A_2}\right)^2 \frac{V_2^2}{2g}$$

이 된다. 지금 $A_C/A_2 = C_C$라 하고 또 연속방정식에서 $V_C = V_2/C_C$이므로

$$h = (1 - C_C)^2 \left(\frac{1}{C_C}\right)^2 \frac{V_2^2}{2g} = \left(\frac{1}{C_C} - 1\right)^2 \frac{V_2^2}{2g} \qquad (5.21)$$

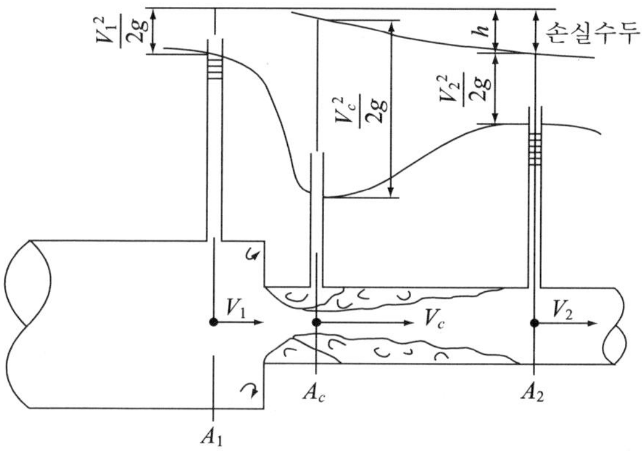


**그림 5-10** 급축소 관로 속의 흐름

으로 축소된다. 식 중 $C_C$를 수축계수(coefficient of contraction)라 하고 Weisbach가 물에 대하여 실험한 이 $C_C$의 값과 $\left(\frac{1}{C_C} - 1\right)^2$의 값은 [표 5-7]에 나타낸 바와 같다.

**표 5-7** 급축소 관로의 수축계수

| $A_2/A_1$ | 0.1 | 0.2 | 0.3 | 0.4 | 0.5 | 0.6 | 0.7 | 0.8 | 0.9 | 1.0 |
|---|---|---|---|---|---|---|---|---|---|---|
| $C_C$ | 0.61 | 0.62 | 0.63 | 0.65 | 0.67 | 0.70 | 0.73 | 0.77 | 0.84 | 1.00 |
| $(1/C_C-1)^2$ | 0.41 | 0.38 | 0.34 | 0.29 | 0.24 | 0.18 | 0.14 | 0.089 | 0.036 | 0 |

**example 5-22**

안지름 450mm와 300mm의 두 원관을 직접 연결하여 지름이 큰 관에서 작은 관으로 물을 매초 230ℓ씩 수송할 때 연결부의 손실수두를 구하여라.

풀이

식 (5.21)의 수축계수 $C_C$는 [표 5-7]에 의하면 $A_2/A_1=(300/450)^2=0.445$에 대하여 $C_C=0.66$ 또 $\left(\frac{1}{C_C}-1\right)^2=0.27$이다. 연속방정식에 의하여 $V_2$를 구하면

$$V_2=\frac{4Q}{\pi D_2^2}=\frac{4\times 0.230}{3.14\times 0.30^2}=3.29\text{m/s}$$

따라서 손실수두는 식 (5.21)에 의하여

$$h=0.27\times\frac{3.29^2}{2\times 9.81}=0.149\text{m}$$

비손실에너지 $h'$는

$$h'=gh=9.81\times 0.149=1.46\text{J/kg}$$

#### 4) 점차확대관로의 손실

이상유체인 경우에는 점선으로 표시한 것과 같이 확대 초의 압력 $p_1$이 확대가 끝나는 점에서 최고값 $p_2$로 되고 이후에는 확대로 인한 손실이 생기지 않으므로 일정하게 된다.

이에 대하여 실재유체에서는 관마찰과 와류손실 때문에 압력손실은 실선으로 나타낸 것과 같이 되고 최고압력 $p_2$는 관의 확대가 끝난 점에서 조금 하류로 간 곳에서 나타난다. 여기서부터 하류 쪽에서는 관마찰에 의하여 재차 내려간다.

점차 확대관로에서의 손실수두는 점차 확대각$\theta$와 관의 단면적에 의하여 변화되어, 다음과 같이 나타난다.

$$h=K_{\text{ge}}\cdot\frac{(v_1-v_2)^2}{2g}=K_{ge}\left(1-\frac{A_1}{A_2}\right)^2\frac{v_1^2}{2g}=K\frac{v_1^2}{2g}$$

여기서

$$K=K_{ge}\left(1-\frac{A_1}{A_2}\right)^2$$

이 된다. 원형확대관에 대한 $K_{ge}$의 값은 [그림 5-12]와 같이 된다. $K_{ge}$의 값은 원추확대각 $\theta$에 따라 달라지는데, 원형단면에서는 $\theta=5°30'$일 때 최소로 되고 $K_{ge}=0.135$이며, 정사

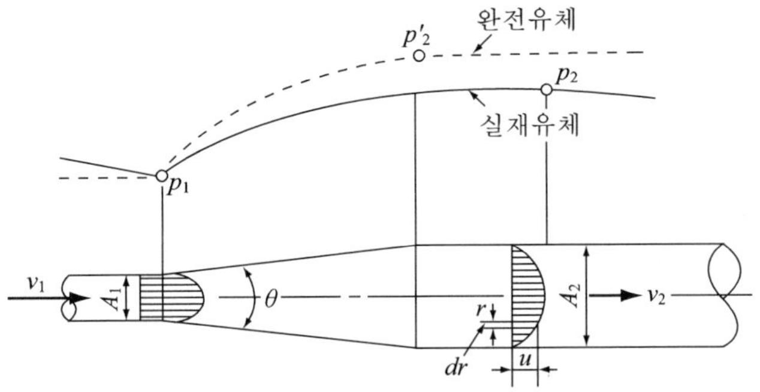


**그림 5-11** 확대관에서의 손실

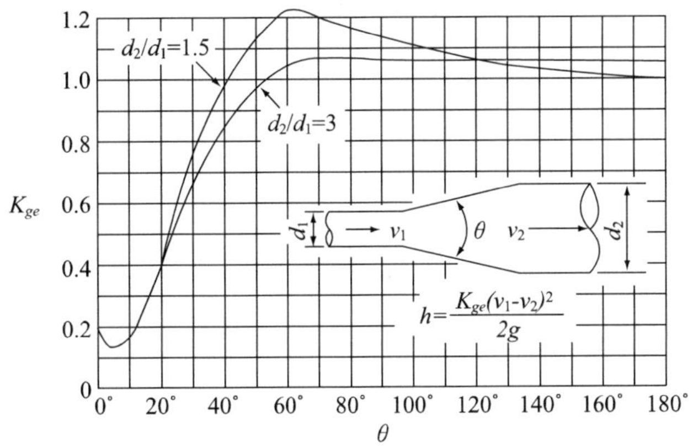


**그림 5-12** 원추확대관의 손실계수

각형 단면인 경우 $\theta = 6°$에서 최소로 되고 $K_{ge} = 0.145$ 또 $\theta = 50° \sim 60°$ 이상에서는 거의 일정하며 $K_{ge} \fallingdotseq 1$이 된다.

원추 확대관의 $K_{ge}$에 관한 Gibson의 실험식은 $\theta = 7.5° \sim 35°$의 범위는

$$K_{ge} = 0.011\theta^{1.22} \tag{5.22}$$

로 주어져 있다. 확대관로의 흐름은 팬(fan)이나 펌프의 회전차통로 또는 풍동, Venturi계 등에서도 볼 수 있다.

### [3] 흐름의 방향변화에 따른 손실

#### 1) 곡관의 손실수두

관수로가 완만하게 구부러진 관을 곡관(bent pipe)이라 하고 [그림 5-13]과 같이 일부 박리현상(seperation)과 관의 마찰현상이 복합적으로 생기지만 굴절할 때보다는 손실수두가 작다. 이 곡관의 손실수두 $h_{cb}$는 다음과 같다.

$$h_{cb} = K_{cb}\frac{V^2}{2g} \tag{5.23}$$

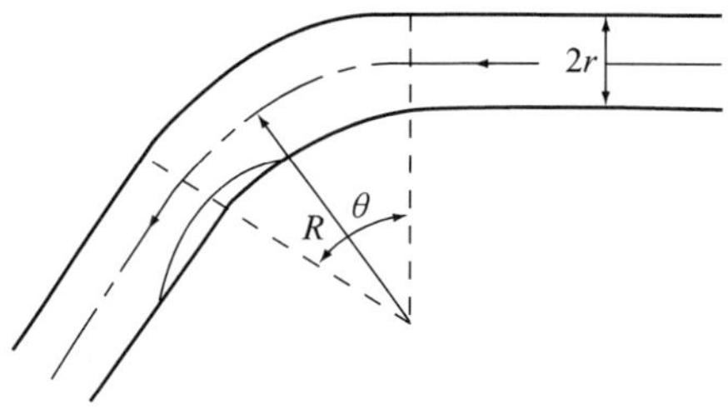


**그림 5-13** 곡관의 손실수두

이 식에서 $K_{cb}$는 곡관손실계수(coefficient of loss due to curvel bend)이고 Weisbach의 실험에 의하면 다음 식으로 구할 수 있다.

$$K_{cb} = \left\{0.131 + 1.847\left(\frac{r}{R}\right)^{3.5}\frac{\theta}{90}\right\} \tag{5.24}$$

이러한 $K_{cb}$의 값은 $\frac{R}{r}$를 크게 하면 작아지지만 $\frac{R}{r}$이 지나치게 커지면 곡관의 중심선장이 길어져서 마찰손실이 가중되어 오히려 전체적인 손실수두를 커지게 한다. 일반적으로 $\frac{R}{r} > 5.0$인 경우에는 곡관에 의한 손실수두를 거의 고려하지 않는다.

#### 2) 굴절관(엘보)의 손실수두

[그림 5-14]와 같이 관수로가 급하게 굴절될 때 굴절직후에 단면이 축소하고 내측으로 맴돌이가 발생하여 수두손실에 생긴다. 이 굴절관의 손실수두 $h_{ab}$는 다음 식과 같다.

$$h_{ab} = K_{ab}\frac{V^2}{2g} \tag{5.25}$$

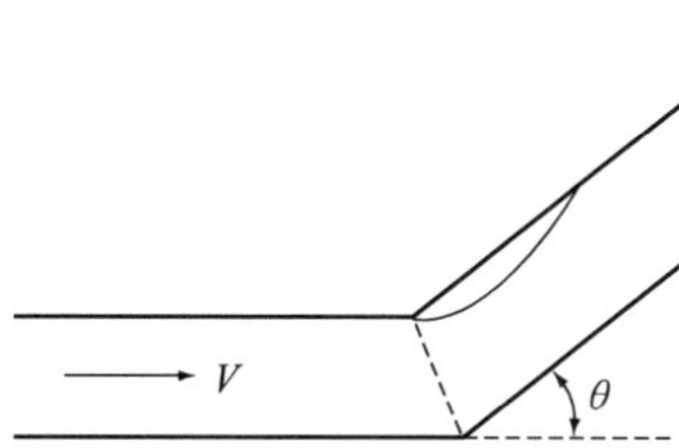


**그림 5-14 굴절관의 손실수두**

이 식에서 $K_{ab}$는 굴절손실계수(coefficient of loss to angular bend)이고 이는 마찰손실을 포함한 굴절관(엘보)의 전손실계수이며, 작은 원형관에 대한 Weisbach의 경험식으로 구할 수 있다. 이 식에서 $\theta$는 굴절각이다.

$$K_{ab} = 0.946\sin^2\frac{\theta}{2} + 2.05\sin^4\frac{\theta}{2} \tag{5.26}$$

엘보의 경우에는 굴절손실계수 $K_{ab}$가 $K_{eb}$에 해당된다.

엘보의 손실계수 $K_{eb}$

| $\theta$° | | 5 | 10 | 15 | 22.5 | 30 | 45 | 60 | 90 |
|---|---|---|---|---|---|---|---|---|---|
| $K_{eb}$ | 매끈한 | 0.016 | 0.034 | 0.042 | 0.066 | 0.130 | 0.236 | 0.471 | 1.129 |
| | 거 친 | 0.024 | 0.044 | 0.062 | 0.154 | 0.165 | 0.320 | 0.687 | 1.265 |

## [4] 밸브와 콕에 의한 손실

관로를 흐르는 유체의 유량이나 흐름의 방향을 제어(control : 조절)하기 위하여 각종 밸브가 사용되는데 이 밸브가 달린 부분에서 흐름의 단면적이 변화하기 때문에 에너지의 손실이 생긴다. 이것을 $h_v$라 하면

$$h_v = K_v\frac{V^2}{2g}$$

으로 표시된다. 단, $V$는 관로 속에서 밸브의 영향을 받지 않는 곳에서의 평균유속이며 $K_v$는 밸브손실계수이다.

### 1) 슬루스 밸브(sluice valve)

[그림 5-15]의 슬루스 밸브에서는 밸브단의 직후에서 흐름의 단면적이 급확대되기 때문에 수두손실이 생긴다. $x/d$가 작을수록 손실은 커져서 관로의 유량이 감소한다. [표 5-8]에

손실계수 $K_v$의 값을 나타낸다.

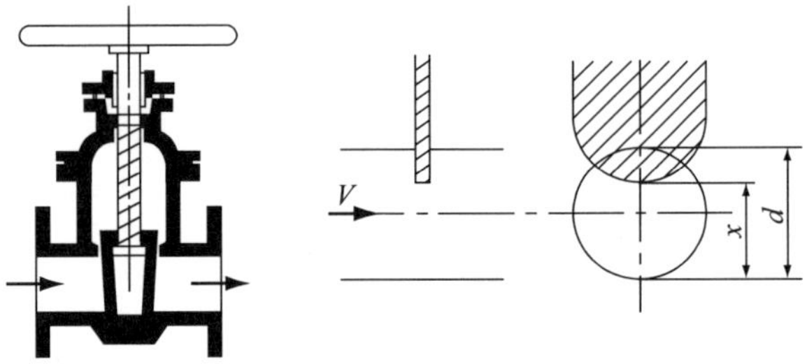


그림 5-15 슬루스 밸브

표 5-8 슬루스 밸브의 $K_v$의 값

| 호칭구경 \ 개도 | 1/8 | 1/4 | 3/8 | 1/2 | 3/4 | 1 |
|---|---|---|---|---|---|---|
| 1/2 | 374 | 53.6 | 18.26 | 7.74 | 2.204 | 0.080 |
| 3/4 | 303 | 40.3 | 10.15 | 4.23 | 0.920 | 0.280 |
| 1 | 211 | 34.9 | 9.91 | 3.54 | 0.882 | 0.233 |
| 2 | 146 | 22.5 | 7.15 | 3.22 | 0.739 | 0.175 |
| 4 | 67.2 | 13.0 | 4.62 | 1.93 | 0.412 | 0.164 |
| 6 | 87.3 | 17.1 | 6.12 | 2.64 | 0.522 | 0.145 |
| 8 | 66.3 | 13.5 | 4.92 | 2.19 | 0.464 | 0.103 |
| 10 | 96.2 | 17.4 | 5.61 | 2.29 | 0.414 | 0.047 |

### 2) 글로브 밸브(glove valve)

[그림 5-16]의 글로브 밸브에 있어서도 $x/d_1$가 커질수록 $K_v$의 값은 작아지지만 전개(全開)하였을 때에도 $K_v$는 [표 5-9]의 값을 갖는다. [표 5-9]에 $K_v$의 값을 표시한다.

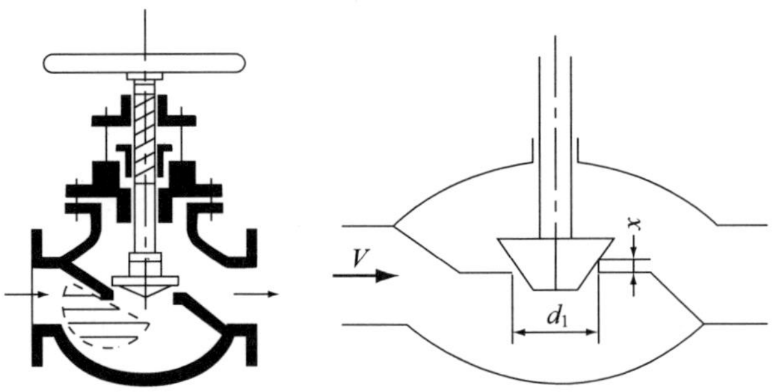


그림 5-16 글로브 밸브

표 5-9 글로브 밸브의 $K_v(d_1 = 25.4\mathrm{mm})$

| $x/d_1$ | 1/4 | 1/2 | 3/4 | 1 |
|---|---|---|---|---|
| $K_v$ | 16.3 | 10.3 | 7.63 | 6.09 |

### 3) 나비 너트 밸브(butterfly valve)

[그림 5-17]의 나비 너트 밸브에서는 밸브판의 경각 $\theta$가 커지면 밸브 직후의 단면적이 급중하여 손실계수 $K_v$가 커진다([표 5-10] 참조). 밸브원판의 두께를 $t$, 그 지름을 $d_0$라 하면 원형 나비 너트 밸브에서 $\theta = 0°$이면 $K \fallingdotseq t/d_0$이다.

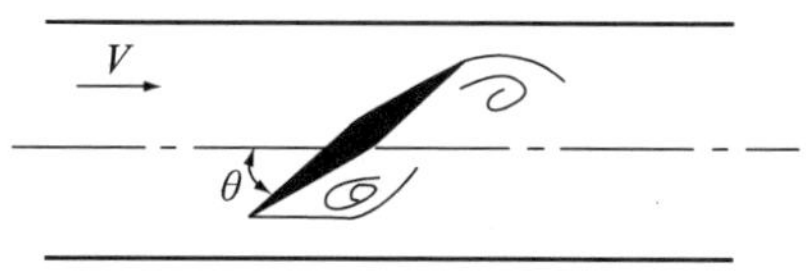


그림 5-17 나비 너트 밸브

표 5-10 나비너트 밸브의 $K_v$의 값

| $\theta°$ | 5 | 10 | 15 | 20 | 25 | 30 | 40 | 50 | 60 | 70 |
|---|---|---|---|---|---|---|---|---|---|---|
| $K_v$(원형) | 0.24 | 0.52 | 0.90 | 1.54 | 2.51 | 3.90 | 10.8 | 32.6 | 118 | 751 |
| $K_v$(사각형) | 0.28 | 0.45 | 0.77 | 1.34 | 2.16 | 3.54 | 9.3 | 24.9 | 77.4 | 368 |

### 4) 플랩 밸브(flap valve)

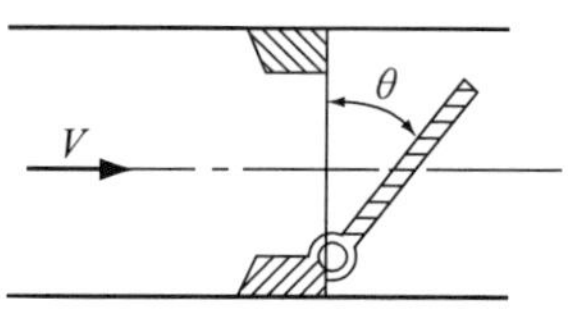


그림 5-18 플랩 밸브

표 5-11 플랩 밸브의 $K_v$의 값

| $\theta°$ | 15 | 20 | 25 | 30 | 35 | 40 | 45 | 50 | 60 | 70 |
|---|---|---|---|---|---|---|---|---|---|---|
| $K_v$ | 90 | 62 | 42 | 30 | 20 | 14 | 9.5 | 6.6 | 3.2 | 1.7 |

### 5) 콕(cock)

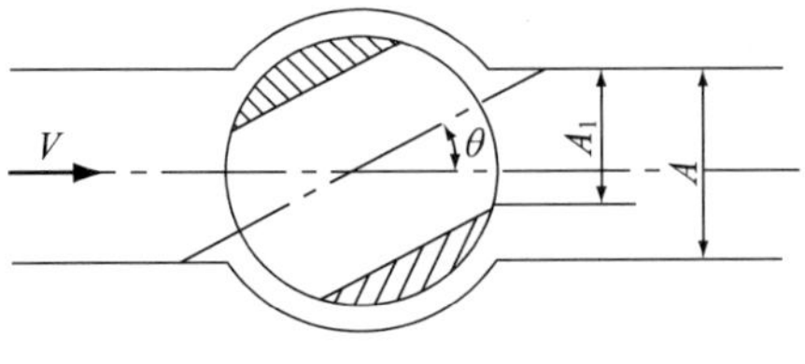


**그림 5-19** 콕

**표 5-12** 콕의 $K_v$

| $\theta^\circ$ | | 5 | 10 | 15 | 20 | 30 | 40 | 50 | 55 | 60 |
|---|---|---|---|---|---|---|---|---|---|---|
| 원형 | $A_x/A$ | 0.93 | 0.85 | 0.77 | 0.69 | 0.52 | 0.38 | 0.25 | 0.19 | 0.14 |
| | $K_v$ | 0.05 | 0.25 | 0.75 | 1.56 | 5.47 | 17.3 | 52.6 | 106 | 206 |
| 사각형 | $A_x/A$ | 0.93 | 0.85 | 0.77 | 0.69 | 0.52 | 0.35 | 0.19 | 0.11 | – |
| | $K_v$ | 0.05 | 0.31 | 0.88 | 1.84 | 6.15 | 20.7 | 95.3 | 275 | – |

**표 5-13** 각각의 경우의 부차적 손실(형상손실)의 손실계수 값($k$)

<table>
<tr><td>1</td><td>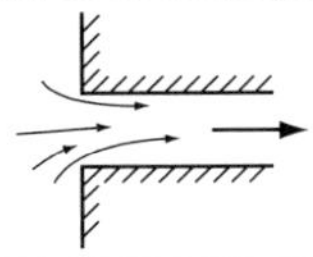</td><td>직류 유입 :<br>$k=0.5$(유입구가 날카로울 때)</td></tr>
<tr><td>2</td><td>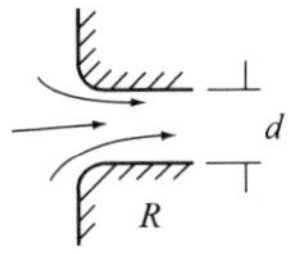</td><td>직각 유입(원형단) :<table><tr><td>$R/d$</td><td>0.05</td><td>0.1</td><td>0.2</td><td>0.3</td><td>0.4</td></tr><tr><td>$k$</td><td>0.25</td><td>0.17</td><td>0.08</td><td>0.05</td><td>0.04</td></tr></table></td></tr>
<tr><td>3</td><td>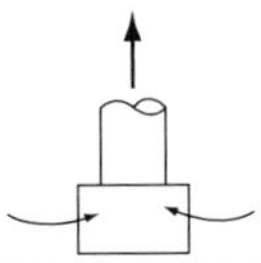</td><td>여과 버킷 : $k=10$(풋 밸브가 있을 때)<br>$k=5.5$(풋 밸브가 없을 때)</td></tr>
<tr><td>4</td><td>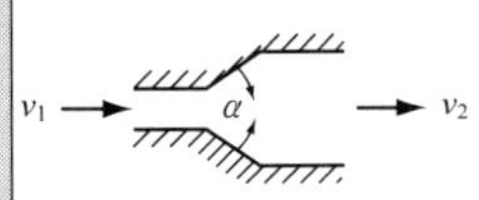</td><td>확대 : $E_L=k\left(v_1^2-v_2^2\right)/2g$<table><tr><td>$\alpha^o$</td><td>20</td><td>40</td><td>60</td><td>80</td></tr><tr><td>$k$</td><td>0.20</td><td>0.28</td><td>0.32</td><td>0.35</td></tr></table></td></tr>
<tr><td>5</td><td>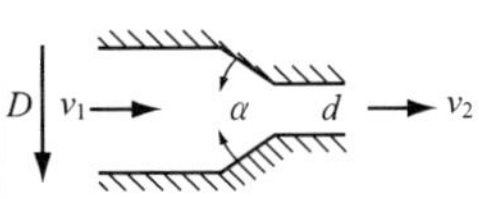</td><td>축소 : $E_L=k\left(v_1^2-v_2^2\right)/2g$<table><tr><td colspan="2">$\alpha^o$</td><td>6</td><td>10</td><td>20</td><td>40</td><td>60</td><td>80</td><td>100</td><td>120</td><td>140</td></tr><tr><td rowspan="2">$k$</td><td>$D=3d$</td><td>0.12</td><td>0.16</td><td>0.39</td><td>0.80</td><td>1.00</td><td>1.06</td><td>1.04</td><td>1.04</td><td>1.04</td></tr><tr><td>$D=1.5d$</td><td>0.12</td><td>0.16</td><td>0.39</td><td>0.96</td><td>1.22</td><td>1.16</td><td>1.10</td><td>1.06</td><td>1.04</td></tr></table></td></tr>
</table>

6

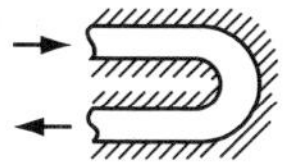

$U$자형 접속부 :

$k=2.2$

7

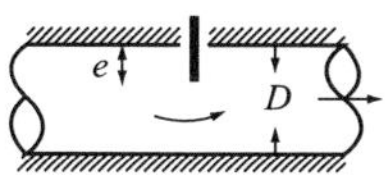


수문(gate) 밸브 :

| $e/D$ | 0 | 1/4 | 3/8 | 1/2 | 5/8 | 3/4 | 7/8 |
|---|---|---|---|---|---|---|---|
| $k$ | 0.15 | 0.26 | 0.81 | 2.06 | 5.52 | 17.0 | 97.8 |

8

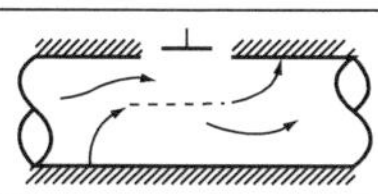

글로브 밸브 :

$k=10$(완전 개방시)

9

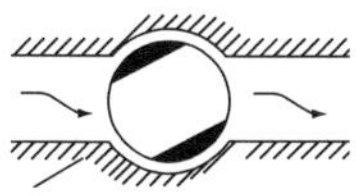

회전 밸브 :

| $\alpha^o$ | 5 | 10 | 20 | 30 | 40 | 50 | 60 | 70 | 80 |
|---|---|---|---|---|---|---|---|---|---|
| $k$ | 0.05 | 0.29 | 1.56 | 5.47 | 17.3 | 52.6 | 206 | 485 | $\infty$ |

10

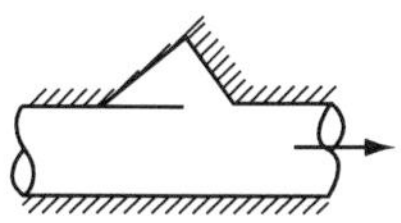

체크(역류방지) 밸브 :

스윙형(swing type) $k=2.5$(완전 개방시)

구형(ball type) $k=70.0$

리프트형(lift type) $k=12.0$

11

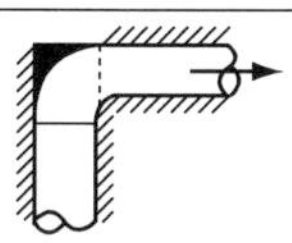

각 밸브 :

$k=0.5$(완전 개방시)

12

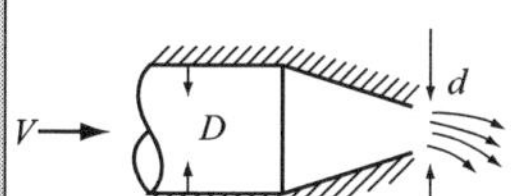


축소 유출 :

| $d/D$ | 0.5 | 0.6 | 0.8 | 0.9 |
|---|---|---|---|---|
| $k$ | 5.5 | 4 | 2.55 | 1.1 |

13

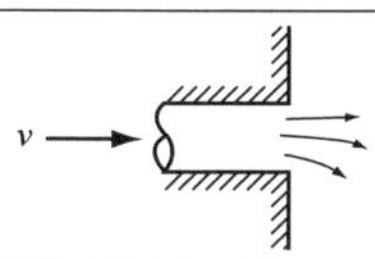


관에서 저수지로 유출 :

$k=1.0$

14

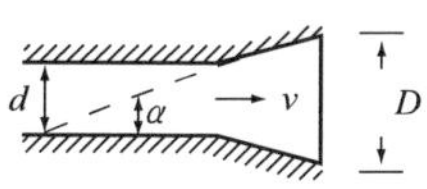


확대 유출($D/d>2$일 때) :

| $\alpha^o$ | 8 | 15 | 30 | 45 |
|---|---|---|---|---|
| $k$ | 0.05 | 0.18 | 0.5 | 0.6 |

### example 5-24

일직선으로 된 소방노즐에서 300 lpm의 유량이 방출되고 있다. 관의 지름은 2inch 노즐끝의 지름은 1inch이다. 노즐끝에서 발생하는 국부손실을 계산하시오.

**풀이**

[표 5-13]으로부터 $d/D=1/2=0.5$인 경우 $k$계수 값은 5.5이다. 유량의 단위를 $m^3/s$로 바꾸면

300/60,000 = 0.005m$^3$/s가 되며, 지름 2inch인 관은 $2 \times 2.54 \times 10^{-2} = 0.051$m가 된다. 지름 2inch인 소방호스의 단면적은

$$A = \frac{\pi 0.051^2}{4} = 0.002\text{m}^2$$

속도는

$$v = \frac{Q}{A} = \frac{0.005}{0.002} = 2.5\text{m/s}$$

운동 에너지는

$$\frac{2.5^2}{2 \times 9.8} = 0.32\text{m}$$

노즐에 적용된 국부 에너지손실, $h_{LL} = k \cdot \dfrac{v^2}{2g}$은

$$h_{LL} = 5.5 \times 0.32 = 1.76\text{m} = 17.27\text{kPa}$$

### example 5-25

아래 그림에 나타낸 바와 같이, 저수지의 수면 1과 관로의 출구 2와의 낙차 $H = 9$m일 때 이 관로를 흐르는 물의 유량 $Q$를 구하여라.

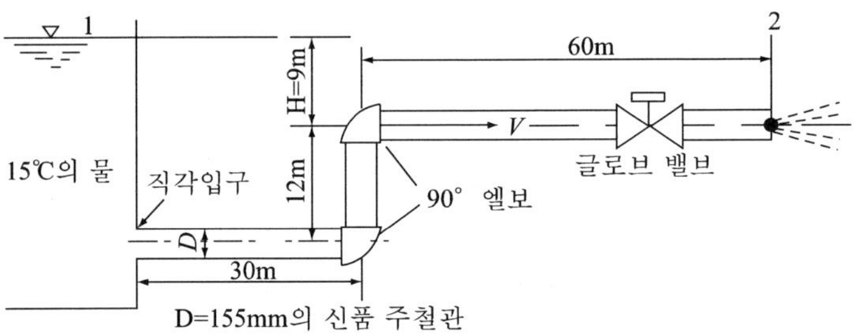


엘보와 밸브가 달린 관로

**풀이**

1과 2사이에는 여러 가지 손실을 고려하여 Bernoulli의 식을 세우면

$$H = \underset{\text{(속도수두)}}{\frac{V^2}{2g}} + \underset{\text{(입구손실)}}{K_e \frac{V^2}{2g}} + \underset{\text{(마찰손실)}}{f \frac{L}{D} \frac{V^2}{2g}} + \underset{\text{(엘보손실)}}{2k_{eb} \frac{V^2}{2g}} + \underset{\text{(밸브손실)}}{K_v \frac{V^2}{2g}}$$

$K_e$는 [그림 5-8]에서 0.50, $K_{eb}$는 $\theta = 90^\circ$ 때 매끈한 관이 1.129, 글로브 밸브(stop valve라고도 한다)의 $K_v$는 [표 5-9]에서 $x/d_1 = 1$일 때 6.09이다. 이것은 지름 25.4mm(1인치)인 관에 대한 것이므로, 일반적인 $K_v$의 범위 6~8에서 7.5로 잡는다. 또 $L = 30 + 12 + 60 = 102$m이므로 이 것을 윗식에 대입하면

$$9=\left(1+0.5+f\frac{102}{0.155}+2\times1.129+7.5\right)\frac{V^2}{2g}$$

$$9=(11.3+659f)\frac{V^2}{2g}$$

관마찰계수 $f$는 속도 $V$를 알아야 정해진다. 따라서 지금 $f=0.03$으로 가정하면

$$9=(11.3+659\times0.03)\frac{V^2}{2\times9.81}$$

이것으로부터 $V=2.38\text{m/s}$를 얻는다. 신품 주철관의 절대조도를 $\epsilon=0.30\text{mm}$라 하면 관벽의 상대조도는 $\epsilon/D=0.30/155=0.0019$ 또 이때의

$$R_e=\frac{DV}{\nu}=\frac{0.155\times2.38}{1.139\times10^{-6}}=3.23\times10^5$$

그러므로 Mood 선도에서 $f=0.024$를 얻는다. 이 값을 써서 다시 $V$를 계산하면

$$9=(11.3+659\times0.024)\frac{V^2}{19.62}$$

에서 $V=2.55\text{m/s}$를 얻는다. 이것에 대한 $R_e=3.48\times10^5$이 된다. 이 때의 $f$는 0.0245로서 소수 아래 3자리까지도 같으므로 $f=0.024$는 정확하다.
따라서

$$Q=\frac{\pi}{4}D^2V=0.785\times0.155^2\times2.55=0.0481\text{m}^3/\text{s}=48.1\ell/\text{s}$$

### [5] 상당길이(등가길이, 등가관장)(equivalent length)에 의한 마찰손실

배관의 각종 관 부속 및 밸브류는 배관 마찰손실과 같은 방법으로 구할 수 없으며 **보통 부속류 등의 손실을 측정된 손실수두를 배관(직관)의 등가 길이(상당길이)로 환산하여 적용한다.** 즉 각종 밸브 및 부속류의 등가 길이를 배관의 직관 길이로 환산한 것이다.

**표 5-14** 마찰손실수두(관장, 100m 당)

| 유량 (L/min) | 40mm | 50mm | 65mm | 80mm | 100mm | 125mm | 150mm | 200mm |
|---|---|---|---|---|---|---|---|---|
| | 마찰손실수두(m) | | | | | | | |
| 150 | 12.30 | 3.82 | 1.13 | 0.49 | 0.13 | 0.05 | 0.02 | - |
| 300 | 44.35 | 13.76 | 4.08 | 1.76 | 0.48 | 0.17 | 0.07 | 0.02 |
| 450 | 93.89 | 29.13 | 8.64 | 3.73 | 1.02 | 0.36 | 0.15 | 0.04 |
| 600 | 159.87 | 49.61 | 14.71 | 6.34 | 1.74 | 0.60 | 0.26 | 0.07 |
| 750 | 241.58 | 74.96 | 22.22 | 9.58 | 2.62 | 0.91 | 0.40 | 0.10 |

유량이 300L/min이고 배관의 직경이 65mm인 직관의 마찰손실수두는 직관 100m당 4.08m에 해당한다는 것이다. 즉, m당 0.0408m에 해당한다는 것이다.

① 관이음 재료 : 강관의 경우 이음쇠로 다음의 종류가 있다.
　㉮ 관의 방향을 변경시키는 데 사용하는 이음쇠 : Elbow, Bend
　㉯ 관을 분기시키는 데 사용하는 이음쇠 : Tee, Cross, Y
　㉰ 관과 관 및 부속기기를 연결하는 이음쇠 : Socket, Nipple, Union
　㉱ 지름이 다른 관을 서로 연결하는 이음쇠 : 이경 Socket, Bushing, Reducer
　㉲ 관의 끝을 막는 이음쇠 : Plug, Cab

② 밸브 : 유체의 유량, 흐름방향의 전환, 압력 등을 조정하는 데 쓰인다.
슬루스(Sluice)밸브, 스톱(Stop)밸브, 체크(Check)밸브 등이 있다.
　㉮ 슬루스밸브 : 일명 게이트(Gate)밸브라 하며 대표적으로 O.S&Y밸브가 있다.
　㉯ 스톱(Stop)밸브 : 글로브(Globe)밸브, 앵글(Angle)밸브가 있다.
　㉰ 체크(Check)밸브 : 스윙(Swing)타입, 스모렌스키(Smorenski)타입이 있다.

③ 펌프 흡입측 밸브 : 펌프의 흡입측 밸브는 버터플라이 밸브 이외의 개폐표시형 밸브로 할 것(볼 형식의 것을 제외한다)

④ 이와 같은 각종 관이음쇠 및 밸브류의 마찰손실 설계시 국내에서는 [표 5-15]의 상당 직관 길이를 사용한다.

**표 5-15** 관 부속 및 밸브의 상당길이(상당직관길이, 등가길이, 등가관장) (단위 : m)

| 관경 | 90° Elbow | 45° Elbow | 분류 Tee | 직류 Tee | Gate 밸브 | Bell 밸브 | Angle 밸브 | Check 밸브 |
|---|---|---|---|---|---|---|---|---|
| 15mm | 0.60 | 0.36 | 0.90 | 0.18 | 0.12 | 4.5 | 2.4 | 1.2 |
| 25mm | 0.90 | 0.54 | 1.50 | 0.27 | 0.18 | 7.5 | 4.5 | 2.0 |
| 32mm | 1.20 | 0.72 | 1.80 | 0.36 | 0.24 | 10.5 | 5.4 | 2.5 |
| 40mm | 1.50 | 0.90 | 2.10 | 0.45 | 0.30 | 13.5 | 6.5 | 3.1 |
| 50mm | 2.10 | 1.20 | 3.0 | 0.62 | 0.39 | 16.5 | 8.4 | 4.0 |
| 65mm | 2.40 | 1.50 | 3.60 | 0.75 | 0.48 | 19.5 | 10.2 | 4.6 |
| 80mm | 3.00 | 1.80 | 4.50 | 0.90 | 0.63 | 24.0 | 12.0 | 5.7 |
| 100mm | 4.20 | 2.40 | 6.30 | 1.20 | 0.81 | 37.5 | 16.5 | 7.6 |
| 125mm | 5.10 | 3.0 | 7.50 | 1.50 | 0.99 | 42.0 | 10.0 | 10.0 |
| 150mm | 6.00 | 3.60 | 9.00 | 1.80 | 1.20 | 49.5 | 24.0 | 12.0 |

(주) 1. 위표의 엘보, 티는 나사접합을 기준으로 한 것이다.
2. 레듀셔는 45° 엘보와 같다.
3. 커플링은 직류티와 같다.
4. 유니온, 플랜지, 소켓은 손실수두가 미소하여 생략한다.
5. Auto 밸브(포소화설비), 글로브 밸브는 볼밸브와 같다.
6 알람밸브, 푸트밸브 및 스트레이너는 앵글밸브와 같다.

**reference**

**밸브와 관부속물의 통한 난류 유동에 대한 마찰손실**

| 밸브 및 관부속물 | 마찰손실, 속도두의 수 $K_f$ | 마찰손실, 상당길이 $L_e/D$ |
|---|---|---|
| Elbow, 45° | 0.35 | 17 |
| Elbow, 90° | 0.75 | 35 |
| Tee | 1 | 50 |
| Return bend | 1.5 | 75 |
| Coupling | 0.04 | 2 |
| Union | 0.04 | 2 |
| Gate valve | | |
| Wide open | 0.17 | 9 |
| Half open | 4.5 | 225 |
| Globe valve | | |
| Wide open | 6.0 | 300 |
| Half open | 9.5 | 475 |
| Angle valve, wide open | 2.0 | 100 |
| Check valve | | |
| Ball | 70.0 | 3500 |
| Swing | 2.0 | 100 |
| Water meter, disk | 7.0 | 350 |

참고 : R.H.Perry and C.H.Chilton, Chemical Engineer's Handbook, 5th ed. Mcgraw-Hill, 1973

⑤ 호스의 마찰손실

호스의 경우 고무내장 호스는 마호스보다 마찰손실이 적으며 국내에서 설계 시 호스의 마찰손실수두는 [표 5-16]을 사용한다.

**표 5-16** 호스의 마찰손실 수두(호스 100m당) (단위 : m)

| 유량 (L/min) | 호스의 구경(mm) | | | | | |
|---|---|---|---|---|---|---|
| | 40 | | 50 | | 60 | |
| | 마호스 | 고무내장 | 마호스 | 고무내장 | 마호스 | 고무내장 |
| 130(옥내) | 26m | 12m | 7m | 3m | | |
| 350(옥외) | | | | | 10m | 4m |

[표 5-17]은 스프링클러의 헤드수에 따른 100m당의 배관 마찰손실수두를 나타낸 것이다. 헤드수가 10개이고 토출량 800 lpm이며 배관의 직경의 65mm인 경우의 손실수두는 100m당 35.31m에 해당된다.

**표 5-17** 배관의 마찰 손실수두(100m 당) (단위 : m)

| Head 개수 | 토출량 (lpm) | 25mm | 32mm | 40mm | 50mm | 65mm | 80mm | 100mm | 125mm | 150mm |
|---|---|---|---|---|---|---|---|---|---|---|
| 1 | 80 | 39.82 | 11.38 | 5.40 | 1.68 | 0.50 | 0.22 | · | · | · |
| 2 | 160 | 150.42 | 42.34 | 20.29 | 6.32 | 1.87 | 0.80 | 0.22 | 0.08 | · |
| 3 | 240 | 307.77 | 87.66 | 41.51 | 12.93 | 3.82 | 1.65 | 0.45 | 0.16 | 0.07 |
| 4 | 320 | 521.92 | 148.66 | 70.46 | 21.93 | 6.48 | 2.79 | 0.77 | 0.27 | 0.12 |
| 5 | 400 | 789.04 | 224.75 | 106.31 | 32.99 | 9.79 | 4.22 | 1.16 | 0.40 | 0.17 |
| 6 | 480 | · | 321.55 | 152.26 | 47.33 | 14.01 | 6.04 | 1.66 | 0.68 | 0.25 |
| 7 | 560 | · | 418.37 | 198.11 | 61.71 | 18.23 | 7.86 | 2.16 | 0.75 | 0.33 |
| 8 | 640 | · | 535.46 | 253.55 | 78.98 | 23.33 | 10.06 | 2.76 | 0.96 | 0.42 |
| 10 | 800 | · | · | 380.08 | 119.08 | 35.31 | 15.23 | 4.17 | 1.45 | 0.63 |
| 11 | 880 | · | · | 457.21 | 142.42 | 42.08 | 18.14 | 4.98 | 1.73 | 0.75 |
| 12 | 960 | · | · | 536.43 | 167.09 | 49.37 | 21.28 | 5.83 | 2.03 | 0.88 |
| 13 | 1040 | · | · | 619.25 | 192.89 | 56.99 | 24.56 | 6.74 | 2.23 | 1.02 |
| 14 | 1120 | · | · | 713.76 | 222.33 | 65.69 | 28.31 | 7.77 | 2.70 | 1.11 |
| 15 | 1200 | · | · | 810.82 | 252.56 | 74.80 | 32.26 | 8.83 | 3.07 | 1.34 |
| 16 | 1280 | · | · | 911.84 | 284.02 | 83.92 | 36.17 | 9.92 | 3.45 | 1.50 |
| 17 | 1360 | · | · | · | 318.36 | 94.12 | 40.57 | 11.13 | 3.87 | 1.68 |
| 18 | 1440 | · | · | · | 353.56 | 104.46 | 45.03 | 12.35 | 4.29 | 1.87 |
| 19 | 1520 | · | · | · | 390.93 | 115.51 | 49.78 | 13.66 | 4.74 | 2.06 |
| 20 | 1600 | · | · | · | 145.01 | 122.61 | 54.90 | 15.03 | 5.23 | 2.27 |
| 21 | 1680 | · | · | · | 470.71 | 139.07 | 59.94 | 16.44 | 5.71 | 2.49 |
| 22 | 1760 | · | · | · | 513.01 | 151.57 | 65.33 | 17.92 | 6.23 | 2.71 |
| 23 | 1840 | · | · | · | 557.05 | 164.58 | 70.94 | 19.46 | 6.76 | 2.94 |
| 24 | 1920 | · | · | · | 602.46 | 178.00 | 76.72 | 21.05 | 7.31 | 3.18 |
| 25 | 2000 | · | · | · | 649.74 | 191.97 | 82.98 | 22.77 | 7.90 | 3.40 |
| 26 | 2080 | · | · | · | 698.89 | 206.49 | 89.00 | 24.42 | 8.48 | 3.69 |
| 27 | 2160 | · | · | · | 749.00 | 221.29 | 95.38 | 26.17 | 9.09 | 3.96 |
| 28 | 2240 | · | · | · | 800.58 | 236.55 | 101.95 | 27.97 | 9.71 | 4.23 |
| 29 | 2320 | · | · | · | 855.19 | 252.67 | 103.91 | 29.88 | 10.38 | 4.52 |
| 30 | 2400 | · | · | · | 910.41 | 268.98 | 115.94 | 31.85 | 11.07 | 4.82 |

**example 5-26**

펌프에 지름 10cm인 흡입관이 붙어 있고, 풋밸브가 절반 정도 닫혀 있는 수문밸브가 부착되어 있는 여과버킷이 설비되어 있다. 상당길이(equivalent length) 형태로 국부손실을 계산하시오.

**풀이**

[표 5-13]으로 부터 풋밸브가 있는 여과기에서의 국부손실계수는 10이고, 절반이 닫혀 있는 수문밸브의 국부손실계수는 2.06이다. 두 계수를 합하면 12.06이 된다. 국부손실계수와 마찰계수 0.015를 대입하면 상당길이는 $L_{eq} = \dfrac{KD}{f}$는

$$L_{eq} = \frac{12.06 \times (0.1)}{0.015} = 80.4\text{m}$$

만약 유량이 주어진다면 상당길이에 대한 마찰손실에너지를 계산할 수 있다.

**example 5-27**

직관의 길이가 10m이고 내경이 27mm직관에 90° 엘보우 3개와 차단밸브 1개가 있다. 이 직관상의 부속품(fitting)의 상당길이를 고려한 전길이는 몇 m인가?(단, 90° 엘보의 $L_e/D=30$, 차단밸브 $L_e/D=300$이다. $L_e$는 상당길이, $D$는 내경이다.)

**풀이**

전길이=직관의 길이+상당길이

$$= 10\text{m} + (30 \times 0.027 \times 3) + (300 \times 0.027 \times 1) = 20.53\text{m}$$

**example 5-28**

다음 표는 어느 건물 소방시설에 대한 소요부품표이다. 이를 이용하여 마찰손실을 계산하려 할 때 빈 칸을 채워라.

| 구경 및 종류 | 수량 (EA) | 상당길이 (m/EA)㈎ | 총상당길이 (m) ㈏ | 마찰손실 m/100m | 부속물별마찰 손실(m) ㈐ | 유량 (LPM) | 비고 |
|---|---|---|---|---|---|---|---|
| 150 직류티 | 13 | 1.2 | ③ | 0.01 | $1.56 \times 10^{-3}$ | 200 | |
| 150 엘보 | 6 | ① | 25.2 | 0.01 | ⑥ | 200 | |
| 150 분류티 | 3 | 6.3 | ④ | 0.01 | ⑦ | 200 | |
| 100 게이트밸브 | 2 | ② | 1.62 | 0.39 | ⑧ | 200 | |
| 체크밸브 | 1 | 7.6 | 7.6 | 0.39 | ⑨ | 200 | |
| 후렉시블튜브 | 2 | 0.81 | ⑤ | 0.39 | ⑩ | 200 | |
| 40 앵글밸브 | 1 | 6.5 | 6.5 | 13.22 | ⑪ | 130 | |
| 총 마찰손실을 구하여라 | ㈑ | | | | | | |

풀이

(가) ① 4.2 ② 0.81

(나) ③ 15.6 ④ 18.9 ⑤ 1.62

(다) ⑥ $2.52\times10^{-3}$ ⑦ $1.89\times10^{-3}$ ⑧ $6.318\times10^{-3}$ ⑨ 0.02964 ⑩ $6.318\times10^{-3}$ ⑪ 0.86

(라), (다)항의 마찰손실을 전체 합한 값이다= 0.906

## example 5-29

다음 표는 어느 건물에 설비된 스프링클러 헤드의 배관내에 설치된 밸브류 및 부속류에 대한 마찰손실을 내기 위한 표이다. 다음 공란에 알맞게 써 넣으시오.

| 구경 및 종류 (mm) | 개수 (EA) | 상당길이 (m/EA)(가) | 총상당길이 (m) (나) | 마찰손실 m/100m | 총 마찰 손실(m) (다) | 유량 (LPM) | 비고 |
|---|---|---|---|---|---|---|---|
| 25 엘 보 | 2 | 0.9 | 1.8 | 2.836 | 0.051 | 80 | |
| 분 류 티 | 1 | 1.5 | 1.5 | 2.836 | ⑧ | 80 | |
| 25 직 류 티 | 1 | ① | 0.27 | 10.223 | 0.0276 | 160 | |
| 32 직 류 티 | 1 | 0.36 | 0.36 | 6.181 | ⑨ | 240 | |
| 40 직 류 티 | 1 | ② | 0.45 | 4.997 | 0.02248 | 320 | |
| 50 직 류 티 | 1 | 0.6 | 0.6 | 2.433 | 0.014658 | 400 | |
| 50 분 류 티 | 2 | 3 | 6 | 6.95 | ⑩ | 720 | |
| 65 직 류 티 | 1 | 0.75 | 0.75 | 7.429 | 0.0557 | 1,440 | |
| 80 직 류 티 | 1 | 0.9 | 0.9 | 6.783 | 0.061 | 2,260 | |
| 100 직 류 티 | 8 | ③ | 9.6 | 2.256 | ⑪ | 2,400 | |
| 150 분 류 티 | 8 | 9 | ④ | 0.341 | ⑫ | 2,400 | |
| 150 엘 보 | 7 | 6 | ⑤ | 0.341 | ⑬ | 2,400 | |
| 150 게이트밸브 | 1 | 1.2 | 1.2 | 0.341 | ⑭ | 2,400 | |
| 알람 밸브 | 1 | 12 | 12 | 0.341 | ⑮ | 2,400 | |
| 150 후렉시블튜브 | 2 | 1.2 | ⑥ | 0.341 | ⑯ | 2,400 | |
| 150 게이트밸브 | 2 | 1.2 | ⑦ | 0.341 | ⑰ | 2,400 | |
| 체크 밸브 | 1 | 1.2 | 12 | 0.341 | ⑱ | 2,400 | |
| 부속류 및 밸브류 총 마찰손실수두 ($MAQ$) | (라) | | | | | | |

풀이

(가) 총상당길이=부속품당 상당길이× $n$(수량) ① 0.27 ② 0.45 ③ 1.2

(나) ④ 72 ⑤ 42 ⑥ 2.4 ⑦ 2.4

(다) 마찰손실= 1m당 마찰손실×총상당 길이

⑧ 0.043 ⑨ 0.02225 ⑩ 0.417 ⑪ 0.2165 ⑫ 0.2455 ⑬ 0.1432 ⑭ 0.004 ⑮ 0.0409
⑯ 0.008 ⑰ 0.008 ⑱ 0.0409

(라) 1.422

### example 5-30

옥내소화전 설비 중 배관의 마찰손실을 ①, ②, ③으로 계산하시오.

| 구경(mm) | 길이(m) | 마찰손실(m/m) | 관별마찰손실(m) | 유량(LPM) | 비고 |
|---|---|---|---|---|---|
| 50 | 2 | 0.0415 | ① | 130 | |
| 150 | 136.4 | 0.0001 | ② | 200 | |
| 전 체 마찰손실 | ③ | | | | |

**풀이**

① 50mm마찰손실 $= 0.0415 \times 2 = 0.083$

② 150mm마찰손실 $= 136.4 \times 0.0001 = 0.01364$

③ 총 마찰손실$= 0.083 + 0.01364 = 0.097$

### example 5-31

아래표는 옥내소화전 설비에 소요되는 자재의 부분을 나타낸 것이다. 이 표에 알맞게 부품 수량을 선정하고 총 마찰손실을 계산하라.

| 구경 및 종류 (mm) | 수량 (EA)(가) | 상당길이 (m/EA) | 총상당길이 (m) | 마찰손실 m/m | 부속물별 마찰손실(m) | 유량 (LPM) | 비고 |
|---|---|---|---|---|---|---|---|
| 80 엘 보 | ① | 3 | 6 | 0.0026 | 0.0156 | 130 | |
| 80 직 류 티 | ② | 0.9 | 1.8 | 0.0026 | 0.00468 | 130 | |
| 80 직 류 티 | ③ | 4.5 | 18 | 0.0026 | 0.0468 | 130 | |
| 100 직 류 티 | ④ | 1.2 | 4.8 | 0.0039 | 0.01872 | 260 | |
| 100 분 류 티 | ⑤ | 6.3 | 18.9 | 0.0039 | 0.07371 | 260 | |
| 직 류 티 | ⑥ | 1.2 | 12 | 0.0039 | 0.0468 | 260 | |
| 엘 보 | ⑦ | 4.2 | 8.4 | 0.0039 | 0.03276 | 260 | |
| 100 게이트밸브 | ⑧ | 0.81 | 1.62 | 0.0039 | 0.006318 | 260 | |
| 체크밸브 | ⑨ | 7.6 | 7.6 | 0.0039 | 0.02964 | 260 | |
| 40 후렉시블튜브 | ⑩ | 0.81 | 1.62 | 0.0039 | 0.006318 | 260 | |
| 앵글밸브 | ⑪ | 0.65 | 6.5 | 0.1322 | 0.86 | 130 | |
| 부속류 및 밸브류 총 마찰손실수두 ($MAQ$) | (나) | | | | | | |

**풀이**

총상당길이=상당길이$\times n$ 식 이용

(가) ① 2 ② 2 ③ 4 ④ 4 ⑤ 3 ⑥ 10 ⑦ 2 ⑧ 2 ⑨ 1 ⑩ 2 ⑪ 10

(나) 1.141m

# 5-4 병렬 및 직렬연결

## [1] 병렬연결(Parallel pipes)

1개의 관로 도중에 점 $A$(분기점)에서 두 개 또는 그 이상의 관으로 분리되어, 이들이 하류의 점 $B$(합류점)에서 다시 1개의 관으로 합류하는 관로를 병렬관이라고 한다. 이것은 관로의 물수송능력을 증대시키는 경우에 잘 쓰인다.

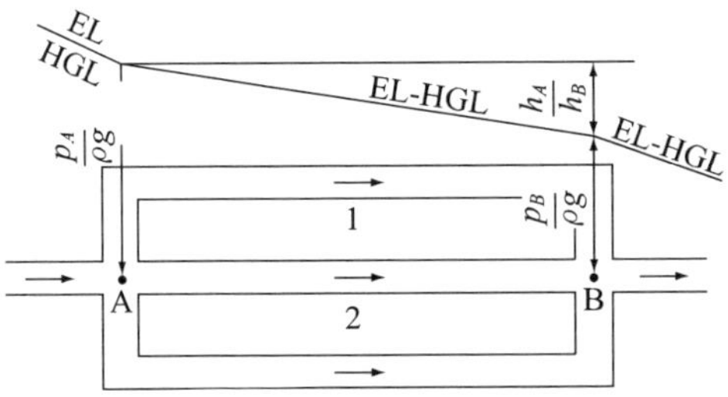


**그림 5-20** 병렬관로

각각의 지관에서 같은 수두손실이 생기도록 하여야 한다. 만일 이렇게 배관하지 않으면 접합점의 상·하류의 관에 대하여 1개 이상의 에너지선($EL$)이 존재하게 되어 모순이 생긴다.

병렬관의 미소손실은 등가관길이로써 각 관에 부가시키는 방법을 쓴다. 두 관로계에서 같은 수두손실에 대하여 같은 유량을 내게 될 때, 두 관로는 **등가(equivalent)**라 한다. 즉, **두 관로가 등가되려면 $h_1 = h_2$ 또는 $Q_1 = Q_2$이 된다.** [그림 5-20]과 같은 병렬관에 대해서는

$$\left.\begin{aligned} h_1 = h_2 = h_3 = \left(\frac{p_A - p_B}{\rho g}\right) + (z_A - z_B) \\ Q = Q_1 + Q_2 + Q_3 \end{aligned}\right\}$$

이 되도록 하여야 한다. 이 식에서 $Q$는 입구 또는 출구관의 유량이다. 또 손실수두 $h$는 Darcy-Weisbach의 식에서 구한다. 즉,

$$h = f\frac{\ell}{d}\frac{v^2}{2g} = \frac{f\ell}{2gd}\frac{16Q^2}{\pi^2 d^4} = \left(\frac{8f\ell}{\pi^2 g d^5}\right)Q^2$$

화재현장에서 마찰손실을 줄이고 배출 가능한 유량을 늘리기 위해서는 대용량의 노즐을 갖춘 두개 이상의 소방호스를 펌프에서부터 병렬(竝列)로 배치하면 된다. 엔진에서부터 노즐까지의

에너지손실은 동일 위치점에서 다른 두개의 압력값을 가질 수 없기 때문에 본관으로부터 분지된 각 관에서 같게 된다. 이것은 펌프에서나 호스선의 다른 쪽 끝에서나 모두 틀림없이 같게 된다. 그러므로 각 선에서의 수두손실은 모두 동일하다. 이를 통수능방정식에 적용해보면 다음과 같다. 전부가 병렬로 배치된 선 1, 2, 3, …들에 대해 $h_L$에 관하여 쓰면 $h_L = L\left(\dfrac{Q}{L}\right)^2$이다. 전유량 $Q_0$는 각 분기선의 유량의 합과 같다.

$$Q_0 = Q_1 + Q_2 + Q_3 + \cdots\cdots, \qquad h_1 = h_2 = h_3 \cdots\cdots$$

약간의 대수적 조작을 통해서 다음과 같은 다중병렬선에 대한 수두손실 방정식을 유도할 수 있다.

$$h_L = L_1\left(\frac{Q_0}{K_1 + K_2\sqrt{L_1/L_2} + K_3\sqrt{L_1/L_3} + \cdots\cdots}\right)^2$$

모든 선들의 길이가 같다면 다음과 같이 간단히 쓸 수 있다.

$$h_L = L\left(\frac{Q_0}{K_1 + K_2 + K_3 + \cdots\cdots}\right)^2$$

여기서, $L$은 모든 선의 길이를 합한 것이 아니라 각 선의 길이를 나타낸다. 만일 모든 선의 지름이 같다면 이 공식은 더욱 간단해진다.

$$h_L = L\left(\frac{Q_0}{nK}\right)^2 \tag{5.27}$$

여기서, $n$은 병렬로 연결된 선의 개수를 말한다.

**example 5-32**

어떤 펌프차에서 펌프보다 10m 높은 곳에 델류즈 노즐이 달려 있고, 이 곳의 압력은 700kPa이며 2,300lpm의 물을 방출하려 한다. 아래 그림에 나타낸 바와 같이 각각 지름이 2.5inch이고, 길이가 15m인 두 개의 호스선이 병렬로 연결되어 있다면 엔진압력은 얼마인가?

**풀이**

2.5인치 호스의 통수능은 1,758lpm이다.(표 5-5 참조) $h_L = L\left(\dfrac{Q_0}{\mathrm{n}K}\right)^2$에 대입하면

$$h_L = 15\left[\frac{2{,}300}{2(1{,}758)}\right]^2 = 6.42\mathrm{m}$$

통수능 공식에서 $h_L/L$의 비와 마찬가지로 $Q/K$의 비도 무차원이다. 이것은 같은 단위계를 사용하는 이 공식에서 단위를 바꿔 사용해도 오차가 발생하지 않음을 의미한다. 물론 이것은 아주 권장할만한 방법은 못되지만, 그리고 경우에 따라서는 바뀔 수도 있지만, 편리한 것은 사실이다. 이런 에너지손실에 추가해서 펌프차는 노즐에서 필요한 압력을 얻어야 하는데 이 때 압력은 미터로 나타내면, 노즐에서의 압력수두,

$$h_n = \frac{700\text{kPa}}{9.81\text{kPa/m}} = 71.36\text{m} \;\text{ 또는 }\; 700\,\text{kPa} \times \frac{10.332\,\text{m Aq}}{101.32\,\text{kPa}} = 71.38\,\text{m Aq}$$

여기다 펌프차는 펌프와 델루지 승강대 사이의 높이차도 고려해야 한다.
펌프와 승강대 사이의 높이차에 의한 수두,

$$h_{pf} = 10\text{m}$$

이 세 가지 높이를 합하면

$$H = 6.42 + 71.36 + 10 = 87.78\text{m}$$

이것을 압력으로 바꾸어 표현하면 엔진압력, $p_{pn} = 87.78 \times 9.81 = 861.12\text{kPa}$

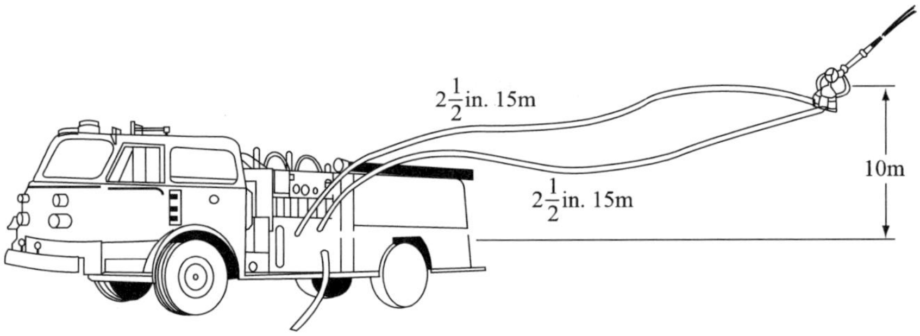


## example 5-33

그림과 같은 측관(bypass)을 가진 신품의 주철관로를 물이 흐를 때 본관과 측관과의 유량비를 구하여라. 단, 본관의 지름은 $D = 250\text{mm}$, 측관의 지름은 $d = 125\text{mm}$이다.

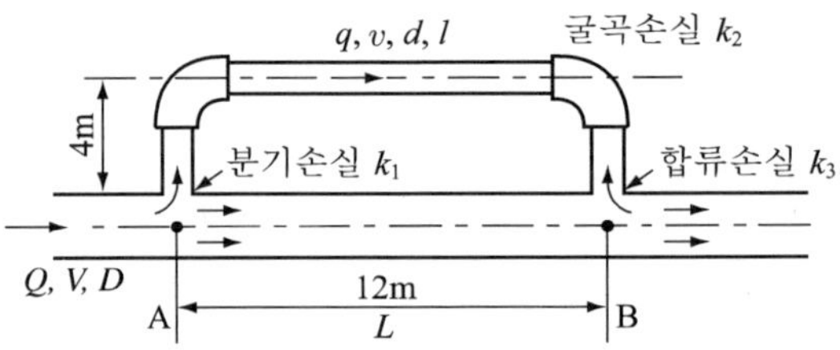


**풀이**

그림의 두 점 $A, B$ 사이에 손실을 고려한 Bernoulli의 식을 세우면

$$h = f\frac{L}{D}\frac{V^2}{2g} = \left(k_1 + f'\frac{l}{d} + 2k_2 + k_3\right)\frac{v^2}{2g} \qquad \text{(i)}$$

$$\frac{V^2}{v^2}=\frac{k_1+f'\dfrac{l}{d}+2k_2+k_3}{fL/D}=\frac{D}{fL}\left(\frac{f'l}{d}+K\right)$$

따라서 유량의 비는

$$\frac{Q}{q}=\frac{\dfrac{\pi}{4}d^2v}{\dfrac{\pi}{4}D^2V}=\sqrt{\left(\frac{D}{d}\right)^5\frac{f'l+dK}{fL}} \qquad \text{(ii)}$$

여기서 $K=k_1+2k_2+k_3$이다. $k_1=1.5, k_2=0.9, k=0.2$(전술한 관계표 또는 편람 등에서 찾는다)라 하고 마찰손실계수는 Darcy의 공식에서 신품주철관 : $f=0.02\left(1+\dfrac{0.025}{D}\right)$이다.

$$f=0.02\left(1+\frac{0.025}{0.25}\right)=0.022, \qquad f'=0.02\left(1+\frac{0.025}{0.125}\right)=0.024$$

그러면 식 (ii)에서

$$\frac{Q}{q}=\sqrt{\left(\frac{0.250}{0.125}\right)^2\frac{0.024\times20+0.125(1.5+2\times0.9+0.2)}{0.022\times12}}=3.76$$

### [2] 직렬연결(직렬관로, series pipes)

지름이나 조도가 서로 다른 2개 이상의 관로가 1열로 연결된 것을 직렬관(series pipes)이라 한다. 지금 [그림 5-21]의 직렬관 1－2에 대하여 모든 손실을 고려하여 점 A, B사이에 Bernoulli의 정의를 적용하면

$$H+O+O=O+O+O+k_e\frac{v_1^2}{2g}+f_1\frac{l_1}{d_1}\frac{v_1^2}{2g}+k_1\frac{(v_1-v_2)^2}{2g}+f_2\frac{l_2}{d_2}\frac{v_2^2}{2g}+k_2\frac{v_2^2}{2g}$$

이 된다. $k_e$, $k_1$, $k_2$는 각각 입구손실계수, 확대손실계수, 출구손실계수이다.

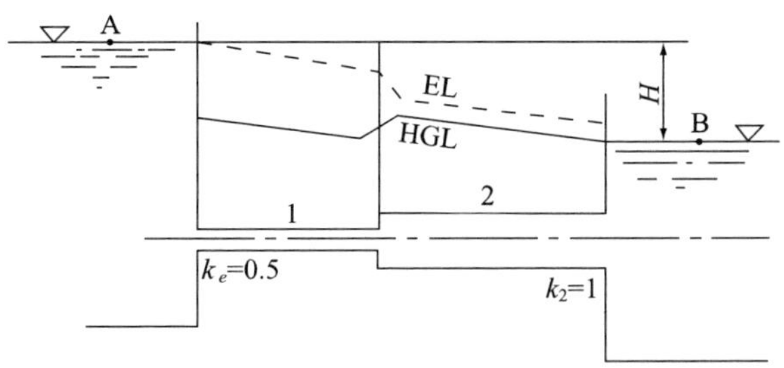


**그림 5-21** 직렬관로

연속방정식에 의하여

$$v_1 d_1^2 = v_2 d_2^2, \qquad \therefore v_2 = (d_1/d_2)^2 v_1$$

이 되는데 이것을 위 식에 대입하면

$$H = \frac{v_1^2}{2g}\left[k_e + f_1\frac{l_1}{d_1} + k_1\left\{1 - \left(\frac{d_1}{d_2}\right)^2\right\}^2 + f_2\frac{l_2}{d_2}\left(\frac{d_1}{d_2}\right)^4 + k_2\left(\frac{d_1}{d_2}\right)^4\right]$$

화재현장에서 지름이 동일한 호스를 연결한 호스가 불까지 도달하기에 불충분하다면 다른 크기의 소방호스를 직렬로 연결하여 적용해야만 할 것이다. 이런 상태에서 서로 다른 호스선의 직렬연결을 통해 배출되는 유량은 연속방정식의 정의에 의해 일정함을 알 수 있다. 호스선을 통한 전 수두손실을 $h_L$이라 하면, 이것은 각 수두손실 $h_1, h_2$ 등을 합한 것과 같다. 동수능방정식에 의해서 다음과 같은 직렬작동에 관한 공식을 유도할 수 있다.

$$h_L = h_1 + h_2 + \cdots\cdots = \left(\frac{L_1}{K_1^2} + \frac{L_2}{K_2^2} + \cdots\cdots\right)Q^2$$

운동에너지인 $v^2/2g$은 지름이 바뀜에 따라 $v$가 변화되므로 각 관마다 다르게 됨을 유의해야 한다. 위 식에서 이런 변화를 처리할 수 있다.

**example 5-34**

길이가 150m이고, 지름이 2.5 inch인 소방호스가 길이 300m이고 지름이 4inch인 호스에 연결되어 있다. 그리고 배출되는 유량은 10ℓ/sec이다. 전 수두손실은 얼마인가?

**풀이**

우선 단위를 잘 생각해서 문제를 해결해야 할 것이다. 먼저 이 문제를 풀기 위해서 2.5inch 및 4inch 호수의 통수능은 다음과 같다.

$$K_1 = 29.4\ell/\text{s} = 0.0294\text{m}^3/\text{s}$$

$$K_2 = 93.1\ell/s = 0.0931\text{m}^3/\text{s}\,(1\text{m}^3 = 1{,}000\ell)$$

$$Q = 10\ell/\text{s} = 0.01\text{m}^3/\text{s}$$

$$h_L = \left(\frac{L_1}{K_1^2} + \frac{L_2}{K_2^2}\right)Q^2 = \left[\frac{150}{(0.0294)^2} + \frac{300}{(0.0931)^2}\right]0.01^2 = 20.81\text{m}$$

압력손실

$$\Delta p = 9.8\text{kN/m}^3 \times 20.81\text{m} = 204\text{kN/m}^2 = 204\text{kPa}$$

$$\Delta p = \frac{204\text{kPa}}{6.9\text{kPa/psi}} = 29.5\text{psi} \quad \text{또는} \quad 204\,\text{kPa} \times \frac{17.4\,\psi}{101.32\,\text{kPa}} = 29.5\,\psi$$

### [3] 분기·합류하는 관수로

[그림 5-22]와 같이 한 수조로부터 유출하여 두 개 이상의 다른 수조로 흘러 들어가는 관계통을 분기관수로(branching pipe)라 한다. 즉, $H_1 > H_2 > H$일 때 분기관수로의 흐름이 되고 그 반대로 $H_1 > H > H_2$일 때 합류관수로(junction pipe)의 흐름이 된다. 여기서 관의 마찰손실수두만 고려하면 수면차 $H_1, H_2$는 다음과 같다.

$$H_1 = f_1 \frac{l_1}{D_1}\frac{V_1^2}{2g} + f_3 \frac{l_3}{D_3}\frac{V_3^2}{2g}$$
$$H_2 = f_1 \frac{l_1}{D_1}\frac{V_1^2}{2g} + f_2 \frac{l_2}{D}\frac{V_2^2}{2g} \quad (5.28)$$

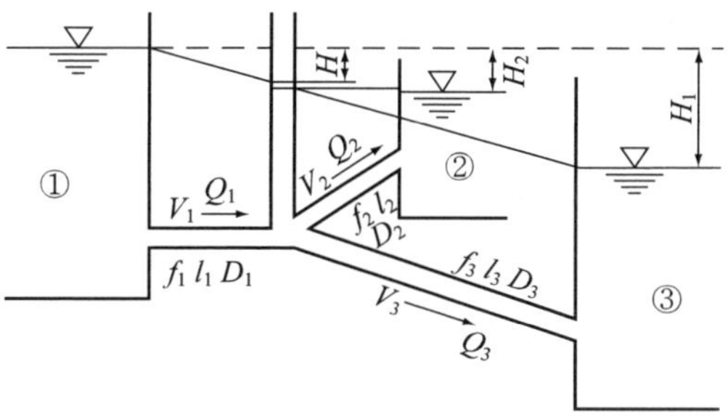


**그림 5-22** 분기관수로

이와 같은 분기·합류하는 관수로의 유량은 다음과 같다.

$$Q_1 = Q_2 + Q_3 \text{ 또는 } Q_2 + Q_3 = Q_1 \quad (5.29)$$

**example 5-35**

그림과 같이 $A, B$ 저수지에서 $C$저수지로 물이 흐르고 있을 때 다음을 구하라.

a) $B$ 저수지의 도수관 손실수두가 $3\text{m}$가 발생하기 위하여 $B$ 저수지의 수위를 얼마 이상 유지해야 하는가?

b) $B$ 저수지의 수위가 $50.1\text{m}$라면 $C$ 저수지의 수위와 각 관로의 유량을 구하라. 단, $A$ 저수지의 유량은 $1.2\text{m}^3/\text{sec}$이고 수위는 $60\text{m}$이다.

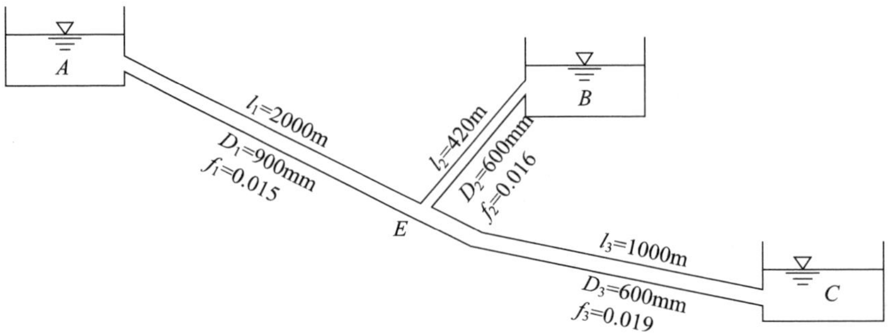


풀이

$E$점의 수위

$$V_A = \frac{Q}{A} = \frac{4 \times 1.2}{\pi \times 0.9^2} = 1.89\text{m/s}$$

$$h_C = f_1 \frac{l_1}{D_1} \frac{V_A^2}{2g} = 0.015 \times \frac{2{,}000}{0.9} \times \frac{1.89^2}{2 \times 9.8} = 6.08\text{m}$$

$$H_E = 60 - 6.08 = 53.92\text{m}$$

a) $B$ 저수지의 수위

$$H_B = 53.92 + 3 = 56.92\text{m}$$

b) $h_B = 53.92 - 50.1 = 3.82\text{m}$

$$h_{LB} = f_2 \cdot \frac{l_2}{D_2} \cdot \frac{V_B^2}{2g} = f_2 \cdot \frac{l_2}{D_2} \frac{Q^2}{2g \cdot A^2} = f_2 \cdot \frac{l_2}{D_2} \cdot \frac{4^2 Q^2}{2g\pi^2 D_2^4}$$

$$Q_B^2 = \frac{h_{LB} \times 2g \times \pi^2 \times D_2^5}{f \cdot l \times 4^2} = \frac{h_{LB} \times g \times \pi^2 \times D_2^5}{8 \cdot f \cdot l}$$

$$= \frac{3.82 \times 9.8 \times \pi^2 \times 0.6^5}{8 \times 0.016 \times 420} = 0.0534$$

$$Q_B = 0.73\text{m}^3/\text{sec}$$

$$Q_C = Q_A - Q_B = 1.2 - 0.73 = 0.47\text{m}^3/\text{s}$$

$$h_{LC} = f_3 \cdot \frac{l_3}{D_3} \cdot \frac{4^2 Q^2}{2g\pi^2 D_3^4} = 0.019 \times \frac{1{,}000}{0.6} \times \frac{16 \times 0.47^2}{2 \times 9.8 \times \pi^2 \times 0.6^4} = 4.47\text{m}$$

$$H_C = H_E - h_{LC} = 53.92 - 4.47 = 49.45\text{m}$$

화재 현장에서는 주급수선(主給水線)의 끝부분에서 두 개 이상의 작은 관선으로 분류(分流)시켜 불까지 도달시켜야 할 경우가 종종 있다. 대개 주급수선의 지름은 2.5인치나 혹은 그 이상이며, 분지선의 지름은 1.5인치이다. 분지선의 길이나 지름이 같고 여기에 부착된 노즐 위치도 같다면 계산상 어려움은 없다. 이런 경우 노즐에서의 압력은 같기 때문에 병렬선의 경우와 마찬가지로 식을 사용함으로서 풀 수 있다. 반면에 분지선의 지름이나 길이 중 어느 하나라도 다르면, 혹은 노즐이 다른 위치에 있다면(예를 들면 하나는 건물의 이층에 있고, 다른 하나는 일층에 있다면) 두 관내의 흐름은 같을 수가 없으며, 노즐압력과 마찬가지로 수두손실도 다르다. 이런 종류의 문제는 연속방정식과 통수능방정식으로부터 유도된 다음 공식을 사용해서 풀 수 있다.

$$Q_1 = \frac{Q_0 - K_2\sqrt{z/L_2}}{1+(K_2/K_1)\sqrt{L_1/L_2}} \tag{5.30}$$

연속방정식을 사용하면

$$Q_2 = Q_0 - Q_1 \tag{5.31}$$

이 식들의 변수는 다음 [그림 5-23]에 나타낸 바와 같다. 높이차 $z$는 노즐 1이 노즐 2보다 위에 위치한다면 양의 값이 된다. 분지선의 유량을 알고 있다면 통수능 방정식에 의해서 수두손실은 계산할 수 있다. 전 수두손실을 구하고자 한다면 각 분지선의 수구손실과 주급수선의 수두손실을 더하면 된다. 펌프압력으로 두개의 노즐 각각에서 필요한 노즐압력을 공급해주어야 하기 때문에 보다 높은 곳에 위치한 노즐에 기준을 두어야 한다. 만일 높은 곳에 있는 노즐이 적절한 압력을 공급받고 있다면 낮은 곳에 위치한 노즐은 자연히 충분한 압력을 갖게 된다.

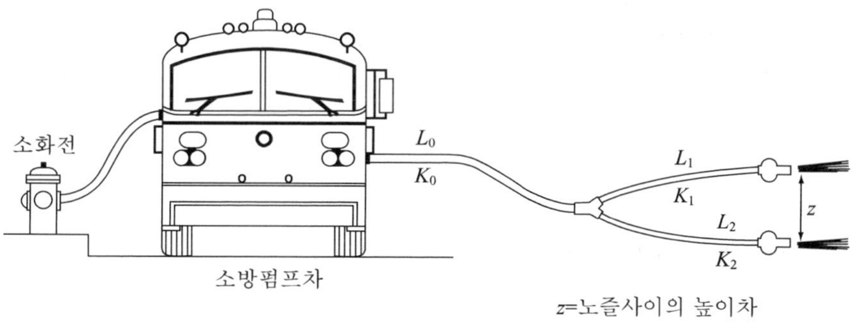


**그림 5-23** 분지연결된 소방호스

**example 5-36**

소방펌프차가 길이 150m, 지름 4in.인 호스선을 통해 700 lpm의 유량을 배출하고 있다. 이 선의 끝에서 굴절된 접속부를 통해 길이 50m, 지름 1.5in. 선관 길이 60m, 지름 2in. 선이 연결되어 있다. 1.5 in. 선의 노즐은 2in. 선의 노즐보다 6m 위에 위치해 있다. 다음 그림에 나타낸 바와 같은 구조를 갖고 있다면, 두 분지선에서의 유량과 전계통에서 발생한 에너지손실은 얼마이겠는가?

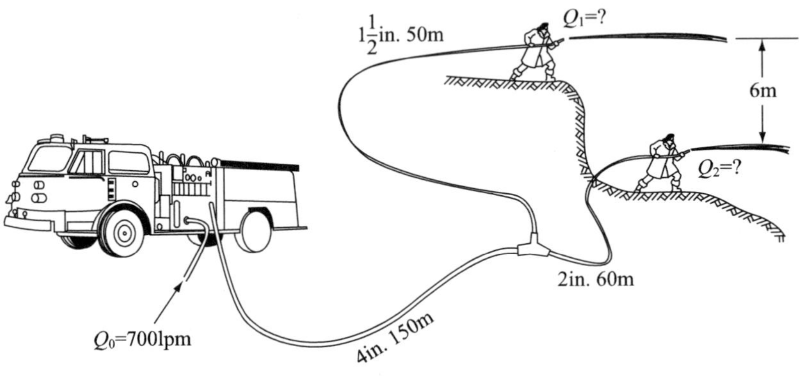


**풀이**

$Q_1$과 $Q_2$를 구하고 $h_1$과 $h_2$를 구하는 문제이다.

4in. 호스의 통수능 $K_0$는 5,560lpm = 0.093m$^3$/s이다. 에너지손실 $h_0$는

$$h_0 = 150\left(\frac{700}{5,560}\right)^2 = 2.38\text{m}$$

굴절된 선에 대한 매개변수들은

지름이 1.5in.이고 길이가 50m이면,

$$K_1 = 0.008\text{m}^3/\text{sec} = 1\text{번선}$$

지름이 2.0in.이고 길이가 60m이면,

$$K_2 = 0.015\text{m}^3/\text{s} = 2\text{번선}$$

$$Q_1 = \frac{Q_0 - K_2\sqrt{z/L_2}}{1+(K_2/K_1)\sqrt{L_1/L_2}}\ ,\quad \frac{h_{loss}}{L} = \left(\frac{Q}{K}\right)^2$$

높이차, $z = +6$m일 때

$$Q_1 = \frac{700/60,000 - 0.015\sqrt{6/60}}{1+(0.015/0.008)\sqrt{50/60}} = \frac{0.0117-0.004}{2.7116} = 0.0026\text{m}^3/\text{s}$$

두 번째 선에 대한 유량을 구하면

$$Q_2 = Q_0 - Q_1$$

$$Q_2 = 0.0117 - 0.0026 = 0.0091\text{m}^3/\text{s} = 546\text{lpm}$$

두 개의 소손실을 식을 이용하여 구하면

$$h_1 = 50\left(\frac{0.0026}{0.008}\right)^2 = 16.25\text{m}, \quad h_2 = 60\left(\frac{0.0091}{0.015}\right)^2 = 36.40\text{m}$$

나머지 항이 6m 높이차의 영향을 포함하고 있는데 이것을 전진압(前進壓)이라 한다. 이 압력이 없다면 에너지손실은 두 선사이의 유량분포가 차이나지 않는 한 단지 20.15m만 되나 실제는 1번 선의 전유량이 더 크다.

이 호스망을 통해 전 에너지손실은 더 높은 곳에 위치한 1번 선에서 크게 나타난다. 그러므로 1번 노즐부터 펌프까지의 에너지손실은

$$H = h_0 + h_1 = 2.38 + 16.25 = 18.63\text{m} = 182.7\text{kPa}$$

이와 같이 더 큰 유량을 배출하는 노즐에서 계산된 유량은 $0.0026\text{m}^3/\text{s} = 154.89\text{lpm}$이다. 불까지 이 유출량을 배출시키기 위해서는 노즐에서 압력을 약 345kPa 정도를 높여야 한다. 그러므로 펌프차가 발휘해야 하는 압력은

$$345 + 155 = 500\text{kPa}$$

이 된다. 게다가 만일 펌프차와 노즐의 위치가 다르다면 그에 따른 효과도 식 $P = \rho g h$을 이용해서 고려해주어야만 한다.

## 5-5 관망해석

소방배관의 설계에서 Grid 형태의 스프링클러시스템과 도시지역에서 상수도의 급배수관시스템을 수많은 분기관 및 합류관 등이 서로 연결되어 [그림 5-24]와 같은 망상으로 배치되어 있으며 이러한 관로를 관망(pipe network)이라 한다. 관망은 관로끝이 막힘에 의한 수질 악화 또는 관로의 일부 고장에 의한 단수를 방지하는 데 도 효과적이다. 관망은 수많은 폐합관로로 이루어지며 이것을 관회로(circuit 또는 loop)라고 하며, 관로들의 결합점을 결점(node)이라 부른다. [그림 5-24]에 나타난 바와 같이 폐회로는 Ⅰ, Ⅱ 및 Ⅲ으로 되어 있으며 그 절점은 $A$, $B$, $C$, $D$, $E$, $F$ 그리고 $G$로 총 7개다.

관망을 구성하는 각 관로의 유량을 구하는 것을 관망해석(또는 관망계산)이라 한다. 관망에 대한 정확한 계산법은 없으나 1936년, 미국의 Hardy-Cross 교수에 의하여 개발된 Hardy Cross 방법으로 계산할 수 있다. 이 방법은 간단해서 이해하기 쉬울 뿐만 아니라 실용적인 간망 계산 방법으로서 우수한 방법의 하나이며 현재 가장 널리 사용되고 있다. 그리고 이 방법은 관망을 구성하는 각 관의 특성 제원인 내경, 길이, 관내 벽면의 조도 그리고 관망의 유입유량과 유출량 등이 주어졌을 때 각 관로의 유량과 손실수두를 근사계산법인 시산법을 이용하여 계산한 후 흐름에 의한 모든 조건이 만족할 때까지 축자적으로 보정하여 반복 계산함으로써 해를 구하는 것이다.

특히 최근에는 Grid형태의 sprinkler시스템을 설계할 때에는 수력학적 계산을 반드시 하여야 하는데 그 계산방법이 Hardy Cross 방법에 의하여 계산하고 있다.

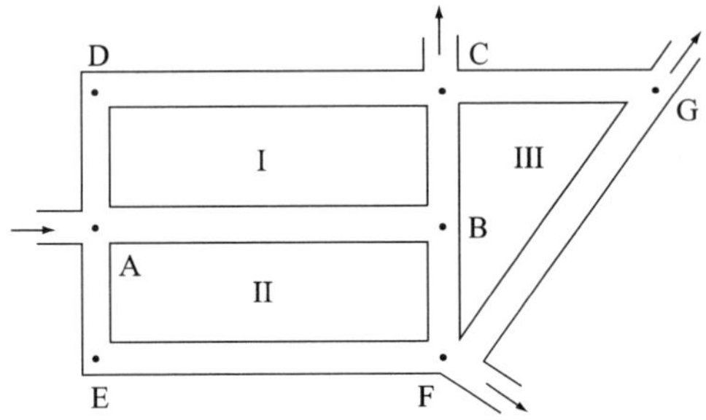


**그림 5-24** 관망

Hardy-Cross 방법은 다음과 같은 두 가지 전제조건을 만족해야 한다.

① 각 폐합관에서 각 분기점 또는 합류점에 유입량은 유출량과 항상 같아야 한다.

② 각 폐합관에서 시계방향 또는 반시계방향으로 흐르는 관로에서 손실수두의 합은 0이다. 이 때 손실수두는 두 지점을 연결하는 관로와는 관계없으며, 즉 [그림 5-24]와 같은 관망에서 $A$와 $B$사이의 마찰손실수두는 관로를 $AB$로 택하거나 또는 $AEFBA$ 등으로 선택하더라도 항상 같아야만 한다는 것이다.

마찰손실수두 $h_f$는 다음 식과 같은 Darcy-Weisbach 공식으로 나타낼 수 있고 다른 손실수두는 모두 무시한다.

$$h_f = f\frac{L}{D}\frac{V^2}{2g}$$

연속방정식 $Q = AV = (\pi D^2/4)V$를 앞 식에 대입하여 정리하면 다음 식과 같다.

$$h_f = f\frac{L}{D}\frac{1}{2g}\left(\frac{4Q}{\pi D^2}\right)^2 = f\frac{L}{D}\frac{1}{2g}\left(\frac{4}{\pi D^2}\right)^2 Q^2 = KQ^2 \tag{5.32}$$

여기서

$$K = f\frac{L}{D}\frac{1}{2g}\left(\frac{4}{\pi D^2}\right)^2 = \frac{8fL}{\pi^2 g D^5} = 0.0827f\frac{L}{D^5} \text{ 이다.}$$

어떤 관로의 실제유량을 $Q$, 가정유량을 $Q_0$, 이 가정유량에 대한 보정유량을 $\Delta Q$라 하고 이들 유량에 대응하는 관로의 실제손실수두, 가정손실수두 그리고 보정손실수두를 각각 $h_f, h_0$ 및 $\Delta h$라 하면 다음과 같이 나타낼 수 있다.

$$Q = Q_0 + \Delta Q,\ h_f = h_0 + \Delta h$$

앞 식들을 식 (5.32)에 대입하여 이항정리로 전개하면 $\Delta Q$는 $Q_0$에 비하여 대단히 작으므로 $(\Delta Q)^2$을 무시하면 다음과 같은 관계가 성립된다.

$$h_f = h_0 + \Delta h = K(Q_0 + \Delta Q)^2 \approx KQ_0^2 + 2KQ_0\Delta Q$$

여기서 가정손실수두는 $h_0 = KQ_0^2$이므로 보정손실수두 $\Delta h$로 정리하면 다음 식을 얻을 수 있다.

$$\Delta h = 2KQ_0\Delta Q \tag{5.33}$$

[그림 5-24]에서 폐회로 Ⅰ에 대한 전 손실수두는 가정 ②로부터 다음과 같이 나타낼 수 있다.

$$\Sigma h_f = h_{f_{AB}} + h_{f_{BC}} + h_{f_{CD}} + h_{f_{DA}} = 0$$

식 (5.33)에 의하여 각 관로에 대한 보정손실수두 계산 과정은 다음과 같다.

$$\begin{aligned} \Delta h_{AB} &= [2KQ_0\Delta Q]_{AB} \\ \Delta h_{BC} &= [2KQ_0\Delta Q]_{BC} \\ &\ \ \vdots \qquad\qquad \vdots \\ \hline \Sigma\Delta h &= 2\Sigma KQ_0\Delta Q \end{aligned}$$

여기서 $\sum_{\mathrm{I}} h_o + \sum_{\mathrm{I}} \Delta h = 0$이어야 하므로 이 식을 바로 앞 식에 대입하여 정리하면 $2\sum_{\mathrm{I}} KQ_o\Delta Q = -\sum h_o$를 얻고 다시 폐회로 Ⅰ에 대한 보정유량 $\Delta Q_{\mathrm{I}}$로 표시하면 다음 식을 얻는다.

$$\Delta Q_{\mathrm{I}} = \frac{-\sum_{\mathrm{I}} h_0}{2\sum_{\mathrm{I}} KQ_0} \tag{5.34}$$

같은 방법으로 폐회로 Ⅱ와 Ⅲ에 대하여 적용하면 식 (5.35)를 구할 수 있다.

$$\Delta Q_{\mathrm{II}} = \frac{-\sum_{\mathrm{II}} h_0}{2\sum_{\mathrm{II}} KQ_0}$$

$$\Delta Q_{\mathrm{III}} = \frac{-\sum_{\mathrm{III}} h_0}{2\sum_{\mathrm{III}} KQ_0} \tag{5.35}$$

이상과 같은 방법으로 각 폐회로에 대한 보정유량을 계산할 수 있다.
다음은 Hardy Cross 방법에 의한 관망의 계산순서를 기술하면 다음과 같다.

① 직관에 의해서 가정유량 $Q_0$는 각 절점에서 유량의 연속조건에 만족하도록 가정하고 가능한 실제유량에 가깝도록 취하는 것이 바람직하다.

② 가정유량 $Q_0$에 의하여 생기는 마찰손실수두 $h_0$는 각 관로에 대하여 $h_0 = KQ_0^2$에 의하여 계산한다.

③ 각 관로에 대하여 전단계에서 계산된 $h_0$를 각 폐회로 별로 $\sum h_0$를 구하고 보정유량 $\Delta Q$를 식 (5.34)와 식 (5.35)로부터 구한다. 일반적으로 첫 번째 시산에서는 $\sum h_0 = 0$과 차이가 생긴다.

④ 각 폐회로에 대하여 계산된 $\Delta Q$는 그 폐회로를 구성하는 모든 관로의 가정유량이 각 폐회로에서 시계방향으로 흐르면 가정유량에 더해주고 반시계 방향으로 흐르면 빼준다.

⑤ 앞의 ④단계에 의하여 얻어진 각 관로의 유량을 두 번째 가정유량으로 하여 ①단계부터 ②단계까지 과정을 반복 계산하여 각 폐회로에서 $\sum h_0$가 0에 가까워지거나 요구하는 정도의 범위 내에 들면 계산을 끝낸다. 이 때 얻은 결과가 구하고자 하는 실제유량이다. 그러나 폐회로 수가 많아지면 반복 연산회수도 많아지므로 전자계산기를 이용하면 편리하다.

**example 5-37**

아래 그림과 같은 주철관로망을 흐르는 유량을 구하여라.

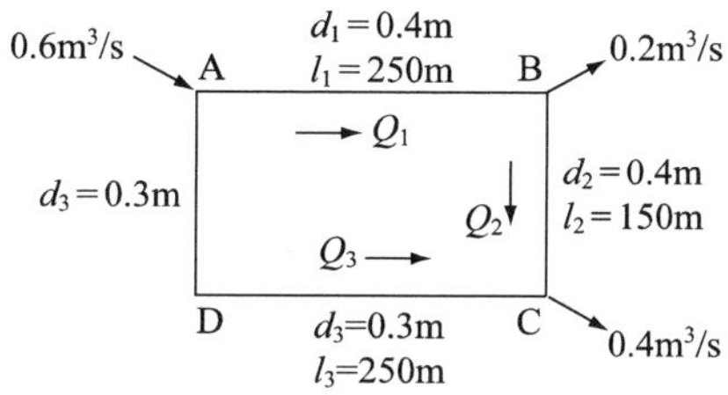


**풀이**

관로가 길기 때문에 관마찰 이외의 손실을 무시한다. 또 $f$를 지름 0.4m인 관에 대하여 0.025, 지름 0.3m인 관에 대하여 0.028로 가정한다. 각 관로에 대한 $K$의 값을 계산하면 다음과 같이 된다.

$$h = KQ^2, \quad K = 0.0827 f \frac{L}{d^5}$$

$$K_1 = 0.0827 \times 0.025 \times \frac{250}{(0.4)^5} = 50$$

$$K_2 = 0.0827 \times 0.025 \times \frac{150}{(0.4)^5} = 30$$

$$K_3 = 0.0827 \times 0.028 \times \frac{400}{(0.3)^5} = 381$$

흐름의 방형과 유량을 그림에서와 같이 연결하면

$$Q_1 + Q_3 = 0.6 \qquad \text{(i)}$$

$$Q_1 - Q_2 = 0.2 \qquad \text{(ii)}$$

이 되고 또 $h_{ABCDA} = 0$ (iii)

식 (i), (ii)에서 $Q_2, Q_3$를 풀어 식 (iii)에 대입하면

$$50Q_1^2 + 30(Q_1 - 0.2)^2 - 381(0.6 - Q_1)^2 = 0 \quad 301Q_1^2 - 445Q_1 + 127 = 0$$

$\therefore Q_1 = 1.09\text{m}^3/\text{s}$ 또는 0.39

$Q_3$가 역류하는 일은 있을 수 없으므로 $Q_1 = 1.09\text{m}^3/\text{s}$는 일어나지 않는다.

따라서 식 (i), (ii)를 써서

$$Q_1 = 0.39, \quad Q_2 = 0.19, \quad Q_3 = 0.21$$

을 얻는다.

**example 5-38**

다음 그림 $(a)$에 제시된 관망에서 각 관로의 유량을 계산하라. 관은 강관이며 Manning 조도계수 $n=0.012$이고 그림 $(b)$의 각 회로 안의 숫자는 가정유량($m^3/s$)이다.

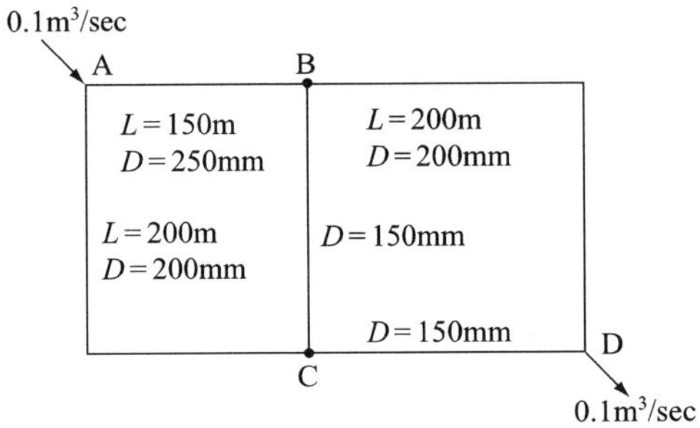


$(a)$

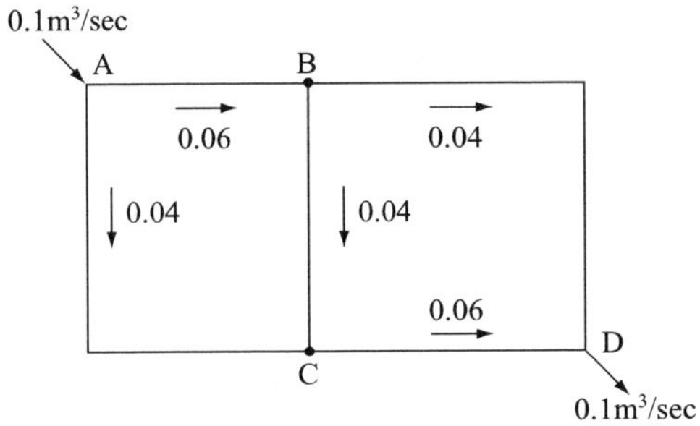


$(b)$

**풀이**

Darcy-Weisbach 공식의 $f$와 Manning 공식의 $n$와의 관계식에 의하여 $f$를 계산하면

$$f=\frac{124.58n^2}{D^{1/3}}$$

$$f_{0.15}=\frac{124.6\times0.012^2}{0.015^{1/3}}=0.0338$$

$$f_{0.20}=\frac{124.6\times0.012^2}{0.20^{1/3}}=0.0307$$

$$f_{0.25}=\frac{124.6\times0.012^2}{0.25^{1/3}}=0.0285$$

| 관로 | $D$(m) | $L$(m) | $h_f$ | $K$ |
|---|---|---|---|---|
| $A\sim B$ | 0.25 | 150 | 0.0285 | 362 |
| $A\sim C$ | 0.20 | 350 | 0.0307 | 2,777 |
| $B\sim C$ | 0.15 | 200 | 0.0338 | 7,363 |
| $B\sim D$ | 0.20 | 400 | 0.0307 | 3,174 |
| $C\sim D$ | 0.15 | 200 | 0.0338 | 7,363 |

여기서,

$$K = f\frac{L}{D}\frac{1}{2g}\left(\frac{4Q}{\pi D^2}\right)^2$$

처음에 각 관로에 대한 가정유량 $Q_0$의 크기와 방향을 그림 (*b*)와 같이 가정한다. 다음에 관망을 *ABCA*와 *BDCB*의 2개의 회로로 나누어 가정유량 $Q_0$에 대한 손실수두 $h_0$을 계산한다. 이 때 $h_0$는 시계방향의 흐름을 (+)로 반시계방향의 흐름을 (−)로 정한 다음 이 회로의 $KQ_0$를 구해야 하며 자세한 계산과정은 다음과 같다.

(1) 첫 번째 시산

▶ 회로 *ABCA*

$$h_{0_{AB}} = K_{AB}Q_{0_{AB}}^2 = 362 \times 0.06^2 = 1.3032$$

$$h_{0_{BC}} = K_{BC}Q_{0_{BC}}^2 = 7363 \times 0.02^2 = 2.9452$$

$$h_{0_{CA}} = K_{CA}Q_{0_{CA}}^2 = -2777 \times 0.04^2 = -4.4432$$

$$\sum h_0 = -0.1948$$

$$K_{AB}Q_{0_{AB}} = 362 \times 0.06 = 21.72$$

$$K_{BC}Q_{0_{BC}} = 7363 \times 0.02 = 147.26$$

$$K_{CA}Q_{0_{CA}} = 2777 \times 0.04 = 111.08$$

$$\sum KQ_0 = 280.06$$

$$\Delta Q = \frac{-\sum h_0}{2\sum KQ_0} = \frac{-(-0.1948)}{2 \times 280.06} = 0.0003$$

▶ 회로 *BDCB*

$$h_{0_{BD}} = K_{BD}Q_{0_{BD}}^2 = 3174 \times 0.04^2 = 5.0784$$

$$h_{0_{DC}} = -K_{DC}Q_{0_{DC}}^2 = -7363 \times 0.06^2 = -26.5068$$

$$h_{0_{CB}} = -K_{CB}Q_{0_{CB}}^2 = -7363 \times 0.02^2 = -2.9452$$

$$K_{CA}Q_{0_{CA}} = 2{,}777 \times 0.04 = 111.08$$

$$\sum h_0 = -24.3736$$

$$K_{BD}Q_{0_{BD}} = 3174 \times 0.04 = 126.96$$

$$K_{DC}Q_{0_{DC}} = 7363 \times 0.06 = 441.78$$

$$K_{CB}Q_{0_{CB}} = 7363 \times 0.02 = 147.26$$

$$\sum KQ_0 = 716.00$$

$$\therefore \Delta Q = \frac{-\sum h_0}{2\sum KQ_0} = \frac{-(-24.3736)}{2\times 716.00} = 0.0170$$

이들의 보정유량을 최초의 가정유량에 가감하여 제1차 근사값을 얻는다.
$\Delta Q > 0$이면 시계방향, $\Delta Q < 0$이면 반시계 방향으로 흐른다.
또한 $BC$는 2개의 회로가 중첩되므로 양쪽의 값을 동시에 보정한다. 이러한 과정을 거쳐 계산된 유량은 다음과 같다.

$$Q_{AB} = 0.06 + 0.0003 = 0.0603\text{m}^3/\text{s}$$

$$Q_{BC} = 0.02 + (+0.0003) - (+0.0170) = 0.0033\text{m}^3/\text{s}$$

$$Q_{AC} = 0.04 - 0.0003 = 0.0397\text{m}^3/\text{s}$$

$$Q_{BD} = 0.04 + 0.0170 = 0.0570\text{m}^3/\text{s}$$

$$Q_{CD} = 0.06 - 0.0170 = 0.0430\text{m}^3/\text{s}$$

$$Q_{BC} = 0.02 - (+0.0170) + (+0.0003) = 0.0033\text{m}^3/\text{s}$$

(2) 두 번째 시산
다음에 이 유량들을 가정유량으로 하여 앞에서와 같은 방법으로 다시 계산한다.

▶회로 $ABCA$

| | $h_o$ | $KQ_o$ |
|---|---|---|
| $AB$ : | $362\times 0.0603^2 = 1.3163$ | $362\times 0.0603 = 21.8286$ |
| $BC$ : | $7363\times 0.0033^2 = 0.0802$ | $7363\times 0.0033 = 24.2979$ |
| $CA$ : | $-2777\times 0.0397^2 = -4.3768$ | $2777\times 0.0397 = 110.2469$ |
| | $\sum h_o = -2.9803$ | $\sum KQ_o = 156.3734$ |

$$\therefore \Delta Q = \frac{-\sum h_o}{2\sum KQ_o} = \frac{-(-2.9803)}{2\times 156.3734} = 0.0095$$

▶회로 $BDCB$

| | $h_o$ | $KQ_o$ |
|---|---|---|
| $BD$ : | $3174\times 0.0570^2 = 10.3123$ | $3174\times 0.0570 = 180.918$ |
| $DC$ : | $-7363\times 0.0430^2 = -13.6142$ | $7363\times 0.0430 = 316.609$ |
| $CB$ : | $-7363\times 0.0033^2 = -0.0802$ | $7363\times 0.0033 = 24.2979$ |
| | $\sum h_o = -3.3821$ | $\sum KQ_o = 521.8249$ |

$$\therefore\ \Delta Q = \frac{-\sum h_o}{2\sum KQ_o} = \frac{-(-3.3821)}{2\times 521.8429} = 0.0032$$

따라서 제2차 근사값은 다음과 같다.

$Q_{AB} = 0.0603 + 0.0095 = 0.0698\text{m}^3/\text{s}$

$Q_{BC} = 0.0033 + (+0.0095) - (+0.0032) = 0.0096\text{m}^3/\text{s}$

$Q_{AC} = 0.0397 - 0.0095 = 0.0302\text{m}^3/\text{s}$

$Q_{BD} = 0.0570 + 0.0032 = 0.0602\text{m}^3/\text{s}$

$Q_{CD} = 0.0430 - 0.0032 = 0.0398\text{m}^3/\text{s}$

$Q_{BC} = 0.0033 - (+0.0032) + (+0.0095) = 0.0096\text{m}^3/\text{s}$

(3) 세 번째 시산

같은 방법으로 제3차 근사값을 구하면

▶회로 $ABCA$

| | $h_o$ | $KQ_o$ |
|---|---|---|
| $AB$ : | $362\times 0.0698^2 = 1.7637$ | $362\times 0.0698 = 25.2676$ |
| $BC$ : | $7363\times 0.0096^2 = 0.6786$ | $7363\times 0.0096 = 70.6848$ |
| $CA$ : | $-2777\times 0.0302^2 = -2.5327$ | $2777\times 0.0302 = 83.8654$ |
| | $\sum h_o = -0.0904$ | $\sum KQ_o = 179.8178$ |

$$\therefore\ \Delta Q = \frac{-\sum h_o}{2\sum KQ_o} = \frac{-(-0.0904)}{2\times 179.8178} = +0.0005$$

▶회로 $BDCB$

| | $h_o$ | $KQ_o$ |
|---|---|---|
| $BD$ : | $3174\times 0.0602^2 = 11.5027$ | $3174\times 0.0602 = 191.0748$ |
| $DC$ : | $-7363\times 0.0398^2 = -11.6633$ | $7363\times 0.0398 = 293.0474$ |
| $CB$ : | $-7363\times 0.0096^2 = -0.6786$ | $7363\times 0.0096 = 70.6848$ |
| | $\sum h_o = -0.8392$ | $\sum KQ_o = 554.8070$ |

$$\therefore\ \Delta Q = \frac{-\sum h_o}{2\sum KQ_o} = \frac{-(-0.8392)}{2\times 624.3781} = +0.0008$$

따라서 제3차 근사값은 다음과 같다.

$Q_{AB} = 0.0698 + 0.0005 = 0.0703\text{m}^3/\text{s}$

$$Q_{BC} = 0.0096 + (+0.0005) - (+0.0008) = 0.0093\text{m}^3/\text{s}$$

$$Q_{AC} = 0.0302 - 0.0008 = 0.0297\text{m}^3/\text{s}$$

$$Q_{BD} = 0.0602 + 0.0008 = 0.0610\text{m}^3/\text{s}$$

$$Q_{CD} = 0.0398 - 0.0008 = 0.0390\text{m}^3/\text{s}$$

$$Q_{BC} = 0.0096 - (+0.0008) + (+0.0005) = 0.00936\text{m}^3/\text{s}$$

3번 시산한 결과 보정유량이 소수 3째 자리 이하로 계산되어 거의 무시($(\approx 0)$)할 수 있으므로 계산을 끝내었으나 더 이상의 정도(accuracy)가 필요하다면 같은 방법으로 계속해서 시산과정을 반복 수행함으로써 만족스러운 결과를 얻을 수 있다.

## 5-6 루프형 및 격자형 구조(Hazen-Williams식 적용)

배관이 루프형이나 격자형으로 구성되어 있어서, 임의의 스프링클러헤드나 가지배관에 공급되는 물이 둘 이상의 경로로 거치게 될 경우에는 수력계산이 더 복잡해진다. 이로 인해 반복 계산을 다루는 수 많은 소방설비 전용 컴퓨터프로그램이 개발되어 현재 시판되고 있다.

임의의 루프 및 격자 구조 내에 위치한 여러 지점에서 분할되는 유량을 구하고자 할 경우에는 질량보존 및 에너지 보존의 기본 원리를 적용한다. 단일 루프형 구조인 경우에는 해당 설비의 한 쪽 끝에서 다른 쪽 끝으로 연결된 두 지선 각각에 대해 발생하는 에너지손실이 동일해야 한다는 사실을 알고 있어야 한다. 그렇지 않을 경우, 루프구조 자체 내에서 순환이 일어나게 된다. 또한 두 개의 경로를 통과하는 두 개의 개별 유량의 합이 해당 루프구조로 유입되는 총 유량과 같다는 사실로부터 질량도 보존된다.(그림 5-25 참조)

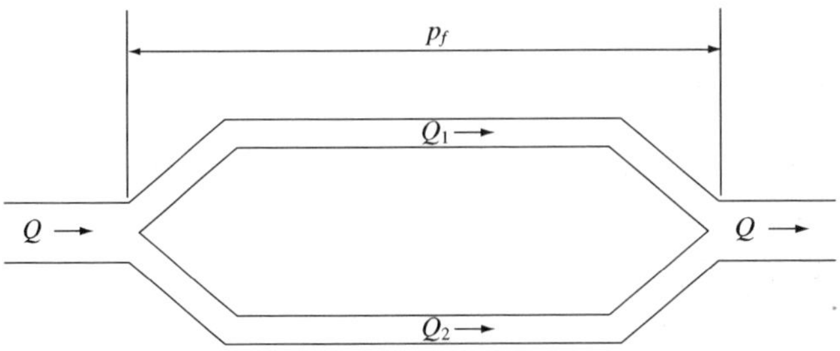


**그림 5-25** 단순 루프형 구성(예)

루프구조에 포함된 각 지선에 대해 Hazen-Williams 방정식을 적용하면,

$$P_f = L_1 \frac{4.52\,Q_1^{1.85}}{C_1^{1.85} d_1^{4.87}} = L_2 \frac{4.52\,Q_2^{1.85}}{C_2^{1.85} d_2^{1.87}}$$

$Q$를 제외한 모든 항을 FLC항으로 치환하면,

$$P_f = \mathrm{FLC}_1\, Q_1^{1.85} = \mathrm{FLC}_2\, Q_2^{1.85}$$

이 식은 다음과 같이 정리된다.

$$\left(\frac{Q_1}{Q_2}\right)^{1.85} = \frac{\mathrm{FLC}_2}{\mathrm{FLC}_1}$$

$Q_1$과 $Q_2$가 합해져서 총 유량 $Q$가 되므로, 한 지선을 통과하는 유량은 다음과 같다.

$$Q_1 = \frac{Q}{(\mathrm{FLC}_1/\mathrm{FLC}_2)^{0.54} + 1}$$

**reference**

물이 배관을 통해 흐르면서 발생하는 마찰손실은 NFPA13에서는 Hazen-Williams 방정식을 적용

$$P = \frac{4.52\,Q^{1.85}}{C^{1.85} d^{4.87}}$$

여기서, $P$= 배관 길이당 마찰손실(단위 : psi)
$Q$= 유량(단위 : gpm)
$d$= 배관내경(단위 : 인치)
$c$= Hazen-Williams 계수

$$P_f = P \times L$$

여기서, $P_f$는 총마찰손실이며 배관길이당 마찰손실($P$)와 길이($L$)의 곱으로 표시된다.

복잡한 배관구성을 분석할 경우에는 주어진 배관에 대해 Hazen-Williams 방정식 안에 있는 여러 인자들(유량제외)의 값을 하나의 상수 $K$로 통합하는 것이 편리할 때가 있다.
앞의 5-5의 Darcy-Weisbach식에서는 $K$로 처리하였으나 소방공학에서는 노즐계수 $K$와 혼동하지 않기 위해 이 상수를 "마찰손실계수(Friction Loss coefficient : FLC)라고 규정한다.

$$\mathrm{FLC} = \frac{L \times 4.52}{C^{1.85} d^{4.87}}$$

$$P_f = \mathrm{FLC} \times Q^{1.85}$$

루프형 설비 중 가장 간단한 형태인 단일루프구조의 경우에는 직접 계산이 복잡하지 않다. 경우에 따라서는 직렬 혹은 병렬로 배열된 2개 이상의 배관을 하나의 '등가배관'으로 치환해 복잡해 보이는 배관설비를 단순화 할 수도 있다.

직렬 배관인 경우에는

$$\mathrm{FLC}_{\rho} = \mathrm{FLC}_1 + \mathrm{FLC}_2 + \mathrm{FLC}_3 + \cdots$$

병렬 배관인 경우에는

$$\left(\frac{1}{\mathrm{FLC}_e}\right)^{0.54} = \left(\frac{1}{\mathrm{FLC}_1}\right)^{0.54} + \left(\frac{1}{\mathrm{FLC}_2}\right)^{0.54} + \cdots$$

여러 개의 루프 구조를 통해 유동이 일어나는 격자형 설비의 경우에는 비선형 방정식이 적용된 계를 풀어야 하기 때문에 컴퓨터를 사용하는 것이 보통이다. 직접 계산을 수행할 경우에는 수두의 균형을 맞추는 Hardy Cross 방식을 도입하는 경우가 많다. 이 방식을 적용할 경우에는 배관망 내에서 유량 분산이 일어난다고 가정하고 여러 가지 경로를 통과하면서 발생하는 압력손실의 차이가 거의 동일해질 때까지 연속적인 보정 유량을 적용한다.

스프링클러설비의 배관에 적용되는 Hardy Cross 풀이 과정은 다음과 같다.

1. 모든 루프형 구조와 함께 해당 구조에 포함된 각 배관과 관련된 주요 변수(예를 들면, 배관길이, 직경, Hazen-Williams 계수 등)를 파악한다. 직렬 혹은 병렬 배관에 대한 등가 배관을 구해 가능한 한 개별 배관의 수를 줄인다.
2. 적절한 단위로 각 변수의 값을 구한다. 관부속품에서 발생하는 경미한 손실은 등가배관길이로 변환한다. 각 배관 구간에 대한 유량을 제외한 모든 변수의 값을 계산해야 한다.(FLC)
3. 루프 별로 연속성을 만족시키는 타당한 유량분포를 가정한다.
4. Hazen-Williams 방정식을 이용해 각 배관 내에서 발생하는 마찰에 의한 압력(혹은 수두) 손실 $p_f$를 계산한다.
5. 부호(예를 들어, 시계방향이 양이라고 가정)에 유의하면서 각 루프에서 발생하는 마찰손실을 합산한다. 손실 $dp_f$의 합이 0이 되는지 여부를 확인해 가정한 유량의 정확성을 파악한다.
6. 각 루프에 대한 손실의 합이 0이 아니라면, 각 배관의 마찰손실을 해당 배관에 대해 가정한 유량으로 나눈다.$(p_f/Q)$
7. 각 루프에 대한 보정유량을 계산한다.

$$dQ = \frac{-dP}{1.85\Sigma(P_f/Q)}$$

8. 필요에 따라 루프 내에 있는 각 배관에 보정유량 값을 더해 미리 가정했던 유량을 가감한다. 하나의 배관이 두 개의 루프에 걸쳐 있을 경우에는 $dQ$의 두 값 간에 발생하는 대수적 차이를 가정한 유량에 대한 보정 수치로 적용한다.
9. 새로운 유량 가정 결과를 이용해 $dQ$의 값이 충분히 작아질 때까지 4～7단계를 반복한다.
10. 최종 점검 차원에서 임의의 경로에 대해 시작 지점에서 종단 지점에 이르기까지 발생하는 압력손실을 계산한다. 또 다른 경로에 대한 계산 결과도 예상 오차 범위 내에서 동일한 값을 나타내야 한다.

NFPA13에 따르면 수력학적 연결지점에서 압력이 0.5 psi(0.03 bar) 범위 내에서 균형을 이룬다는 사실을 입증해야 한다. 즉, 설계면적으로부터 급수원까지 거슬러 올라가면서 발생하는 압력손실이 경로 선택에 상관없이 거의(허용공차 : 0.5 psi (0.03 bar)) 동일해질 때까지 설계자(혹은 컴퓨터 프로그램)는 각 배관 내에서 발생하는 유량이 얼마인지에 대해 반복 추정을 계속해야 한다.

**example 5–39**

그림 5–26에 제시된 소형 2–루프 격자를 유입 및 유출하는 총 유량은 100 gpm (378.5 lpm) 이다. 각 배관 구간을 통과하는 유량을 구하시오. 해당 설비는 직렬 및 병렬 배관에 대한 등가배관을 구해 이미 단순화를 거친 상태이다. FLC 계산 결과는 다음과 같다.

Pipe 1 FLC = 0.001　　Pipe 2 FLC = 0.002
Pipe 3 FLC = 0.003　　Pipe 4 FLC = 0.001
Pipe 5 FLC = 0.004

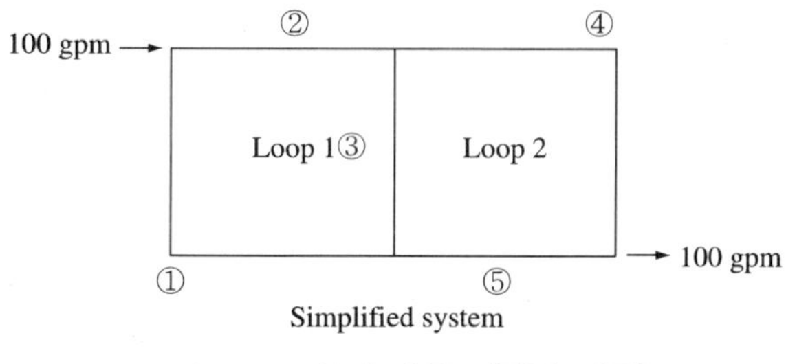


**그림 5-26** 설비 계략도(직렬 배관)

**풀이**

Hardy Cross 절차의 제3단계에 따라 질량보존원칙을 만족시킬 만한 유량을 가정한다(그림 5-27 참조). 그리고 난 뒤 표 방식을 이용해 제4～9단계를 수행한다(표 5-18 참조).
이러한 조정 과정을 통해 유량의 균형을 맞춤으로써, 두 번째 반복 작업이 이루어진다(표 5-26참조). 배관 구획 3에 대한 새로운 유량은 최초 유량에 양 쪽 루프로부터 얻은 유량보정수치를 합산한 값이다

(그림 5-28 및 5-29 참조).

세 번째 반복 작업을 시작할 때는 양 쪽 루프 둘레에서 발생하는 압력손실이 0.5 psi 이내라는 사실을 알 수 있다(표 5-20 참조). 따라서 2차에 걸친 반복 작업을 통해 가정한 유량 분할을 적용할 수 있다. 최종 점검 차원에서 제10단계에 따라 2개의 서로 다른 경로에 대한 총 압력손실을 계산하고, 이 때 발견되는 차가 0.5 pis(0.03 bar) 이내이어야 한다.

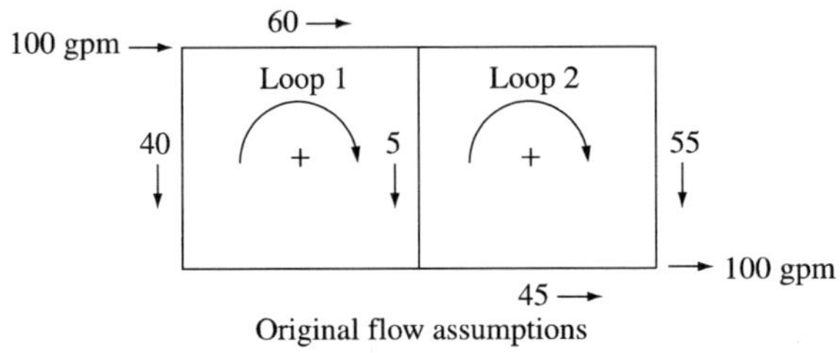


**그림 5-27** 최초의 유동 가정

배관 1과 5를 통과하는 경로 :

$$\mathrm{FLC_1(Q_1)^{1.85} + FLC_5(Q_5)^{1.85}}$$
$$= 0.001(54.0)^{1.85} + 0.004(35.9)^{1.85}$$
$$= 1.6 + 3.0 = 4.6\ \mathrm{psi}\ (0.32\ \mathrm{bar})$$

배관 2와 4를 통과하는 경로 :

$$0.002(46.0)^{1.85} + 0.001(64.1)^{1.85} = 2.4 + 2.2$$
$$= 4.6\ \mathrm{psi}\ (0.32\ \mathrm{bar})$$

이 결과는 허용 가능한 값이다. 주목해야 할 점은 초기 유량 가정을 적용할 경우, 배관 3에서 역류가 발생하게 된다는 사실에도 불구하고 성공적인 풀이를 구하기 위해 반복해야 하는 작업 회수가 2회 뿐이라는 사실이다. 초기 가정에서는 배관 3에서 5 gpm(18.9 lpm)의 시계 방향 유동이 발생한다고 가정했지만, 최종 풀이에 따르면 실제로는 18.1 gpm(68.5 lpm)의 반시계 방향 유동이 일어난다는 사실을 알 수 있다.

**표 5-18** 1차 반복

| Loop | Pipe | $Q$ | FLC | $p_f$ | $dp_f$ | $(p_f/Q)$ | $dQ=-dp_f/1.85[\Sigma(p_f/Q)]$ | $Q+dQ$ |
|---|---|---|---|---|---|---|---|---|
| 1 | 1 | −40 | 0.001 | −0.92 | | 0.023 | $dQ=-16.4$ | −56.4 |
| | 2 | 60 | 0.002 | 3.90 | | 0.065 | | +43.6 |
| | 3 | 5 | 0.003 | 0.06 | | 0.012 | | −11.4 |
| | | | | | = 3.04 | 0.100 | | |
| 2 | 3 | −5 | 0.003 | −0.06 | | 0.012 | $dQ=+11.2$ | + 6.2 |
| | 4 | 55 | 0.001 | 1.66 | | 0.030 | | +66.2 |
| | 5 | −45 | 0.004 | −4.58 | | 0.102 | | −33.8 |
| | | | | | =−2.98 | 0.144 | | |

**표 5-19** 2차 반복

| Loop | Pipe | $Q$ | FLC | $p_f$ | $dp_f$ | $(p_f/Q)$ | $dQ = -dp_f/1.85[\Sigma(p_f/Q)]$ | $Q+dQ$ |
|---|---|---|---|---|---|---|---|---|
| 1 | 1 | −56.4 | 0.001 | −1.74 | | 0.031 | | −54.0 |
| | 2 | 43.6 | 0.002 | 2.16 | | 0.050 | | +46.0 |
| | 3 | −22.6 | 0.003 | −0.96 | | 0.042 | | −20.2 |
| | | | | | =−0.54 | 0.123 | $dQ$=2.4 | |
| 2 | 3 | 22.6 | 0.003 | 0.96 | | 0.042 | | +20.5 |
| | 4 | 66.2 | 0.001 | 2.34 | | 0.035 | | +64.1 |
| | 5 | −33.8 | 0.004 | −2.69 | | 0.080 | | −35.9 |
| | | | | | = 0.61 | 0.157 | $dQ$= −2.1 | |

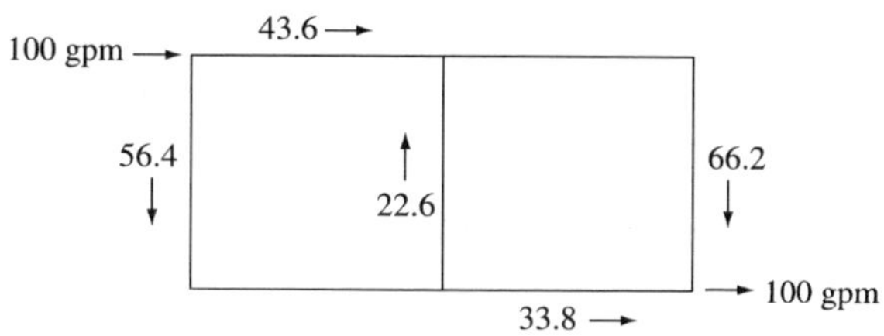


**그림 5-28** 1차 반복을 통해 보정 절차를 거친 유량

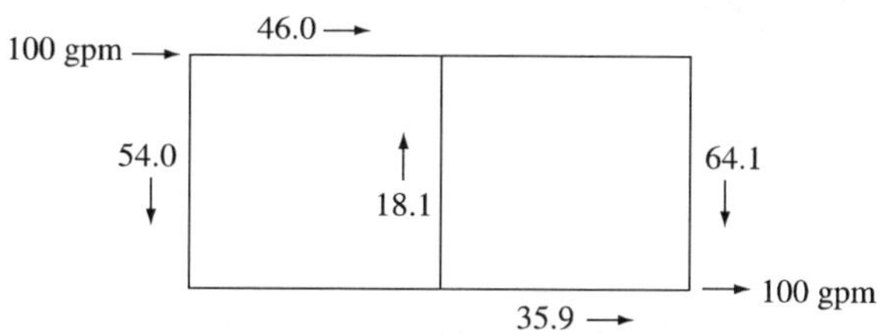


**그림 5-29** 2차 반복을 통해 보정 절차를 거친 유량

**표 5-20** 3차 반복

| Loop | Pipe | $Q$ | FLC | $p_f$ | $dp_f$ | $(p_f/Q)$ | $dQ = -dp_f/1.85[\Sigma(p_f/Q)]$ | $Q+dQ$ |
|---|---|---|---|---|---|---|---|---|
| 1 | 1 | −54.0 | 0.001 | −1.60 | | | | |
| | 2 | 46.0 | 0.002 | 2.38 | | | | |
| | 3 | −18.1 | 0.003 | −0.64 | | | | |
| | | | | | =−0.14 | | | |
| 2 | 3 | 18.1 | 0.003 | 0.64 | | | | |
| | 4 | 64.1 | 0.001 | 2.20 | | | | |
| | 5 | −35.9 | 0.004 | −3.01 | | | | |
| | | | | | =−0.17 | | | |

**example 5-40**

펌프를 이용하여 지하 탱크의 물을 매시 $36m^3$의 비율로 소화설비의 2차 수원으로 사용하기 위하여 옥상 물탱크에 양수하는 경우 다음 물음에 답하라.

[조건] 1) 유체의 유속 2 m/sec, 배관길이 100m, 실 양정 50m, 엘보(90°) 5개, 게이트밸브 2개, 체크밸브, 풋밸브가 각 1개씩 사용된 것으로 한다.
2) 양수 배관의 마찰손실은 단위길이(m)당 80mmAq로 한다.
3) 관 이음쇠 및 밸브류의 마찰저항의 상당길이(m)는 아래 표를 이용한다.

| 관경(mm) | 90°엘보우 | 45°엘보우 | 게이트 밸브 | 체크 밸브 | 풋밸브 |
|---|---|---|---|---|---|
| 40 | 1.50 | 0.90 | 0.30 | 13.5 | 13.5 |
| 50 | 2.10 | 1.20 | 0.39 | 16.5 | 16.5 |
| 65 | 2.40 | 1.50 | 0.48 | 19.5 | 19.5 |
| 80 | 3.00 | 1.80 | 0.60 | 24.0 | 24.0 |

1. 배관의 구경은 몇 mm 이상으로 하여야 하는가?
2. 밸브류 및 관 이음쇠류의 상당길이(m)는 얼마인가?
3. 배관의 총 상당길이는 얼마인가?
4. 전체 손실수두(m)는 얼마인가?
5. 펌프의 소요 양정(m)은 얼마인가?
6. 펌프의 최소 동력(kW)은 얼마인가?(단, 효율은 60%)

**풀이**

1. 조건에서

$$V = 2\text{m},\ Q = 36\text{m}^3/\text{h} = 0.01\text{m}^3/\text{sec}$$

$$Q(\text{m}^3/\text{sec}) = A(\text{m}^2) \times V(\text{m/sec}) = \pi\frac{d^2}{4} \times V$$

따라서,

$$d = \sqrt{\frac{4Q}{\pi V}} = \sqrt{\frac{4 \times 0.01}{3.14 \times 2}} = 0.0798\text{m} = 79.8\text{mm}$$

2. 배관의 구경이 80mm이므로 80mm 배관을 기준으로 한다.
   ① 90° 엘보 = 3.00m × 5개 = 15m
   ② 게이트밸브 = 0.60m × 2개 = 1.2m
   ③ 체크밸브 = 24.0m × 1개 = 24m
   ④ 풋밸브 = 24.0m × 1개 = 24m
   따라서 밸브 및 관 이음쇠의 상당길이 = 15 + 1.2 + 24 + 24 = 64.2m
3. 총 상당길이 = 실배관 길이 + 밸브 및 이음쇠 상당길이 = 100m + 64.2m = 164.2m
4. 조건에서 마찰손실수두 80mmAq/m = 0.08mAq/m 이므로
   전체 손실수두 = 총 상당장 길이 × 0.08mAq/m = 164.2m × 0.08mAq = 13.136m
   ≒ 13.1m

5. 펌프의 소요양정($H$)=실양정+전체 손실수두$=50+13.14=63.14\,\text{m}$

6. 이때 $Q=36\,\text{m}^3/\text{h}=0.6\,\text{m}^3/\text{min}$임.

$$P(\text{kW})=\frac{0.163\times Q\times H}{E}\times K=\frac{0.163\times 0.6\times 63.14}{0.6}\times 1.1=11.3\,\text{kW}$$

## example 5-41

그림과 같이 설치된 스프링클러설비에서 스프링클러헤드가 모두 개방되었을 경우 주어진 조건을 참조하여 다음 물음에 답하시오.

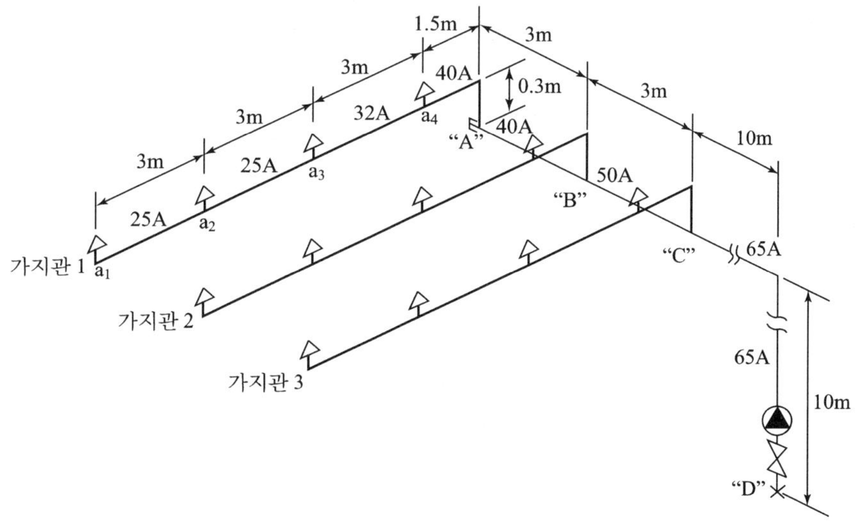


[조건] 1) 속도수두는 무시한다.

2) 스프링클러헤드의 최소방사압력은 1 $\text{kg}_f/\text{cm}^2$ 이상으로 한다.

3) $K$값은 80으로 한다.

4) 소화배관은 아연도 강관이며 C값은 120으로 한다.

5) 가지관 1, 2, 3은 동일하다.

6) 배관 마찰손실은 하젠–윌리암공식을 이용한다.

7) 배관부속의 등가길이는 아래 표와 같다.
(단, 레듀셔 및 스프링클러헤드에 직접연결되는 부속의 등가길이는 무시하며, 티에서 직류흐름의 마찰손실은 무시한다)

| 배관구경 | | 25A | 32A | 40A | 50A | 65A |
|---|---|---|---|---|---|---|
| 배관내경(mm) | | 27.5 | 36.2 | 42.1 | 53.2 | 69.0 |
| 등가길이(m) | 90°엘보 | 0.6 | 0.9 | 1.2 | 1.5 | 1.8 |
| | 분류티 | 1.5 | 1.8 | 2.4 | 3.1 | 3.7 |
| | 게이트밸브 | - | - | - | - | 0.3 |
| | 알람밸브 | - | - | - | - | 4.3 |

1. 가지관 1의 유량 $Q_1$(L/min)은 얼마인가?
2. 가지관 2의 유량 $Q_2$(L/min)은 얼마인가?
3. 가지관 3의 유량 $Q_3$(L/min)은 얼마인가?
4. "D"점에서 필요한 유량(L/min)은 얼마인가?
5. "D"점에서 필요한 압력($kg_f/cm^2$)은 얼마인가?

**풀이**

1. 개요

먼저 정확한 수리계산을 위하여 다음 사항을 전제하고 계산에 임한다.

(1) 헤드가 모두 개방되어 있으므로 가지배관에서의 헤드연결부분은 분류티로 적용한다.

(2) 가지배관 말단의 헤드연결용 분류티에서는 소화수의 흐름이 엘보와 동일하게 90° 방향으로만 흐르므로 등가길이를 엘보로 적용한다.

(3) 분류티의 등가길이 적용시 큰 관경을 적용한다. 이것은 등가길이가 큰 관경 쪽이 더 크므로 보수적인 설계를 위해서이다.

(4) [조건]에서 속도수두는 무시한다고 하였으므로 정압만을 고려하여 계산한다.

2. 계산과정

(1) $a_1-a_2$ 구간

1) $a_1$의 압력

$$P_1 = 1.0\ \mathrm{kg_f/cm^2}$$

2) $a_1$의 유량

$$Q_1 = K\sqrt{P_1} = 80\sqrt{1.0} = 80\ \mathrm{L/min}$$

3) $a_1-a_2$ 구간의 마찰손실

① 총등가길이 = 0.6 m(엘보) + 3.0 m(직관) = 3.6 m

② $$\Delta P_{1-2} = 6.174\times10^5\times\frac{80^{1.85}}{120^{1.85}\times27.5^{4.87}}\times3.6 = 1.1027\ \mathrm{kg_f/cm^2}$$

(2) $a_2-a_3$ 구간

1) $a_2$의 압력

$$P_2 = P_1+\Delta P_{1-2} = 1.0 + 0.1027 = 1.1027\ \mathrm{kg_f/cm^2}$$

2) $a_2$의 유량

$$Q_2 = K\sqrt{P_2} = 80\sqrt{1.1027} = 84.0\ \mathrm{L/min}$$

3) $a_2-a_3$ 구간의 유량

$$Q_{2-3} = Q_1+Q_2 = 80 + 84 = 164\ \mathrm{L/min}$$

4) $a_2-a_3$ 구간의 마찰손실

① 총등가길이 = 1.5 m(분류티) + 3.0 m(직관) = 4.5 m

② $\Delta P_{2-3} = 6.174 \times 10^5 \times \dfrac{164^{1.85}}{120^{1.85} \times 27.5^{4.87}} \times 4.5 = 0.4844\ kg_f/cm^2$

(3) $a_3 - a_4$ 구간

1) $a_3$의 압력

$P_3 = P_2 + \Delta P_{2-3} = 1.1027 + 0.4844 = 1.5871\ kg_f/cm^2$

2) $a_3$의 유량

$Q_3 = K\sqrt{P_3} = 80\sqrt{1.5871} = 100.78\ L/min$

3) $a_3 - a_4$ 구간의 유량

$Q_{3-4} = Q_3 + Q_{2-3} = 100.78 + 164.0 = 264.78\ L/min$

4) $a_3 - a_4$ 구간의 마찰손실

① 총등가길이 = 1.8 m(분류티) + 3.0 m(직관) = 4.8 m

② $\Delta P_{3-4} = 6.174 \times 10^5 \times \dfrac{264.78^{1.85}}{120^{1.85} \times 36.2^{4.87}} \times 4.5 = 0.3287\ kg_f/cm^2$

(4) $a_4 - A$ 구간

1) $a_4$의 압력

$P_4 = P_3 + \Delta P_{3-4} = 1.5871 + 0.3287 = 1.9158\ kg_f/cm^2$

2) $a_4$의 유량

$Q_4 = K\sqrt{P_4} = 80\sqrt{1.9158} = 110.73\ L/min$

3) $a_4 - A$ 구간의 유량

$Q_{4-A} = Q_4 + Q_{3-4} = 110.73 + 264.78 = 375.51\ L/min$

4) $a_4 - A$ 구간의 마찰손실

① 총등가길이 = 2.4 m(분류티) + (1.5 + 0.3) m(직관) + 1.2 m(엘보) = 5.4 m

② $\Delta P_{4-A} = 6.174 \times 10^5 \times \dfrac{375.51^{1.85}}{120^{1.85} \times 42.1^{4.87}} \times 5.4 = 0.3380\ kg_f/cm^2$

(5) A − B 구간

1) A지점의 압력

$P_A = P_4 + \Delta P_{4-A} + H = 1.9158 + 0.3380 + 0.03$(낙차수두)

$= 2.2838\ kg_f/cm^2$

2) A − B구간의 유량

$Q_{A-B} = Q_{4-A} = 375.51\ L/min$

3) A − B구간의 마찰손실

① 총 등가길이 = 1.2m(엘보) + 3.0m(직관) = 4.2 m

[주의] 여기서, 가지배관 말단 분류티("A")에서의 소화수 흐름은 엘보와 동일하게 90° 한

쪽방향으로만 흐르므로 등가길이 적용을 엘보로 적용한다.

② $\Delta P_{A-B} = 6.174 \times 10^5 \dfrac{375.51^{1.85}}{120^{1.85} \times 42.1^{4.87}} \times 4.2 = 0.2631\,\mathrm{kg_f/cm^2}$

(6) B－C구간

1) B지점의 압력

$P_B = P_A + \Delta P_{A-B} = 2.2838 + 0.2631 = 2.5469\,\mathrm{kg_f/cm^2}$

2) B－C구간의 유량

$Q_{B-C} = Q_{A-B}$+가지관 2번의 유량

① 가지관 2번의 유량은 $Q = K\sqrt{P}$의 공식을 이용하여 계산한다.

가지관 1번 유량 : 가지관 2번 유량= $K\sqrt{P_A}$ : $K\sqrt{P_B}$

→ 375.51 : $x$ $= 80\sqrt{2.2838}$ : $80\sqrt{2.5469}$

$\therefore X = 396.55$ L/min

② $Q_{B-C} = Q_{A-B}$+가지관 2번의 유량

$= 375.51 + 396.55 = 772.06$ L/min

3) B－C구간의 마찰손실

① 총 등가길이=3.1m(분류티)+3.0m(직관)=6.1 m

② $\Delta P_{B-C} = 6.174 \times 10^5 \times \dfrac{772.06^{1.85}}{120^{1.85} \times 53.2^{4.87}} \times 6.1 = 0.4638\,\mathrm{kg_f/cm^2}$

(7) C－D구간

1) C지점의 압력

$P_C = P_B + \Delta P_{B-C} = 2.5469 + 0.4638 = 3.0107\,\mathrm{kg_f/cm^2}$

2) C－D구간의 유량

$Q_{C-D} = Q_{B-C}$+가지관 3번 유량

① 가지관 3번의 유량은 $Q = K\sqrt{P}$의 공식을 이용하여 계산한다.

가지관 1번 유량 : 가지관 3번 유량= $K\sqrt{P_A}$ : $K\sqrt{P_C}$

→ 375.51 : $x$ $= 80\sqrt{2.2838}$ : $80\sqrt{3.0107}$

$\therefore X = 431.15$ L/min

② $Q_{C-D} = Q_{B-C}$+가지관 3번의 유량

$= 772.06 + 431.15 = 1{,}203.21$ L/min

3) C－D구간의 마찰손실

① 총 등가길이=3.7m(분류티)+1.8m(엘보)+4.3m(알람밸브)+3.0m(게이트밸브)=30.1 m

② $\Delta P_{C-D} = 6.174 \times 10^5 \times \dfrac{1{,}203.21^{1.85}}{120^{1.85} \times 69.0^{4.87}} \times 30.1 = 1.4658\,\mathrm{kg_f/cm^2}$

4) D지점의 압력

$P_D = P_C + \Delta P_{C-D} + H = 3.0107 + 1.4658 + 1.0 = 5.4765\ \mathrm{kg_f/cm^2}$

5) D지점의 유량

$Q_D = Q_{C-D} = 1{,}203.21\ \mathrm{L/min}$

1. 가지관 1번의 유량 : $Q_1 = 375.51\ \mathrm{L/min}$
2. 가지관 2번의 유량 : $Q_2 = 396.55\ \mathrm{L/min}$
3. 가지관 2번의 유량 : $Q_3 = 431.15\ \mathrm{L/min}$
4. "D"점에서 필요한 유량 : $Q_D = 1{,}203.21\ \mathrm{L/min}$
5. "D"점에서 필요한 유량 : $P_D = 5.4765\ \mathrm{kg_f/cm^2}$

# 연습문제

## ▶ 객관식

1. 관로문제의 해석에서 어떤 변수가 같아야 등가의 관이 되는가?

① 전수두와 유량
② 길이와 유량
③ 길이와 지름
④ 관마찰계수와 지름

풀이 상당길이(등가길이) $L_e = \frac{kd}{f}$

여기서 $k$ : 손실계수, $d$ : 지름, $f$ : 관마찰계수

답 : ④

2. 관내에서 유체가 흐를 경우 유동이 난류라면 수두손실은?

① 속도에 정비례한다.
② 속도의 제곱에 반비례한다.
③ 지름의 제곱에 반비례하고 속도에 정비례한다.
④ 대략 속도의 제곱에 비례한다.

풀이 난류유동일 때 fanning공식이 적용된다.

수두손실 $H = \frac{2f\ell V^2}{g_c D}$

여기서 $f$ : 관마찰계수 $\ell$ : 관의 길이 $V$ : 유속 $g_c$ : 중력가속도 $D$ : 관의 내경

답 : ④

3. 파이프내의 흐름에 있어서 마찰계수 $f$에 대한 설명으로 옳은 것은?

① $f$는 파이프의 조도와 레이놀즈수에 관계가 있다.
② $f$는 파이프의 조도에는 전혀 관계없고 압력에만 관계가 있다.
③ 레이놀즈에는 전혀 관계없고 조도에만 관계가 있다.
④ 레이놀즈와 마찰손실수두에 의하여 결정된다.

풀이 관내의 마찰계수($f$)는 조도와 레이놀즈수가 관계가 있다.

(1) 층류 : 관마찰계수는 상대조도와 무관하여 레이놀즈수만의 함수이다($f = \frac{64}{R_e}$).
(2) 임계영역 : 관마찰계수는 상대조도와 레이놀즈수의 함수이다.
(3) 난류 : 관마찰계수는 레이놀즈수의 함수이고 상대조도에 무관하다.

답 : ①

4. 오래 사용한 낡은 파이프 관내면의 마찰손실과 관련해서 나타나는 현상에 관한 설명 중 바른 것은?

① 새 파이프와 큰 차이가 없다.
② 마찰계수가 시간경과에 따라 선형적으로 증가한다.
③ 조도가 시간경과에 따라 선형적으로 증가한다.
④ 유량이 시간경과에 따라 선형적으로 감소한다.

**풀이** 낡은 파이프 관 내면은 부식 등으로 마찰손실이 커지므로 유량이 시간경과에 따라 선형적으로 감소한다.

답 : ④

5. 헤이젼 윌리엄스 공식에서 $P$는 무엇을 나타내는가?

$$P=\frac{6.174\times Q^{1.85}}{C^{1.85}\times d^{4.87}}\times 10^5 \text{ (단, } Q=\text{유수량[L/min], } d=\text{관의 내경[min])}$$

① 펌프의 가압시 생기는 날개 이면의 압축손실
② 펌프의 1차측 및 2차측의 압력차
③ 배관흐름 중 외부로 누수되는 압력손실
④ 배관내의 마찰손실

**풀이** 배관내의 마찰손실 $P=6.174\times\frac{Q^{1.85}}{C^{1.85}\times D^{4.87}}\times 10^5$

답 : ④

6. 관에서의 마찰손실이 달시식으로 표현될 때 직경 $d_1$, 길이 $L_1$인 관에서의 손실수두와 같은 크기의 손실수두를 갖는 직경 $d_2$인 관에서의 길이를 $L_2$라 할 때 올바른 관계식은?

① $L_2=L_1\cdot\frac{f_1}{f_2}\cdot\frac{d_1}{d_2}\cdot\left(\frac{v_1}{v_2}\right)^2$
② $L_2=L_1\cdot\frac{f_1}{f_2}\cdot\frac{v_2}{v_1}\cdot\left(\frac{d_1}{d_2}\right)^2$
③ $L_2=L_1\cdot\frac{f_2}{f_1}\cdot\frac{v_1}{v_2}\cdot\left(\frac{d_1}{d_2}\right)^2$
④ $L_2=L_1\cdot\frac{f_1}{f_2}\cdot\frac{d_2}{d_1}\cdot\left(\frac{v_1}{v_2}\right)^2$

**풀이** $H_1=\frac{fL_1v_1^2}{2gd_1}$ $H_2=\frac{fL_2v_2^2}{2gd_2}$에서 같은 크기의 손실수두이므로

$\therefore \frac{fL_1v_1^2}{2gd_1}=\frac{fL_2v_2^2}{2gd_2}$에서 $L_2$를 정리하면

$L_2=L_1\cdot\frac{f_1}{f_2}\cdot\frac{d_2}{d_1}\cdot\left(\frac{v_1}{v_2}\right)^2$

$U=V$=속도로 같은 기호임

답 : ④

**7.** 직경 7.5cm인 원판을 통하여 3m/s의 유속으로 물을 흘려 보내려 한다. 관의 길이 200m이면 압력강하는 몇 $kg_f/cm^2$인가?(단, 마찰계수 $f=0.03$이다.)

① 1.22　　② 3.67
③ 7.34　　④ 1.35

**풀이** Darcy-Weisbach에서 $H=\dfrac{\Delta P}{r}=\dfrac{f\ell V^2}{2gD}$

$$\Delta P=\frac{f\ell V^2 r}{2gD}=\frac{0.03\times 200\text{m}\times(3\text{m/s})^2\times 1000\text{kg}_f/\text{m}^3}{2\times 9.8\text{m/s}^2\times 0.075\text{m}}$$
$$=36,734\text{kg}_f/\text{m}^2=3.67\text{kg}_f/\text{cm}^2$$

답 : ②

**8.** 하겐-포아젤(Hagen-poiseulle) 방정식에 대한 설명 중 옳은 것은?

① 수평원통관 속의 난류흐름에 대한 유량을 구하는 식이다.
② 수평원통관속의 층류 및 난류 흐름에서 마찰손실을 구하는 식이다.
③ 수평원통관 속에 층류의 흐름에서 유량, 관경, 점성계수, 길이, 압력강하 등의 관계식이다.
④ 수평원통관속의 층류의 흐름에서 레이놀드수와 유량과의 관계식이다.

**풀이** Hagen-poiseulle 방식 : 매끈한 수평관내를 층류로 흐를 때 적용

$$\triangle P=\frac{128\mu\ell Q}{\pi d^4}$$

답 : ③

**9.** 다음 중 관마찰계수는?

① 절대조도와 관지름의 함수
② 절대조도와 상대조도의 관계
③ 레이놀드수와 상대조도의 함수
④ 마하수와 코우시수의 함수

**풀이** 관 마찰계수($f$)
(1) 층류 : 관마찰계수는 상대조도와 무관하여 레이놀즈수만의 함수이다.
(2) 임계영역 : 관마찰계수는 상대조도와 레이놀드수의 함수이다.
(3) 난류 : 관마찰계수는 레이놀즈수의 함수이고 상대조도에 무관하다.

답 : ③

**10.** 원관 내를 흐르는 층류흐름에서 유체의 점도에 의한 마찰손실은 어떻게 나타내는가?

① 레이놀즈수에 비례한다.
② 레이놀즈수에 반비례한다.

③ 레이놀즈수의 제곱에 비례한다.
④ 레이놀즈수의 제곱에 반비례한다.

**풀이** 층류, $f = \frac{64}{R_e}$ 마찰손실 ($f$)는 $R_e$ 수에 반비례한다.

**답 : ②**

**11.** 그림과 같이 수조에 배관을 접속하였다. 이때 관입구의 마찰손실 수두가 가장 작은 것부터 순서대로 나열된 것은 다음 중 어느 것인가?(단, 관 입구의 유속과 내경은 같다)

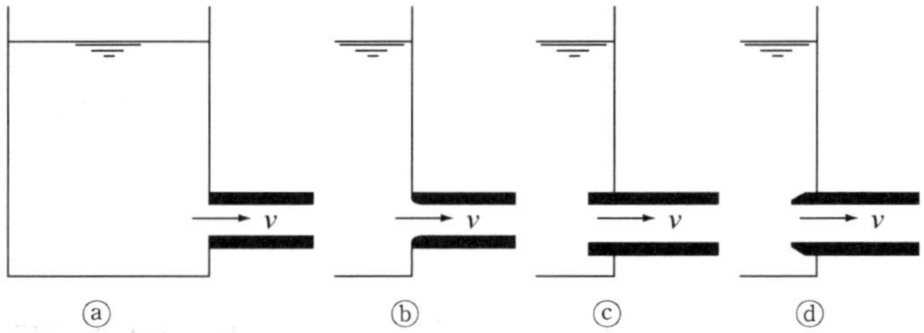


① ⓑ－ⓐ－ⓒ－ⓓ ② ⓐ－ⓑ－ⓒ－ⓓ
③ ⓑ－ⓐ－ⓓ－ⓒ ④ ⓓ－ⓒ－ⓐ－ⓑ

**풀이**

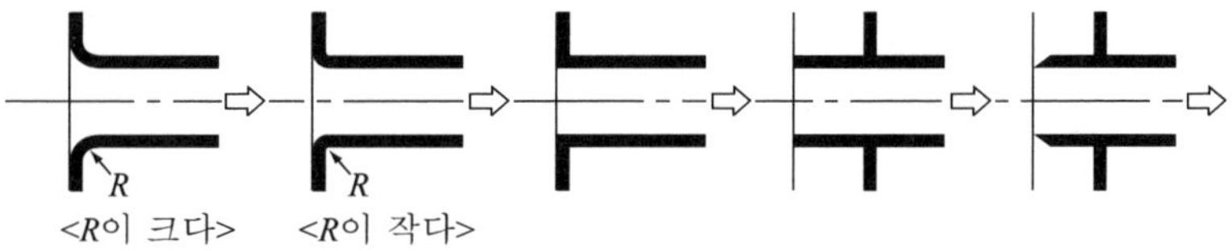


손실계수 $K = 0.06 \sim 0.005$ $K = 0.25$ $K = 0.5$ $K = 0.56$ $K = 3.0 \sim 1.3$

$$h_L = K\frac{V^2}{2g}$$

**답 : ①**

**12.** 완전히 난류구역에 있는 거친 관에서의 손실수두는?(단, $f$는 관마찰계수, $V$는 평균유속, $Re$는 레이놀즈수, $Q$는 유량, $\mu$는 점성계수, $\rho$는 밀도이다.)

① $f$, $V$에 좌우된다.
② $\mu$, $\rho$에 좌우된다.
③ 단지 $Re$에 좌우된다.
④ 단지 $Q$에 좌우된다.

**답 : ①**

**13.** 직경 5cm의 관에 5m/s의 물이 흐른다. 관 마찰계수가 0.025일 때, 관의 길이가 100m라면 관내의 압력강하는 몇 kPa인가?(단, 물의 밀도는 1,000kg/m$^3$이다.)

① 62.5　　② 31.2
③ 312　　④ 625

**풀이** 달시 방정식 $H=\dfrac{\Delta P}{\gamma}=\dfrac{f\ell u^2}{2gD}$　$\Delta P=\dfrac{f\ell u^2\cdot r}{2gD}$

여기서 $f$ : 관 마찰계수　$\ell$ : 길이(m)　$u$ : 유속m/s
$\gamma$ : 물의 비중량$(1{,}000\text{kg}_f/\text{m}^3)$　$g$ : 중력가속도$(9.8\text{m/s}^2)$　$D$ : 직경(m)

$$\therefore \Delta P=\frac{0.025\times100\times(5)^2\times1{,}000}{2\times9.8\times0.05}=63{,}775.5\text{kg}_f/\text{m}^2$$

※ $\text{kg}_f/\text{m}^2$을 $kPa$로 환산하면 $63{,}775.5\text{kg}_f/\text{m}^2\times\dfrac{101.325\text{kPa}}{1.0332\times10^4\text{kg}_f/\text{m}^2}=625\text{kPa}$

답 : ④

**14.** 600ℓ/min의 유량으로 비중이 0.9, 점성계수가 0.06 Ns/m$^2$인 기름이 지름 100mm인 관속으로 흐르고 있다. 관의 길이가 300m라 하면 손실수두는 몇 m인가?

① 8.1　　② 8.3
③ 8.5　　④ 8.7

**풀이** 달시웨버 방정식　$H=\dfrac{fLu^2}{2gD}$

여기서 $g$(중력가속도)$=9.8\text{m/s}^2$　$D$(내경)$=100\text{mm}=0.1\text{m}$

$$u(\text{유속})=\frac{Q}{A}=\frac{0.6\text{m}^3/60\text{s}}{\frac{\pi}{4}(0.1)^2}=1.2739\text{m/s}$$

$f$(관마찰계수)를 구하기 위하여 층류와 난류를 구분하면

$$Re=\frac{Du\rho}{\mu}=\frac{0.1\times1.2739\times900}{0.06\text{kg/m}\cdot\text{s}}=1911(\text{층류})$$

$$f=\frac{64}{Re}=\frac{64}{1{,}911}=0.0335$$

$$\therefore H=\frac{fLu^2}{2gD}=\frac{0.0335\times300\times(1.2739)^2}{2\times9.8\times0.1}=8.32\text{m}$$

답 : ②

**15.** 점성계수가 0.101$N\cdot$s/m$^2$, 비중이 0.85인 기름이 내경 300mm, 길이 3km의 주철관 내부를 흐르며 유량은 0.0444m$^3$/s이다. 이 관을 흐르는 동안 수두 손실은 약 몇 m인가?(단, 물의 밀도는 1,000kg/m$^3$이다.)

① 7.1　　② 8.1
③ 7.7　　④ 8.9

풀이 손실수두 $H=\frac{fLU^2}{2gD}$

여기서 ① $U$(유속)$=\frac{Q}{\frac{\pi}{4}(d)^2}=\frac{0.0444}{\frac{\pi}{4}(0.3)^2}=0.63\text{m/s}$

② $Re=\frac{Du\rho}{\mu}=\frac{0.3\times0.63\times850}{0.101}=1{,}590$(층류)

③ $f$(관마찰계수)$=\frac{64}{Re}=\frac{64}{1{,}590}=0.04$

$\therefore H=\frac{fLU^2}{2gD}=\frac{0.04\times3{,}000\times(0.63)^2}{2\times9.8\times0.3}=8.1$

답 : ②

**16.** 거리가 1,000m 되는 곳에 안지름 20cm의 직원관을 통하여 물을 수평으로 수송하려 한다. 한 시간에 800$\text{m}^3$을 보내려면 몇 kPa의 압력이 필요한가?(단, 마찰계수 $f=0.03$이다)

① 9253 ② 1373
③ 2013 ④ 3753

풀이 달시웨버 방정식

$H=\frac{P}{r}=\frac{fLu^2}{2gD}$  $P=\frac{fLu^2}{2gD}\cdot r$

여기서 $f$ : 관마찰계수(0.03)  $L$ : 길이(1,000m)

$u$(유속)$=\frac{Q}{A}=\frac{Q}{\frac{\pi}{4}D^2}=\frac{800\text{m}/3{,}600\text{sec}}{\frac{\pi}{4}(0.2\text{m})^2}=7.077\text{m/s}$

$g$ : 중력가속도$(9.8\text{m/s}^2)$  $D$ : 내경(0.2m)  $r$ : 물의 비중량$(1{,}000\text{kg}_f/\text{m}^3)$

$\therefore P=\frac{fLu^2}{2gD}\cdot r=\frac{0.03\times1{,}000\times(7.077)^2}{2\times9.8\times0.2}\times1000=383{,}295.3\text{kg}_f/\text{m}^2$

단위환산하면 $383{,}295.3\text{kg}_f/\text{m}^2\div10{,}332\text{kg}_f/\text{m}^2\times101.3\text{kPa}=3{,}756.5\text{kPa}$

답 : ④

**17.** 부차적 선실계수 $K=2$인 관 부속품에서의 손실수두가 2m라면 이때의 유속은 몇 m/s인가?

① 4.427 ② 3.427
③ 2.427 ④ 1.427

풀이 손실수두 $H=K\frac{u^2}{2g}$  $\therefore u=\sqrt{\frac{H\cdot2g}{K}}=\sqrt{\frac{2\times2\times9.8}{2}}=4.427\text{m/s}$

답 : ①

**18.** 일정한 유량의 물이 원관 속을 층류로 흐른다고 가정할 때 직경을 3배로 하면 손실수두는 몇 배로 되는가?

① 1/2 ② 1/9 ③ 1/16 ④ 1/81

풀이 Hagen-Poiseulle법칙 적용

손실수두 $H = \frac{\Delta P}{r} = \frac{128\mu\ell Q}{r\pi d^4}$

∴ 손실수두($H$)는 직경($d$)의 4승에 비례하므로 $H = \frac{1}{(3)^4} = 1/81$

답 : ④

**19.** 직경이 30mm, 마찰계수가 0.022인 관에 글로브 밸브(부차 손실계수 $k=10$)와 표준 $k=1.8$를 결합시켜 물을 수송할 경우 관의 상당길이(equivalent length)는 몇 m인가?

① 9.2 ② 11.2 ③ 15.3 ④ 16.1

풀이 $Le = \frac{Kd}{f} = \frac{(10+1.8)\times 0.03}{0.022} = 16.09\text{m}$

답 : ④

**20.** 유체가 파이프 속을 흐를 때 돌연 축소로 인한 부차손실계수는 어느 것인가?

(단, $C_C\left(=\frac{A_0}{A_2}\right)$는 축소 계수이다.)

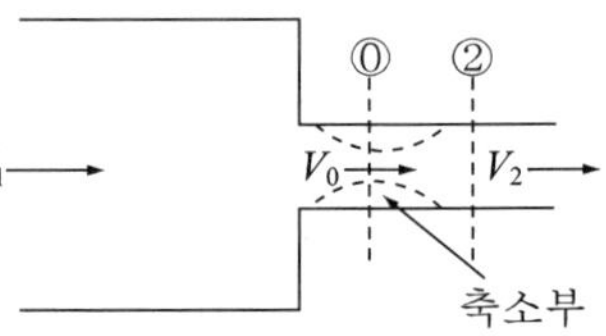


① $K_C = \left(\frac{1}{C_C} - 1\right)^2$ ② $K_C = \frac{1}{C_C^2} - 1$

③ $K_C = 1 - C_C^2$ ④ $K_C = (C_C - 1)^2$

풀이 돌연확대관의 부차적 손실계수

$K_C = \left(\frac{1}{C_C} - 1\right)^2$

답 : ①

**21.** 수평배관의 길이가 25m이며 직경이 40mm인 배관에 유량 40L/min으로 흐른다고 하면 이 때 배관의 손실압력은 얼마인가? (단, 관조도는 110, Hagen Willam's식을 사용한다)

① 0.0375kg/cm$^2$ ② 0.6165kg/cm$^2$

③ 0.7165kg/cm$^2$ ④ 0.8165kg/cm$^2$

**풀이** Hagen willam's식을 이용하면

$$\Delta P = 6.174\times10^5\times\frac{Q^{1.85}}{C^{1.85}\times D^{4.87}}\times L(\text{kg/cm}^2)$$

여기서 $\Delta P$ : 압력손실, $Q$ : 유량(L/min), $C$ : 조도계수, $D$ : 내경(mm)

$$\therefore \Delta P = 6.174\times10^5\times\frac{(40)^{1.85}}{(110)^{1.85}\times(40)^{4.87}}\times 25\text{m}(\text{kg/cm}^2)$$

$$= 0.0375$$

답 : ①

## 22. 다음 설명 중 옳은 것은?

① 관의 마찰손실은 유체의 속도에 비례한다.
② 소화전 노즐에서 방수량은 방수압력의 제곱에 비례한다.
③ 로타미터는 속도를 측정하여 유량을 구하는 기구이다.
④ 층류에서 관 마찰계수는 레이놀즈수에 반비례한다.

**풀이** 층류일 때 관 마찰계수 $f = \frac{64}{Re}$

답 : ④

## 23. 다음 설명 중 틀린 것은?

① 관의 마찰손실수두는 속도의 제곱에 반비례한다.
② 동일 직경의 관에 유량을 2배로 흐르게 하려면 압력을 2배로 높여야 한다.
③ 관의 마찰손실수두는 관의 길이에 비례하여 증가한다.
④ 관 마찰계수는 레이놀즈수와 상대조도의 함수이다.

**풀이** $H = \frac{fLu^2}{2gd}$ ∴ 식에서 관 마찰손실수두($H$)는 속도($u$)의 제곱에 비례한다.

답 : ①

## 24. 지름 5cm, 길이 20m, 관마찰계수 0.02인 원관속을 난류의 물이 흐른다. 관출구와 입구 압력차가 0.2기압이면 유량($\ell$/s)은?

① 4.33 ② 6.33
③ 2.74 ④ 4.94

**풀이** $H = \frac{\Delta P}{r} = \frac{f\ell u^2}{2gD} = \frac{f\ell\left(\frac{Q}{A}\right)^2}{2gD}$ $\quad f\ell\left(\frac{Q}{A}\right)^2\cdot r = \Delta P\cdot 2gD$

$$Q = A\sqrt{\frac{\Delta P\cdot 2gD}{f\ell r}} = \frac{\pi}{4}D^2\sqrt{\frac{\Delta P\cdot 2gD}{f\ell\cdot r}} = \frac{\pi}{4}(0.05)^2\sqrt{\frac{0.2\times10^4\times2\times9.8\times0.05}{0.02\times20\times1000}}$$

$$= 0.004337\ \text{m}^3/\text{sec} = 4.34\ \text{L/sec}$$

답 : ①

**25.** 원관속을 층류상태로 흐르는 유체의 속도분포가 $u=3y^{1/2}$($u$[m/sec]는 유속, $y$[m]는 관벽으로부터의 거리)일 때 관벽에서 30mm 떨어진 곳의 유체의 속도구배(L/s)는?

① 0.87　② 8.66
③ 2.74　④ 27.4

**풀이** $u=3y^{\frac{1}{2}}$　$\frac{du}{dy}=3\cdot\frac{1}{2}y^{\frac{1}{2}-1}=\frac{3}{2}y^{-\frac{1}{2}}$　$\therefore \left.\frac{du}{dy}\right|_{0.03}=\frac{3}{2}(0.03)^{-\frac{1}{2}}=8.66\,\text{s}^{-1}$

**답 : ②**

**26.** 그림과 같은 급축소관의 손실수두를 나타내는 식은?(단, $C$는 수축계수, $g$는 중력가속도다)

① $h_L=\left(\frac{1}{C_c^2}-1\right)\frac{V_2^2}{2g}$

② $h_L=\left(\frac{1}{C_c}-1\right)^2\frac{V_2^2}{2g}$

③ $h_L=\left(1-C_c^2\right)\frac{V_2^2}{2g}$

④ $h_L=(C_c-1)^2\frac{V_2^2}{2g}$

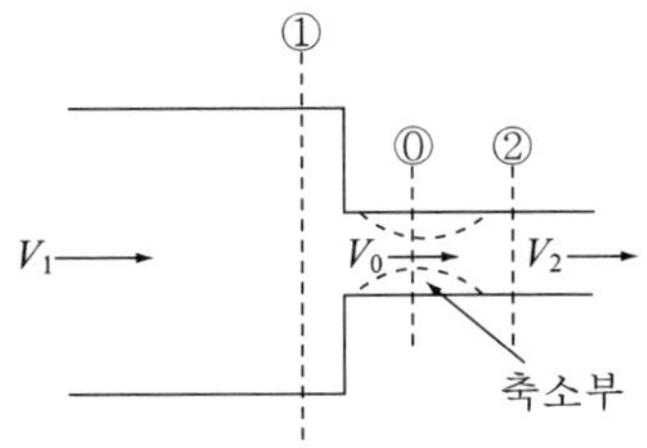


**답 : ②**

**27.** 어떤 유체가 매끈한 관에서 난류유동을 할 때 관마찰계수 $f$는 다음 중 어느 함수인가?

① $V, d, \rho, L, \mu$　② $Q, L, \mu, \rho$
③ $V, d, \rho, P, \mu$　④ $V, d, \mu, \rho$

**풀이** 매끈한 관의 경우 난류구역에서의 관마찰계수는 레이놀드의 함수이다. 즉,

$$f=F(Re)=F\left(\frac{\rho Vd}{\mu}\right)$$

**답 : ④**

**28.** 직경이 30mm, 관마찰계수 $f=0.022$인 관에 글로브밸브($k=10$)와 표준티이($k=1.8$)를 결합시켜 물을 수송할 경우 관의 상당길이는 얼마인가?

① 9.2　② 11.2
③ 15.3　④ 16.1

**풀이** $h_L=f\frac{L_e}{D}\cdot\frac{V^2}{2g}=k\frac{V^2}{2g}$ ($k$ : 밸브 + 티이) $=11.8\frac{V^2}{2g}$　$\therefore f\frac{L_e}{D}=k$

$$L_e=k\frac{D}{f}=11.8\frac{0.03}{0.022}=16.1\text{m}$$

**답 : ④**

**29.** 다음 그림과 같은 점차확대관에서 손실수두는?

① $h_L = \zeta \frac{(V_1 - V_2)^2}{2g}$

② $h_L = \zeta \frac{(V_2 - V_1)^2}{2g}$

③ $h_L = \zeta \frac{(V_1 - V_2)}{2g}$

④ $h_L = \zeta \frac{(V_2 - V_1)}{2g}$

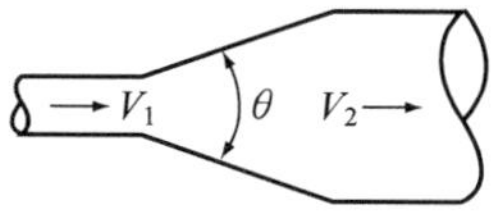


답 : ①

**30.** 저장용기로부터 20℃의 물을 길이 300m, 직경 900mm인 콘크리트 수평 원관을 통하여 공급하고 있다. 유량이 $1.25\text{m}^3/\text{s}$일 때 원관에서의 압력강하는 몇 kPa인가?(단, 물의 동점성계수는 $1.31 \times 10^{-6}\text{m}^2/\text{s}$이고, 관마찰계수는 0.023이다)

① 16.0　　② 14.7

③ 12.3　　④ 11.9

**풀이** $\triangle P = \frac{fLU^2r}{2gD} = \frac{0.023 \times 300 \times (1.966)^2 \times 1{,}000}{2 \times 9.8 \times 0.9\text{m}} = 1{,}511.9\text{kg}_f/\text{m}^2$

여기서 유속 $U = \frac{Q}{A} = \frac{Q}{\frac{\pi}{4}d^2} = \frac{1.25\text{m}^3/\text{s}}{\frac{\pi}{4}(0.9)^2} = 1.966\text{m/s}$

단위환산하면 $1511.9\text{kg}_f/\text{m}^2 \times \frac{101.325\text{kPa}}{1.0332 \times 10^4\text{kg}_f/\text{m}^2} = 14.8\text{kPa}$

답 : ②

**31.** 원형의 단면을 가진 관내에 유체가 흐를 때 전단응력은?

① 중심에서 영이고, 반지름에 비례하여 변한다.

② 관 벽에서 영이고, 중심선에서 최대이며 선형 분포한다.

③ 중심에서 영이고, 반지름의 제곱에 비례하여 변한다.

④ 전단면에 걸쳐 일정하다.

**풀이** 수평원통형 관내에 유체가 흐를 때 전단응력은 중심선에서 0이고 반지름에 비례하면서 관벽까지 직선으로 증가한다.

답 : ①

**32.** 지름 30cm인 원관과 지름 45cm인 원관이 직접 연결되어 있을 때 작은관에서 큰 관쪽으로

매초 230L의 물을 보내면 연결부의 손실수두는 몇 m인가?

① 0.308　② 0.125
③ 0.135　④ 0.166

풀이 확대관의 손실수두 $H=k\frac{(V_1-V_2)^2}{2g}=\frac{(3.255-1.447)^2}{2\times 9.8\text{m/s}}=0.1663\text{m}$

여기서 $Q=VA$　$V_1=\frac{Q}{A}=\frac{0.23\text{m}^3/\text{sec}}{\frac{\pi}{4}(0.3\text{m})^2}=3.255\text{m/s}$

$V_2=\frac{Q}{A}=\frac{0.23\text{m}^3/\text{sec}}{\frac{\pi}{4}(0.45\text{m})^2}=1.447\text{m/s}$

답 : ④

**33.** 유체가 관 속을 흐를 때 점진 확대관로에서 손실이 최대가 되는 최대각과 최소가 되는 확대각으로 적당한 것은?

① 65°, 2°　② 65°, 6°
③ 95°, 12°　④ 95°, 17°

풀이 점진확대관의 손실계수 (1) 최대각 : 65°　(2) 최소각 : 6∼7°

답 : ②

**34.** 레이놀즈수가 2,000인 관에 대한 마찰계수 $f$의 값은?

① 0.064　② 0.032
③ 0.084　④ 0.086

풀이 $f=\frac{64}{Re}$이므로 $f=\frac{64}{2,000}=0.032$이다.

답 : ②

**35.** 다음 그림과 같은 급확대관에서 생기는 손실수두는?

① $h_L=\frac{V^2}{2g}$

② $h_L=\frac{(V_2^2-V_1^2)}{2g}$

③ $h_L=\frac{(V_1-V_2)}{2g}$

④ $h_L=\frac{(V_1-V_2)^2}{2g}$

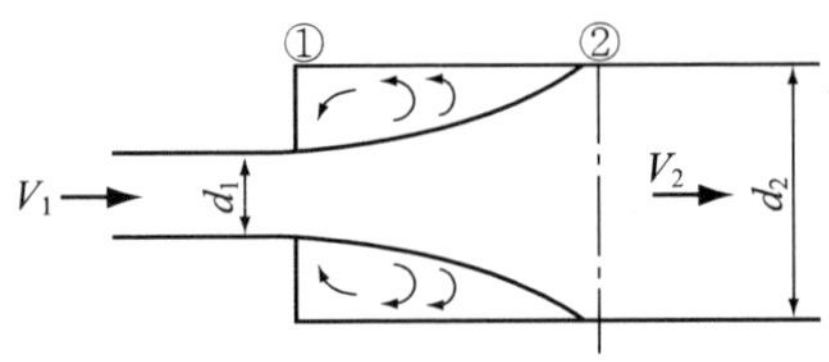


답 : ④

**36.** 관로(소화배관)의 다음과 같은 변화 중 부차적 손실에 속하지 아니하는 것은?

① 관벽의 마찰　　② 급격한 확대
③ 급격한 축소　　④ 부속품의 설치

**풀이** 관로의 마찰손실은 주마찰손실에 해당되며, 관 부속품인 관 축소 또는 관 확대용으로 사용되는 기계류 등에 의한 손실은 부차적 손실에 해당된다.

답 : ①

**37.** 직경 65mm에서 90mm로 확대되는 배관 속을 물이 $0.03\text{m}^3/\text{s}$의 유량으로 흐르고 있다. 이 때 단면확대에 의한 손실수두는 몇 m인가?

① 0.45　　② 0.95　　③ 1.05　　④ 0.55

**풀이** 단면 확대 손실수두 $H = \dfrac{(V_1 - V_2)^2}{2g} = \dfrac{(9.045 - 4.718\text{m/s})^2}{2 \times 9.8\text{m/s}} = 0.95\text{m}$

$$Q = VA,\ V_1 = \frac{Q}{A_1} = \frac{0.03\text{m}^3/\text{s}}{\frac{\pi}{4}(0.065\text{m})^2} = 9.045\text{m/s}$$

$$V_2 = \frac{Q}{A_2} = \frac{0.03\text{m}^3/\text{s}}{\frac{\pi}{4}(0.09\text{m})^2} = 4.718\text{m/s}$$

답 : ②

**38.** 작은 파이프에서 매우 큰 물탱크로 물이 들어갈 때 수두손실은 어느 것인가?(단, $V_1$은 작은 파이프에서의 물 속도, $V_2$는 물탱크에서의 물 속도)

① $\dfrac{V_1^2}{2g}$　　② $\dfrac{V_1^2}{g}$　　③ $\dfrac{V_2^2}{2g}$　　④ $\dfrac{V_2^2}{g}$

답 : ①

**39.** 수평 원관 속의 층류 흐름일 경우 유량은?

① 관의 길이에 비례한다.　　② 압력강하에 반비례한다.
③ 점성에 비례한다.　　④ 직경의 4승에 비례한다.

**풀이** $Q = \dfrac{\Delta p \pi r_0^4}{8\mu l} = \dfrac{\Delta p \pi d^4}{128\mu l}$

답 : ④

**40.** 다음의 식 중에서 $\Delta p_m$은 어떠한 것을 말하는가?

$$\Delta p_m = 6.174 \times 10^5 \times \frac{Q^{1.85}}{C^{1.85} d^{4.87}} \text{(Hazen-William's equation)}$$

① 펌프 $A$축과 펌프 $B$축과의 압력차
② 배관 중 외부로 누출되는 압력손실
③ 펌프 날개에 의한 회전시의 압력손실
④ 배관 1[m]당 마찰손실로 인한 압력손실

**풀이** Hazen-William식 : $p_m = 6.174 \times 10^5 \times \dfrac{Q^{1.85}}{C^{1.85} \times d^{4.87}}$

$p_m$ : 관의 길이 1[m] 당의 마찰손실에 다른 압력강하[$kg_f/cm^2 \cdot m$]
$Q$ : 유량[1/min]  $d$ : 관의 내경[mm]  $C$ : 관의 조도계수

답 : ④

**41.** 원관의 층류 흐름에서 점성에 의한 마찰계수는?

① 레이놀즈수에 비례한다.
② 레이놀즈의 제곱에 비례한다.
③ 레이놀즈수에 반비례한다.
④ 레이놀즈수와는 관계가 없다.

**풀이** 층류운동에서 $f = \dfrac{64}{Re}$이므로 $Re$에 반비례한다.

답 : ③

**42.** 완전한 층류의 흐름에 대하여 관 마찰계수 $f$는?

① 상대 조도만의 함수가 된다.
② 레이놀즈수만의 함수이다.
③ 마하수만의 함수이다.
④ 오일러수만의 함수이다.

**풀이** 마찰계수에 대한 Moody선도에서 층류일 때는 $Re$만의 함수다.

| 유동영역 | 층류 | 임계상태 | 천이상태 | 완전난류 |
|---|---|---|---|---|
| 지배되는 힘 | 점성 | 점성 대 관성 | | 관성 |

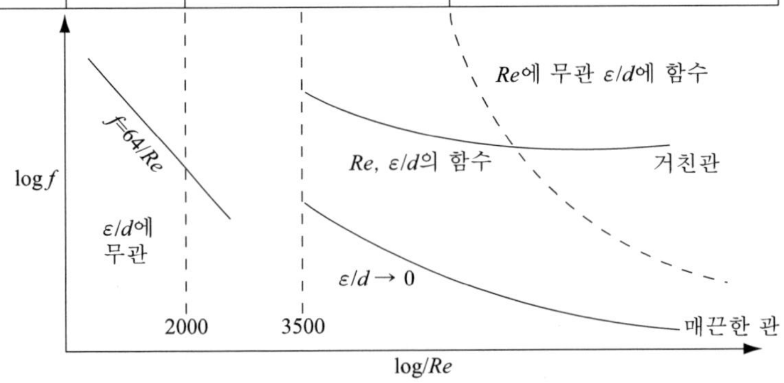


마찰계수에 대한 Moody선도에서 층류일 때는 $Re$만의 함수다.

답 : ②

**43.** Darcy-Weisbach의 마찰손실 공식은 어느 것인가?

① $h_L = f\dfrac{l}{D} \cdot \dfrac{V^2}{2g}$　　② $h_L = f\dfrac{V^2}{2g}$

③ $h_L = f\dfrac{l}{D} \cdot \dfrac{V^2}{g}$　　④ $h_L = f\dfrac{l}{D} \cdot \dfrac{V^2}{Re}$

**풀이** Darcy-Weisbach의 방정식은 손실수두를 구한 식이다.

$h_L$ : 마찰손실 수두(m)　　$f$ : 마찰계수

$L$ : 관의 길이(m)　　$D$ : 관경(m)

$g$ : 지구중력 가속도($9.8m/sec^2$)　　$V$ : 유속(m/sec)

답 : ①

**44.** Darcy의 방정식 $h_L = f\dfrac{l}{D} \cdot \dfrac{V^2}{2g}$에서 $f$에 대한 설명으로 가장 옳은 것은?

① 레이놀즈수에만 관계되는 함수이다.

② 마하수와 레이놀즈수에 관계되는 함수이다.

③ 관의 길이와 지름 및 레이놀즈수에 관계되는 함수이다.

④ 레이놀즈수와 관의 상대조도에 관계되는 함수이다.

답 : ④

**45.** 아래 표는 배관의 마찰손실에 대한 내용이다. 빈칸 ①, ②, ③을 순서대로 나열하면?

| 구경(mm) | 길이(m) | 마찰손실$mmH_2O/m$ | 관마찰손실($MAQ$) | 유량($LPM$) | 비고 |
|---|---|---|---|---|---|
| 80 | 5 | ① | 0.013 | 130 | |
| 100 | 14.4 | ② | 0.00144 | 130 | |
| 100 | 57.5 | ③ | 0.22425 | 260 | |
| 계 | 0.23869 | | | | |

① 2.2　0.1　3.7　　② 2.3　0.2　3.8

③ 2.4　0.3　3.8　　④ 2.6　0.1　3.9

**풀이** ① 2.6　② 0.1　③ 3.9

답 : ④

**46.** 옥외 소화전설비의 노즐 선단에서 유량계(Pitot gauge)를 사용하여 방수량을 측정한 결과 590[L/min]이었다. 노즐 구경이 25[mm]이라면 그때의 노즐 선단 방수압력은?

① 2.1[$kg_f/cm^2$]　　② 3.0[$kg_f/cm^2$]

③ 3.4[$kg_f/cm^2$]　　④ 4.0[$kg_f/cm^2$]

**풀이** $Q=590[\ell/\text{min}]$ $\quad$ $\text{d}=25[\text{mm}]$ $\quad$ $p=?$ $\quad$ $Q=0.653d^2\sqrt{p}$

$$\sqrt{p}=\frac{Q}{0.653d^2}$$

$$\therefore p=\left(\frac{590}{0.653\times(25)^2}\right)^2=2.09[\text{kg}_\text{f}/\text{cm}^2]$$

답 : ①

**47.** 글로우브밸브(부차손실계수 $k=10$)에 의한 손실을 안지름이 10cm이고 관마찰계수가 0.015 관의 길이로 환산한다면 관의 상당 길이(equivalent length)는 몇 m인가?

① 30m ② 40m
③ 50m ④ 70m

**풀이** 관의 상당길이 $L_e=\frac{kd}{f}=\frac{10\times10}{0.015}=6666.6\text{cm}\fallingdotseq70\text{m}$

답 : ④

**48.** 지름 0.5m인 관속을 5.5m/s의 평균속도로 물이 흐르고 있을 때 관의 길이 1000m에 대한 마찰손실수두는 약 몇 m인가?(단, $f$는 0.03)

① 93 ② 31
③ 120 ④ 40

**풀이** Darcy-Weisbach 방정식에서 $h_L$은

$$h_L=f\cdot\frac{l}{D}\cdot\frac{V^2}{2g}=0.03\times\frac{1000}{0.5}\times\frac{5.5^2}{2\times9.8}=92.6$$

답 : ①

## ▶ 주관식

**1.** 소방 수류에 피토관을 적용하여 부르돈 압력계로 압력을 측정하였더니 65[psi]였다. 유속은 얼마인가?

**풀이** 65[psi] = 448.5[kPa] 압력수두$= \dfrac{p}{r} = \dfrac{448.5[kPa]}{9.8[kN/m^3]} = 45.8$

$V = \sqrt{2gH} = \sqrt{2 \times 9.8 \times 45.8} = 29.95[m/sec]$

답 : 29.95[m/sec]

**2.** 소화설비에서 관경을 100mm, 80mm, 65mm로 축소하여 물을 흘렸을 때 100mm소화배관에서 속도를 1m/s라 하면 80mm, 65mm 배관에서 유속은 각각 몇 m/s인가? (단, 유체의 분기상태는 없으며 비압축성 유체를 간주한다.)

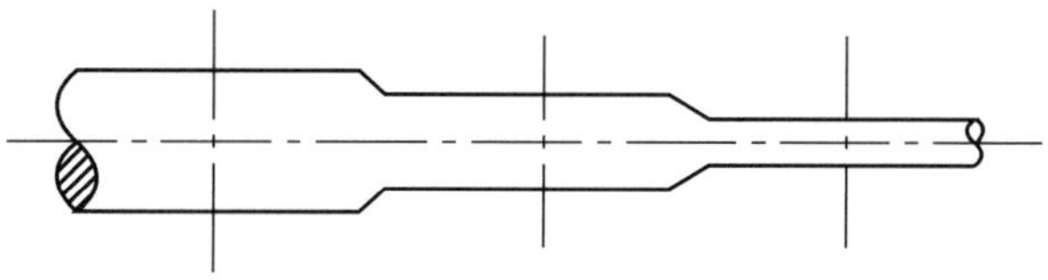

**풀이** ① 80mm 배관의 유속계산은 관경의 제곱에 반비례하므로

$$\frac{\pi D_1^2}{4} \times 1m/s = \frac{\pi D_2^2}{4} \times U_2 (D_1 = 100mm, D_2 = 80mm)$$

$$U_2 = \frac{D_1^2}{D_2^2} \times 1m/s = \frac{100^2}{80^2} \times 1m/s = 1.56m/s$$

② 65mm 배관에서의 유속

$$\frac{\pi D_1^2}{4} \times U_1 = \frac{\pi D_3^2}{4} \times U_3 \quad U_3 = \frac{D_1^2}{D_3^2} \times U_1 = \frac{100^2}{65^2} \times 1m/s = 2.37m/s$$

답 : ① 80mm에서 1.56m/s ② 65mm에서 2.37m/s

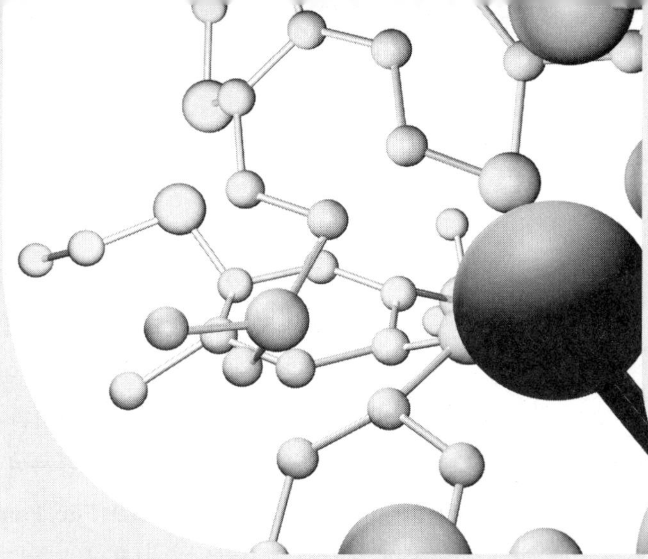

# 제 6 장

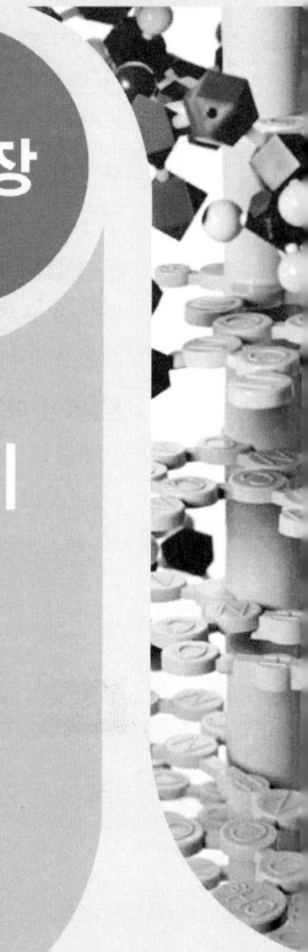

# 펌프 및 송풍기


6-1 펌프의 종류
6-2 원심펌프
6-3 펌프의 양정
6-4 펌프의 동력 및 효율
6-5 펌프의 직·병렬 작동
6-6 비속도와 상사의 법칙
6-7 펌프의 이상현상
6-8 소방펌프
6-9 송풍기

화재를 진화하는 방법에는 여러 가지 방법이 있으나 유류화재, 전기화재 및 특수화재를 제외한 대부분의 일반화재를 진화하는 데는 물을 이용한 소화설비가 가장 효과가 크고 경제적이며, 소화저수조에서 필요한 장소로 물을 공급하는 기능을 하는 소방펌프는 물소화설비에서 갖추어야 하는 가장 기본이 되는 중요한 장비 중의 하나라고 할 수 있다. 펌프는 전동모터, 내연기관 등 구동부를 통하여 기계적 에너지를 받아서 액체에 압력과 속도를 주어 그 액체를 관을 통하여 높은 곳으로 올리거나 또는 먼 거리로 수송하는 데 사용되는 기계장치이며, 소방펌프(Fire Pump)는 소화용 저수조의 물을 관(pipe)을 통하여 필요한 압력과 유량을 공급하는데 사용된다. 펌프는 구조에 따라 여러 가지 종류로 나눌 수 있으나 **소방펌프는 대부분 회전차(Impeller)의 회전에 의한 원심력을 이용한 원심펌프(Centrifugal)를 이용**한다.

아울러 송풍기는 제연설비를 설계하는데 중요한 설비로써, 화재시의 거주자의 생명을 보호한다는 측면에서 매우 중요한 설비이다. 따라서 이 장에서는 펌프와 송풍기에 대한 전반적인 내용을 언급하면서 소방분야의 활용 가능하도록 하고자 한다.

## 6-1 펌프의 종류

**표 6-1** 펌프의 종류

- 펌프
  - 터보형
    - 원심식
      - 볼류트형 원심펌프
      - 다퓨져형 원심펌프
    - 사류식
      - 볼류트형 원심펌프
      - 디퓨터형 원심펌프
    - 축류식
      - 축류식 펌프
  - 용적형
    - 왕복식
      - 피스톤 펌프
      - 플런져 펌프
      - 다이아프램 펌프
    - 회전식
      - 기어펌프
      - 베인펌프
      - 나사펌프
      - 캠펌프
      - 스크류펌프
  - 특수형
    - 와류펌프
    - 제트펌프
    - 수격펌프
    - 점성펌프
    - 관성펌프
    - 기포펌프
    - 전자펌프
    - 진공펌프

액체를 취급하는 펌프의 종류를 형식별로 분류하면 위의 표와 같다. 또한 이는 구조에 따라 입축, 횡축, 단흡입, 양흡입, 윤절형(輪切形), 수평분할형, 단·다단, 고정익, 가동익 등으로 세분할 수 있다.

## 6-2 원심펌프

원심펌프는 날개의 회전차(Impeller)에 의한 원심력에 의하여 압력의 변화를 일으켜 유체를 수송하는 펌프이다.

### [1] 구조와 원리

아래의 그림과 같이 물을 담은 원통형의 용기를 축을 중심으로 회전시키면 용기내의 물은 원심력(centrifugal force)에 의해 가장자리로 작용하는 압력이 증가한다. 반면, 중심부의 압력은 낮아지게 된다. 그리하여 용기의 가운데 수면은 낮아지게 되고 가장자리는 높아져 처음의 점선위치에서 실선과 같이 변형된다. 따라서, 압력이 낮은 중심부에 관을 연결하여 보다 아래쪽에 있는 물탱크와 연결하고, 원통형의 용기를 밀폐된 것으로 하여 회전시키게 되면 용기 아래에 위치한 물탱크로부터 물이 천천히 빨려오게 된다.

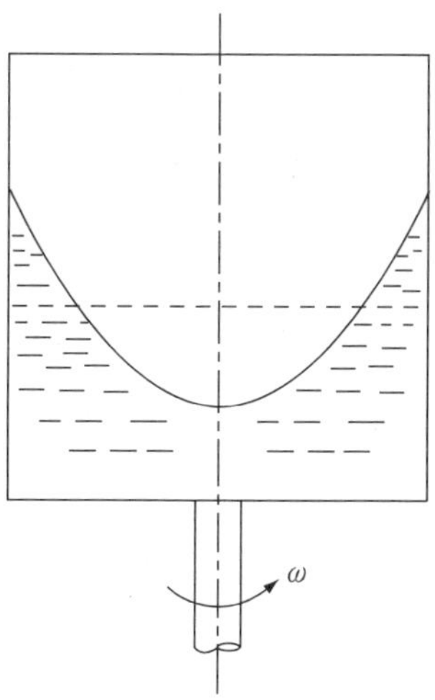


**그림 6-1** 회전원통형 용기

이와 같은 원리를 이용하여 [그림 6-1]과 같이 밀폐된 용기 대신에 케이싱(casing), 회전하게 되는 용기 대신에 회전차(Impeller), 중심 부분에 흡입관으로 구성된 것이 원심펌프의 기본구성요소이다.

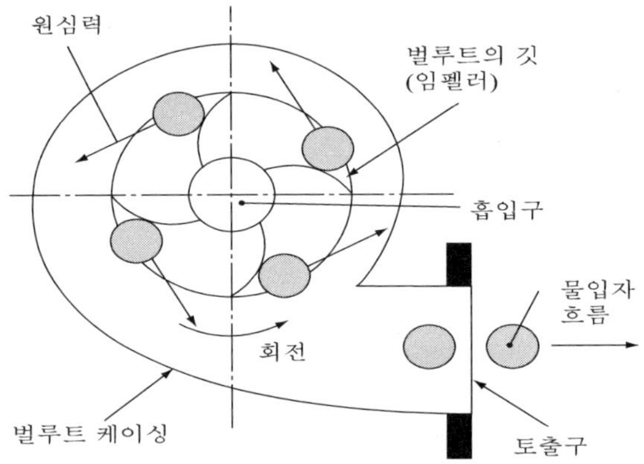


**그림 6-2** 원심펌프의 흐름

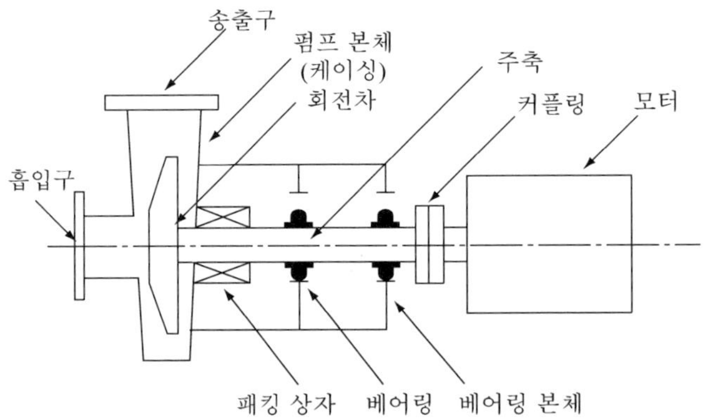


**그림 6-3** 원심펌프의 개략도

원심펌프의 기본구성요소는 [그림 6-3]에 도시한 바와 같이 회전차(Impeller), 주축, 펌프 본체, 안내깃 및 와실, 베어링(bearing), 그리고 축봉장치(packing and sealing)로 구성된다.

## [2] 분류

### 1) 안내깃의 유무에 의한 분류

① 볼류트 펌프(volute pump) : 양정이 낮고 양수량이 많은 곳에 사용. 회전차의 외주에 접해서 안내깃이 없는 원심펌프

② 디퓨져 펌프(diffuser pump) : 회전차의 외주에 접해서 안내깃이 있는 원심펌프. 양정이 높은 곳, 즉 방출압력이 높은 곳에 적절

### 2) 흡입구수에 의한 분류

① 단흡입펌프(single suction pump) : 회전차의 한쪽에서만 유체를 흡입하는 펌프

② 양흡입펌프(double siction pump) : 회전차의 양쪽에서 유체를 흡입하는 펌프. 송출유량이 많은 경우에 사용

### 3) 단수에 의한 분류

① 단단펌프(single stage pump) : 하나의 케이싱 내에 1개의 회전차로 구성

② 다단펌프(multi stage pump) : 하나의 케이싱 내의 동일축에 2개 이상의 회전차를 직렬로 배치

### 4) 축의 형상에 의한 분류

① 횡축식 펌프(horizontal type pump) : 펌프의 주축이 수평으로 놓여진 펌프. 일반적인 거의 모든 펌프

② 종축식 펌프(vertical type pump) : 펌프의 주축이 수직으로 놓여진 펌프. 공동현상(cavitation) 발생 우려가 있는 장소에 설치

### 5) 케이싱의 형상에 의한 분류

① 원통형 펌프(cylindrical casing pump)

② 윤절형 펌프(sectional casing pump)

③ 상하분할형 펌프(split casing pump)

④ 배럴형 펌프(barrel casing pump)

## [3] 원심펌프의 특성

### 1) 펌프의 특성곡선

펌프의 특성은 아래 그림과 같이 토출유량을 횡축으로 해서 도시된 양정곡선, 축동력곡선 및 효율곡선의 세 가지로 표현된다.

① 양정곡선 : 일반적으로 토출유량이 0일 때의 전양정(체절양정)이 최대이고 토출유량의 증가와 함께 양정은 낮아지는 특성을 보인다. 또한 체절양정보다도 약간 토출유량이 증가하는 지점에서 전양정이 최대가 되는 특성을 보이기도 한다.

② 축동력 곡선 : 원심펌프에서는 토출유량이 0일 때에 축동력이 최소이고 토출유량의 증가와 함께 축동력이 증가하는 우측상승곡선을 이룬다.

③ 효율곡선 : 펌프의 효율은 각 토출유량에 있어서 축동력에 대한 수동력의 비율을 %로 나타낸 것이다.

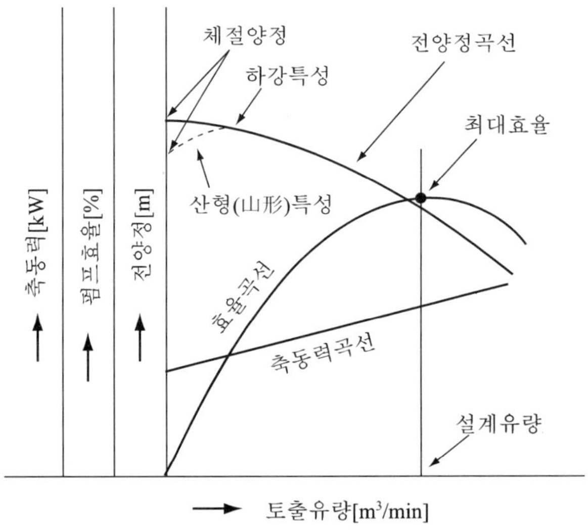


**그림 6-4** 원심펌프의 특성곡선

### 2) 소방펌프의 성능 조건

① 체절양정(Shut off head)은 정격양정(Rated head)의 140%를 초과하지 않아야 한다.

② 정격토출량(Rated capacity)의 150%를 방사하여도 토출압력은 정격양정의 65% 이상이 되어야 한다.

## 6-3 펌프의 양정

### [1] 실양정($H_a$ ; actual head)

양수장치에서 펌프를 중심으로 하여 흡입액면으로부터 송출액면까지의 수직높이를 뜻한다. 펌프의 중심선으로부터 흡입액면까지의 수직높이를 흡입실양정 $H_s$(actual suction head), 중심선으로부터 송출액면까지의 수직높이를 송출실양정 $H_d$(actual discharge head)이라 한다.

$$H_a = H_s + H_d \tag{6.1}$$

### [2] 계기양정($H_m$ ; manometric head)

앞에서 논의한 실양정은 단순히 펌프가 유체를 이동시킨 결과만을 이야기한 것이며, 실제로 유체가 흡입관과 송출관 속을 흐르기 때문에 마찰저항을 이겨낼 만한 동력을 펌프가 부담해야 하고, 또한 송출관으로부터 수조(tank)에 방출하여 손실에 상당하는 잔류속도수두도 펌프가 감당해야 할 동력이 된다. 이와 같은 논리를 수용할 수 있는 방안으로 펌프를 중심으로 가능한 가까운 위치에 흡입관측에 진공계기, 송출관측에 압력계기를 부착하여 각 계기의 계기 읽음으로부터 결정하는 것이 계기양정이다([그림 6-5] 참조).

베르누이 정리로부터 펌프에 관한 에너지 방정식을 세워 정리하면

$$H_m = \frac{P_d - P_s}{\gamma} + \frac{v_d^2 - v_s^2}{2g} + y \tag{6.2}$$

이고, 여기서 $y$는 진공계와 압력계의 설치높이차이다.

### [3] 전양정($H_t$ : total head)

펌프를 포함한 양수장치 전체의 계에 대해서 양정을 생각해보면, 흡입액면과 송출액면에 작용하는 압력을 각각 $P_s$, $P_d$, 흡입관과 송출관에서의 평균유속을 각각 $v_s$, $v_d$, 흡입관 및 송출관로 내의 전체의 손실수두를 $h_\ell$, 실양정을 $H_a$라 하면, 이러한 양수장치계에 유동이 이루어지게 하는데 필요한 양정은 다음과 같다.

$$H = \frac{P_d - P_s}{\gamma} + \frac{v_d^2 - v_s^2}{2g} + H_a + h_\ell \tag{6.3}$$

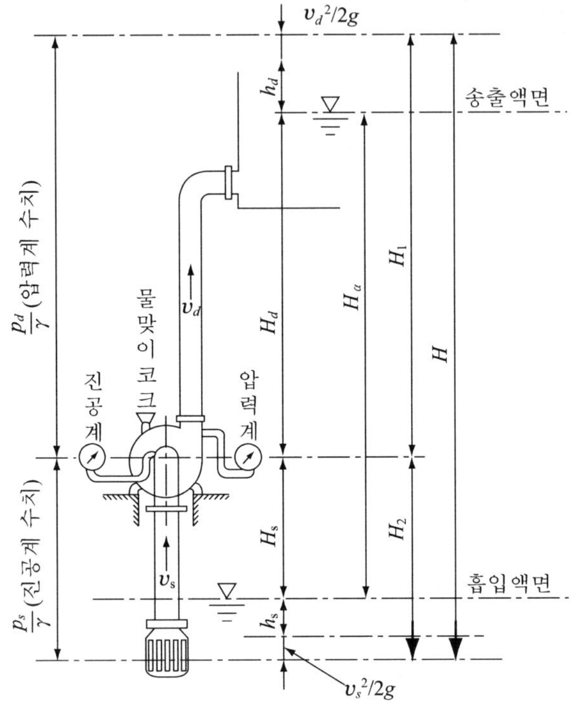


**그림 6-5** 양수장치의 설치도

**reference**

**그림의 설명**

| | |
|---|---|
| $\dfrac{P_s}{\gamma}$ : 진공계 수치 | $H_s$ : 흡입실양정 |
| $\dfrac{P_d}{\gamma}$ : 압력계 수치 | $H_d$ : 토출실양정 |
| $\dfrac{v_s^2}{2g}$ : 흡입속도수두 | $H_a$ : 실양정($H_a = H_s + H_d$) |
| $h_s$ : 흡입측 마찰손실수두 | $H$ : 전양정 |
| $h_d$ : 토출측 마찰손실수두 | $H_1$ : 토출전양정 |
| $\dfrac{v_d^2}{2g}$ : 토출속도수두 | $H_2$ : 흡입전양정 |

$H$(전양정) = $H_1$(토출전양정) + $H_2$(흡입전양정)

$H_1$(토출전양정) $= h_d + \dfrac{v_d^2}{2g} + H_d$ = 토출마찰손실수두 + 토출속도수두 + 토출실양정

$H_2$(흡입전양정) $= h_s + \dfrac{v_s^2}{2g} + H_s$ = 흡입마찰손실수두 + 흡입속도수두 + 흡입실양정

**example 6-1**

다음 그림에서 흡입배관과 토출배관의 구경이 같을 경우 펌프의 전양정은 얼마인가?

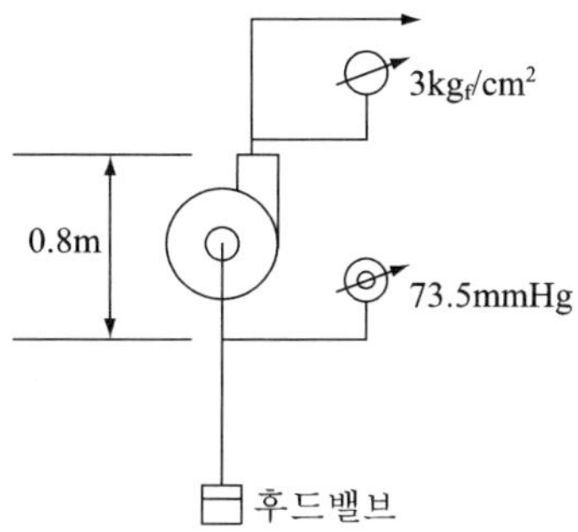


**풀이**

구경이 같기 때문에 $\dfrac{v_d^2-v_s^2}{2g}=0$이다.

전양정 = 흡입측 진공계의 지시압 + 토출측 압력계의 지시압 + 연성계와 압력계의 높이차

$$=\left(\frac{73.5\,\text{mmHg}}{760\,\text{mmHg}}\times 10.332\,\text{m}\right)+\left(\frac{3\,\text{kg}_f/\text{cm}^2}{1.0332\,\text{kg}_f/\text{cm}^2}\times 10.332\,\text{m}\right)+0.8\,\text{m}=31.8\,\text{m}$$

**example 6-2**

양수장치를 설계하고자 하는데 취급하는 액체는 50℃의 맑은 물이고, 흡입액면에 작용하는 압력은 대기압이며, 송출액면에 작용하는 압력은 $5\,\text{kg}_f/\text{cm}^2$이다. 또한, 송출액면과 흡입액면의 높이의 차가 30m, 정격유량이 유동할 때의 전체 관로계의 손실수두를 5m라고 한다. 여기서, 흡입관과 송출관에서의 유속은 같다고 하면 양정을 얼마로 하면 되는가?

**풀이**

취급하는 액체는 50℃의 물이므로 물의 비중량은 $\gamma_{50℃(물)}=988.1\,\text{kg}_f/\text{m}^3$이다.

따라서, $P_d=5\,\text{kg}_f/\text{cm}^2$, $P_s=0$, $H_d=30\,\text{m}$, $H_\ell=5\,\text{m}$, $v_s=v_d$를 정리하면

$$H=\frac{5\times 10^4}{988.1}+30+5=85.6\,\text{m}$$

이다.

**example 6-3**

어떠한 펌프를 운전해서 정격유량을 수송하고 있을 때 압력계 및 진공계 눈금이 각각 38m, 2m의 크기를 얻었다. 압력계와 진공계의 수직거리는 40cm이고, 흡입관과 송출관의 지름은 같다고 하면 이 펌프의 양정은 얼마인가?

**풀이**

위에서 $P_d/\gamma = 38\,\mathrm{m}$, $P_s/\gamma = 2\,\mathrm{m}$(진공), $y = 0.4\,\mathrm{m}$, $v_s = v_d$이므로 이 값들을 정리하면,

$$H_m = 38 - (-2) + 0.4 = 40.4\,\mathrm{m}$$

이다.

## 6-4 펌프의 동력 및 효율

### [1] 펌프의 동력

#### 1) 수동력(water horse power)

펌프 내의 회전차의 회전에 의하여 펌프를 통과하는 액체에 주어지는 동력(펌프의 효율을 고려하지 않는다.)

$$P_w[\mathrm{kg_f \cdot m/s}] = \frac{\gamma \mathrm{QH}}{76}[\mathrm{Hp}] = \frac{\gamma QH}{102}[\mathrm{kW}] \tag{6.4}$$

$\gamma$ : 비중량$[\mathrm{kg_f/m^3}]$
$Q$ : 유량$[\mathrm{m^3/s}]$
$H$ : 양정$[\mathrm{m}]$

#### 2) 축동력(제동동력, shaft horse power)

펌프의 외부에 있는 동력공급원(원동기, 전동기)으로부터 펌프의 회전차를 구동하는데 필요한 동력(펌프의 효율을 고려한다)

$$P_s[\mathrm{kg_f \cdot m/s}] = \frac{\gamma QH}{76 \times \eta}[\mathrm{Hp}] = \frac{\gamma QH}{102 \times \eta}[\mathrm{kW}] \tag{6.5}$$

$\gamma$ : 비중량$[\mathrm{kg_f/m^3}]$
$Q$ : 유량$[\mathrm{m^3/s}]$
$H$ : 양정$[\mathrm{m}]$
$\eta$ : 펌프효율

### 3) 원동기의 동력

펌프를 구동하는 원동기의 출력($P$)은 보통 축동력 ($P_s$)보다 크다.

$$P = KP_s = \frac{\gamma QH}{102 \times \eta} \times K \fallingdotseq \frac{0.163 \times q \times H}{\eta} \times K\ [\mathrm{kW}] \tag{6.6}$$

여기서 $K$ : 전달계수

$q$ : $\mathrm{m^3/min}$

**표 6-2** 펌프의 전달계수

| 동력의 형식 | 전달계수($K$)값 |
|---|---|
| 전동기 | 1.1 |
| 전동기 이외의 것 | 1.15~1.2 |

**reference**

**수동력, 축동력, 모터동력의 관계**

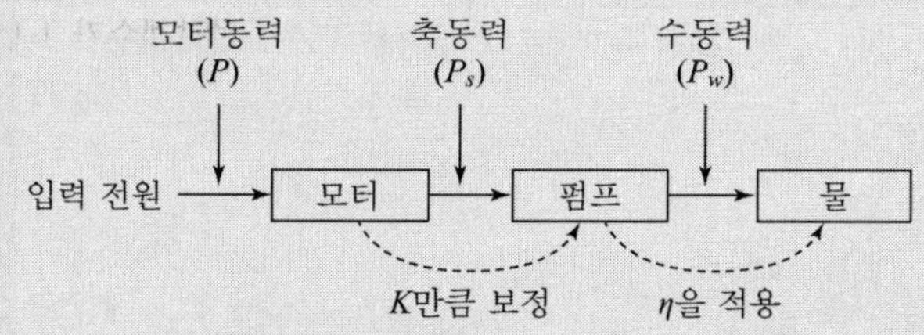


$$P > P_s > P_w$$

## [2] 펌프의 효율

### 1) 펌프의 효율

$$\text{펌프의 전효율 } (\eta) = \eta_h \cdot \eta_v \cdot \eta_m \tag{6.7}$$

$\eta_h$ : 수력효율(Hydraulic efficiency)

$\eta_v$ : 체적효율(Volumetric efficiency)

$\eta_m$ : 기계효율(Mechanical efficiency)

**example 6-4**

다음과 같은 조건에서 전동기용량(HP)을 계산하여 보기에서 선정하시오.

10, 20, 30, 40, 50(HP)

**조건** 유량 : $2\text{m}^3/\text{min}$, 전양정 : 50m, 효율 : 75%

**풀이**

$$HP = \frac{H \times \gamma \times Q}{76 \times \eta} \times K$$

$H$ : 전양정(m) $\gamma$ : 비중량($\text{kg}_f/\text{m}^3$)

$Q$ : 유량($\text{m}^3/\text{sec}$) $\eta$ : 효율

$K$ : 전달계수(전동기일 때 1.1, 전동기 이외일 때 1.15, 1.2)

$$HP = \frac{50 \times 1{,}000 \times \frac{2}{60}}{76 \times 0.75} \times 1.1 = 29.24\text{HP}$$

**답** : 30HP

**example 6-5**

어떤 펌프의 토출량이 100 L/sec, 양정 25mAq, 펌프효율 65%, 전달계수가 1.1일 때 펌프의 전동기 용량은 몇 Kw인가?

**풀이**

$$\text{Kw} = \frac{\text{H} \times \gamma \times \text{Q}}{102 \times \eta} \times \text{K}$$

전양정 (H) = 25m

유량 (Q) = 100 L/sec = $0.1\text{m}^3/\text{sec}$

비중량 ($\gamma$) = $1{,}000\text{kg}_f/\text{m}^3$, 효율($\eta$) = 0.65, 전달계수(K) = 1.1

$$\text{Kw} = \frac{25 \times 1{,}000 \times 0.1}{102 \times 0.65} \times 1.1 = 41.478\text{kW}$$

**답** : 41.5kW

**example 6-6**

운전 중인 펌프의 압력을 조사하였더니 토출측 압력계는 $5.5\text{kg/cm}^2$, 흡입측의 진공계는 100mmHg이다. 압력계는 진공계보다 30cm 높은 곳에 설치되어 있다. 다음 물음에 답하시오.

(1) 펌프의 전양정

(2) 펌프의 토출량이 260 L/min일 때 수동력(kW)

(3) 펌프의 기계효율이 0.7, 수력효율이 0.9, 체적효율이 0.95일 때 축동력(kW)

(4) 전동기의 용량(kW)

(5) 내연기관 마력(HP)

풀이

1. 펌프의 전양정

$$= 5.5\,\text{kg/cm}^2 \times \frac{10.332\,\text{mH}_2\text{O}}{1.0332\,\text{kg/cm}^2} + 100\,\text{mmHg} \times \frac{10.332\,\text{mH}_2\text{O}}{760\,\text{mmHg}} + 0.3\,\text{m}$$

$$= 55\,\text{m} + 1.36\,\text{m} + 0.3\,\text{m} = 56.66\,\text{m}$$

2. 수동력(kW)

$$= \frac{\gamma QH}{102} = \frac{1{,}000\,\text{kg/m}^3 \times 0.26\,\text{m}^3/\text{min} \times 56.66\,\text{m}}{102 \times 60} = 2.4\,\text{kW}$$

3. 축동력(kW)

전효율$\eta$= 수력효율×체적효율×기계효율

$$= 0.9 \times 0.95 \times 0.7 = 0.6$$

$$\text{축동력(kW)} = \frac{\text{수동력}}{\text{전효율}} = \frac{2.4\,\text{kW}}{0.6} = 4\,\text{kW}$$

4. 전동기 용량(kW) = 축동력×전달계수= $4\,\text{kW} \times 1.1 = 4.4\,\text{kW}$

5. 내연기관마력(HP) = $4.4\,\text{kW} \times \frac{102}{76} = 5.9\,\text{HP}$

## 6-5 펌프의 직·병렬 작동

일반적으로 다단형 펌프나 또는 각기 별도의 특성을 갖는 몇 개의 펌프를 이용하여 양수하는 것이 더욱 효과적이다.

### [1] 펌프의 직렬작동

특성이 다른 두 개의 펌프를 직렬로 연결시켜 설치시에는 두 펌프의 전유량은 단일 펌프의 유량과 같지만 압력은 두 배가 된다.

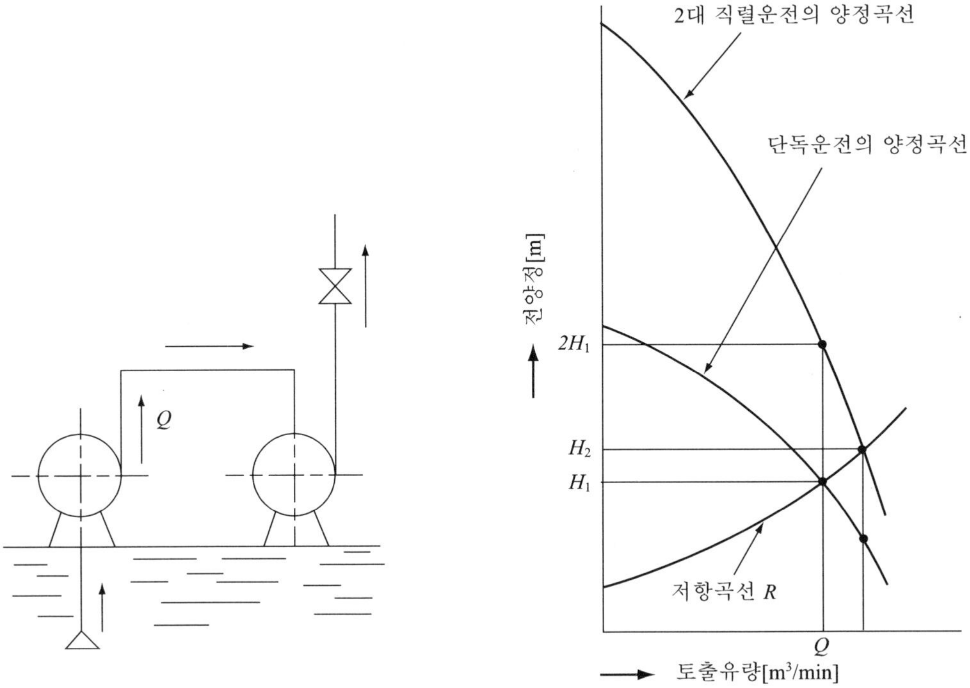


그림 6-6 펌프의 직렬운전

### [2] 펌프의 병렬작동

두 개의 펌프가 배출하는 유량은 단일 펌프 유량의 두 배가 되지만 압력의 발생은 단일 펌프와 같다. 이 개념은 단지 펌프의 유량이 대기로 배출될 때만 적용된다. 배출수가 관계통으로 늘어가면 마찰저항을 받기 때문에 병렬로 작동하는 두 펌프는 더욱 큰 흐름저항을 받는다. 그러므로 관계통내에서 별도로 작동될 때와는 다른 작용점을 갖게 된다. 즉, $Q_2 < 2Q_1$이다. [그림 6-8]은 이 개념을 도식한 것이다.

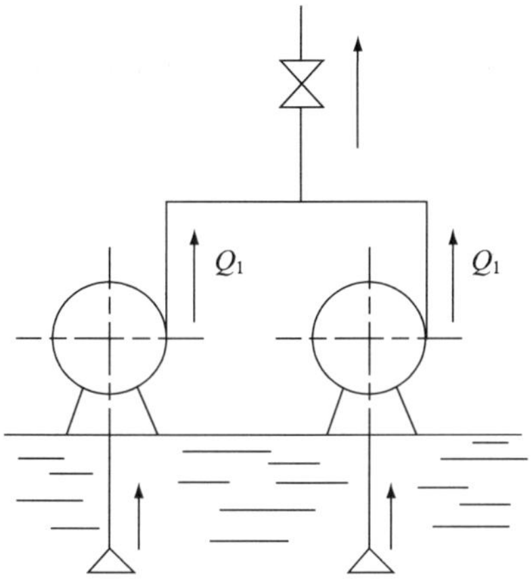


그림 6-7 펌프의 병렬운전

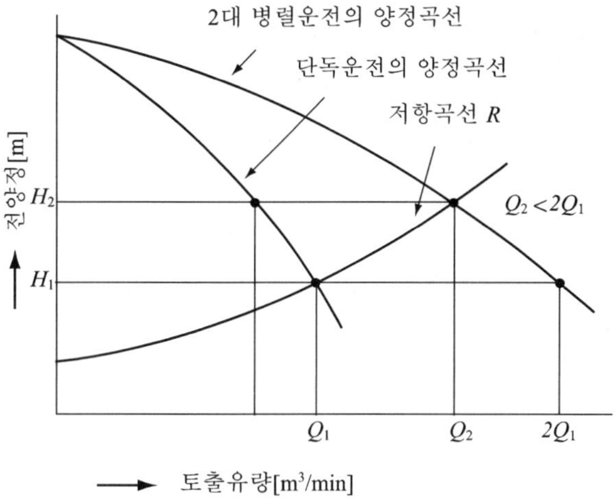


그림 6-8 펌프의 병렬운전의 특성곡선

## 6-6 비속도와 상사의 법칙

### [1] 비속도(Specific speed)

펌프의 비속도 $N_s$는 임펠러의 상사성(相似性) 또는 펌프의 특성 및 펌프의 형식을 결정하는 데 이용되는 값으로 다음과 같이 나타낸다.

$$N_s = \frac{NQ^{1/2}}{\left(\frac{H}{n}\right)^{3/4}} \tag{6.8}$$

여기서 $N$ : 회전수(rpm)
$Q$ : 유량($\mathrm{m^3/min}$)
$H$ : 양정(m)
$n$ : 단수

① 양흡입 펌프의 경우는 토출량의 1/2로 계산
② 다단 펌프의 경우 전양정은 임펠러 1단의 양정으로 적용
③ 양정이 높고 토출량이 큰 펌프는 비속도가 높음
④ 토출량, 양정이 동일한 경우 회전수가 높을수록 비속도가 커지게 된다.

**example 6-7**

양정 220m, 회전수 $N=2{,}900\text{rpm}$, 비속도 $176[\text{m}^3/\text{min, m, rpm}]$인 4단 원심펌프에서 유량 $Q[\text{m}^3/\text{min}]$ 을 구하여라.

**풀이**

단수를 4단으로 하고 있으므로

$$N_s = \frac{NQ^{1/2}}{\left(\frac{H}{n}\right)^{3/4}}$$

$$Q = \left(\frac{N_s\left(\frac{H}{n}\right)^{3/4}}{N}\right)^2 = \left(\frac{176\times\left(\frac{220}{4}\right)^{3/4}}{2{,}900}\right)^2 = 1.5[\text{m}^3/\text{min}]$$

**example 6-8**

양정 80m, 토출량 $15\text{m}^3/\text{min}$, 회전수 1,800rpm인 펌프가 있다. 편흡입 1단 펌프와 2단 펌프, 양흡입 1단 펌프에 대한 비속도를 구하라.

**풀이**

편흡입 1단의 경우 $N_s = \frac{1{,}800\times 15^{1/2}}{80^{3/4}} = \frac{1{,}800\times 3.74}{26.75} = 260.4$

편흡입 2단의 경우 $N_s = \frac{1{,}800\times 15^{1/2}}{40^{3/4}} = \frac{1{,}800\times 3.87}{15.9} = 438.1$

양흡입 1단의 경우 $N_s = \frac{1{,}800\times 7.5^{1/2}}{80^{3/4}} = \frac{1{,}800\times 2.74}{26.75} = 184.4$

### [2] 상사의 법칙(Affinity law)

비속도가 같으면 펌프의 크기가 다른 경우에도 이를 상사(Affinity)라고 한다. 원심펌프에 있어서는 상사의 경우 회전수($N$), 임펠러의 지름($D$)에 따라 토출량($Q$), 양정($H$), 축동력($L$)이 다음과 같은 관계가 있다.

$$\text{토출량비}\ Q_2 = Q_1 \times \frac{N_2}{N_1} \times \left(\frac{D_2}{D_1}\right)^3 \tag{6.9}$$

$$\text{양정비}\ H_2 = H_1 \times \left(\frac{N_2}{N_1}\right)^2 \times \left(\frac{D_2}{D_1}\right)^2 \tag{6.10}$$

$$\text{축동력비 } L_2 = L_1 \times \left(\frac{N_2}{N_1}\right)^3 \times \left(\frac{D_2}{D_1}\right)^5 \tag{6.11}$$

여기서, $N$ : 회전수(rpm), $D$ : 회전차내경(mm)

한 대의 펌프를 다른 속도에서 운전할 경우에는 $D_1 = D_2$가 되므로 내경은 고려하지 않는다.

**example 6-9**

어떤 펌프가 2,000rpm으로 회전하여 전양정 100m에 $0.25\,m^3/s$의 유량을 방출한다. 이것과 상사로서 크기가 2배 되는 펌프가 1,500rpm으로 운전될 때 유량은 몇 $m^3/s$가 되는가?

**풀이**

유량에 관한 상사법칙에 의하여

$$Q_2 = Q_1\left(\frac{D_2}{D_1}\right)^3 \frac{N_2}{N_1} = 0.25 \times \left(\frac{2}{1}\right)^3 \times \frac{1{,}500}{2{,}000} = 1.5\,[m^3/s]$$

**example 6-10**

어떤 펌프가 매분 2,000회전으로 전양정 100m에 대하여 $0.25\,m^3/s$인 수량을 방출한다. 이것과 상사로서 치수가 2배인 펌프가 매분 1,500회전이고, 다른 것은 동일상태로 운전될 때의 전양정을 구하여라.

**풀이**

전양정에 관한 상사법칙에 의해

$$H_2 = H_1\left(\frac{D_2}{D_1}\right)^2\left(\frac{N_2}{N_1}\right)^2 = 100 \times \left(\frac{2}{1}\right)^2 \times \left(\frac{1{,}500}{2{,}000}\right)^2 = 225\,[m]$$

**example 6-11**

주파수가 50사이클 지역에서 펌프의 회전수가 1,450rpm인 경우에 양정 25m, 유량 $4\,m^3/min$, 축동력 22kW인 펌프가, 60사이클 지역에서 펌프의 회전수가 1,740rpm으로 된다면 축동력은 몇 kW가 되는가?

**풀이**

동일한 펌프에 대한 문제이므로 $D_1 = D_2$이다. 따라서 축동력에 관한 상사법칙에 의해

$$L_2 = L_1\left(\frac{D_2}{D_1}\right)^5\left(\frac{N_2}{N_1}\right)^3 = 22 \times (1)^5 \times \left(\frac{1{,}740}{1{,}450}\right)^3 = 38\,[kW]$$

## example 6-12

정격용량이 70psi에서 1,000gpm이나 디젤 엔진구동 소화펌프가 현장성능 시험서 1,700RPM에서 운전되고 있다. 펌프 제조업체의 성능시험 성적서 내용은 다음과 같다.

| 구 분 | 체절운전 | 정격운전시 | 최대운전시 |
|---|---|---|---|
| 유 량 | 0gpm | 1,000gpm | 1,500gpm |
| 토출압력 | 99psi | 82psi | 54psi |

반면 1,700RPM 운전시의 시험결과치는 다음과 같다.

| 구 분 | 체절운전 | 정격운전시 | 최대운전시 |
|---|---|---|---|
| 유 량 | 0gpm | 955gpm | 1,434gpm |
| 토출압력 | 90psi | 75psi | 50psi |

펌프 제조업체에서 제시한 성능을 얻기 위해 귀하는 어떤 조치를 취하겠는가? 귀하의 조치가 적절한지 여부를 입증하시오.

**풀이**

1. 소화펌프 성능 시험은 체절운전 및 최대운전시를 만족하여야 합니다.
   ① 먼저 조치사항은 정격운전시 회전수를 조정하여 유량 및 양정을 조정한 후
   ② 체절운전 및 최대운전시 유량 및 양정을 만족하여야 합니다.
2. 상사법칙(유양축 123.325)

| 토출량비 | 양정비 | 축동력비 |
|---|---|---|
| $\dfrac{Q_2}{Q_1}=\dfrac{N_2}{N_1}\times\left(\dfrac{D_2}{D_1}\right)^3$ | $\dfrac{H_2}{H_1}=\left(\dfrac{N_2}{N_1}\right)^2\times\left(\dfrac{D_2}{D_1}\right)^2$ | $\dfrac{L_2}{L_1}=\left(\dfrac{N_2}{N_1}\right)^3\times\left(\dfrac{D_2}{D_1}\right)^5$ |

3. 정격운전시 회전수 조정
   ① 유량과 회전수와의 관계

$$\frac{Q_2}{Q_1}=\frac{N_2}{N_1}=\frac{1,000}{955}=\frac{N_2}{1,700}$$

$N_2=1,780$

   ② 양정과 회전수와의 관계

$$\frac{H_2}{H_1}=\left(\frac{N_2}{N_1}\right)^2=\frac{82}{75}=\left(\frac{N_2}{1,700}\right)^2$$

$N_2=1,778$

   ③ 조치 : 회전수를 1,700rpm에서 1,780rpm으로 높인다.
4. 체절운전 및 최대운전시 유량 및 양정
   ① 체절운전시 양정과 회전수와의 관계

$$\frac{H_2}{H_1} = \left(\frac{N_2}{N_1}\right)^2 = \frac{H_2}{90} = \left(\frac{1,780}{1,700}\right)^2$$

$H_2 = 98.7$ 체절압보다 낮다.

② 최대운전시 양정과 회전수와의 관계

$$\frac{H_2}{50} = \left(\frac{1,780}{1,700}\right)^2$$

$H_2 = 54.8$ 최대운전시 양정 54 보다 높다.

③ 최대운전시 유량과 회전수와의 관계

$$\frac{Q_2}{Q_1} = \frac{N_2}{N_1} = \frac{Q_2}{1,434} = \frac{1,780}{1,700}$$

$Q_2 = 1,501$

④ 입증

체절운전 및 최대운전시 유량 및 토출압력을 만족한다.

## 6-7 펌프의 이상현상

### [1] 펌프의 캐비테이션과 NPSH

#### 1) 캐비테이션(cavitation)의 정의

cavitation이란, 배관 내를 흐르는 액체의 압력이 해당온도에 대응하는 증기압 이하로 내려갈 때 국부적으로 비등현상이 일어나서 증기가 발생되며 증기 공동(空洞)을 만드는 현상을 말한다.

표준 대기압 상태에서 펌프가 끌어올릴 수 있는 물의 높이(흡입양정)는 이론적으로 약 10.33m이지만 관마찰이나 기타의 손실 때문에 실제로는 약 6～7m 정도 밖에 안 된다. 그러나 흡입높이가 그 이상이 되거나 또는 물의 온도가 높아지면 펌프의 흡입구 측에서 물의 일부가 증발하여 기포가 되어 펌프로 흡입되고 펌프에 흡입된 증기의 기포는 임펠러를 거쳐 토출구 측으로 넘어가며 압력이 상승되므로 기포는 물 속으로 다시 소멸된다. 이 소멸되는 순간에 격한 음향과 진동이 일어나게 되며 이 현상으로 소음, 진동, 관부식 및 심하면 펌프의 흡입불능 현상을 가져온다. 압력이 국부적으로 포화증기압 이하로 내려가서 기포가 생성되는 원인은 흡상양정이 높거나 유속의 급변 또는 와류의 발생, 유로에서의 장해 등에 의해서 발생한다.

### 2) 흡입수두(NPSH, Net Positive Suction Head)

캐비테이션은 액체의 압력이 포화증기압 이하로 되면 생기는 것이므로 캐비테이션의 발생을 막는데는 펌프 내에서 포화증기압 이하의 부분이 생기지 않도록 하면 된다. 이를 위해서는 펌프의 특성과는 관계없이 펌프를 설치하는 주변 조건 및 환경에 따라 결정되는 **유효흡입수두(NPSH$_{av}$)** 및 흡입능력(제작사의 펌프 고유 특성)을 나타내는 **필요흡입수두(NPSH$_{re}$)**에 대하여 생각해 볼 필요가 있다.

가. 유효흡입수두(유효흡입양정, NPSH$_{av}$)

펌프가 설치되어 사용될 때 펌프 그 자체와는 무관하게 흡입측의 배관 또는 system에 따라서 정하여지는 값으로 펌프 흡입구 중심까지 유입되어 들어오는 액체에 외부로부터 주어지는 압력을 절대압력으로 나타낸 값에서 그 온도에서의 액체의 포화 증기압을 뺀 것을 유효 NPSH라 한다.

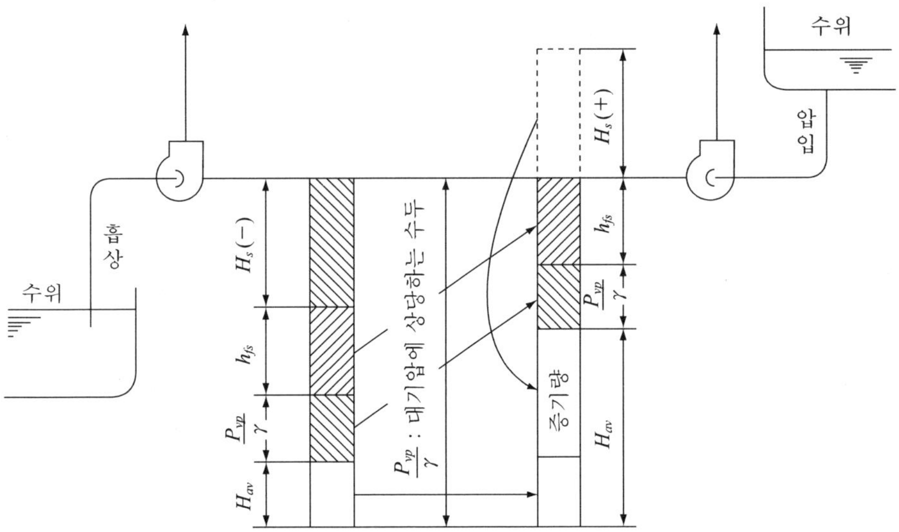


**그림 6-9** 펌프설비에서 얻어지는 NPSH

$$\mathrm{NPSH}_{\mathrm{av}} = H_{av} = \frac{P_a}{\gamma} - \frac{P_{vp}}{\gamma} \pm H_s - h_{fs} \tag{6.12}$$

여기서 $H_{av}$ : 이용 가능한 유효 흡입양정(NPSH-available)

$P_a$ : 흡입수면의 절대압력 $[\mathrm{kg/m^2}]$(표준 대기압 : $10{,}332\,\mathrm{kg/m^2}$)

$H_s$ : 흡입실양정(흡수면에서 펌프 기준면까지의 높이, m, [그림 6-9] 참조), 흡상일 때(−), 압입일 때(+)

$P_{vp}$ : 사용온도에서의 액체의 포화증기압($kg_f/m^2$ abs )

$\gamma$ : 사용온도에서의 단위체적당의 중량($kg_f/m^3$)

$h_{fs}$ : 흡입측 배관에서의 총손실수두(m)

즉, 흡입측 총손실수두, $h_{fs} = f\dfrac{v_s^2}{2g}$ ($f$ : 총저항(손실)계수)

식 (6.12)에 의하면 $NPSH_{av}$은 $H_s$가 일정하다고 가정하면 토출량이 증가하거나 흡입측의 배관 길이가 길어지는 만큼 작아져서 캐비테이션에 대한 위험도가 높아진다. 펌프의 기준면은 [그림 6-10]에 표시되어 있다.

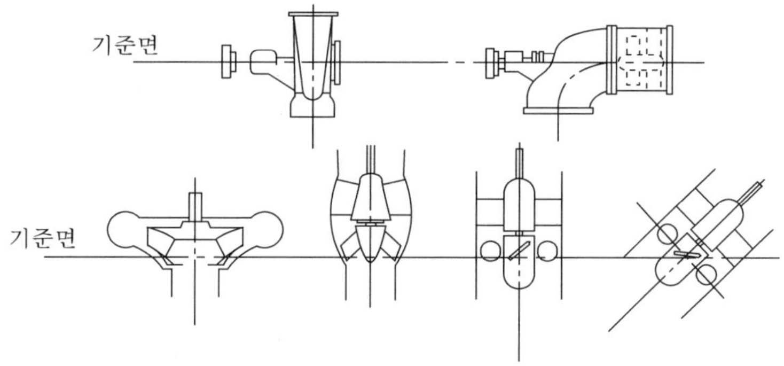


**그림 6-10** 펌프의 형식 및 설치방법에 따른 기준면

**① 흡수면에 대기압이 작용하는 경우의 NPSHav**

표고 0부근의 상온의 물에서는 식 (6.12)는 다음과 같은 식으로 표시된다.

$$NPSH_{av} \cong 10 - H_s - f v_s^2/2g \tag{6.13}$$

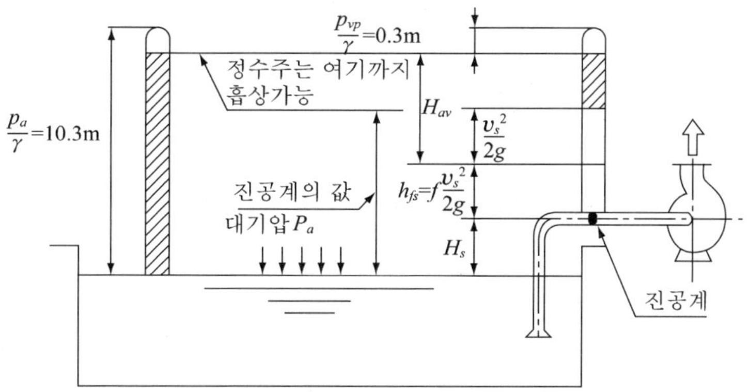


**그림 6-11** 흡수면에 대기압이 작용하는 흡상의 경우

② **흡입측의 밀폐수조인 경우 NPSHav**

ㄱ) 액면의 포화증기압 $P_{vp}$가 작용하고 있을 때 식 (6.14)는 다음과 같이 된다.

$$\mathrm{NPSH_{av}} = H_s - f v_s^2/2\mathrm{g} \tag{6.14}$$

단, $\mathrm{H_s}$는 반드시 압입되지 않으면 안된다.

압력계의 읽음 $= (P_{vp} + \gamma H_s) - P_a - \gamma(1+f) \times v_s^2/2\mathrm{g}$

$H_{av} = 1/\gamma \times$ 압력계의 읽음 $+ 1/\gamma \times (P_a - P_{vp}) + v_s^2/2\mathrm{g}$

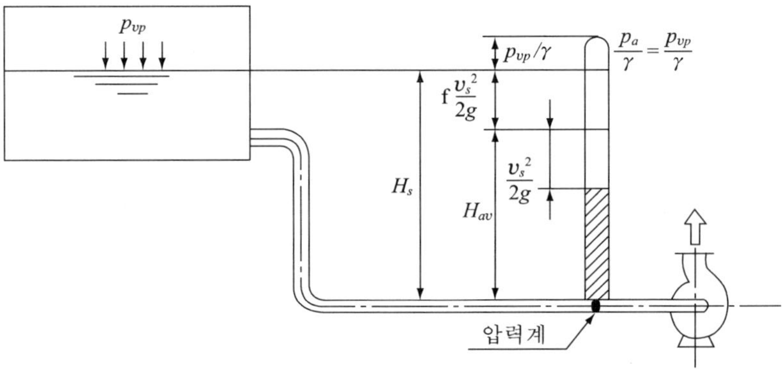


**그림 6-12** 흡입측 밀폐수조에서 포화증기압 $P_{vp}$가 작용하는 경우

ㄴ) 액면에 압력 $Ps\,(\mathrm{kg_f/m^2\ abs})$가 작용하고 있을 때 식은 다음과 같이 된다.

$$\mathrm{NPSH_{av}} = 1/\gamma(P_s - P_{vp}) + H_s - f v_s^2/2\mathrm{g} \tag{6.15}$$

압력계의 읽음 $= (P_s + \gamma H_s) - P_a - \gamma(1+f) \times v_s^2/2\mathrm{g}$

$H_{av} = 1/\gamma \times$ 압력계의 읽음 $+ 1/\gamma(P_a - P_{vp}) + v_s^2/2\mathrm{g}$

여기서, $P_a$ = 펌프설치지점의 대기압$(\mathrm{kg_f/m^3\ abs})$

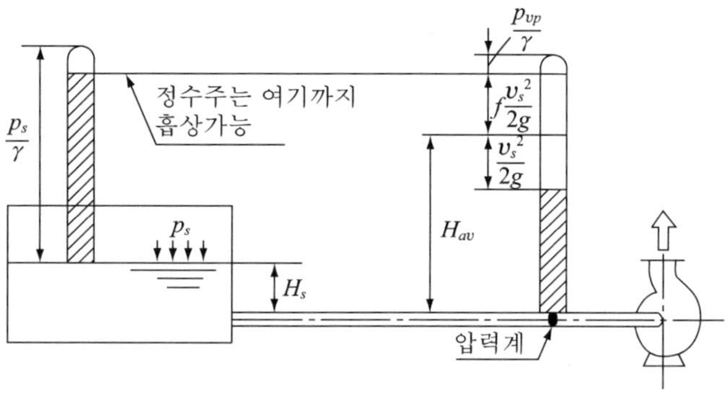


**그림 6-13** 흡입측 밀폐수조에서 $P_s(\mathrm{kg_f/m^2})$가 작용하는 경우

ㄷ) **NPSH의 계산예**

㉠ **흡수면에 대기압이 작용하는 경우**

**표 6-3** 흡수면에 대기압이 작용하는 경우의 NPSH 계산예

| | 항 목 | 흡상의 경우 | | 가압의 경우 |
|---|---|---|---|---|
| | | 평지대 | 고지대 | |
| 설치조건 | 펌프흡입상태 | 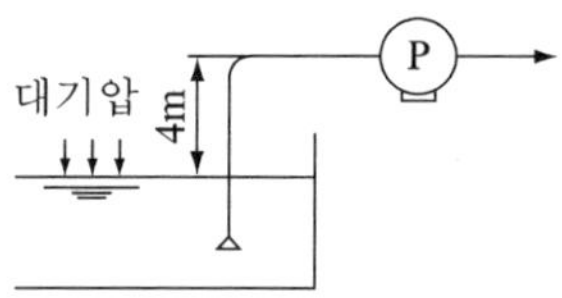 | | 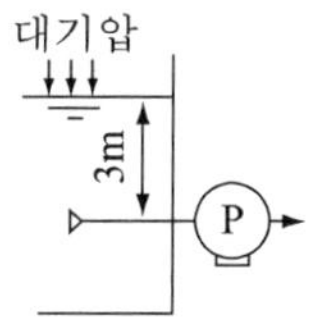 |
| | 액체 | 물 | 물 | 물 |
| | 수온(℃) | 20 | 20 | 20 |
| | 해발고도(m) | 0 | 1000 | 0 |
| | $P_a$ 대기압($\mathrm{kg_f/m^2}$ abs) | $1.0330\times10^4$ | $0.9180\times10^4$ | $1.0330\times10^4$ |
| | $P_{vp}$ 포화증기압($\mathrm{kg_f/m^2}$ abs) | $0.0238\times10^4$ | $0.0238\times10^4$ | $0.0238\times10^4$ |
| | $\gamma$ 단위체적당 중량($\mathrm{kg_f/m^3}$) | 998.2 | 998.2 | 998.2 |
| | $\pm H_s$ 흡입헤드(m, 수두) | $-4$ | $-4$ | $+3$ |
| | $fv_s^2/2\mathrm{g}$ 흡입관 총손실(m) | 0.7 | 0.7 | 0.5 |
| 계산값 | $H_{av}=\frac{P_a}{\gamma}-\frac{P_{vp}}{\gamma}\pm H_s-f\frac{v_s^2}{2\mathrm{g}}$ | $H_{av}=10.35-0.24$<br>$-4-0.7$<br>$=5.41\,\mathrm{m}$ | $H_{av}=9.2-0.24$<br>$-4-0.7$<br>$=4.26\,\mathrm{m}$ | $H_{av}=10.35-0.24$<br>$+3-0.5$<br>$=12.61\,\mathrm{m}$ |

### ㉡ 흡입측에 밀폐수조가 있는 경우

**표 6-4** 흡입측에 밀폐수조가 있는 경우의 NPSH 계산예

| | 항 목 | 내압작용의 경우 | 포화증기압 작용의 경우 |
|---|---|---|---|
| 설치조건 | 펌프흡입상태 | 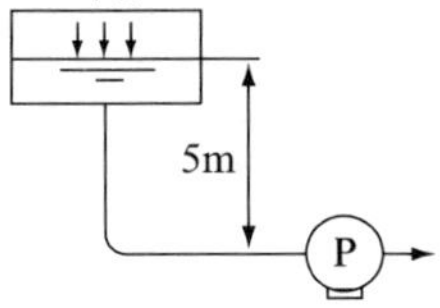 | 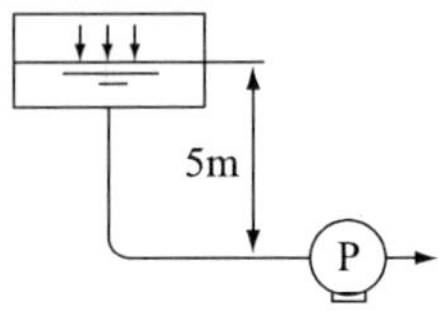 |
| | 액체 | 물 | 뜨거운 물 |
| | 수온(℃) | 20 | 120(포화상태) |
| | 해발고도(m) | 0 | 0 |
| | $P_a$ 내압($kg_f/m^2$ abs) | $2.0000\times10^4$ | $2.0245\times10^4$ |
| | $P_{vp}$ 포화증기압($kg_f/m^2$ abs) | $0.0238\times10^4$ | $2.0245\times10^4$ |
| | $\gamma$ 단위체적당 중량($kg_f/m^3$) | 998.2 | 943.1 |
| | $\pm H_s$ 흡입헤드(m, 수두) | +5 | +5 |
| | $fv_s^2/2g$ 흡입관 총손실(m) | 0.7 | 0.7 |
| 계산값 | $H_{av}=\dfrac{P_a}{\gamma}-\dfrac{P_v}{\gamma}\pm H_s-f\dfrac{v_s^2}{2g}$ | $H_{av}=20.04-0.24$ $+5-0.7=24.46\text{m}$ | $H_{av}=21.47-21.47$ $+5-0.7=4.3\text{m}$ |

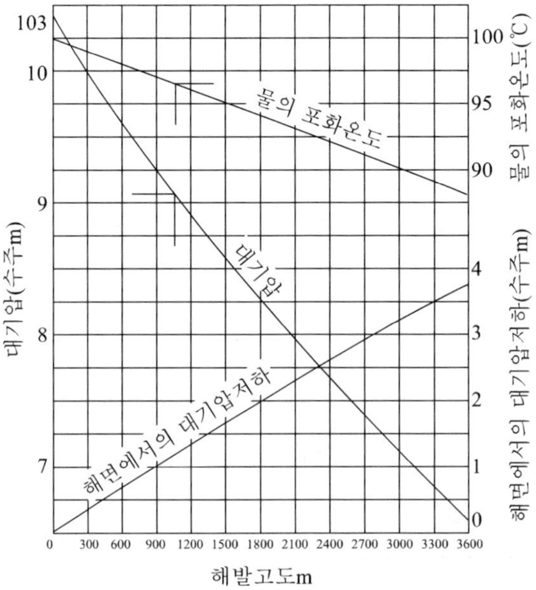


**그림 6-14** 해발높이와 대기압 및 포화온도

나. 필요 흡입수두($NPSH_{re}$)

회전차 입구 부근까지 유입되어지는 액체는 회전차에서 가압되기 전에 일시적인 압력 강하가 발생하는데 이에 해당하는 수두를 필요흡입수두($NPSH_{re}$)라 한다. 이 때의 펌프 흡입측의 압력분포를 알아보면 [그림 6-15]와 같으며 $NPSH_{re}$는 그림에서의 a－c'의 높이에 해당되며 이 값은 흡입비속도, Thoma의 캐비테이션 계수 또는 실험에서 구할 수 있다. [그림 6-15]에서 1은 펌프입구, 2는 회전차입구, 3은 회전차출구이다. 필요 흡입수두는 펌프 제작사에서 출시될 때 펌프가 가지는 고유한 특성으로 펌프를 설치하는 위치 및 조건에는 무관하다.

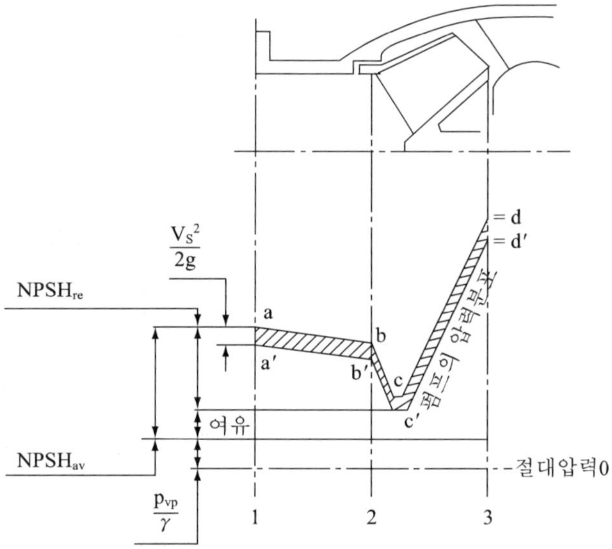


**그림 6-15** 펌프 흡입측의 압력분포

㉮ Thoma의 캐비테이션 계수 : Thoma는 실험적으로 다음의 식을 구하였다.

$$NPSH_{re} = \sigma H \tag{6.16}$$

여기서, $\sigma$ : Thoma의 캐비테이션 계수

$H$ : 임펠러 1단 마다의 효율최고점에 있어서의 전양정(m)

또, $\sigma$는 비속도 $n_s$의 3/4승에 비례하고, 일반적으로 [그림 6-16]과 같은 관계가 된다. 이 그림에서 $n_s$로부터 $\sigma$를 구하여 식 (6.16)으로부터 $NPSH_{re}$를 구할 수 있다.

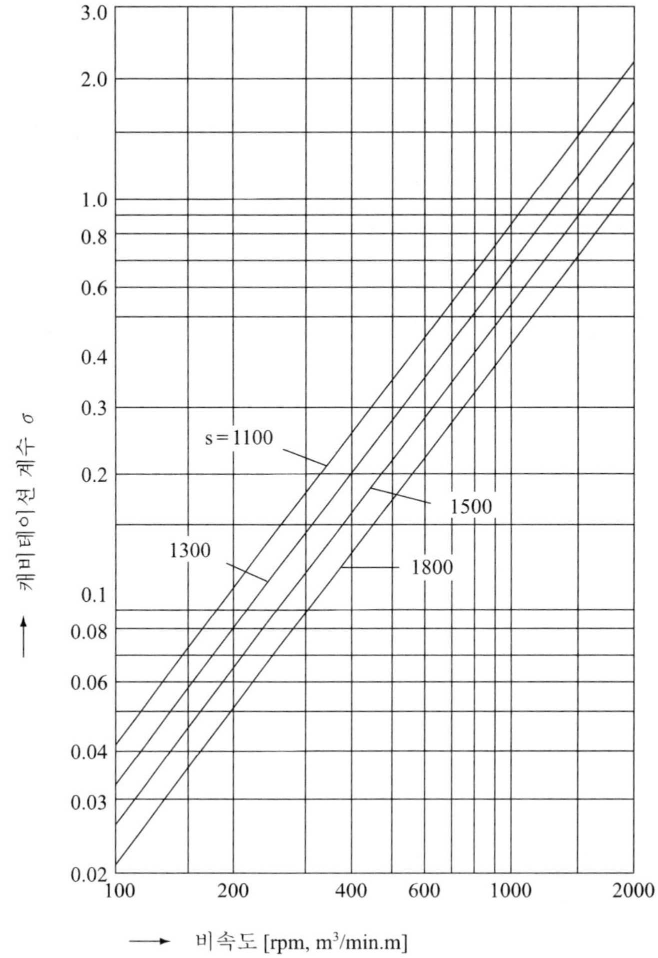


**그림 6-16** 비속도 $n_s$와 $\sigma$의 관계

㉯ 흡입비속도 : 임펠러 입구부근의 형상이 상사로서 물의 유입상태도 상사라고 한다면 임펠러의 외경 크기나 펌프의 양정이 바뀌더라도 캐비테이션의 발생점은 같다고 하는 관점으로부터 구해지는 것으로서 다음의 식으로 나타낼 수 있다.

$$S = n\frac{\sqrt{Q}}{\mathrm{NPSH}_{re}^{3/4}} \tag{6.17}$$

여기서, $S$ : 펌프의 흡입비속도 [표 6-5]

$Q$ : 토출유량$[\mathrm{m^3/min}]$(양흡입의 경우에는 $Q/2$가 된다.)

$n$ : 회전속도[rpm], $\mathrm{NPSH}_{re}$ : required NPSH[m]

또, $\sigma$와 $S$의 사이에는 다음의 관계가 있다.

$$\sigma = \left(\frac{n_s}{S}\right)^{\frac{4}{3}} \tag{6.18}$$

펌프의 효율최고점의 유량에서 캐비테이션을 일으키는 한계 $S$값(3% 양정저하점)은 일반적으로 펌프의 형상에 따르지 않고 거의 일정하다. 여기에서 다음의 값이 된다.

벌루트펌프($n_s = 150 \sim 600$) $S = 1{,}500$
축류펌프($n_s = 1{,}600$) $S = 1{,}200$
사류펌프($n_s = 900$) $S = 1{,}300$

**표 6-5** 펌프형식과 흡입비속도 $S$

| 형 식 | $S$ [rpm, m$^3$/min, m] |
|---|---|
| 소형 범용 벌루트펌프 | 1,100～1,400 |
| 벌류트펌프 | 1,200～1,700 |
| 사류펌프 | 1,200～1,400 |
| 축류펌프 | 1,100～1,300 |

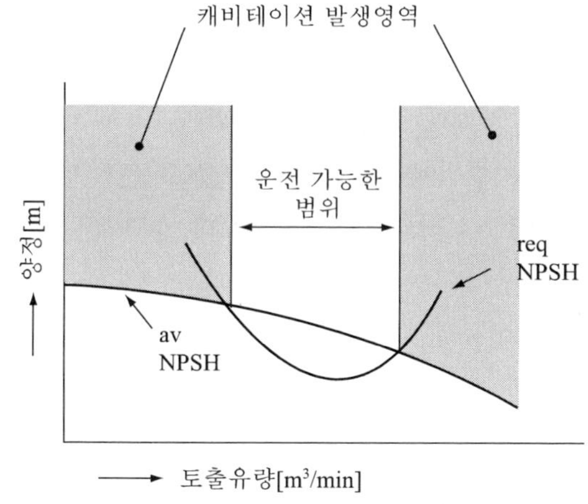


**그림 6-17** 캐비테이션의 발생영역

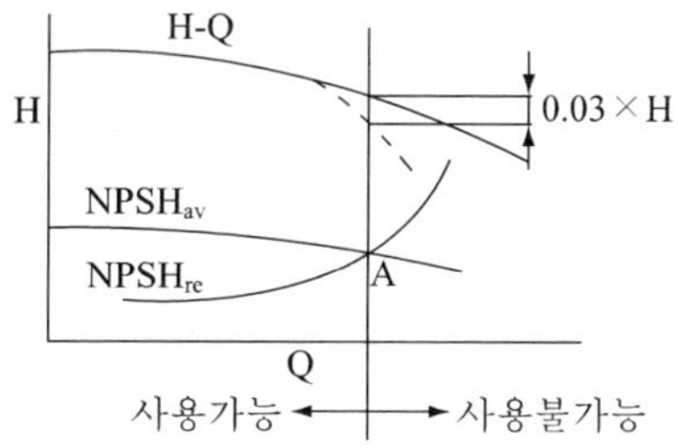


**그림 6-18** $NPSH_{av}$과 $NPSH_{re}$의 관계

㉰ 흡입조건 개선을 위한 대책

펌프의 설비계획 및 사용시 캐비테이션을 방지하기 위하여는 다음과 같은 것을 고려할 필요가 있다.

(1) 펌프의 설치위치를 가능한 한 낮게 하고, 흡입손실수두를 최소로 하기 위하여 흡입관을 가능한 한 짧게 하고, 관내 유속을 작게하여 가능한 한 NPSHav를 충분히 크게 한다.

(2) $NPSH_{av} > 1.3 \times NPSH_{re}$가 되도록 한다.

(3) 횡축 또는 사축인 펌프에서 회전차 입구의 직경이 큰 경우에는 캐비테이션이 발생 위치와 NPSH 계산상의 기준면과의 차이를 보정하여야 하므로 $NPSH_{av}$에서(근사적으로) 흡입배관 직경의 1/2을 공제한 값으로 계산한다.

(4) 흡입수조의 형상과 치수는 흐름에 과도한 편류 또는 와류가 생기지 않도록 계획하여야 한다.

(5) 편흡입 펌프로 $NPSH_{re}$가 만족되지 않는 경우에는 양흡입 펌프로 하는 경우도 있다.

(6) 대용량펌프 또는 흡상이 불가능한 펌프는 흡수면 보다 펌프를 낮게 설치하거나, 입축펌프로 선택하여 회전차의 위치를 낮게 하고, Booster펌프를 이용하여 흡입조건을 개선한다.

(7) 펌프의 흡입측 밸브에서는 절대로 유량조절을 해서는 안된다.

(8) 펌프의 전양정에 과대한 여유를 주면 사용 상태에서는 시방 양정보다 낮은 과대 토출량의 범위에서 운전되게 되어 캐비테이션 성능이 나쁜점에서 운전되게 되므로 전양정의 결정에 있어서는 실지에 적합하도록 계획한다.

(9) 계획토출량 보다 현저하게 벗어나는 범위에서의 운전은 피해야 한다. 양정변화가 큰 경우에는 저양정 영역에서의 $NPSH_{re}$가 크게 되므로 캐비테이션에 주의하여야 한다.

(10) 외전 조건으로 보아 도저히 캐비테이션을 피할 수 없을 때에는 임펠러의 재질을 캐비테이션 침식에 대하여 강한 재질을 택한다.

(11) 이미 캐비테이션이 생긴 펌프에 대해서는 소량의 공기를 흡입측에 넣어서 소음과 진동을 적게 할 수도 있다.

**example 6-13**

다음 그림은 어느 송수펌프의 계통을 나타내고 있다. 주어진 조건과 그림을 참조하여 이 펌프가 가져야 할 최대이론 NPSH를 구하시오.

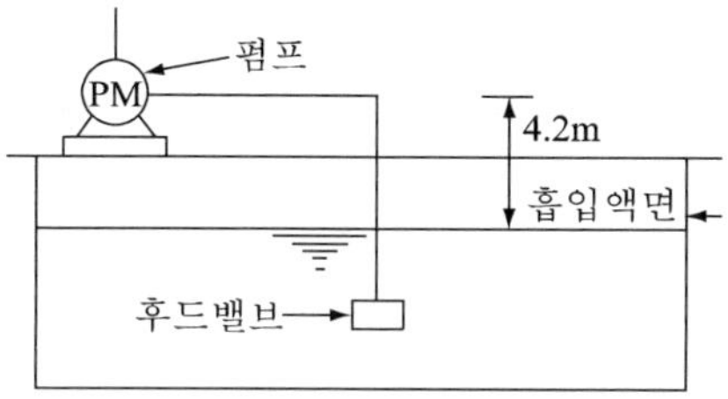


**조건** ① 수원의 온도는 25℃이며 이 온도에서의 수증기압력은 $0.02\,kg_f/cm^2$이다.

② 펌프의 사용최대 송수량은 2,000ℓ/min이다.

③ 펌프 흡입측 배관의 마찰손실압력은 $0.24\,kg_f/cm^2$ 이다.

④ 대기압력은 $1\,kg_f/cm^2$, 물의 밀도는 $1\,g/cm^3$이며 배관에서의 속도수두는 무시한다.

**풀이**

수면의 펌프의 중심보다 낮을 때의 유효흡입양정(m)

$$\mathrm{NPSH_{av}} = \frac{P_a}{\gamma} - \frac{P_{vp}}{\gamma} - \frac{P_{fs}}{\gamma} - H_s$$

$P_a$ : 대기압$(kg_f/cm^2) = 1\,kgf/cm^2 = 10{,}000\,kg_f/m^2$

$P_{vp}$ : 포화증기압력$(kg_f/m^2) = 0.02\,kg_f/cm^2 = 200\,kg_f/m^2$

$\gamma$ : 비중량$(kg_f/m^3) = 1\,g/cm^3 = 1{,}000\,kg_f/m^3$

$P_{fs}$ : 흡입측 배관의 마찰손실압력$(kg_f/m^2) = 0.24\,kg_f/cm^2 = 2{,}400\,kg_f/m^2$

$H_s$ : 흡입측 실양정$(m) = 4.2\,m$

$$\therefore \mathrm{NPSH_{av}} = \frac{10{,}000}{1{,}000} - \frac{200}{1{,}000} - \frac{2{,}400}{1{,}000} - 4.2 = 3.2\,m$$

**example 6-14**

펌프의 흡입양정이 4m이고 흡입관로 손실수두가 2m일 때, NPSH를 구하라.(단, 수면상의 대기압 $P_a = 1.0332\,kg/cm^2$, 포화수증기압 $P_{vp} = 0.0332\,kg/cm^2a$, 물의 비중량 $\gamma = 1{,}000\,kg/m^3$이다.)

**풀이**

대기압을 $P_a$, 흡입실양정을 $H_s$, 물의 포화수증기압을 $P_{vp}$, 흡입관로에서 이 손실을 $h_{fs}$라고 할 때 본문의 식에서

$$\mathrm{NPSH}(H_{sv}) = H_a - H_s - h_{fs} - H_v = \frac{P_a}{\gamma} - H_s - h_{fs} - \frac{p_{vp}}{\gamma}$$

따라서, 상기 옥내소화전 펌프의 NPSH는

$\mathrm{NPSH} = (1.0332 \times 10^4)/1{,}000 - 4 - 2 - (0.0332 \times 10^4)/1{,}000 = 4\,(m)$가 된다.

**example 6-15**

그림과 같은 펌프의 설치대상에서의 $NPSH_{av}$를 계산하라. 수온 20℃, 흡입관내 전손실헤드를 0.8m로 한다.

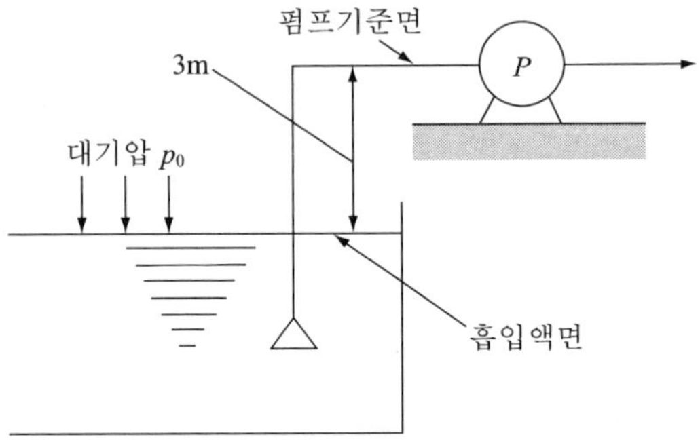


풀이

대기압 $P_a = 10.33[mH_2O]$, 20℃인 때의 포화증기압 $P_{vp} = 0.2383[mH_2O]$, 흡입실양정 $H_s = 3[m]$, 흡입관내 손실헤드 $h_{fs} = 0.8m$이다. 이 경우 그림에 의하여 펌프의 기준면이 흡입액면보다도 상부에 있는 흡상이기 때문에

$$\begin{aligned} NPSH_{av} &= P_a/\gamma - P_{vp}/\gamma - H_s - h_{fs} \\ &= 10.33 - 0.2383 - 3 - 0.8 \\ &= 6.3[m] \end{aligned}$$

**example 6-16**

그림과 같은 펌프의 설치상태에서의 $NPSH_{av}$를 계산하라. 수온 20℃, 흡입관내 전손실헤드는 0.6m로 한다.

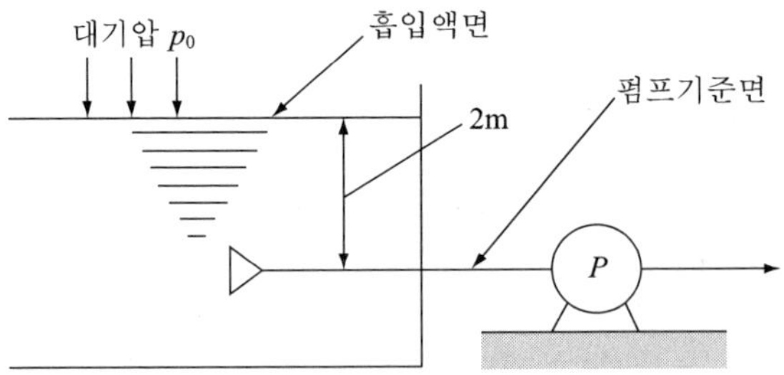


풀이

이 경우는 펌프기준면이 흡입액면보다도 밑에 있기 때문에

$$\begin{aligned} NPSH_{av} &= P_a - P_{vp} + H_s - h_{fs} \\ &= 10.33 - 0.2383 + 2 - 0.6 \\ &= 11.5[m] \end{aligned}$$

**example 6-17**

그림과 같이 보이는 규격 및 설치상태에서의 펌프의 $\mathrm{NPSH_{av}}$, $\mathrm{NPSH_{re}}$ 캐비테이션에 대하여 검토하라.

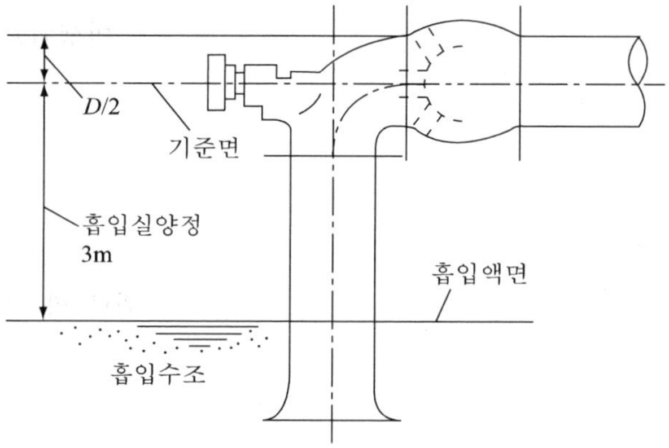


펌프규격 : 형식/횡축사류펌프

구경 $D = 1500\,[\mathrm{mm}]$

전양정 $H = 5\,[\mathrm{m}]$

토출유량 $Q = 300\,[\mathrm{m^3/min}]$

회전속도 $n = 175\,[\mathrm{rpm}]$

출력 $P_s = 370\,[\mathrm{kW}]$

흡입비속도 $S = 1{,}300$

비속도 $n_s = 900\,[\mathrm{rpm,\ m^3/min,\ m}]$

설치조건 : 대기압(표고 0 m로 한다) $P_a = 10.33\,[\mathrm{mH_2O}]$

포화증기압력(수온을 20℃로 한다) $P_{vp} = 0.32\,[\mathrm{mH_2O}]$

흡입실양정 $H_s = 3\,[\mathrm{m}]$

계획토출유량에 있어서의 흡입관 전손실헤드 $h_{fs} = 0.1\,[\mathrm{m}]$

**풀이**

펌프기준면이 흡입액면보다도 위에 있기 때문에

$$\mathrm{NPSH_{av}} = P_a - P_{vp} - H_s - h_{fs} = 10.33 - 0.32 - 3 - 0.1 = 6.91\,[\mathrm{m}]$$

또, $n_s = 900\,[\mathrm{rpm,\ m^3/min,\ m}]$에 대한 $\sigma$는 $S = 1{,}300\,[\mathrm{rpm,\ m^3/min,\ m}]$가 된다. [그림 6-16]으로부터 $\sigma = 0.62$, $H = 5\,[\mathrm{m}]$이기 때문에

$$\mathrm{NPSH_{re}} = \sigma \mathrm{H} = 0.62 \times 5 = 3.1\,[\mathrm{m}]$$

$$\mathrm{NPSH_{av}} > 1.3 \times \mathrm{NPSH_{re}}$$

의 조건에 충족되므로 캐비테이션은 발생하지 않는다.

## [2] 맥동현상(surging)

### 1) 서어징 현상

서어징 현상으로는 펌프 운전중에 압력계기의 눈금이 어떤 주기를 가지고 큰 진폭으로 흔들림과 동시에 토출량도 어떤 범위에서 주기적인 변동이 발생되고, 흡입 및 토출 배관의 주기적인 진동과 소음을 수반하게 된다.

### 2) 서어징의 발생조건

서어징은 다음의 조건이 동시에 갖추어졌을 때에 한하여 발생한다.

① 펌프의 $H-Q$ 곡선이 [그림 6-19]와 같이 오른쪽 위로 향하는 산(山)형 구배특성을 가지고 있다.

② 펌프의 토출 관로가 길고, 배관 중간에 수조 또는 기체상태의 부분(공기가 괴어 있는 부분)이 존재한다([그림 6-20] 참조).

③ 기체상태가 있는 부분의 하류측 밸브 B에서 토출량을 조절한다.

④ 토출량 $Q_1$ 이하의 범위에서 운전한다.

즉, 펌프가 산형 구배특성을 가져도 상기의 조건 중에서 어느 하나의 조건이 만족되지 않아도 서어징은 발생하지 않는다. 예를 들면 펌프의 직후 밸브 A만으로 유량을 조절하는 경우에는 서어징이 발생하지 않는다.

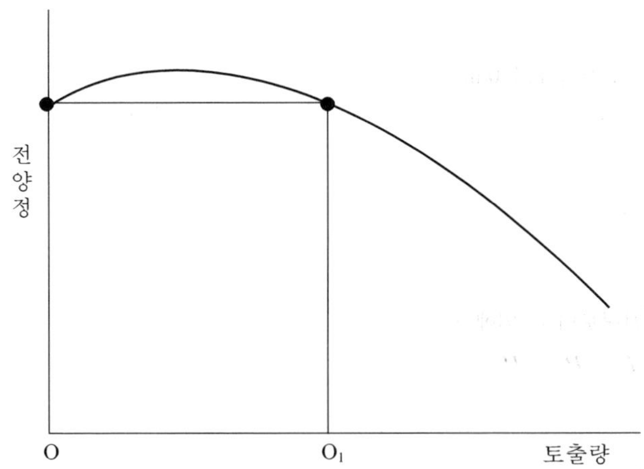


**그림 6-19** $H-Q$ 곡선

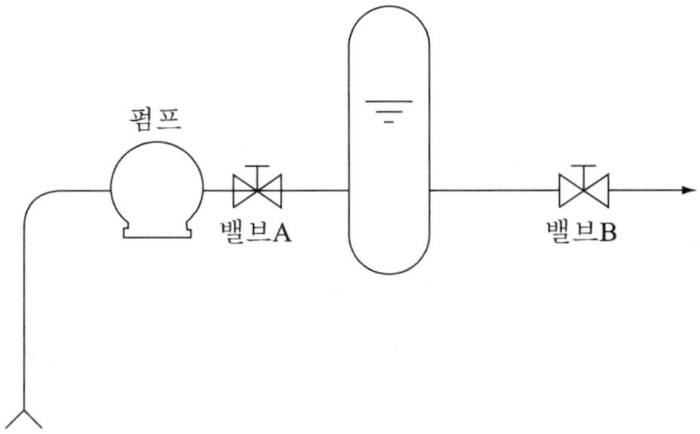


**그림 6-20** 서어징의 발생조건

3) 서어징의 방지법

① 펌프의 $H-Q$ 곡선이 오른쪽 하향 구배특성을 가진 펌프를 채용한다.

② 유량 조절밸브의 위치를 펌프 토출측 직후에 위치시킨다(밸브 A로 조정한다).

③ 바이패스관을 사용하여 운전점이 펌프의 $H-Q$ 곡선이 오른쪽 하향 구배 특성 범위에 있도록 한다.

④ 배관 중에 수조 또는 기체 상태인 부분이 존재하지 않도록 배관한다.

## 6-8 소방펌프(Fire pump)

### [1] 소방펌프의 특성

스프링클러나 옥내소화전 등에 사용되어지는 소방용 펌프는 일반급수펌프와 달리 특정한 성능이 요구되어진다. 스프링클러의 경우 현행 화재안전기준은 기준 개수로 최대 30개까지 예상하여 펌프의 토출량을 계산하도록 규정하고 있다. 즉, 화재시 최대 30개까지 동시 개방될 것을 예상한 것이다. 하지만, 실제 화재에서는 최소 한 개의 헤드 개방으로 화재가 진압될 수도 있다. 또한 옥내 소화전의 경우 층별로 최대 5개까지 가동될 것을 예상하여 토출량을 산정하나 이 역시 실제 상황에서는 한 개의 소화전만 이용될 수도 있다. 하지만, 이렇게 토출량 변화의 폭이 크더라도 스프링클러 헤드나 소화전의 송수구에서 방사되는 방사압과 토출량은 일정 정도를 유지하여야만 해당 소방시설은 실제 화재에서 정상적 성능을 발휘할 수 있다.

따라서, 소방설비용 펌프는 화재 상황별로 달라지는 토출량의 변화에도 불구하고 안정적인 토출량과 토출압을 제공할 것이 요구되어 진다.

### [2] 소방펌프의 성능(화재 안전기준)

1) 일반적으로 펌프를 이용하여 물을 공급할 경우 세 가지 요소를 고려하여야 한다. 유량(flow), 지속시간(duration) 그리고 압력(pressure)이다.

   화재 안전기준에서 기본적으로 요구하는 소방펌프의 성능도 기본적으로 위 세 가지를 기준으로 구분된다.

   ① 유량(flow) : 단위시간당 공급되어지는 물의 양으로 보통 L/min으로 표시된다. 화재안전기준에서는 옥·소의 경우 130 L/min, 스프링클러의 경우 80L/min을 요구한다.

   ② 지속시간(duration) : 물의 공급이 요구되어지는 시간으로 보통 min을 사용한다. 화재안전기준에서는 옥내소화전과 스프링클러의 경우 20min을 요구한다.

   ③ 압력(pressure) : 설비 내에서 물을 움직이게 하는 에너지로서 $kg_f/cm^2$로 표시하나 개정된 화재안전기준에서는 0.17MPa－0.7MPa, 스프링클러의 경우 0.1MPa을 규정하고 있다.

**reference**

**단위환산방법**

$1.7\,kg_f/cm^2$을 Pa단위로 환산하라.

(풀이) 다음과 같은 변화이 과정을 거치면 손쉽게 구할 수 있다.

$$\frac{1.7\ kg_f}{cm^2}\ \Bigg|\ \frac{101.325\ kPa}{1.0332 kg_f/cm^2} = 166.717\ kPa$$
$$= 166.7\ kPa$$
$$= 0.17\ MPa$$

$1.0332\ kg_f/cm^2 = 101.32\ kPa$이 환산인자이다.

따라서, 개정전 옥내소화전의 경우 $1.7\,kg_f/cm^2$를 요구하였으므로 개정된 화재안전기준에서는 0.166 MPa로 변환하는 것이 맞지만, 편의를 위하여 0.17 MPa로 규정한 것으로 생각된다.

2) 또한, 화재안전기준에서는 '체절운전시 정격토출압력이 140%를 초과하지 아니하고, 정격토출량의 150%로 운전시 정격토출압력의 65% 이상이 되어야 한다.' 고 요구하고 있다(NFSC 102 제6조 ⑦).

① 펌프 2차측의 토출측 배관의 모든 밸브를 잠그고 펌프를 가동할 경우(체절운전시) 압력 및 수온이 상승하고, 펌프는 계속 공회전하게 된다. 이 때의 압력이 정격토출압력의 140%, 즉 1.4배를 초과하지 말아야 한다.

② 펌프를 가동하여 정격토출량의 150%, 즉 1.5배로 토출시킬 때 정격토출압력의 65%, 즉 0.65배 이하로 내려가면 안된다.

3) 소방펌프의 성능곡선

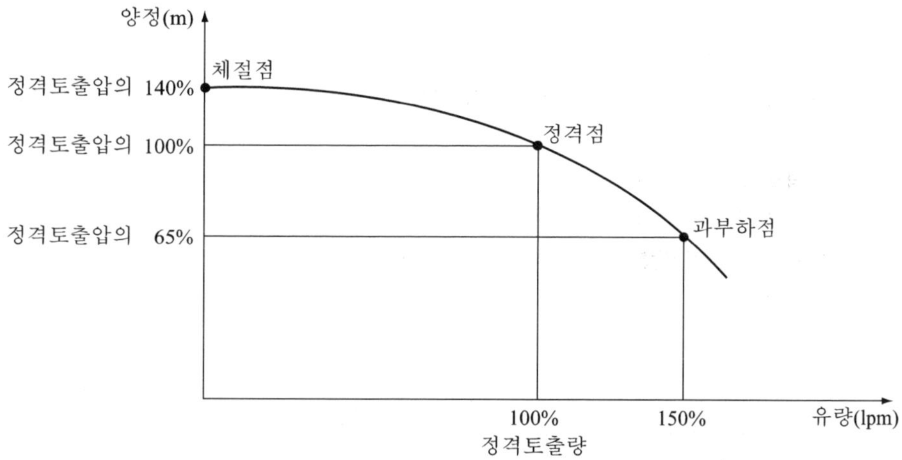


그림 6-21 소방펌프의 성능곡선

example 6-18

정격토출량이 3,050lpm이고, 정격 토출압력이 70m일 때 요구되는 펌프의 성능을 구하라.

풀이

펌프는 체절운전시 정격토출압력의 140%를 초과하지 아니하여야 한다.
따라서, 체절운전시 70m × 1.4 = 98m를 넘지 말아야 하고, 정격토출량의 150%로 운전시 정격토출압력의 65% 이상이 되어야 한다.
따라서 3,050lpm × 1.5 = 4,575lpm 운전시 70m × 0.654 = 45.5m 이상이 되어야 한다. 이를 성능곡선으로 표시하면 그림과 같다.

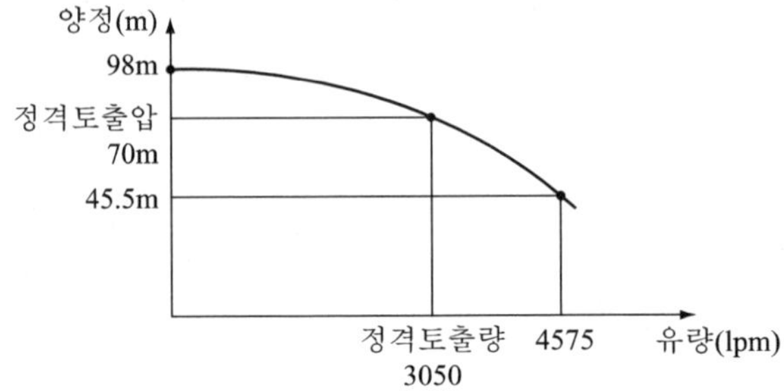


### example 6-19

기존 건물의 증축하여 증축부분에 sp를 설치하려고 한다. 소화펌프의 신설없이 기존펌프로 사용 가능여부 검토하시오.

**조건**

1. B점의 필요압력 $2\text{kg/cm}^2$, 유량은 400 lpm
2. "A" 점과 소화전 노즐 "a" 간의 마찰손실 압력은 $1.5\text{kg/cm}^2$
3. 옥내소화전 노즐 a의 방사시험결과 압력은 $4\text{kg/cm}^2$이고, 이 때 소화펌프 토출압력계는 $13.6\text{kg/cm}^2$을 지시
4. 소화펌프의 흡입양정은 0으로 가정
5. 배관의 C factor는 120으로 한다.
6. 소화펌프의 정격유량 및 정격토출압은 2,000(lpm), 10($\text{kg/cm}^2$)이고 성능곡선은 다음 그림과 같다.

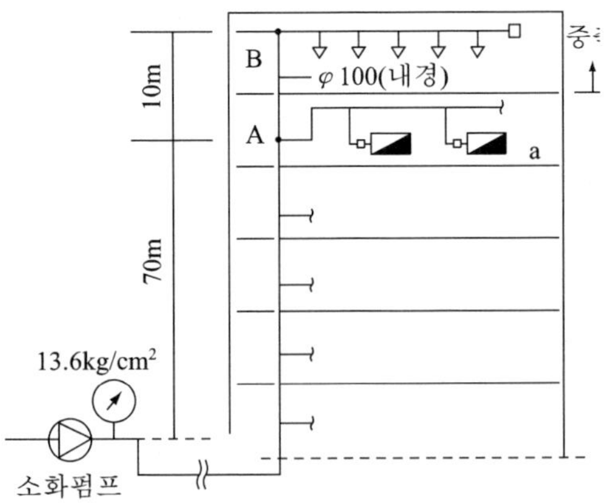


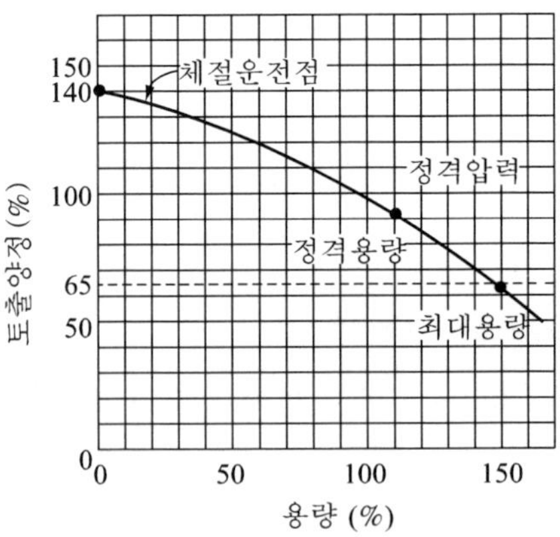


**풀이**

1. A점의 압력

조건 2) 및 3)에서 노즐 a의 방사압은 $4\text{kg/cm}^2$, A점과 노즐 a 사이의 마찰손실은 $1.5\text{kg/cm}^2$이

므로 따라서 A점의 압력은

$4+1.5=5.5\text{kg/cm}^2$

이때 펌프는 조건 3)에 따라 토출 압력 $13.6\text{kg/cm}^2$인 점을 그래프에서 읽으면 유량은 200 lpm이 된다.

※ 그래프에서 100% 정격 압력이 $10\text{kg/cm}^2$이며, 100% 정격 유량이 2,000 lpm이다.

2. 펌프 －A까지의 마찰손실(200 lpm의 경우)

따라서 유량 200 lpm일 때 펌프에서 A점까지의 압력손실은 토출 압력 13.6－A점 압력 $5.5\text{kg/cm}^2=8.1\text{kg/cm}^2$이고, 이중 낙차 수두가 70m로 $7\text{kg/cm}^2$이므로 펌프 －A점까지의 마찰손실은 $\Delta P_{P-A}=8.1-7=1.1\text{kg/cm}^2$이다.

위 내용을 H－W 공식에 대입하면 $C=120$, $Q=200$ lpm이므로 아래와 같다.

$$\Delta P_{A-B}=6.174\times10^5\times\frac{Q^{1.85}}{120^{1.85}\times D^{4.87}}\times L=87.92\frac{200^{1.85}}{D^{4.87}}\times L(\text{kg/cm}^2)$$
$$=1.1\text{kg/cm}^2$$

3. 펌프 －B점까지의 마찰손실

기존 소화전에 대한 자료가 없으므로 조건 1)만을 고려하면, 유량 400 lpm일 경우 "A－B" 사이의 마찰손실은 거리 10m이므로

$$\Delta P_{A-B}=87.92\frac{400^{1.85}}{100^{4.87}}\times10=0.01\text{kg/cm}^2$$

이때 "펌프 －A점"까지의 마찰손실은 유량의 1.85승에 비례하므로 동일 조건에서 200 lpm→ $1.1\text{kg/cm}^2$이므로 400 lpm의 경우는

$$\Delta P_{P-A}=\left(\frac{400}{200}\right)^{1.85}\times1.1\text{kg/cm}^2=3.97\text{kg/cm}^2$$

이다.

따라서 펌프에서 B까지의 총 마찰손실 다음과 같다.

$$\Delta P_{P-B}=3.97+0.01=3.98\text{kg/cm}^2$$

4. 최종 검토

유량 400 lpm에서 펌프의 양정은 그래프에서 약 $13.2\text{kg/cm}^2$에 해당되므로 B점에서의 압력은

$P_B$ =(펌프 토출량)－(펌프에서 B점까지의 마찰손실)－(자연압)

$=13.2-(3.98+8)=1.22\text{kg/cm}^2$

5. 결론

이 결과는 조건 1)에서 B점의 필요 압력인 $2\text{kg/cm}^2$에 미달하므로 사용 불가

### [3] 소방펌프의 구성

1) 소방용펌프가 가동되기 위해서는 4개의 구성부분이 필요하다. 즉, 펌프, 기동장치(driver), 제어반, 전력공급부로 구성되어진다.

   ① 펌프(pump) : 수원에 있는 물에 압력을 증가시키는 장치, 소방에서는 원심펌프로 많이 이용한다.

   ② 기동장치(driver) : 펌프가 가동될 수 있도록 에너지를 공급해주는 장치, 전동기를 많이 사용하며 키플링을 통해 펌프를 돌린다.

   ③ 제어반(controller) : 사람몸에 비한다면 '뇌'에 해당하는 부분, 제어반은 펌프의 기동장치를 수동조작 또는 자동조작 할 수 있고 이를 감시하는 것이 가능한 부분이다.

   ④ 전력공급부(power supply) : 기동장치에 전력을 공급하는 장치

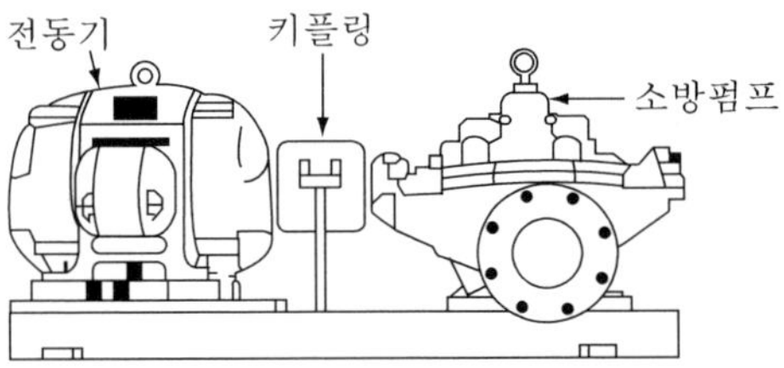


2) 수계소화설비에서 소방수의 원활한 공급이 이루어지기 위해서는 물을 이용한 소화설비에서 소화수의 원활한 공급은 생명과 같다.

   이러한 원활한 공급을 위해서 소방펌프는 보통 메인펌프, 예비펌프, 충압펌프로 구성되어진다.

   ① 주펌프(Main pump) : 필요한 방사압과 토출량을 공급하기 위한 기본 펌프, 보통 1대 또는 2대로 구성하며 이를 직렬연결하거나 병렬연결하여, 필요한 토출량을 확보할 수 있다.

   ② 예비펌프(standby pump) : 주펌프의 고장·수리시를 대비하여 주펌프와 동등 이상의 펌프를 추가할 경우의 펌프

   ③ 충압펌프(Jockey pump) : 기동용수압개폐장치를 이용한 펌프기동방식을 채택할 경우 배관 내 일정압력의 유지가 필수적이다. 하지만, 체크밸브나 배관 내 수온변화로 압력변화는 피할 수 없는데 이럴 경우 자동으로 압력을 유지시켜 주는 펌프가 충압펌프이다.

### 3) 소방펌프의 압력 세팅 방법

펌프 세팅의 기준(국내) : 일반적으로 설계시 정형화된 펌프의 압력 세팅(setting) 방법은 없으나 압력챔버상의 압력스위치를 사용할 경우 설계시에는 다음과 같이 적용한다.

① 압력스위치에는 "RANGE"와 "DIFF"의 눈금이 있으며 압력스위치 상단부의 나사를 이용하여 조정하게 되어 있다.

② RANGE는 펌프의 정지점이며 DIFF는 "정지점과 기동점의 差"로 펌프가 DIFF만큼 압력이 떨어지면 펌프는 다시 기동하게 된다.

③ 주, 충압펌프의 기동점은 자연낙차압보다 높아야 한다.
펌프 양정값이 자연낙차압보다 작은 경우는 절대로 자동기동이 될 수 없다.
(∵ 언제나 압력챔버 위치에서는 옥상 고가수조에 의한 자연낙차압이 가해지므로 평상시 압력챔버 내의 압력이 건물낙차압 이하로 내려가지 않아 자동기동이 불가능해진다.)

④ 주펌프의 기동 및 정지점은 다음과 같다.

㉮ 기동점은 "자연낙차압+$K$"로 하고 옥내소화전의 경우 $K=2\,\mathrm{kg/cm^2}$(스프링클러의 경우 $K=1.5$)로 설정한다.
(방사압이 옥내소화전 0.17MPa, 스프링클러 0.1MPa이므로 방사압력과 배관의 손실을 감안하여 기동점을 결정한다.)

㉯ 정지점은 주펌프의 체절운전점 직전의 값(릴리프밸브 작동 직전)으로 적용하도록 한다.

(정지점을 양정값으로 설정할 수 있으나 이는 정격 토출량이 적은 펌프는 적용에 무리가 없으나, 정격 토출량과 실제 방사량의 차이가 큰 펌프는 다음과 같은 문제점이 발생하게 된다.
정격 양정은 소화전이나 스프링클러의 기준 개수가 작동한 경우를 가정한 정격 유량에 해당하는 양정이므로, 실제로 소화전을 1개 또는 스프링클러헤드가 1개만 개방시에는 $H-Q$ 곡선에서 펌프 유량이 정격 유량보다 현저히 감소한 상태이므로 방사압은 체절 운전점에 근접하게 된다. 이 때 만일 정지점을 정격 양정으로 한 경우는 펌프가 즉시 정지하게 되며 압력이 떨어지면 다시 운전이 진행되는 현상이 반복되는 단속(斷續)운전을 하게 되어 전동기 손상의 요인이 될 수 있다. 따라서 방사 유량과 정격 토출량에 차이가 큰 펌프는 정지점을 체절 운전에 근접한 릴리프밸브 작동점 직전으로 설정하는 것이 더욱 합리적이다. 그러나 이 경우 기동점과 정지점의 간격이 넓어야 하나 국내 압력챔버에 부착된 압력스위치의 DIFF 간격이 $10\,\mathrm{kg/cm^2}$용은 $3\,\mathrm{kg/cm^2}$, $20\,\mathrm{kg/cm^2}$용은 $5\,\mathrm{kg/cm^2}$로 매우 낮아 현실적으로 국내 제품으로는 소화전 압력 세팅 적용에 많은 문제점을 내포하고 있다.)

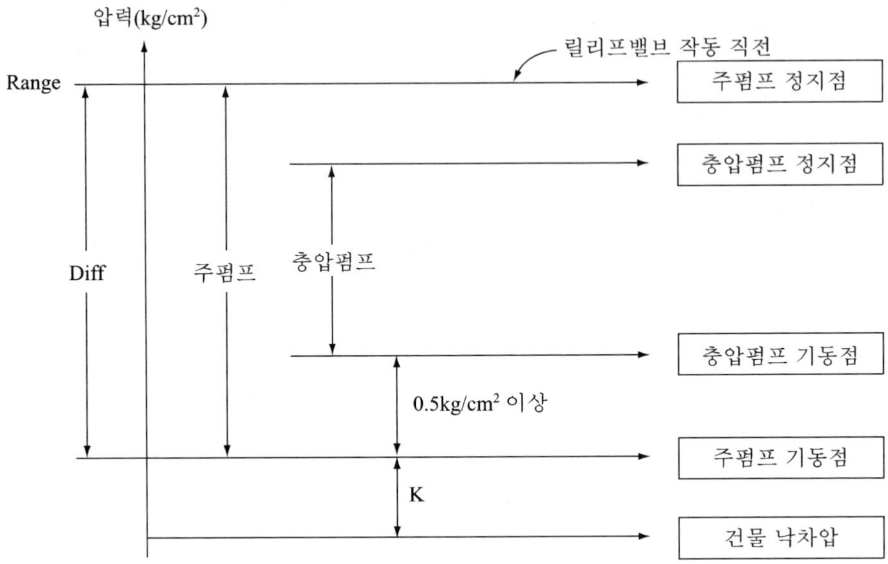


**그림 6-22** 펌프의 압력 세팅 방법(국내)

⑤ 충압펌프는 주펌프의 기동 및 정지점 범위 내에 있도록 설정한다.

⑥ 주펌프와 충압펌프와의 기동점 간격은 원활한 주, 충압펌프간의 기동을 위하여 최소 $0.5\,kg/cm^2$ 이상 차이를 둔다.

**example 6-20**

펌프의 흡입이론에서 볼 때 물을 흡수할 수 있는 이론 최대높이는 몇 m인가?(단, 대기압은 760 mmHg, 수은의 비중량은 $13,600\,kg_f/m^3$, 물의 비중량은 $1,000\,kg_f/m^3$이다.)

풀이

$P = r_A h_A = r_B h_B$

$r_A$ = 수은의 비중량($13,600\,kg_f/m^3$)

$r_B$ = 물의 비중량($1,000\,kg_f/m^3$)

$h_A$ = 수은의 두(760 mmHg = 0.76 mHg)

$$\therefore h_B = \frac{13,600 \times 0.76}{1,000} = 10.336\,m$$

### example 6-21

아래 그림은 어느 물분무 소화설비의 소화펌프 계통도를 나타내고 있다. 아래 조건 및 그림을 보고 펌프가 갖추어야 할 유효흡입양정(NPSH)를 구하시오.

**조건**

1. 25℃에서의 수증기압 : $0.02\,\text{kg/cm}^2$
2. 펌프의 사용최대 토출량 : $2{,}400\,\text{L/min}$
3. 펌프 흡입배관에서의 마찰손실압 : $0.20\,\text{kg/cm}^2$
   (최대토출량시)
   (단, 기준 온도는 25℃ 이며, 대기압은 $1\,\text{kg/cm}^2$, 물의 밀도는 $1\,\text{g/cm}^3$로 하며 속도수두는 무시한다.)

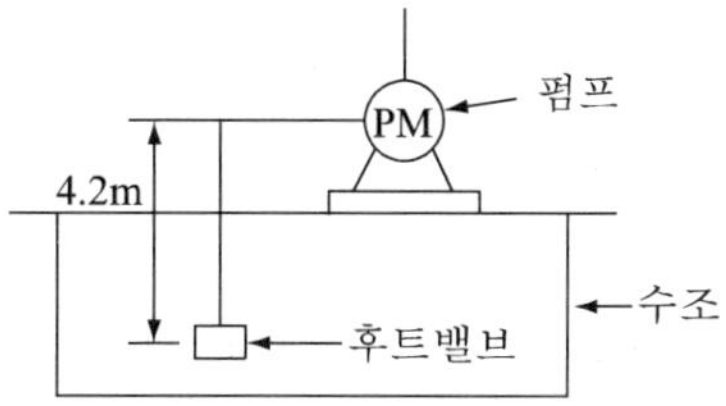


**풀이**

NPSH(Net Positive Suction Head)

※ 흡입상 유효 NPSH $= H_a - H_p - H_s - H_L$

※ 압입상 유효 NPSH $= H_a - H_p + H_s - H_L$

$H_a$ : 대기압두(m)　　$H_p$ : 포화 수증기압두(m)

$H_s$ : 흡입(압입) 실양정(m)　　$H_L$ : 흡입관내 손실수두(m)

∴ 흡입상이므로 유효 NPSH $= 10 - 0.2 - 4.2 - 2 = 3.6\text{m}$

### example 6-22

다음 그림과 같이 포소화 설비를 설치하였을 경우 아래 물음에 답하여라. (단, 포헤드의 방사압력은 $2.5\,\text{kg/cm}^2$이고 배관상의 총마찰 손실은 12m, 포소화약제는 3%, 단백포, 펌프 효율은 60%, 전달계수 = 1.1, 방출시간 10분)

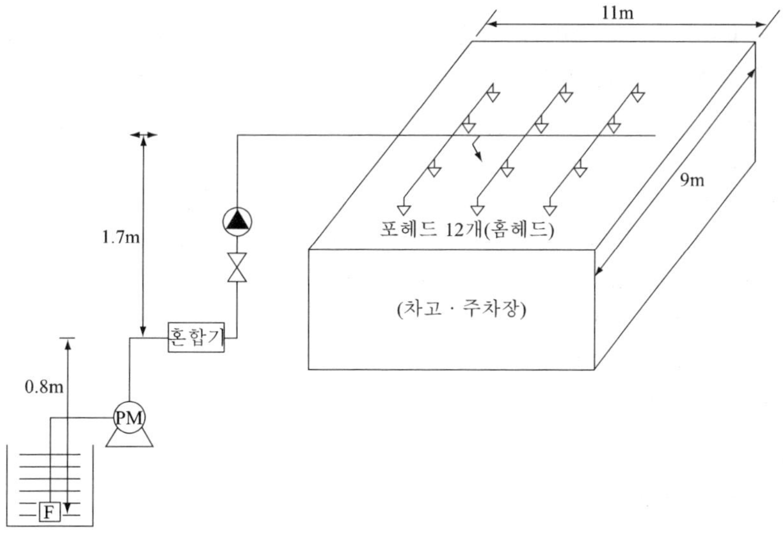

(1) 펌프의 최소 전양정(m)은 얼마인가?

풀이

펌프의 전양정 $H(m) = h_1 + h_2 + h_3 + h_4$

$h_1$ : 방출구의 설계압력 환산수두 또는 노즐선단의 방사압력 환산수두(m)

$h_2$ : 배관의 마찰손실수두(m)

$h_3$ : 낙차(m)

$h_4$ : 소방용호스의 마찰손실수두(m)

$\therefore$ H= 0.8 + 1.7 + 12 + 25(2.5 kg/cm$^2$ 수두환산) =39.50m

(2) 펌프의 동력(kW)은 얼마인가? (단, 펌프의 토출량은 0.6435 m$^3$/min이다.)

풀이

$$P(\mathrm{kw}) = \frac{0.163 \times Q \times H}{E} \times K = \frac{\gamma \times Q \times H}{102 \times 60 \times E} \times K \text{ [kW]}$$

$\gamma$ : 유체 비중량(kg/m$^3$)

$Q$ : 펌프 토출량(m$^3$/min)

$H$ : 펌프의 양정(m)

$E$ : 전동기 효율

$K$ : 전달 계수

$$\therefore \mathrm{P(kw)} = \frac{0.163 \times 0.6435 \times 39.5}{0.6} \times 1.1 = 7.5958\,\mathrm{kw}$$

### example 6-23

지하 2층 지상 12층이 사무소 건물에 있어서 11층 이상에 소방법, 동 시행령 및 시행규칙과 아래 조건에 따라 스프링클러설비를 설계하려고 한다. 다음 각 물음에 답하시오.

조건
① 11층 및 12층에 설치하는 폐쇄형 스프링클러헤드의 수량은 각각 80개이다.
② 입상관의 내경은 150mm이고 배관길이는 40m이다.
③ 펌프의 후트밸브로부터 최상층 스프링클러헤드까지의 실고는 50m이다.
④ 입상관의 마찰손실수두를 제외한 펌프의 후트밸브로부터 최상층, 가장 먼 스프링클러헤드까지의 마찰 및 저항손실수두는 15m이다.
⑤ 모든 규격치는 최소량을 적용한다.
⑥ 펌프의 효율은 65%이다.
⑦ 펌프의 최소유량은 2,400 L/min이다.

(1) 입상관에서의 마찰손실수두 [m]를 계산하시오(입상관은 직관으로 간주, DARCY WEISBACH의 식을 이용, 마찰손실계수는 0.02).

**풀이**

Darcy Weisbach식

$$\Delta h_L = f\frac{\ell}{D}\frac{V^2}{2g}$$

$f$ : 마찰손실계수 　　 $\ell$ : 배관길이(m)

$V$ : 유속(m/s) 　　 $g$ : 9.8(m/s$^2$)

$D$ : 내경(m)

$$V = \frac{Q}{A} = \frac{2.4/60}{\frac{\pi}{4}\times(0.15)^2} = 2.2635\,\text{m/s}$$

$$\therefore \Delta h_L = \frac{0.02\times 40\times(2.2635)^2}{2\times 9.8\times 0.15} = 1.3941\,\text{m}$$

(2) 펌프의 최소양정(m)을 구하시오.

**풀이**

$$H = h_1 + h_2 + 10\,\text{m}$$

$h_1$ : 실양정(흡입 + 토출양정)

$h_2$ : 배관 및 관부속품 마찰손실수두

$$\therefore H = 50 + (1.39 + 15)\,\text{m} + 10\,\text{m} = 76.39\,\text{m}$$

(3) 펌프의 축동력 [kw]을 계산하시오.

**풀이**

$$P(\text{kw}) = \frac{0.163\times Q\times H}{E}\times K$$

$$\therefore P(\text{kw}) = \frac{0.163\times 2.4\times 76.39}{0.65} = 45.98\,\text{kW}$$

## 6-9 송풍기

### [1] 송풍기의 개요

6-7절에서 설명한 펌프는 유체를 흡입하는 기계이고, 송풍기는 기체를 이용하는 기계이다. 이 때문에 펌프와 송풍기에서는 물과 공기의 물리적 성질의 차이에 의해서 구조 또한 다소 차이가 있다.

원심력에 의한 기체(펌프는 액체)를 연속적으로 밀어내는 원리는 아래 그림과 같다.

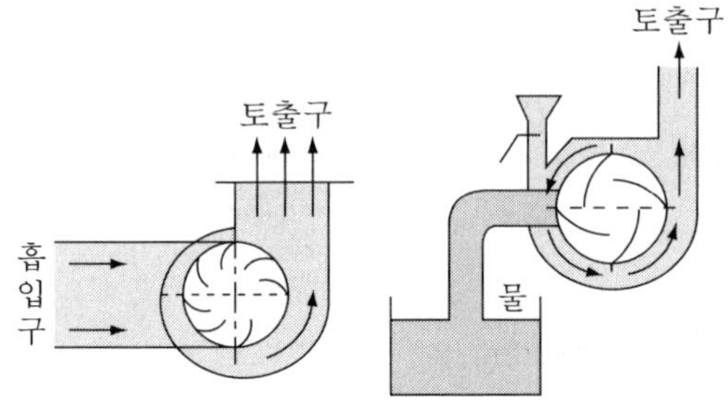


**그림 6-23** 송풍기와 펌프의 비교

송풍기와 압축기의 분류는 압력상승의 정도에 따라 팬(fan), 블로어(blower), 컴프레셔(compressor)로 분류하며, 일반적으로 송풍기라 함은 팬(fan)을 말한다.

## [2] 송풍기의 분류

### 1) 작동원리에 의한 송풍기의 분류

- 터보형 송풍기
  - 팬
    - 원심팬
      - 다익팬(시로코)
      - 레이디얼팬
      - 후향팬(터보)
      - 익형팬
    - 사류팬
      - 원심사류팬
      - 직선형사류팬
    - 축류팬
    - 횡류팬
  - 블로워
    - 원심블로워
    - 사류블로워
    - 축류블로워

**표 6-6** 송풍기의 분류

### 2) 압력에 의한 송풍기의 분류

**표 6-7** 압력에 의한 송풍기의 분류

| 명칭 | | | 송풍기: 팬 | 송풍기: 블로워 |
|---|---|---|---|---|
| 종별 \ 압력 | | | 10kPa(1mH$_2$O) 미만 | 10kPa(1mH$_2$O) 이상<br>10kPa(10mH$_2$O) 미만 |
| 터보형 | 축류식 | 축류 | 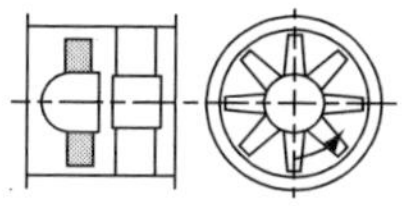 | 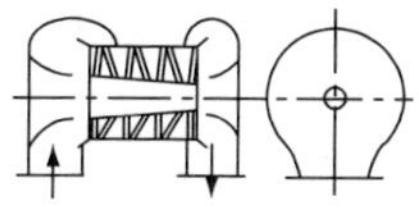 |
| 터보형 | 사류식 | 사류 | 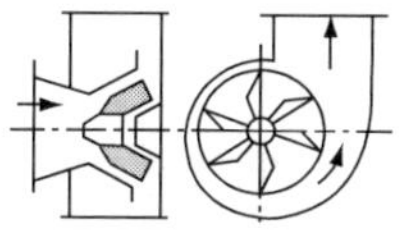 |  |
| 터보형 | 원심형 | 다익 | 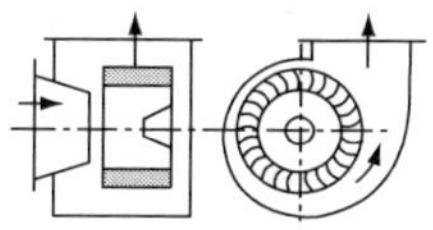 | — |
| 터보형 | 원심형 | 레이디얼 | 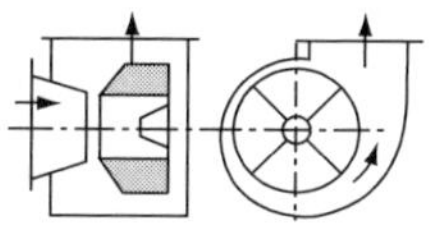 | 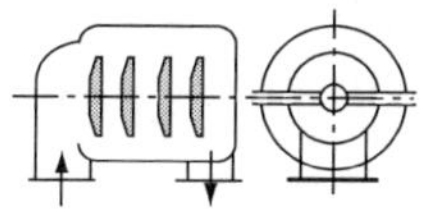 |
| 터보형 | 원심형 | 터보 | 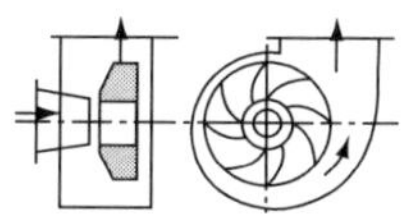 | 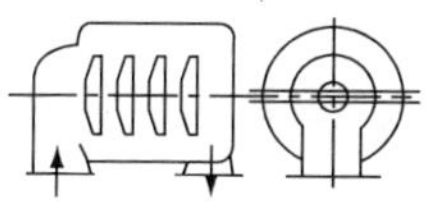 |
| 터보형 | 횡류식 | 횡류 | 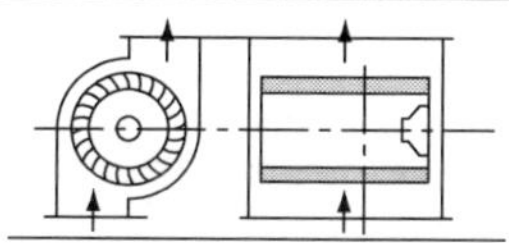 | — |
| 용적형 | 회전식 | 이엽로타 | — | 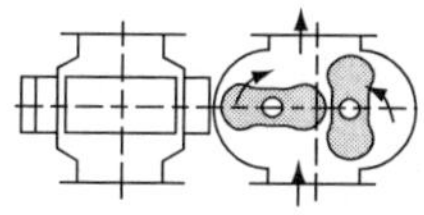 |
| 용적형 | 회전식 | 베인 | — | — |
| 용적형 | 회전식 | 나사 | — | — |
| 용적형 | 왕복식 | 왕복 | — | — |

### 3) 터보형(Turbo type)

터보형은 원심식과 축류식으로 나뉜다. 이 중 원심식은 깃의 경사에 의해 다익팬, 레이디얼(반경류)팬, 터보팬, 한계부하팬, 익형팬 등이 있으며, 흡입구에 의해 흡입구가 회전차 축상의 한 쪽에만 있는 단흡입 송풍기와 축상의 양쪽에 있는 양흡입 송풍기가 있다.

① 원심식 송풍기(centrifugal type)

㉮ 다익팬(multiblade fan) : 날개가 회전차의 회전방향으로 기울어져 있고 익현장이 짧으며 날개 폭이 넓다. 시로코팬(sirocco fan)이라고도 하며, 같은 주속도의 다른 팬보다 풍량이 많다.

㉯ 레이디얼팬(radial fan) : 날개가 회전차의 회전축에 수직이며 다익팬에 비하여 익현장이 길고 날개 폭이 짧다. 효율은 다익팬보다 좋다.

㉰ 터보팬(turbo fan) : 날개가 회전차의 회전 방향에 대하여 뒤쪽으로 기울어져 있다. 날개 수는 다익팬과 레이디얼팬의 중간 정도이다. 그 구조는 원심 송풍기 중에서 가장 크며 효율도 가장 좋다.

㉱ 익형팬(airfoil fan) : 날개의 형상이 익형인 송풍기이며, 풍량이 설계점 이상으로 증가해도 축동력은 증가하지 않는다. 효율도 좋고 소음도 작다.

㉲ 한계부하팬(limit loaded fan) : 깃의 형상이 S자인 회전차를 가지고 있고, 케이싱의 흡입구에 프로펠러형의 안내깃이 고정되어 있다.

### 4) 축류식 송풍기(propeller type)

날개의 양력에 의하여 공기에 에너지를 전달하는 송풍기로 풍량이 많고 저압인 경우 사용된다.

① 프로펠러팬(propeller fan) : 풍도(duct)가 없는 송풍기로 회전차 뒤쪽에 회전방향으로 바람의 분속도가 남는다.

② 풍도가 있는 축류팬(tube axial fan) : 회전차가 뒤쪽에 분속도가 남지 않는다.

③ 정익이 있는 축류팬(vane axial fan) : 풍도에 정익이 고정되어 있는 축류 송풍기이다.

### 5) 송풍압력

덕트의 저항에 대한 공기의 압력은 정압·동압·전압의 세 가지가 있다([그림 6-24]). 이 중에서 송풍저항을 극복하는 압력은 덕트 내의 정압이다.

다음에 각각에 대해서 설명한다.

① 정압－흐름에 평행한 물체표면에 작용하는 압력. 덕트의 벽면에 대해서 수직하게 마노메타를 설치해 측정한 압력이 정압 $p_s$이다. [그림 6-24]처럼 마노메터의 한쪽은 덕트 내의 공기압력이 다른 한쪽에는 대기압이 가해지고 있으므로 마노메터 좌우의 물의 높이에 차가 생긴다.

② 동압－예를 들면 풍차는 날개(깃)에 바람을 받아 회전한다. 이 때 풍량, 풍속이 클수록 강하게 잘 회전한다. 이와 같이 풍속에 의해서 생기는 압력, 즉 흐름의 운동에너지에 관계하는 압력이 동압 $p_d$이다. 이것은 속도의 2승에 비례한다.

③ 전압－[그림 6-24]에서처럼 L형의 구부러진 곡관(피토관)의 선단에 구멍을 열고, 덕트 내에 넣어서 선단을 기류에 향하게 하여 압력을 측정하면 마노메타에서 보이는 압력은 정압보다도 높게 된다. 이것은 덕트 내의 정압에 기류의 동압이 더해지기 때문이다. 이렇게 해서 측정한 압력을 전압 $p_t$라 한다. 이와 같은 압력과 풍속 사이에는 다음과 같은 관계가 있다.

$$p_t = p_s + p_d \tag{6.19}$$

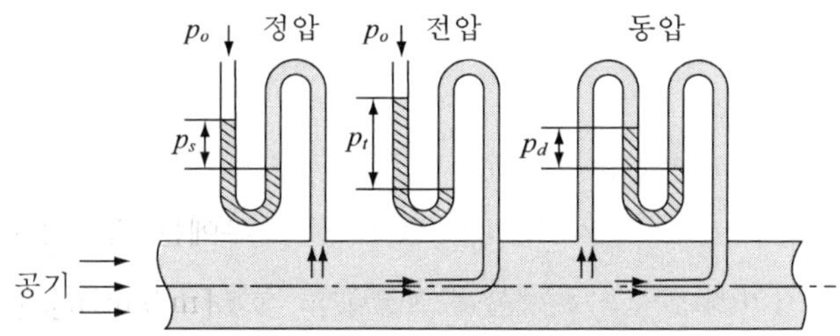


**그림 6-24** 송풍기의 정압·전압·동압의 관계

$$p_d = \frac{\rho}{2} v^2 \tag{6.20}$$

여기서, $p_t$ : 전압[Pa]
$p_s$ : 정압[Pa]
$p_d$ : 동압[Pa]
$\rho$ : 기체밀도[kg/m$^3$]
$v$ : 속도[m/s]

### 6) 송풍기풍량

덕트에 송풍기를 설치해서 바람을 보낸다. [그림 6-25]는 펌프의 체크밸브에 상당하는 댐퍼를 폐쇄상태에서 차례로 열려지는 경우의 정압과 저항과의 관계를 보여주고 있다. 다음 [그림 6-26]과 같이, 송풍기와 덕트를 연결해서 송풍하면, 저항곡선 $R_1$과 정압곡선 $p$가, 점 $P_1$과 만난다. 이 점 $P_1$에서 덕트의 선단에서 나오는 풍량 $Q_1$이 된다. 이 덕트의 선단의 일부분을 수축하면, 저항은 $R_1$에서 $R_2$로 이동하고 풍량은 $Q_2$로 감소한다.

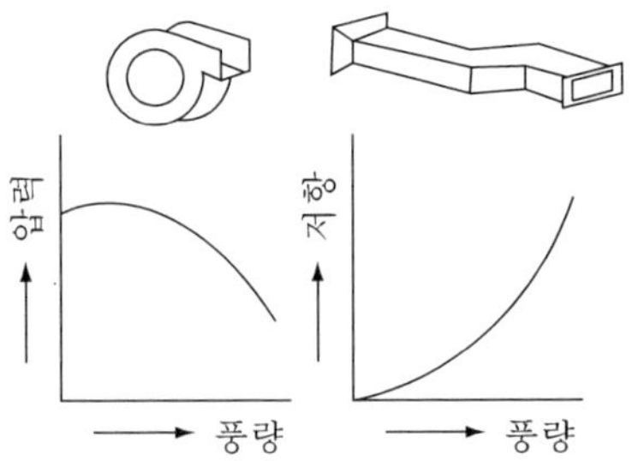


**그림 6-25** 송풍기의 풍량·압력·저항

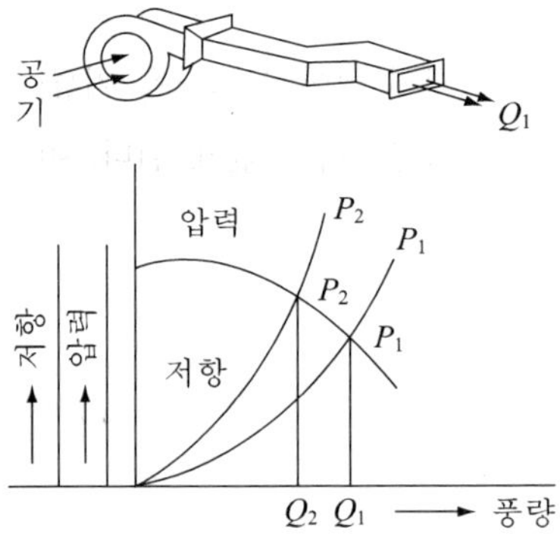


**그림 6-26** 송풍기의 운전점

송풍기의 풍량은 단위시간에 송풍기에서 토출되는 기체의 양이고 흡입상태 또는 기준상태로 나타내어진다. 다만 송풍기의 동력을 생각하는 경우에는 흡입상태에서 나타내는 것이 편리하고, 송풍능력의 요구량으로서도, 흡입상태의 풍량 [$m^3$/min], [$m^3$/h], [$m^3$/s]에서 나타내어지는 것이 많다. 화학반응에 관계된 용도에서는 기체의 질량유량을 규정하는 것이 있고 [kg/min]와 [kg/h], 또는 0℃ (273K), 10,332 mm$H_2O$의 기준상태로 환산한 체적유량 [N$m^3$/min], [N$m^3$/h]으로 표시된다. 기준상태의 체적유량으로 표시하는 경우에는 더욱이 반응에 무관계한 별도 취급한 [N$m^3$/min(DRY)]과 수분을 포함한 [N$m^3$/min (WET)]가 이용되어 지므로 확실하게 표시할 필요가 있다. 기준상태로 나타내어진 풍량 $Q_N$(WET)은 흡입상태의 절대온도 $T_1$[K] = 273 + $t_1$[℃], 절대압력 $p_1$[mm$H_2O$]와 흡입상태의 풍량 $Q_s$(WET)과의 사이서 다음 식이 성립한다.

$$Q_s = Q_N \frac{10{,}332}{p_1} \cdot \frac{T_1}{273} \tag{6.21}$$

표준상태란 온도 20℃, 절대압 760mmHg(10,332 mm$H_2O$, 101.3 kPa), 상대습도

65%의 습공기의 상태를 말하며, 이 때의 공기의 밀도는 1.2kg/m$^3$이다.
기준상태란 온도 0℃, 절대압 760mmHg(10,332mmH$_2$O, 101.3kPa)의 건공기의 상태 이때의 공기의 밀도는 1.293kg/m$^3$이다.

### 7) 축동력과 원동기의 출력

송풍기의 이론공기동력(등엔트로피 동력) $L_{ad}$[kW]는 다음 식으로 계산된다.

압력비 $p_{s2}/p_{s1} < 1.03$의 경우

$$L_{ad} = \frac{Q}{6\times10^4}[(p_{s2}-p_{s1})+(p_{d2}-p_{d1})] \tag{6.22}$$

1.03 < 압력비 < 1.2의 경우

$$L_{ad} = \frac{Q}{6\times10^4}\left[(p_{s2}-p_{s1})\times\left(1+\frac{p_{s2}-p_{s1}}{2kp_{s1}}\right)+(p_{d2}-p_{d1})\right] \tag{6.23}$$

압력비 > 1.2에서 냉각하지 않는 경우

$$L_{ad} = \frac{k}{k-1}\cdot\frac{p_{t1}Q}{6\times10^4}\left[\left(\frac{p_{t2}}{p_{t1}}\right)^{\frac{k-1}{k}}-1\right] \tag{6.24}$$

여기서, $p_{s1}$, $p_{s2}$ : 흡입구, 토출구의 정압[Pa abs]
$Q$ : 풍량[m$^3$/min]
$p_{d1}$, $p_{d2}$ : 흡입구, 토출구의 동압[Pa abs]
$k$ : 기체의 비열비(정압비열/정적비열)
$p_{t1}$, $p_{t2}$ : 흡입구, 토출구의 전압[Pa abs]

축동력 $L$[kW]는 이론공기동력 $L_{ad}$[kW]를 전단열효율 $\eta_{tad}$로 나눈 것으로

$$L = \frac{L_{ad}}{\eta_{tad}}$$

원동기의 출력 $L_m$은 축동력 $L$에 어느 정도 여유를 더한 것으로 이 여유계수(余裕係數)를 $\alpha$라 하면

$$L_m = \alpha L \tag{6.25}$$

$\alpha$는 일반적으로 1.05～1.1로 하지만 축동력에 대해서는 예상되는 운전상태에서의 최대 축동력을 한다.

### 8) 압력손실

어떤 풍량이 흐를 때의 압력손실은 덕트(배관)의 길이, 내면의 거칠기, 구부러짐, 단면적 변화의 정도 등, 덕트가 가지고 있는 성질과 내부를 통하는 공기의 속도로 결정되고, 다음 식으로 나타난다.

$$p_r = \zeta \frac{\rho v^2}{2} \tag{6.26}$$

여기서, $p_r$ : 필요압력(압력손실) [Pa]

$\rho$ : 기체의 밀도 [kg/m³] (20℃의 대기압의 공기 1.2kg/m³)

$v$ : 유속 [m/s] ($v = Q/60A$)

$Q$ : 풍량 [$m^3$/min]

$A$ : 덕트의 단면적 [$m^2$]

$\zeta$ : 덕트의 형상에 의한 저항계수[표 6-8]

g : 중력가속도= 9.8 [$m^2$]

식 (6.26)에서 알 수 있듯이 압력손실은 풍량(풍속)의 2승에 비례한다. 동익 덕트에 흐르는 풍량을 2배로 하기 위해서 4배의 압력이 필요하다. 덕트의 저항계수 $\zeta$를 알고 있다면 압력손실, 즉 필요한 풍량을 흘리기 위한 정압을 계산할 수 있다. 또 덕트는 원형으로 한정되지 않으므로 정방형덕트에서 원형덕트에의 환산은 다음의 식으로 행한다.

$$D_e = 1.3\left[\frac{(ab)^5}{(a+b)^2}\right]^{0.125} \tag{6.27}$$

여기서, $D_e$ : 등가내경 [m]

$a$ : 장방형덕트의 폭 [m]

$b$ : 장방형덕트의 높이 [m]

**표 6-8** 덕트의 형상에 따른 저항계수

| 풍란의 부분 | 형상도 | 조건 | $\zeta$의 값 | 풍란의 부분 | 형상도 | 조건 | $\zeta$의 값 |
|---|---|---|---|---|---|---|---|
| 직관 | 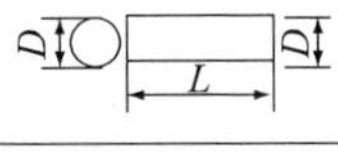 | | $0.02\times\frac{L}{D}$ | 급축소 입구 | 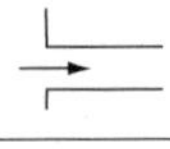 | - | 0.50 |
| 원형의 곡관 | 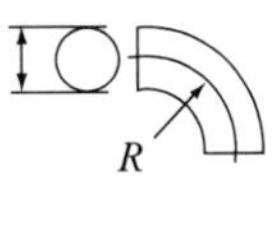 | $R/D$<br>= 0.50<br>= 0.75<br>= 1.00<br>= 1.50<br>= 2.00 | <br>0.75<br>0.38<br>0.26<br>0.17<br>0.15 | 급출구 (종모양 출구를 포함) | 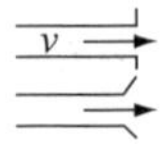 | - | 1.0 |

| 구분 | 형상 | W/D | R/D | ζ |
|---|---|---|---|---|
| 장방형 단면의 곡관 | 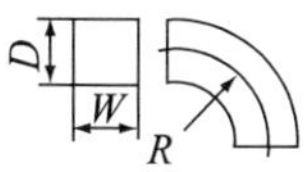 | W/D | R/D | |
| | | 0.5 | 0.50 | 1.30 |
| | | | 0.75 | 0.47 |
| | | | 1.00 | 0.28 |
| | | | 1.50 | 0.18 |
| | | 1~3 | 0.50 | 0.95 |
| | | | 0.75 | 0.33 |
| | | | 1.00 | 0.20 |
| | | | 1.50 | 0.13 |
| 안내 날개를 가진 장방형 단면의 곡관 | 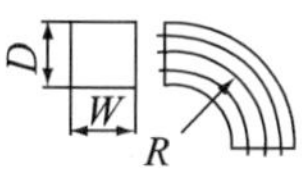 | W/D | R/D | |
| | | 1 | 0.50 | 0.70 |
| | | | 0.75 | 0.16 |
| | | | 1.00 | 0.13 |
| | | | 0.50 | 0.12 |
| | | 2 | 0.50 | 0.45 |
| | | | 0.75 | 0.12 |
| | | | 1.00 | 0.10 |
| | | | 1.50 | 0.15 |
| 원형관의 직각이음 |  | - | | 0.87 |
| 장방향관의 직각이음 | 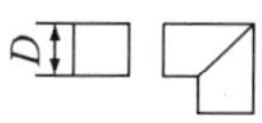 | - | | 1.25 |
| 45°의 곡관 | 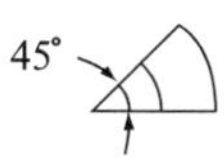 | 장방형, 원형 안내깃의 유·무 | | 90°<br>1/2 |
| 확대관 | 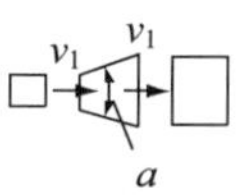 | $\alpha = 5°$ | | 0.17 |
| | | $= 10°$ | | 0.28 |
| | | $= 20°$ | | 0.45 |
| | | $= 30°$ | | 0.59 |
| | | $= 40°$ | | 0.73 |
| | $\zeta$는 $\frac{\rho}{2}(v_1^2 \cdot v_2^2)$에 대한 | | | |
| 축소관 | 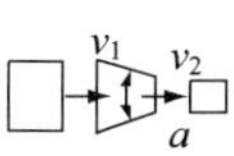 | $\alpha = 30°$ | | 0.02 |
| | | $= 45°$ | | 0.04 |
| | | $= 60°$ | | 0.07 |
| | $\zeta$는 $\frac{\rho}{2}v_2^2$에 대한 | | | |
| 변형관 | 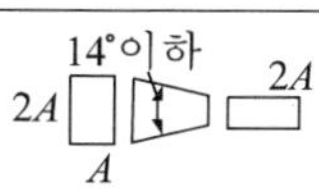 | - | | 0.15 |

| 구분 | 형상 | 조건 | ζ |
|---|---|---|---|
| 종모양 입구 | 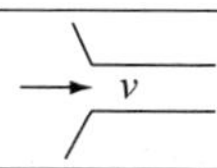 | - | 0.03 |
| 원형 오리피스 | 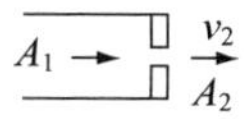 | $A_2/A_1$ | |
| | | $= 0.00$ | 2.8 |
| | | $= 0.25$ | 2.4 |
| | | $= 0.50$ | 1.9 |
| | | $= 0.75$ | 1.5 |
| | | $= 1.00$ | 1.0 |
| | $\zeta$는 $\rho\frac{v_2^2}{2}$에 대한 | | |
| 급축소 | 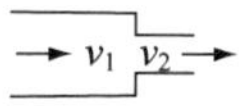 | $v_1/v_2$ | |
| | | $= 0.00$ | 0.50 |
| | | $= 0.25$ | 0.45 |
| | | $= 0.50$ | 0.32 |
| | | $= 0.75$ | 0.18 |
| | $\zeta$는 $\rho\frac{v_2^2}{2}$에 대한 | | |
| 급확대 | 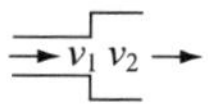 | $v_1/v_2$ | |
| | | $= 0.00$ | 1.0 |
| | | $= 0.20$ | 0.64 |
| | | $= 0.40$ | 0.36 |
| | | $= 0.60$ | 0.16 |
| | | $= 0.80$ | 0.04 |
| | $\zeta$는 $\rho\frac{v_1^2}{2}$에 대한 | | |
| 2개 연속의 곡관 | 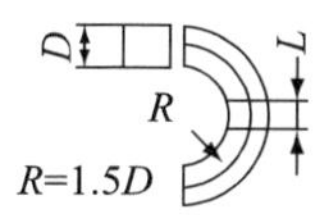 | $L = 0$<br>$L = D$<br>안내깃을 가짐 | 0.43<br>0.31<br>0.15 |
| | 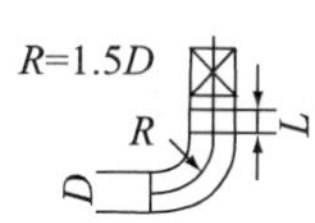 | $L = 0$<br>$L = D$<br>안내깃을 가짐 | 0.42<br>0.46<br>0.21 |
| | 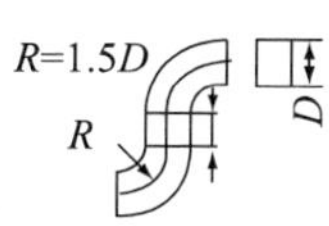 | $L = 0$<br>$L = D$<br>안내깃을 가짐 | 0.62<br>0.68<br>0.19 |
| | 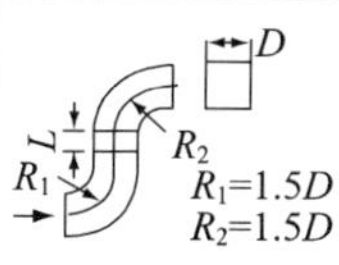 | 화살표 방향<br>역방향 | 0.15<br>1.03 |

**example 6-24**

기준상태에서 내경 500mm의 덕트 $80\text{m}^3/\text{min}$의 풍량을 보내려고 한다. 100m당 압력손실은 얼마인가?

**풀이**

풍속 $v = \dfrac{Q}{60A} = \dfrac{Q}{60 \times \dfrac{\pi}{4} D^2} = \dfrac{80}{60 \times \dfrac{\pi}{4}(500 \times 10^{-3})^2} = 6.8[\text{m/s}]$

앞의 표에서 $\zeta = 0.02\dfrac{L}{D} = 0.02 \times \dfrac{100}{500 \times 10^{-3}} = 4$

$\rho = 1.2[\text{kg/m}^3]$로 하면 식 (6.26)에 의해

$$p_r = \zeta \frac{\rho v^2}{2} = 4 \times \frac{1.2 \times 6.8^2}{2} = 111[\text{Pa}] \rightarrow 120\text{Pa}[11.7\text{mmH}_2\text{O}]$$

필요한 송풍기의 사양은 여유를 두어 풍량 $80\text{m}^3/\text{min}$, 정압 $120\text{Pa}(11.7\text{mmH}_2\text{O})$, 온도 20℃로 한다.

**example 6-25**

표준상태에 있어서 동압이 $10\text{mmH}_2\text{O}$인 풍속은 얼마인가?

**풀이**

$1[\text{mmH}_2\text{O}] = 9.80665[\text{Pa}]$이기 때문에 $10[\text{mmH}_2\text{O}] = 98.0665[\text{Pa}]$

$p_d = \dfrac{1}{2}\rho v^2$이기 때문에 $v = \sqrt{\dfrac{2p_d}{\rho}} = \sqrt{\dfrac{2 \times 98.0665}{1.2}} = 12.7[\text{m/s}]$

**example 6-26**

배관단면의 한 변이 0.6m의 정방형이고 길이 20m의 덕트에 매분 $450\text{m}^3$의 공기를 보내려고 한다. 얼마의 압력이 필요한가?(단, 표준상태에 있어서 공기밀도는 $1.2\text{kg/m}^3$이다.)

**풀이**

정방형을 원형으로 환산한 경우의 등가내경을 구한다. 식 (6.27)에서 등가내경

$$D_e = 1.3 \times \left[\frac{(ab)^5}{(a+b)^2}\right]^{0.125} = 1.3 \times \left[\frac{(0.6 \times 0.6)^5}{(0.6+0.6)^2}\right]^{0.125}$$
$$= 1.3 \times [4.2 \times 10^{-3}]^{0.125} = 0.65[\text{m}]$$

풍속

$$v = \frac{Q}{60A} = \frac{450}{60 \times \frac{\pi}{4} \times 0.65^2} = 22.6\,[\mathrm{m/s}]$$

저항계수

$$\zeta = 0.02\frac{L}{D_e} = 0.02 \times \frac{20}{0.65} = 0.615$$

압력손실

$$p_r = \zeta\frac{\rho v^2}{2} = 0.615 \times \frac{1.2 \times 22.6^2}{2} = 185.5\,[\mathrm{Pa}]$$

$$\rightarrow 200\,[\mathrm{Pa}]\ (20.4\,\mathrm{mmH_2O})$$

그러므로 필요한 송풍기의 사양은 여유를 두어서 풍량 $450\,\mathrm{m^3/min}$, 정압 $200\,\mathrm{Pa}(20.4\,\mathrm{mmH_2O})$, 온도 20℃로 한다.

**example 6-27**

그림과 같은 배관으로 도장공장의 환기를 하려고 한다. 표준상태에서 필요한 풍량은 $500\,\mathrm{m^3/min}$이라고 한다. 필요한 압력을 계산하여라. 배관의 내경은 0.65m이고 공기밀도는 $1.2\,\mathrm{kg/m^3}$이다.

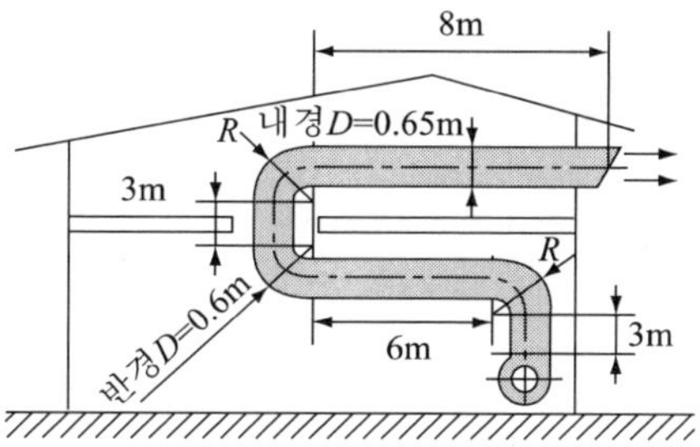


도장공장의 배관

**풀이**

(1) 저항계수를 구한다. 직관부분의 길이 $L = 3 \times 2 + 6 + 8 = 20\,[\mathrm{m}]$, $D = 0.65\,[\mathrm{m}]$, $L = 20\,[\mathrm{m}]$이기 때문에 직관부분의 저항계수

$$\zeta_1 = 0.02\frac{L}{D} = 0.02 \times \frac{20}{0.65} = 0.615$$

또, 곡관부분은 $R/D = 0.6/0.65 = 0.923$이고, 이것에 대한 $\zeta_2$($R/D = 0.75$일때 $\zeta_2 = 0.38$이고, $R/D = 1.0$일 때 $\zeta_2 = 0.26$)은 비례계산에 의해 $\zeta_2 = 0.297$로 한다.

그러므로 $\zeta_{2'} = 0.297 \times 3 = 0.891$가 된다.

다음에 토출부분(급출구)은 $\zeta_3 = 1.0$이다. 그러므로 전저항계수는

$$\zeta = \zeta_1 + \zeta_2' + \zeta_3 = 0.65 + 0.891 + 1 = 2.506$$

(2) 풍속을 구한다.

$$v = \frac{Q}{60A} = \frac{Q}{60 \times \frac{\pi}{4}D^2} = \frac{500}{60 \times \frac{\pi}{4} \times 0.65^2} = 25.1\,[\mathrm{m/s}]$$

(3) 정압을 구한다.

$$p_r = \zeta\frac{\rho v^2}{2} = 2.506 \times \frac{1.2 \times 25.1^2}{2} = 947.3\,[\mathrm{Pa}]$$

$$\rightarrow 950\,[\mathrm{Pa}] \ \ (97\,\mathrm{mmH_2O})$$

필요한 송풍기의 사양은 여유를 두어 풍량 $500\,\mathrm{m^3/min}$, 정압 $950\,\mathrm{Pa}(97\,\mathrm{mmH_2O})$, 온도 20℃로 한다.

### example 6-28

그림과 같은 송풍기 시험장치에서 $66\,\mathrm{m^3/min}$의 풍량을 흐르게 하려고 한다. 필요한 정압은 얼마인가? 20℃의 공기밀도는 $1.2\,\mathrm{kg/m^3}$이고 표준상태로 한다.

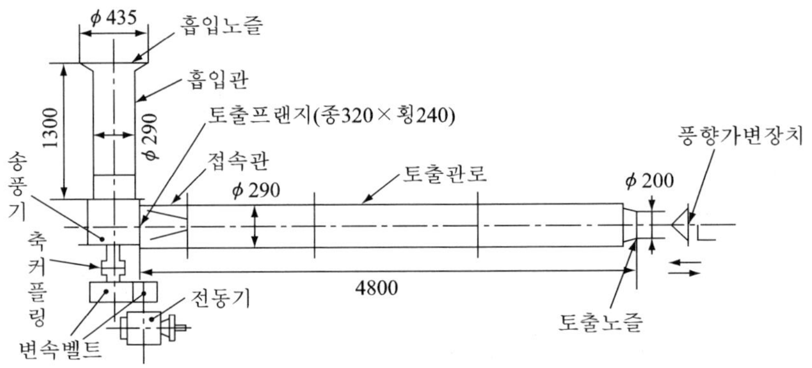


토출관과 흡입관의 양방향을 갖고 있는 송풍기 시험장치

**풀이**

(1) 흡입부분의 저항계수는 [표 6-8] 중의 벨 마우스(bell mouse) 입구로부터

$$\zeta_1 = 0.03$$

(2) 직각부분의 길이는 $L = 1{,}300 + 4{,}800 = 6{,}100\,[\mathrm{mm}] = 6.1\,[\mathrm{m}]$, $D = 290\,[\mathrm{mm}] = 0.29\,[\mathrm{m}]$이기 때문에 저항계수는

$$\zeta_2 = 0.02\frac{L}{D} = 0.02 \times \frac{6.1}{0.29} = 0.42$$

(3) 토출부분은 노즐부분이 짧고 입구내경 200mm로 수축되고 있기 때문에 저항계수는 [표 6-8] 중 환형 오리피스를 취하면

$$\frac{A_2}{A_1} = \left(\frac{200}{290}\right)^2 = 0.476$$

이고 비례 계산에 의해서 $\zeta_3 = 1.95$, 그러므로 전저항계수 $\zeta = \zeta_1 + \zeta_2 + \zeta_3 = 0.03 + 0.42 + 1.95 = 2.4$

풍속

$$v = \frac{Q}{60 \times A} = \frac{66}{60 \times \frac{\pi}{4} \times 0.29^2} = 16.6\,[\mathrm{m/s}]$$

정압(압력손실)

$$p_r = \zeta \frac{\rho v^2}{2} = 2.4 \times \frac{1.2 \times 16.6^2}{2} = 396.8\,[\mathrm{Pa}]$$

$\rightarrow 400\,[\mathrm{Pa}]$ $(41\,\mathrm{mmH_2O})$

## [3] 송풍기의 성능

### 1) 회전속도에 의한 성능변화

회전속도가 $n_1\,[\mathrm{rpm}]$에서 $n_2\,[\mathrm{rpm}]$로 변화시켰을 때의 성능곡선은 [그림 6-27]과 같이 된다. 이 경우는 다음과 같이 된다.

풍량 $Q_2 = \left(\frac{n_2}{n_1}\right) \cdot Q_1$, 압력 $p_2 = \left(\frac{n_2}{n_1}\right)^2 \cdot p_1$, 축동력 $L_2 = \left(\frac{n_2}{n_1}\right)^3 \cdot L_1$

여기서, $Q_1$, $Q_2$ : 회전속도 $n_1\,[\mathrm{rpm}]$, $n_2\,[\mathrm{rpm}]$일 때의 풍량$[\mathrm{m^3/min}]$

$p_1$, $p_2$ : 회전속도 $n_1\,[\mathrm{rpm}]$, $n_2\,[\mathrm{rpm}]$일 때의 압력$[\mathrm{Pa}]$

$L_1$, $L_2$ : 회전속도 $n_1\,[\mathrm{rpm}]$, $n_2\,[\mathrm{rpm}]$일 때의 축동력$[\mathrm{kW}]$

즉, 풍량, 압력, 축동력과 함께 회전속도에 비례한다.

### 2) 공기온도에 의한 성능변화

온도가 $t_1\,[℃]$에서 $t_2\,[℃]$로 변할 때의 성능곡선은 [그림 6-28]과 같이 된다. 이 경우는 다음과 같이 된다.

풍량 $Q_2 = Q_1$, 압력 $p_2 = \frac{273 + t_1}{273 + t_2} \cdot p_1$, 축동력 $L_2 = \left(\frac{273 + t_1}{273 + t_2}\right) \cdot L_1$

즉 온도가 높게 되면 공기는 가볍게 되므로 압력은 나오지 않게 된다. 반대로 온도가 낮게 되면 공기는 무겁게 되므로 압력은 나오게 된다. 축동력도 같은 식으로 변화한다.

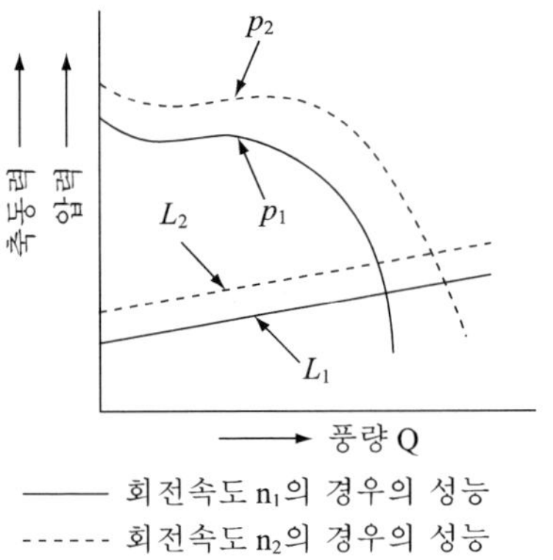


그림 6-27 회전속도에 의한 성능 변화

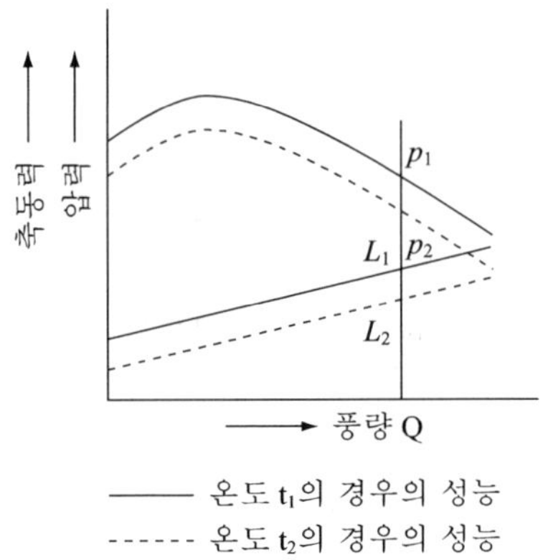


그림 6-28 회전속도에 의한 성능 변화

온도가 20℃보다도 낮은 경우는 축동력의 과잉에 주의하고, 20℃보다도 높게 되는 경우에는 압력 부족에 의한 풍량부족에 주의해야 한다.

**example 6-29**

풍량 $500\,\text{m}^3/\text{min}$, 압력 $75\,\text{mmH}_2\text{O}$, 축동력 $12\,\text{kW}$이 송풍기가 회전속도 $500\,\text{rpm}$에서 운전되고 있다. 운전속도는 $400\,\text{rpm}$로 하면 풍량, 압력, 축동력은 어떻게 되는가?

풀이

풍량 $Q_2\left(\frac{n_2}{n_1}\right)\cdot Q_1=\left(\frac{400}{500}\right)\times 500=400\,[\text{m}^3/\text{min}]$

압력 $p_2\left(\frac{n_2}{n_1}\right)^2\cdot p_1=\left(\frac{400}{500}\right)^2\times 75=48\,[\text{mmH}_2\text{O}]$

축동력 $L_2=\left(\frac{n_2}{n_1}\right)^3\cdot L_1=\left(\frac{400}{500}\right)^3\times 12=6.14\,[\text{kW}]$

**example 6-30**

정압력 $1.47\,\text{kPa}\,(150\,\text{mmH}_2\text{O})$, 풍량 $50\,\text{m}^3/\text{min}$이 송풍기를 운전하기 위해서는 축동력은 몇 kW가 필요한가? 또, 송풍기를 운전하는 원동기(모터)의 출력은 얼마인가? (단, 덕트내의 풍속은 $20\,\text{m/s}$, 공기밀도는 $1.2\,\text{kg/m}^3$, 송풍기효율은 60%이다.)

풀이

동압 $p_d=\frac{\rho v^2}{2}=\frac{1.2\times 20^2}{2}=240\,[\text{Pa}]$

전압 $p_t=p_d=p_r=240+1{,}470=1{,}710\,[\text{Pa}]$

공기동력 $L_{ad} = Q\dfrac{p_t}{6\times 10^4} = \dfrac{50\times 1{,}710}{6\times 10^4} = 1.424\,[\text{kw}]$

축동력 $L = \dfrac{L}{\eta_{tad}} = \dfrac{1.425}{0.6} = 2.4\,[\text{kW}]$

원동기출력은 여유계수 $\alpha = 1.2$로서

$L_m = \alpha L = 1.2\times 2.4 = 2.88\,[\text{kW}]$

따라서, 모터의 출력은 3.7kW를 사용하면 충분하다.

### example 6-31

터보팬에서 송풍기 전압이 250[mAq]일 때 풍량은 5[$m^3$/min]이고 이 때의 축동력은 0.8[PS]이었다. 전압 효율은?

**풀이**

전압 효율[$\eta_T$]는

$$\therefore\ \eta_T = \frac{250\times 5}{75\times 60\times 0.8} = 0.347 = 34.7\,[\%]$$

### example 6-32

송풍기의 풍량이 4[$m^3$/sec], 송풍기 전압이 2[mAq]인 때에 비교 회전도를 구하여라. (단, $\gamma = 1.2\,[\text{kg/m}^3]$이고 송풍기의 회전 각속도는 $50\pi\,[1/\text{s}]$이다.)

**풀이**

풍량 $Q = 4\,[\text{m}^3/\text{sec}] = 240\,[\text{m}^3/\text{min}]$

송풍기 전압 $P_T = 2\,[\text{mAq}] = 2{,}000\,[\text{mmAq}]$

회전수 $N = 50\pi \times \dfrac{60}{2\pi} = 1{,}500\,[\text{rpm}]$

$$n_s = N\frac{\sqrt{Q}}{\left(\dfrac{P}{\gamma}\right)^{3/4}} = 1{,}500\times\sqrt{240}\Big/\left(\frac{2{,}000}{1.2}\right)^{3/4} = 89.1$$

### example 6-33

매분 1570회전에서 송풍기 전압 134[mmAq], 풍량 57[$m^3$/min]를 충족시키는 레이디얼팬의 축동력을 구하여라. 송풍기 효율은 60%이다.

**풀이**

$$L = \frac{L_{at}}{\eta_T} = \frac{P_T\cdot Q}{75\times 60\times 0.6} = \frac{134\times 57}{75\times 60\times 0.6} = 2.83\,[\text{PS}] = 2.08\,[\text{kW}]$$

# 연습문제

## ▶ 객관식

1. 수격작용에 대한 설명으로 옳은 것은?

① 흐르는 물을 갑자기 정지시킬 때 수압이 급격히 변화하는 현상을 말한다.
② 물의 온도가 낮을 때 생긴다.
③ 물의 유속이 늦을 때 일어난다.
④ 물의 연속적으로 흐를 때 물의 온도가 상승하면 일어난다.

**풀이** 수격작용 : 배관내 유체의 흐름속도가 급격히 변화될 때 속도에너지가 압력에너지로 변화되면서 배관 및 관부속물에 심한 압력파로 때리는 현상

답 : ①

2. 다음은 펌프의 케이싱의 기능에 대한 설명이다. 옳은 것은?

① 펌프의 내부에 설치되어 있는 것으로서 물을 회전시켜 배출구 부분으로 송출하는 기능을 한다.
② 펌프를 운전하는 동안 물의 평형을 유지시켜 물을 배출구 부분으로 송출하는 기능을 한다.
③ 날개차를 통하여 나온 물을 받아서 배출관 방향으로 유도되는 기능을 한다.
④ 펌프를 운전하는 동안 날개차로부터 유입된 물을 펌프 밖으로 누수되는 것을 방지하는 기능을 한다.

**풀이** 펌프의 케이싱이란 펌프를 구성하는 중요한 부분으로서 날개차를 통하여 나온 물을 공급받아 배출관 방향으로 유도되는 기능을 하는 것을 말한다.

답 : ③

3. 양정 15(m), 송출량 2(m³/sec)일 때 축동력 10.25HP를 필요로 하는 원심 펌프의 효율을 구하시오.(단, 여유율은 10%로 한다.)

① 70(%)　　② 75(%)
③ 80(%)　　④ 85(%)

**풀이** $HP = \dfrac{0.163 \times Q \times H}{E \times 0.75} \times K$

$Q$ : 유량(m³/sec)
$H$ : 양정(m)
$E$ : 효율
$K$ : 여유율

$E = \dfrac{0.163 \times Q \times H}{HP \times 0.75} \times K$

$= \dfrac{0.163 \times 2 \times 15}{10.25 \times 0.75} \times 1.1$

$= 69.97 \fallingdotseq 70(\%)$

답 : ①

**4.** 다음 펌프의 기계 효율($\eta_m$)을 산출하는 식이다. 옳은 것은?(단, $L$은 펌프의 축 동력이며, $L_m$은 기계의 손실 동력이다.)

① $\eta_m = \dfrac{L - L_m}{L}$　　② $\eta_m = \dfrac{L}{L - L_m}$

③ $\eta_m = \dfrac{L_m - L}{L_m}$　　④ $\eta_m = \dfrac{L_m}{L_m - L}$

**풀이** 펌프의 기계효율($\eta_m$)은 펌프의 축 동력 값에서 기계의 동력 손실 값을 차감한 후 펌프의 축 동력 값으로 나누어 얻은 효율이다.

답 : ①

**5.** 단동 왕복 펌프의 플랜저 직경이 18cm, 양정 30cm, 매분 왕복회수 80, 체적 효율 80%일 때 펌프의 양수량은 몇 $m^3/min$인가?

① 0.358　　② 0.489

③ 0.558　　④ 0.658

**풀이** 왕복식 펌프의 분당 토출량($Q$) $= A \times N \times L \times \tau$

$Q$(양수량) : $m^3/min$, $A$(피스톤의 단면적) : $m^2$, $N$(분당회전수) : rpm

$L$(행정) : m, $\tau$ : 효율

$$\therefore Q = \frac{\pi \times 0.18^2}{4} \times 80 \times 0.3 \times 0.8 = 0.489$$

답 : ②

**6.** 물 올림 중인 어느 수평 회전축 원심펌프에서 흡입구 측에 설치된 연성 압력계가 500(mmHg)를 가리키고 있었다면, 이 펌프의 이론 흡입 양정은 얼마인가? (단, 대기압은 절대압력으로 1.03($kg/cm^2$)라고 한다.)

① 약 6.8m　　② 약 5.5m

③ 약 4.6m　　④ 약 3.8m

**풀이** 연성계 : 펌프의 흡입측에 설치하여 흡입 압력 측정에 사용

연성계 압력 = 흡입압력으로 흡수수두를 의미한다.

$$\frac{500\,mmHg \times 10.3\,mH_2O}{760\,mmHg} = 6.78\,mH_2O$$

답 : ①

**7.** 펌프의 축동력 25.4kW, 기계의 손실 동력 5kW인 송수 펌프가 있다. 이 송수 펌프의 기계 효율($\eta_m$)은 얼마가 되겠는가?

① 0.6　　② 0.7

③ 0.8 ④ 0.9

풀이 $기계효율(\eta_m) = \dfrac{축동력 - 기계의\ 동력손실}{축동력}$

$= \dfrac{25.4-5}{25.4} = 0.8031 ≒ 0.8$

답 : ③

**8.** 펌프의 기계 효율을 0.83, 체적 효율을 0.89, 수력 효율을 0.9301라 할 때 전효율($\eta$)은 얼마가 되겠는가?

① 0.70 ② 0.80
③ 0.75 ④ 0.85

풀이 전효율($\eta$) =기계효율×체적효율×수력효율

$= 0.83 \times 0.89 \times 0.93 = 0.686991 ≒ 0.70$

답 : ①

**9.** 양정 220(m), 회전수 $N = 3{,}000$rpm, 비교 회전도 176인 4단 원심펌프에서 유량 $Q$(m$^3$/min)을 구하시오

① 1.4(m$^3$/min) ② 2.7(m$^3$/min)
③ 4.7(m$^3$/min) ④ 6.8(m$^3$/min)

풀이 $n_s = \dfrac{N\sqrt{Q}}{\left(\dfrac{H}{i}\right)^{\frac{3}{4}}} = \dfrac{3{,}000\sqrt{Q}}{\left(\dfrac{220}{4}\right)^{\frac{3}{4}}} = 176, \quad Q = 1.4\text{m}^3/\text{min}$

답 : ①

**10.** 토출량 1.3(m$^2$/분), 임펠러의 회전수가 1,200rpm인 송수 펌프가 있다 이 송수 펌프의 임펠러 회전수를 1,600rpm으로 하면 토출량은(m$^3$/분)은 얼마인가?

① 1.60 ② 2.13
③ 3.14 ④ 4.39

풀이 $토출량(Q_2) = \left(\dfrac{N_2}{N_1}\right)^1 \times Q_1$의 식을 이용

$Q_2 = \left(\dfrac{N_2}{N_1}\right)^1 \times Q_1 = \left(\dfrac{1{,}600}{1{,}200}\right)^1 \times 1.6\text{m}^3/분 = 2.13\text{m}^3/분$

답 : ②

**11.** 다음 중 소화수 펌프 특성에 가장 적합하며 소화수펌프로 가장 많이 사용되는 펌프는 어느 것인가?

① 원심펌프 ② 수격펌프
③ 분사펌프 ④ 왕복펌프

**풀이** 소방용 펌프는 원심펌프를 가장 많이 사용하며 벌류트펌프와 터빈펌프가 있다.

답 : ①

**12.** 다음은 용적형의 왕복 펌프에 대한 특징이다. 옳지 아니한 것은?

① 흡수용 밸브와 배수용 밸브를 필요로 한다.
② 펌프의 토출량은 적지만 고압을 필요로 하는 경우에 사용할 수 있다.
③ 원심 펌프와 같은 회전식이다.
④ 피스톤의 배수량 만큼의 물을 간헐적으로 양수할 수 있다.

**풀이** 용적형의 왕복 펌프는 원심펌프와 같은 회전식이 아닌 피스톤의 배수량 만큼 물을 간헐적으로 흡입할 수 있는 특징이 있다.

답 : ③

**13.** 토출량 0.5($m^3$/분), 임펠러 회전수가 800rpm인 펌프가 있다. 이 펌프의 토출량을 1($m^3$/분)으로 하려면 펌프의 회전수(rpm)는 얼마로 하여야 하는가?

① 2,048 ② 1,600
③ 1,280 ④ 800

**풀이** $Q_2 = \left(\frac{N_2}{N_1}\right)^1 \times Q_1$의 식을 이용

임펠러의 회전수$(N_2) = \frac{Q_2}{Q_1} \times N_1$

$= \frac{1}{0.5} \times 800(\text{rpm})$

$= 1{,}600\text{rpm}$

답 : ②

**14.** 동일한 성능을 가진 원심펌프 토출측에 그림 A, B와 같이 배관을 직선으로 설치하였다. 펌프의 토출 압력 및 유량에 관한 설명 중 옳은 것은?

① 펌프 토출압력 및 유량이 A, B의 경우 모두 동일하다.
② 펌프 토출압력은 B의 경우가 높고, 유량은 A의 경우가 많다.
③ 펌프 토출압력은 A의 경우가 높고, 유량은 B의 경우가 많다.
④ 펌프 토출압력은 A의 경우가 높고, 유량은 A의 경우가 많다.

**풀이** 동일한 성능을 가지고 있는 원심 펌프인 경우에는 이 펌프에 설지되는 배관의 길이가 작은 쪽에서 방수압력과 방수량이 크다.

답 : ④

**15.** 양정 $1H$, 토출량 $1Q$인 송수 펌프 2대를 병렬로 연결하였을 경우 펌프의 양정과 토출량의 값으로 옳은 것은?

① $1H$, $1Q$　　② $1H$, $2Q$
③ $2H$, $1Q$　　④ $2H$, $2Q$

**풀이** 송수 펌프 2대를 병렬로 연결하면 양정은 $1H$로 변동이 없으나 토출량은 $2Q$로서 처음의 2배가 된다.

답 : ②

**16.** 다음의 송풍기 특성 중 축류식 팬의 특징은?

① 효율이 가장 높으며 큰 풍량에 적합하다.
② 풍압이 변해도 풍량은 변하지 않는다.
③ 임펠러는 원심펌프와 비슷한 구조이다.
④ 기체를 나사의 공간에 흡입하여 압축해서 압력을 높인다.

답 : ①

**17.** 펌프의 흡입측 배관에 설치한 연성계(진공계)의 눈금이 $0.852\,\text{kg/cm}^2$을 가리키고 있었다. 흡입측 배관으로 흡입이 가능한 수두(H, m)는 얼마인가? (단, 대기압은 $1.033\,\text{kg/cm}^2$으로서 $10.3\,\text{mH}_2\text{O}$이다.)

① 10.3　　② 6.2
③ 8.5　　④ 7.2

**풀이** 흡입양정($H$)

$$= \frac{0.852}{1.033}\times 10.3\,\text{mH}_2\text{O} \fallingdotseq 8.5\,\text{H}_2\text{O}$$

답 : ③

**18.** 원심 펌프를 사용하는 경우 공동현상(cavitation)이 발생하는 위치로 적합한 곳은?

① 펌프의 흡입측과 수원 사이의 배관
② 펌프의 토출측과 호수조 사이의 배관
③ 펌프의 흡입측 배관과 토출측 배관
④ 펌프의 임펠러와 케이싱

풀이 원심 펌프를 사용하는 경우 공동현상(cavitation)이 일어나는 곳은 송수 펌프와 수원 사이에 설치한 배관이다.

답 : ①

**19.** 다음 그림은 펌프 운전시 성능을 나타내는 특성곡선이다. 이 곡선 A는 어떠한 펌프의 운전 특성곡선을 나타낸 것인가?

① 원심펌프　　② 왕복펌프
③ 비용적형 펌프　　④ 특수 펌프

풀이 곡선 A는 왕복펌프의 운전특성 곡선이며, 곡선 B는 원심펌프(비용적형 펌프)의 운전특성곡선이다.

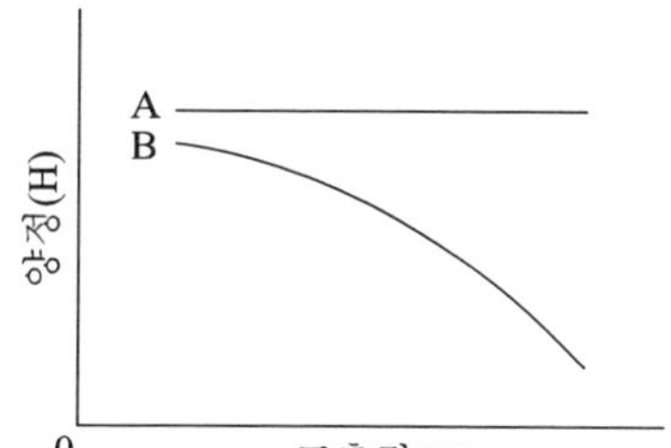


답 : ②

**20.** 펌프로서 지하 5m에 있는 물을 지상 50m의 물탱크까지 1분간에 2.8m³을 올리려면 몇 마력(PS)이 필요한가? (단, 펌프의 효율 $\eta = 0.6$, 관로의 전손실수두(全損失手頭) 10m, 동력 전달계수를 1.1이라 한다.)

① 47.7　　② 53.3
③ 63.3　　④ 74.1

풀이 $PS = \dfrac{H \times \gamma \times Q}{\zeta \times 75} \times K$

$H$ : 전양정(m) ($H = 5 + 50 + 10$)
$\gamma$ : 비중량($kg_f/m^2$)
$Q$ : 토출량($m^2/sec$)
$\zeta$ : 효율
$K$ : 전달계수

$$= \frac{65\,m \times 1{,}000\,kg_f/m^3 \times \frac{2.8}{60}\,m^3/sec}{0.6 \times 75} \times 1.1 = 74.1\,PS$$

답 : ④

**21.** 양정 25(m), 송출량 0.14($m^3$/min), 펌프 효율 60(%)인 2단 터어빈 펌프의 축출력을 구하시오. (단, $K=1.1$)

① 1.05(kW) ② 0.74(kW)
③ 0.68(kW) ④ 0.56(kW)

**풀이** $\text{Kw}=\dfrac{0.163\times Q\times H}{E}\times K$

$=\dfrac{0.163\times 0.14\times 25}{0.6}\times 1.1=1.05$

답 : ①

**22.** 펌프의 캐비테이션현상을 막기 위한 조건이 아닌 것은?

① $\text{NPSH}_{av}>1.3\times\text{NPSH}_{re}$
② 펌프의 설치위치를 가능한 한 낮게 하고 흡입손실수두를 최소로 한다.
③ 흡입수조의 형상과 치수는 흐름에 과도한 편류 또는 와류가 생기도록 한다.
④ 펌프의 흡입측 밸브에서는 유량 조절을 하지 않는다.

답 : ③

**23.** 다음 중 유입되는 물을 안내하는 날개를 가지는 펌프의 형식으로 옳은 것은?

① 원심식의 볼류트 펌프 ② 원심식의 터어빈 펌프
③ 왕복식의 플런저 펌프 ④ 왕복식의 피스턴 펌프

**풀이** 원심식의 터어빈 펌프는 유입되는 유체(물)을 안내하는 안내 날개를 가지고 있다.

답 : ②

**24.** 펌프의 설치에 관한 설명으로 부적합한 것은?

① 실내에 설치하는 펌프의 배열은 운전, 보수에 편리하게 한다.
② 펌프실에 있어서 될 수 있는 한 흡수원을 펌프에서 멀게 한다.
③ 펌프의 기초 중량은 보통 펌프의 3~5배로 한다.
④ 홍수에 대비한 배수 설비를 하여 펌프의 안전을 고려한다.

**풀이** 흡수원으로부터 가깝게 있을수록 효율을 높일 수 있다.

답 : ②

**25.** 다음은 터보형 펌프에 대한 설명이다. 옳지 아니한 것은?

① 터어보형 펌프는 용적형 펌프이다.
② 터어보형 펌프는 일반적으로 구조가 간단하고, 취급하기 쉽다.

③ 터어보형 펌프의 구조는 케이싱 안에 날개차를 회전하여 액체를 배출하도록 되어 있다.
④ 터어보형 펌프는 배출량이 일정하지 않은 비용적형 펌프이다.

**풀이** 터어보형 펌프는 배출하는 양이 일정하지 않은 비 용적형 펌프로서 그 구조는 케이싱 내부의 날개차를 회전시켜 액체를 배출시키도록 되어 있다.

답 : ①

**26.** 양정 50m, 임펠러이 회전수가 600rpm 인 펌프가 있다. 이 펌프의 임펠러 회전수를 800rpm으로 하여 주면 양정(m)은 얼마가 되겠는가?

① 100　② 90　③ 60　④ 45

**풀이** $H_2 = \left(\frac{N_2}{N_1}\right)^2 \times H_1$ 의 식을 이용

$= \left(\frac{800}{600}\right)^2 \times 50\text{m}$

$= 88.88\text{m} \quad \therefore 90\text{m}$

답 : ②

**27.** 원심 펌프를 병렬 연결시 무엇이 어떻게 되는가?

① 유량 증가　② 양정 증가
③ 유량 감소　④ 양정 감소

**풀이** 직렬 : 양정 증가
병렬 : 유량 증가

답 : ①

**28.** 압축비 3인 2단 펌프의 토출 압력($p_2$)이 $27\text{kg/cm}^2$이다. 이 펌프의 흡입압력 $p_1$은 얼마가 되겠는가?

① 1.3　② 2.0　③ 3.0　④ 4.0

**풀이** 압축비$(r) = \sqrt[\varepsilon]{\frac{p_2}{p_1}}$

$r = \left(\frac{p_2}{p_1}\right)^{\frac{1}{\varepsilon}}$

양변에 log를 취하면

$\log r = \log\left(\frac{p_2}{p_1}\right)^{\frac{1}{\varepsilon}} = \frac{1}{\varepsilon}(\log p_2 - \log p_1)$

$\therefore \log p_1 = \log p_2 - (\log r) \cdot \varepsilon = \log 27 - (\log 3) \cdot 2$

$= 3\log 3 - 2\log 3 = \log 3$

$p_1 = 3\text{kg/cm}^2$

답 : ③

**29.** 물분무 소화설비의 가압송수장치로서 전동기 구동형이 펌프를 사용하였다. 펌프의 토출량 900 L/min, 양정 50 m, 효율 0.65, 전달계수 1.1인 경우 전동기 용량은 얼마가 적당한가?

① 10PS ② 15PS
③ 20PS ④ 25PS

**풀이** $L(\text{PS}) = \dfrac{H \times \gamma \times Q}{75 \times \tau} \times k$

$H = 50\text{m},\ \gamma = 1000\text{kg}_f/\text{m}^3$

$Q = 900\ \text{L/min} = 0.015\text{m}^3/\text{sec}$

$\tau = 0.65,\ k = 1.1$

$\therefore L = \dfrac{50 \times 1{,}000 \times 0.015}{75 \times 0.65} \times 1.1 = 16.92\text{PS}$

답 : ③

**30.** 일반적인 배관에서의 실양정(Ha)과 전양정(H)과의 관계를 적절히 비교한 것은?

① H/Ha = 1.2 1.5 ② H/Ha = 2.2 2.5
③ H/Ha = 3.2 4.5 ④ H/Ha = 4.2 5.5

**풀이** 일반적으로 전양정은 실양정의 약 130% 정도이다.

답 : ①

**31.** 물올림 중인 어느 수평 회전축 원심 펌프에서 흡입구 측에 설치된 연성 압력계가 560 mmHg를 가리키고 있었다면, 이 펌프의 이론 흡입 양정은 얼마인가? (단, 대기압은 절대 압력으로 $1.04\ \text{kg}_f/\text{cm}^2$라고 한다.)

① 약 7.6 m ② 약 5.8 m
③ 약 4.6 m ④ 약 4.1 m

**풀이** $560\text{mmHg} \times \dfrac{10.332\text{mAq}}{760\text{mmHg}} = 7.6\text{mAq}$

환산인자는 대기압

760mmHg = 10.332mAq 이다.

답 : ①

**32.** 펌프의 압력계가 출구쪽에서 440kPa, 입구쪽에서 −30kPa을 나타내고 출구쪽 압력계는 입구쪽의 것보다 60cm 높은 곳에 설치되어 있으며, 흡입관과 송출관의 지름은 같다. 도중에 에너지 손실이 없고 펌프의 유량이 $3\text{m}^3/\text{min}$일 때 펌프의 동력은 약 몇 kW인가?

① 22 ② 24
③ 26 ④ 28

**풀이** $P(\text{kW}) = \dfrac{\gamma QH}{102 \times \eta}$

$$= \dfrac{1{,}000\,\text{kg/m}^3 \times 3\,\text{m}^3/60\,\text{sec} \times \left(\dfrac{440-(-30)}{101.3} \times 10.332\,\text{mH}_2\text{O} + 0.6\,\text{m}\right)}{102 \times 1}$$

$$= 23.79\,\text{kW}$$

답 : ②

**33.** 펌프의 양수량 $0.8\,\text{m}^3/\text{min}$, 관로의 전 손실수두 5m인 펌프의 중심으로부터 4m 지하에 있는 물을 25m의 송출 액면에 양수하고자 할 때 펌프의 축동력 몇 kW인가? (단, 펌프의 효율은 80%이다.)

① 5.56　　② 4.74
③ 4.09　　④ 6.95

**풀이** 축동력$P(\text{kW}) = \dfrac{\gamma QH}{102 \times \eta}$

$$= \dfrac{1{,}000 \times 0.8/60 \times (5+4+25)}{102 \times 0.8} = 5.56\,\text{kW}$$

답 : ①

**34.** 고가수조 설치를 면제받기 위해 펌프 한 대를 추가로 설치하였다. 전양정이 30m, 토출량이 $10\,\text{m}^3/\text{sec}$, 펌프효율이 50%일 때 펌프에 필요한 동력은 몇 kW인가?

① 1,000　　② 2,000
③ 2,940　　④ 5,880

**풀이** 전동기의 용량

$$P[\text{kW}] = \dfrac{\gamma \times Q \times H}{102 \times \eta} \times K$$

여기서, $\gamma$ : 물의 비중량[$1{,}000\,\text{kg/m}^3$]　　$Q$ : 방수량[$\text{m}^3/\text{sec}$]
$H$ : 펌프의 양정[m]　　$K$ : 전달계수(여유율)
$\eta$ : pump의 효율

$$\therefore P(\text{kW}) = \dfrac{\gamma \times Q \times H}{102 \times \eta} \times K = \dfrac{1{,}000 \times 10 \times 30}{102 \times 0.5} = 5{,}882\,\text{kW}$$

답 : ④

**35.** 펌프에 의하여 유체에 실제로 주어지는 동력은?(단, $L_W$ : 동력(kW), $\gamma$ : 물의 비중량($\text{N/m}^3$), $Q$ : 토출량($\text{m}^3/\text{min}$), $H$ : 전양정(m), $g$ : 중력가속도($\text{m/s}^2$))

① $L_W = \dfrac{\gamma QH}{102 \times 60}$　　② $L_W = \dfrac{\gamma QH}{1{,}000 \times 60}$

③ $L_W = \frac{\gamma QHg}{102 \times 60}$　　④ $L_W = \frac{\gamma QHg}{106 \times 60}$

**풀이** 동력 $L_W(\text{kW}) = \frac{\gamma QH}{102 \times 60}$

여기서, $\gamma$ : 물의 비중량($N/m^3$)　　$Q$ : 토출량($m^3/min$)
$H$ : 전양정(m)　　$g$ : 중력가속도($m/s^2$)

답 : ①

**36.** 어느 소화설비에 필요한 방수량이 $390\ell/\text{min}$이고, 전양정이 90m, 사용펌프의 효율이 70%이고, 전달계수($K$)가 1.1일 때 펌프를 구동하기 위한 전동기의 용량은 몇 kW인가?

① 8.19　　② 10.99
③ 9　　④ 18.99

**풀이** $P(\text{kW}) = \frac{\gamma QH}{102 \times \eta} \times K$

$= \frac{1{,}000 \times 0.39\text{m}^3/60\text{sec} \times 90}{102 \times 0.7} \times 1.1$

$= 9.01\text{kW}$

답 : ③

**37.** 유량 $2\text{m}^3/\text{min}$, 전양정 25m인 원심펌프를 설계하고자 할 때 펌프의 축동력은 몇kW인가? (단, 펌프의 전효율은 0.78, 펌프와 전동기의 전달계수는 1.1이다.)

① 9.52　　② 10.47
③ 11.52　　④ 13.47

**풀이** 축동력 $\text{Kw} = \frac{\gamma \cdot Q \cdot H}{102 \times E} \times K$

여기서, $\gamma$ : 물의 비중량($1{,}000k/m^3$)
$Q$ : 유량($m^3/sec$)　　$H$ : 양정(m)
$E$ : 펌프의 효율　　$K$ : 여유율

$\therefore \text{kw} = \frac{\gamma \times Q \times H}{102 \times E} \times K = \frac{1{,}000\text{kg/m}^3 \times 2\text{m}^3/60\text{sec} \times 25\text{m}}{102 \times 0.78} \times 1.1 = 11.52\text{kw}$

답 : ③

**38.** 단동 왕복펌프의 플런저 직경이 18cm, 행정 25cm, 매분 왕복회수 80, 체적효율 90%일 때 펌프의 양수량은 몇 $\text{m}^3/\text{min}$인가?

① 0.358　　② 0.458　　③ 0.558　　④ 0.658

**풀이** $Q = \frac{\pi}{4} \times (0.18\text{m})^2 \times 0.25\text{m} \times 80/\text{min} \times 0.9 = 0.458\text{m}^2/\text{min}$

답 : ②

**39.** 펌프의 흡입양정이 4m이고 흡입관로의 손실수두가 2m일 때 NPSH는 약 몇 m인가? (단, 수면은 표준대기압(101.3kPa)상태이고, 이 때의 포화수증기압은 3,300Pa이다.)

① 10.2 ② 2.5 ③ 6.4 ④ 4.3

**풀이** NPSH = 대기압두 − 흡입양정 − 포화수증기압두 − 전 손실수두
= 10.33m − 4m − 0.03 − 2m = 4.3m
(참고) 101.3kPa = 101300Pa = 1atm = $10.332mH_2O$

답 : ④

**40.** 양수장치에서 실양정을 30m, 흡입수면에 작용하는 압력은 대기압(101.3kPa)이고 송수관에 작용하는 압력을 490.3kPa이라 할 때 전관로의 수두가 7m라면 펌프의 전양정은 몇 m인가? (단, 펌프의 흡입측과 토출측의 구경은 같다.)

① 67.3 ② 76.7 ③ 82.3 ④ 92.2

**풀이** 전양정($H$)

$$H=\left(\frac{490.3-101.3}{101.3}\times 10.336\right)+30+7=76.69\text{m}$$

답 : ②

**41.** 스프링클러 소화설비에서 펌프 양정이 100m이고 고가수조에서 펌프까지의 자연 낙차가 50m일 때 펌프 기동용 압력 스위치의 조정 압력은 다음 중 어느 것이 가장 적당한 것인가?

① 펌프정지 압력 $10\text{kg/cm}^2$, 기동압력 $6\text{kg/cm}^2$
② 펌프정지 압력 $10\text{kg/cm}^2$, 기동압력 $5\text{kg/cm}^2$
③ 펌프정지 압력 $8\text{kg/cm}^2$, 기동압력 $5\text{kg/cm}^2$
④ 펌프정지 압력 $8\text{kg/cm}^2$, 기동압력 $6\text{kg/cm}^2$

**풀이** (1) 펌프의 정지압력 $=\dfrac{100\text{mH}_2\text{O}}{10.332\text{mH}_2\text{O}}\times 1.0332\text{kg/cm}^2=10\text{kg/cm}^2$

(2) 기동압력 $=\dfrac{50\text{mH}_2\text{O}}{10.332\text{mH}_2\text{O}}\times 1.0332\text{kg/cm}^2=5\text{kg/cm}^2$

답 : ②

**42.** 펌프로서 지하 5m에 있는 물을 지상 의 물탱크까지 1분간에 $1.8\text{m}^3$을 올리려면 몇 마력(PS)이 필요한가? (단, 펌프의 효율 $E=0.6$ 50m, 관로의 전손실수두(全損失手頭)를 10m, 동력전달계수를 1.1이라 한다.)

① 47.7 ② 53.3 ③ 63.3 ④ 73.3

**풀이** $P_s=\dfrac{\gamma\times Q\times H}{75\times E}\times K$ ($H$= 5m + 50m + 10m = 65m)

$$= \frac{1{,}000\,\text{kg/m}^3 \times 1.8\,\text{m}^3/60\,\text{sec} \times 65\,\text{m}}{75 \times 0.6} \times 1.1 = 47.7\,\text{PS}$$

답 : ①

**43.** 팬의 토출압력은 얼마인가?

① $1\,\text{kg/cm}^2$
② 1,000 mmAq 이상 $1\,\text{kg/cm}^2$ 이하
③ 1,000mmAq 이하
④ 500 mmAq 이상

**풀이** 압축기 : 토출압력 $1\,\text{kg/cm}^2$ 이상
송풍기(블로우어) : 1,000mmAq $1\,\text{kg/cm}^2$ 이하
팬 : 1,000mmAq 이하

답 : ③

**44.** 다음 중 공기를 수송하는 송풍기의 형식과 거리가 먼 것은?

① 다익형
② 터어보형
③ 용적형
④ 리미트 로드형

답 : ③

**45.** 기체인 공기를 수송하는 송풍기의 형식 중 설치 유지비가 저렴하여 그 이용도가 높으나 효율의 값이 가장 낮은 것은?

① 터어보형
② 리미트 로드형
③ 다익형
④ 벽 붙임형

**풀이** 다익형 송풍기는 원심식의 송풍기로서 설치 유지비가 저렴하여 이용도가 높으나 효율은 45~60%로서 모든 송풍기의 형식 중 가장 낮은 효율을 가진다.

답 : ③

**46.** 다음의 송풍기 특성 중 축류식 팬의 특징은 무엇인가?

① 효율이 가장 높으며 큰 풍량에 적합하다.
② 풍압이 변해도 풍량은 변하지 않는다.
③ 임펠러는 원심펌프와 비슷한 구조이다.
④ 기체를 나사의 공간에 흡입하여 압축해서 압력을 높인다.

답 : ①

## ▶ 주관식

**1.** 전양정 $H=30\mathrm{m}$, 유량 $Q=1.2\mathrm{m^3/min}$의 펌프를 설계할 때, 펌프 효율을 $\eta=0.75$로 하면 펌프의 축동력은 몇 마력인가?(단, 유체는 물이다.)

**풀이** $\eta=\dfrac{\text{수동력}}{\text{축동력}}=\dfrac{p_w}{p_s}=\dfrac{\gamma QH}{75L}$에서

$$p_s=\frac{\gamma QH}{75\eta}=\frac{1,000\times1.2\times30}{75\times0.75\times60}=10.7[\mathrm{PS}]$$

답 : 10.7[PS]

**2.** 펌프 양수량이 $0.6\mathrm{m^3/min}$, 관로의 전손실수두가 $5\mathrm{m}$인 펌프가 펌프 중심으로부터 $1\mathrm{m}$ 아래에 있는 물을 높이 $20\mathrm{m}$의 송출 액면에 양수하고자 할 때 펌프의 축동력은 얼마인가? 단, 펌프의 효율은 $\eta=0.6$이다.

**풀이** 전양정 $H$=(실양정)+(관로 내의 전손실수두)

$=(20+1)+5=26[\mathrm{m}]$

수동력 $p_w=\dfrac{\gamma QH}{102}=\dfrac{1,000\times(0.6/60)\times26}{102}=2.549[\mathrm{kW}]$

∴ 축동력 $p_s=\dfrac{p_w}{\eta}=\dfrac{2.549}{0.6}=4.25[\mathrm{kW}]$

답 : 4.25[kW]

**3.** 다음 그림은 펌프의 양정곡선이다. 릴리이프 밸브의 작동압력은$(\mathrm{kg/cm^2})$은 얼마인가?

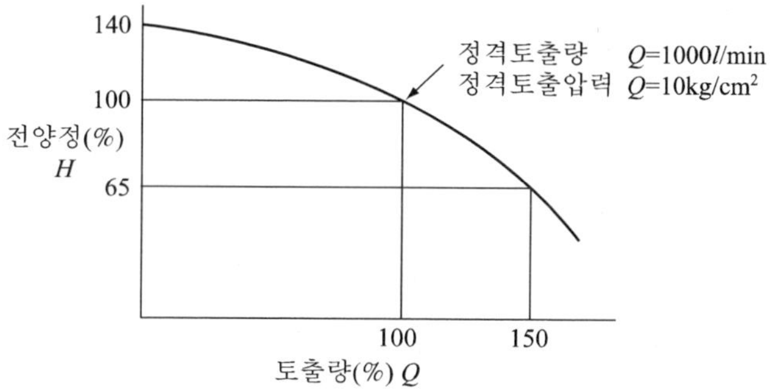


**풀이** 릴리이프 밸브 작동압력은 설계점의 정격토출압력의 1.4배이다.

∴ 릴리이프 밸브 작동압력

− $10\times1.4$

− $14\mathrm{kg_f/cm^2}$ 미만

답 : $14\mathrm{kg_f/cm^2}$

**4.** 아래 설치조건을 참고하여 물음에 알맞은 답을 하시오.

1) 호스의 마찰손실수두는 몇 m 인가?
2) 전양정은 몇 m 인가?
3) 펌프의 소요동력은 몇 kW인가? (단, 소화전 1개 설치 상태이며 펌프의 효율은 60%이고, 여유율은 10%이다. 정수로 답하시오)

[설치조건]

1. 노즐 방사 압력 : $1.7\,kg_f/cm^2$
2. 최고위 소화전 높이 : 80m
3. 호스마찰 손실수두 : 15m × 2EA
4. 파이프 마찰손실수두 : 아래표 참고

| 구경(mm) | 길이(m) | 마찰손실 (MAQ/M) | 유량(LPM) | 비고 |
|---|---|---|---|---|
| 50 | 2 | 0.0415 | 130 | ※ 호스의 마찰손실은 12/100m로 한다. |
| 150 | 136.4 | 0.0001 | 200 | |
| 계 | 0.09664 | | | |

풀이 1) 호스의 마찰손실두 $= \frac{12}{100} \times 30 = 3.6\,m$

2) 전양정 $= 80 + 3.6 + 17 + 0.097 = 100.697\,m$

3) $P(kW) = \frac{\gamma \times Q \times H}{102 \times \eta} \times 1.1$ 식 이용

$$= \frac{1{,}000\,kg_f/m^2 \times 0.13 \times \frac{1}{60}m^3/sec \times 100.697\,m}{102\,kg_f \cdot m/sec/kW \times 0.6}$$

$= 3.92\,kW$

$= 4\,kW$

답 : 4kW

**5.** 다음 표를 이용하여 배관의 총 마찰손실률(부속품 제외) 계산하고 펌프의 소요동력을 계산하면 몇 HP인가? (단, 여유율은 10%이며, 펌프효율은 55%로 가정한다.)

1) 헤드 토출 압력 : $1\,kg_f/cm^2$
2) 최말단 헤드까지의 총 높이 : 41.6m
3) 관 도중에 부속품의 총마찰 손실은 : 12m
4) 파이프 마찰손실

| 구 경(mm) | 길이(M) | 마찰손실(MAQ/M) | 유량(LPM) | 비 고 |
|---|---|---|---|---|
| 25 | 4 | 0.2836 | 80 | ※ 최대유량 기준으로 한다. |
| 25 | 3.5 | 1.0223 | 160 | |
| 32 | 3.5 | 0.6181 | 240 | |
| 40 | 3.5 | 0.4997 | 320 | |
| 50 | 1 | 0.2443 | 400 | |
| 50 | 2.5 | 0.695 | 720 | |
| 65 | 2.5 | 0.7429 | 1,440 | |
| 80 | 2.5 | 0.6783 | 2,160 | |
| 100 | 16 | 0.2256 | 2,400 | |
| 150 | 77.1 | 0.0341 | 2,400 | |

**풀이** 배관 총 마찰손실 계산(마찰손실율$\times l$)

$1.1344+3.578+2.1633+1.749+0.2443+1.7375+1.8572+1.6958+3.6096+2.6291=20.40\text{m}$

$$P_{(\text{HP})}=\frac{\gamma\times Q\times H}{76\times\eta}\times K$$

$$=\frac{1{,}000\times2.4\times\frac{1}{60}\times84}{76\times0.55}\times1.1$$

$$=88.42\,\text{HP}$$

<u>**답 : 배관의 총 마찰손실** : 20.4m, **동력** : 88.42HP</u>

**6.** 소화펌프의 성능시험을 위하여 다음 그림과 같이 오리피스방식의 유량측정장치를 설치하고 오리피스 양측의 압력을 측정하였더니, 인입측 압력은 $10\,\text{kg}_f/\text{cm}^2$, 토출측의 압력은 $5\,\text{kg/cm}^2$이었다. 이 때의 유량(lpm)은 얼마인가?(오리피스 k상수는 600이라고 가정한다.)

$(2/p)/((1/A_2^2)-(1-A_1^2)) = 600$

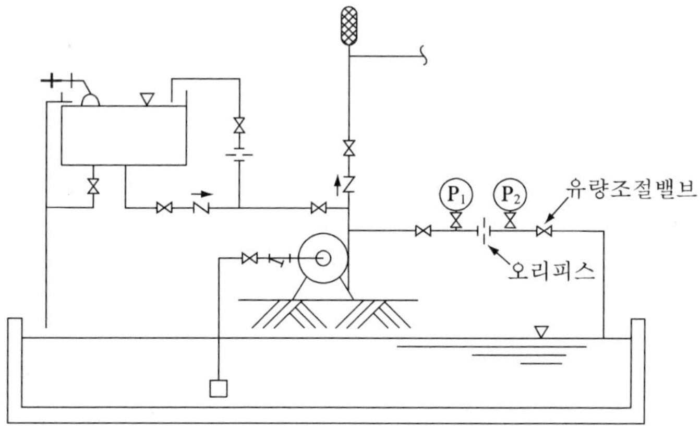


**풀이** $Q=k\sqrt{P}$

$\therefore Q = 600 \times \sqrt{5} = 1{,}341.64\ l/\text{min}$

$\Delta P = 10 - 5 = 5\ \text{kg/cm}^2$

**답** : 1,341.64 L/min

**7.** 단수가 5인 어느 수평회전축 소화펌프를 운전시키면서 흡입구로 들어가는 물의 수압을 측정하였더니 0.7 kg/cm$^2$이고 토출측에서는 11.9 kg/cm$^2$이었다. 펌프 내부에서의 물의 에너지 손실은 없으며 물의 속도수두를 무시한다고 할 때 펌프 몸체내에 있는 하나의 회전차(임펠러)는 몇 [kg/cm$^2$]의 가압능력을 가지고 있는가?

**풀이** $\dfrac{(11.9 - 0.7)}{5} = 2.24\ \text{kg/cm}^2$

**답** : 2.24 kg/cm$^2$

**8.** 소화용 pump의 제현상 중 맥동현상(서어징)에 대하여 간단히 설명하고, 그 방지책을 3가지만 기술하시오.

**풀이** ㉮ 맥동현상 : 펌프 운전시 규칙적으로 운동, 양정, 토출량이 변하는 현상. 즉, 송출압력과 송출유량의 주기적인 변동이 발생하는 현상이다.

㉯ 방지책

- 펌프의 양수량을 증가시킨다.
- 임펠러 회전수를 변화시킨다.
- 배관 내의 공기제거 및 단면적 유속조절

**9.** 어떤 펌프가 3,000 rpm 로서 전양정 100 m 에 대하여 0.17 m$^3$/sec의 유량을 방출하고 축동력은 250 [ps] 이다. 이 펌프와 상사로서 치수가 2배인 펌프가 1,500 rpm 로서 회전하면서 상사로서 운전되고 있을 때의 축동력을 계산하여라.

**풀이** $\dfrac{L_1}{L_2} = \left(\dfrac{D_1}{D_2}\right)^5 \dfrac{\gamma_1}{\gamma_2} \left(\dfrac{n_1}{n_2}\right)^3$

$L_2 = L_1 \left(\dfrac{D_2}{D_1}\right)^5 \left(\dfrac{n_2}{n_1}\right)^3$

$= 250 \left(\dfrac{2}{1}\right)^5 \left(\dfrac{1{,}500}{3{,}000}\right)^3 = 1{,}000\ \text{ps}$

**10.** 단수가 5인 어느 수평회전축 펌프를 운전시키면서 흡입구로 들어가는 물의 수압은 2 kg/cm$^2$, 토출측에서는 12 kg/cm$^2$이었다. 펌프 몸체 내에 있는 하나의 회전차(임펠러)는 몇 kg/cm$^2$의 가압능력을 가지고 있는가? (단, 펌프 내에서 손실은 없다고 가정한다.)

**풀이** 임펠러 1개의 가압능력(P kg/cm$^2$) $= \dfrac{\text{토출압력} - \text{흡입압력}}{\text{단수}}$

$$\therefore \frac{12-2\,\text{kg/cm}^2}{5} = 2\,\text{kg/cm}^2$$

**답** : $2\,\text{kg/cm}^2$

**11.** 어떤 펌프가 2,000 rpm으로 회전하여 전양정 100 m에 [$0.15\,\text{m}^3/\text{sec}$]의 수량을 방출한다. 이것과 상사로서 크기가 2배되는 펌프가 1500 rpm으로 운전될 때 수량은 몇 [$\text{m}^3/\text{sec}$]가 되는가?

**풀이** $\frac{Q_1}{Q_2} = \left(\frac{D_1}{D_2}\right)^3 \frac{n_1}{n_2}$

$$Q_2 = Q_1\left(\frac{D_2}{D_1}\right)^3 \frac{n_2}{n_1}$$

$$= 0.15\left(\frac{2}{1}\right)^3\left(\frac{1,500}{2,000}\right) = 0.9\,\text{m}^3/\text{sec}$$

**12.** 편흡입볼류트 펌프를 소화펌프로 사용하고자 한다. 수원의 수위가 펌프 보다 낮게 설치된 저수조로부터 송수하려 할 때 NPSH가 3m일 때 공동현상(Cavitation)이 나타났다면(5m NPSH의 최저한계치) 지하 저수조의 몇 5mm 위치까지 송수가 가능한가?
(단, 수면에 작용하는 대기압 $p_a = 1.0332\,\text{kg/cm}^2$, 물의 포화수증기압 $p_v = 0.0062\,\text{kg/cm}^2\text{a}$, 흡입관로손실 $h_1 = 1\,\text{m}$, 물의 비중량 $\gamma = 1,000\,\text{kg/m}^3$이다.)

**풀이** 대기압을 $p_a$, 흡입실양정을 $H_s$, 물의 포화수증기압을 $p_v$, 흡입관로에서의 손실을 $h_1$이라고 하면 본문의 식 (8-31)에서 $H_{sv} = H_s - h_1 - H_v$

$= \frac{p_a}{\gamma} - H_s - h_1 - \frac{p_v}{\gamma}$가 된다.

따라서, 주어진 문에에서 $p_a = 1.0332\text{kg/cm}^2$, $\gamma = 1,000\,\text{kg/m}^2$

$h_1 = 1\,\text{m}$, $p_v = 0.0062\,\text{kg/cm}^2 = 0.0062 \times 10^4\text{kg/m}^2$를 대입하면 위의 식은

$3 = 1.0332 \times 10^4/1.000 - Hs - h_1 - 0.0062 \times 10^4/1.000$

$\therefore H_s = (1.0322 - 0.0062) \times 10^4/1.000 - 1.4 = 6.27\,\text{m}$가 된다.

**13.** 유량 $100\,\text{m}^3/\text{min}$, 전양정 45m의 터어빈펌프가 있다. 펌프 효율이 80%일 때 회전수를 20% 증가시키면 동력의 변화는 몇 배나 되는가?

① 이 펌프의 소요동력은 몇 kW인가?(여유율을 무시하고, 소숫점 첫째자리까지 구하시오.)
② 회전수를 1,500rpm으로 증가시킬 때 유량은 몇 L/min인가?
③ 회전수를 1,500rpm으로 증가시킬 때 전양정은 얼마인가?
④ 회전수를 1,500rpm으로 증가시킬 때 축동력은 몇 kW인가?

**풀이** 동력은 회전수의 3제곱에 비례한다. 따라서 $L_2 = L_1 \times (N_2/N_1)^3 = L_1 \times 1.2^3 = 1.73\,L_1$ 그러므로 1.73배가

된다. 송수량이 매분 6,000L, 전양정 45m, 회전수 1,000rpm, 펌프 효율 60%의 터어빈 펌프가 있다.

1. $L = (\gamma QH)/(102 \times 60 \times E) = [1{,}000 \times (6{,}000/1{,}000) \times 45]/(102 \times 60 \times 0.6) = 73.5\,\text{kW}$
2. $Q_2 = Q_1 \times (N_2 \times N_1) = 6{,}000 \times (1{,}500/1{,}000) = 9{,}000\ \text{L/min}$
3. $H_2 = H_1 \times (N_2 \times N_1)^2 = 45 \times (1{,}500/1{,}000)^2 = 101.25\,\text{m}$
4. $L_2 = L_1 \times (N_2 \times N_1)^3 = 75.3 \times (1{,}500/1{,}000)^3 = 248.1\,\text{kW}$

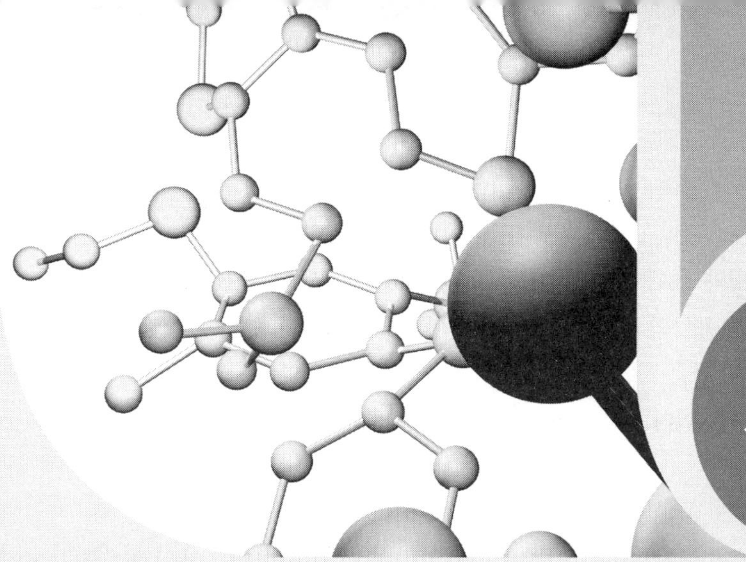

# 제 7 장

# 소방유체 관련 열역학


7-1 계 및 주위
7-2 물질의 상태량과 상태변화
7-3 온도와 열역학 제0법칙
7-4 열량
7-5 단위환산
7-6 열역학 제1법칙
7-7 열역학 제2법칙
7-8 열역학 제3법칙(Nernst의 열정리)
7-9 이상기체의 상태변화
7-10 열전달

열역학이란 각종 에너지와 에너지 변환 및 물질의 상태변화, 물질 사이의 관계를 다루고 있는 학문이며, 물리학, 화학 및 공학의 여러 분야의 해석에 널리 사용되고 있다. 열역학의 원리는 동일하여도 응용분야에 따라 적용 대상이 다르므로 열역학은 공업열역학, 금속열역학, 열화학 및 화공열역학 등을 분류할 수 있다.

## 7-1 계 및 주위

### [1] 열역학적 계(system)

해석 및 연구의 대상이 되는 물질의 일정한 양 또는 어떤 한정된 공간 내의 구역

### [2] 주위(surroundings)

경계(boundary)의 외측에 있는 모든 물질

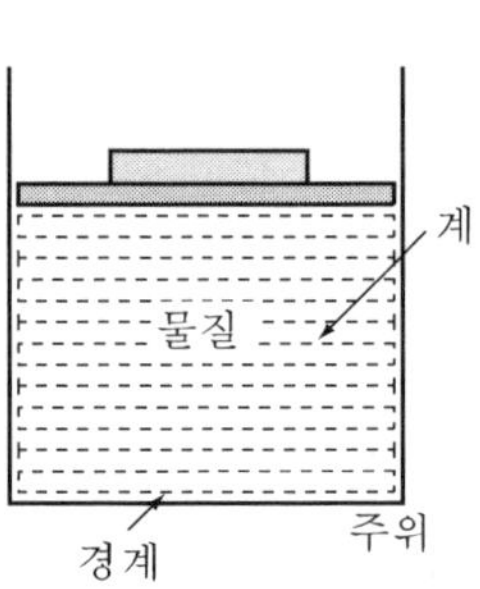


**그림 7-1** 계, 주위, 경계

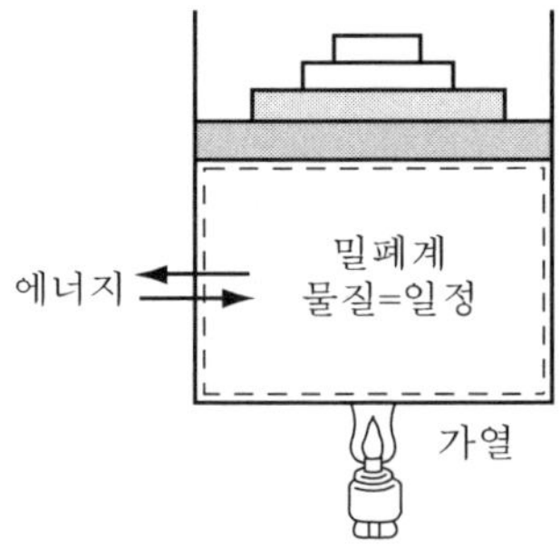


**그림 7-2** 밀폐계(폐쇄계)

#### 1) 계(system)

① 밀폐계(closed system) : 비유동계(nonflow system)

계의 경계를 통하여 작동유체가 이동하지 않고 에너지만을 교환하는 계. 즉 열(heat)이나 일(work)의 형태로 에너지는 경계를 지나 주위와 교환하여도 질량의 이동을 수반하지 않고 변화하는 경우이므로 이를 비유동계(nonflow system)라고 하며, 또한 작동유체의 질량이 일정한 계라고 할 수 있다.

② 개방계(open system) : 유동계(flow system)

에너지가 열과 일의 형태로 계와 주위 사이를 이동될 뿐만 아니라 동시에 물질도 경계를 통하여 유입되거나 유출되는 계이며 유동계(flow system)이라 한다.

[그림 7-3]에서 온수기는 외부로부터의 가열에 의하여 검사면을 통하여 에너지가 전달되고 물은 입구와 출구를 통하여 유입, 유출하게 되므로 질량이동이 수반된다.

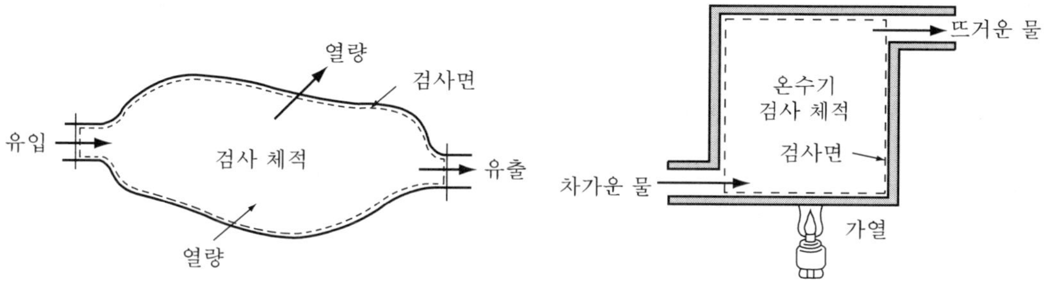


**그림 7-3** 개방계(유동계)

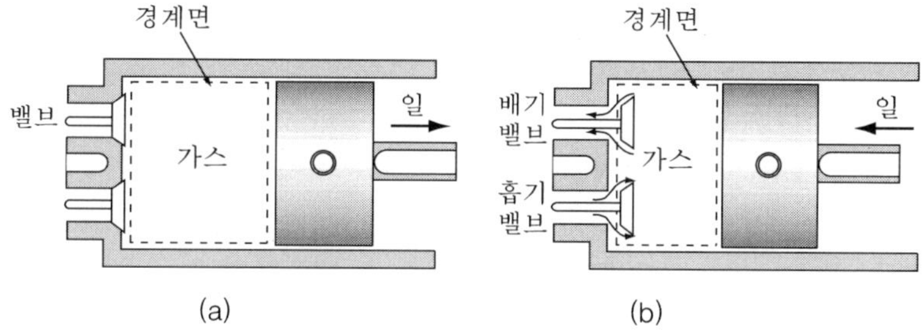


**그림 7-4** 피스톤과 실린더로 구성된 계(a : 밀폐계, b : 개방계)

③ 고립계 혹은 절연계

고립계(isolated system)란 계와 주위 사이에 아무런 상호작용이 없는 계를 말한다. 계 내의 동작물질, 열, 일 등의 물질 및 에너지 이동이 없는 계로서 밀폐계의 특수한 형태이다.

## 7-2 물질의 상태량과 상태변화

상태량(quantity of state)은 열역학을 전개하는 데 있어서 중요한 개념으로서, 상태량이란 압력 $P$, 비(比) 체적 $v$, 절대온도 $T$, 비내부에너지 $u$, 비엔탈피 $h$, 비엔트로피 $s$ 등과 같이 어느 시간에 물질의 특정한 상태(state)를 나타내는 물리량이다.

## [1] 상태량(quantity of state)

### 1) 강도성 상태량(intensive property)

물질의 양(질량)과 관계없는 성질. 즉 질량변화에 무관한 변화량

예) 절대온도 $T$, 압력 $P$, 비체적 $v$, 비내부에너지 $u$, 비엔탈피 $h$, 비엔트로피 $s$

### 2) 종량성 상태량(extensive property)

물질의 질량에 비례하는 성질. 즉 질량변화에 따라서 변하는 상태량

예) 체적 $V$, 내부에너지 $U$, 엔탈피 $H$, 엔트로피 $S$

## [2] 상태변화(change of state)

계 내의 동작유체가 한 상태에서 다른 상태로 바뀌는 것을 상태변화라고 하고, 이때의 변화경로가 연속적인 것을 과정(process)이라 한다.

### 1) 가역변화(reversible change)

한 계가 임의의 과정을 거쳐서 한 상태로부터 다른 상태로 변화할 경우 그 변화를 반대방향으로도 주위에 어떤 변화를 남기지 않고 원래 상태로 되돌아갈 수 있는 변화를 가역변화라 한다.

### 2) 비가역변화(irreversible change)

어떤 변화를 남기지 않고 원래 상태로 되돌아 갈 수 없는 현실적인 변화

예) 물체의 영구변화, 마찰을 수반하는 일로부터 열로의 에너지 전환, 고온체에서 저온체로의 열 이동

### 3) 준정적변화(quasi-static change)

과정간의 상태변화가 매우 적은 경우에는 근사적인 가역변화로 가상하는 변화

예) 온도차, 압력차에 의한 불평형이 무한히 적은 경우

**reference**

**상태량(열역학 특성치)**

① 상태함수(state function) 또는 점함수(point function)

어떤 물질이 상태변화를 할 때 그 상태의 변화량이 진행되는 경로에 관계없이 계의 상태에만 관계되는 상태량　예) 압력, 비체적, 절대온도, 내부에너지

② 경로함수(path function)
상태량이 과정의 변화경로에 따라 변화하는 함수(특성치) 예) 일(work)과 열(heat)

**열역학 상태변화(과정)**
① 정압변화(constant pressure change) : 상태변화 중에 압력이 일정
② 정적변화(constant volume change) : 상태변화 중에 체적이 일정
③ 등온변화(isothermal change) : 상태변화 중에 온도가 일정
④ 단열변화(adiabatic change) : 상태변화 중에 열의 출입이 없음
⑤ 폴리트로픽변화(polytropic change) : 상태변화 중에 위의 네 가지 변화를 포함한 일반 변화

## 7-3 온도와 열역학 제0법칙(the zeroth law of thermodynamics)

### [1] 온도 표시방법

#### 1) 섭씨(celsius 또는 centigrade, ℃)

표준대기압에서 순수한 물의 빙점(ice point)을 0°, 끓는점(boiling point)을 100°로 하여 100등분한 것

#### 2) 화씨(Fahrenheit, °F)

표준대기압에서 물의 빙점을 32°, 끓는점을 212°로 하여 180등분한 것

$$\frac{t}{100} = \frac{F-32}{180}$$

$$t = \frac{5}{9}(F-32) \tag{7.1}$$

$$F = \frac{9}{5}t + 32$$

여기서 $t$ : 섭씨온도
$F$ : 화씨온도

#### 3) 절대온도(absolute temperature)

수소($H_2$), 헬륨(He), 질소($N_2$) 등과 같은 이상기체에 가까운 기체의 경우에 열팽창율이 일정하여 정확한 온도를 측정할 수 있다. 기체는 압력이 일정할 때 온도 1℃ 상승함에 따

라 0℃ 때의 체적의 1/273.15씩 증가한다. 즉 일정한 체적하에서 1℃씩 감소함에 따라서 0℃ 때의 압력이 감소되어 온도가 −273.15에 도달하면 기체의 압력은 0이 되어 기체의 분자운동이 정지된다. 따라서 −273.15℃는 최저극한의 온도이며 이 온도를 절대영도(absolute zero point)라 한다.

$$T(K) = t_C(℃) + 273.15$$
$$T(R) = t_F(°F) + 460 \qquad (7.2)$$

여기서 $K$ : Kelvin
$R$ : Rankine

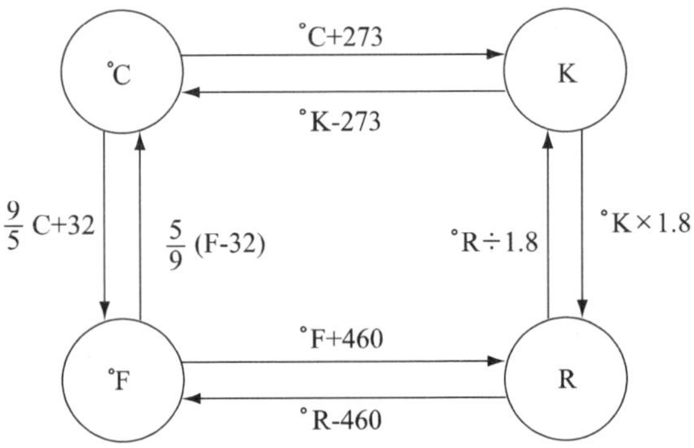


**그림 7-5** 온도의 환산관계

### example 7-1

섭씨와 화씨온도가 같게 되는 경우를 찾아보자.

**풀이**

식 (7.1)에서, $F = t$가 되므로

$$t = \frac{9}{5}t + 32$$

$$t = -40[℃],\ F = -40[°F]$$

### example 7-2

섭씨로 측정하였을 때, 온도가 8℃ 상승하였다. 이것을 화씨로 측정하면 어느 정도 상승하였는가? 또 절대온도로 측정하였을 때에는 얼마인가?

**풀이**

$$F_1 = \frac{9}{5}t_1 + 32$$

$$-)\quad F_2 = \frac{9}{5}t_2 + 32$$

$$F_1 - F_2 = \frac{9}{5}(t_1 - t_2)$$

여기서, $t_1 - t_2 = 8$을 대입하여, $F_1 - F_2 = 14.4[°F]$만큼의 온도상승이 있었다고 할 수 있다.

$$T_1 = t_1 + 273.15$$

$$-)\quad T_2 = t_2 + 273.15$$

$$T_1 - T_2 = t_1 - t_2$$

즉, 절대온도로 측정하였을 때의 온도차는 섭씨에서 측정하였을 때의 온도차와 같기 때문에 $8K$이다.

### [2] 열역학 제0법칙

어떤 두 물체 $A$, $B$가 제3의 물체 $C$와 각각 열평형상태에 있을 때(즉, 온도가 같을 때), 두 물체 $A$와 $B$간에도 서로 열평형 상태이다(온도가 같다). 즉, $T_A = T_C$, $T_B = T_C$이면 $T_A = T_B$임을 나타낸다.

$$T_A = T_C,\ T_B = T_C \text{이면 } T_A = T_B$$

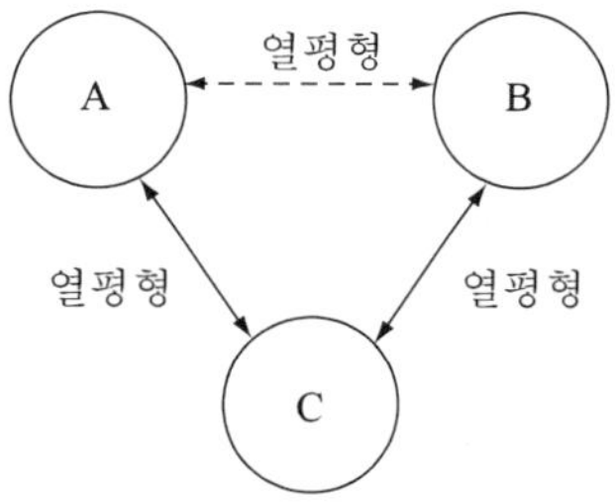


**그림 7-6** 열역학 제0법칙

열전대(thermocouple)는 열에 의한 기전력을 이용하여 온도를 측정한다. [표 7-1]은 현재 널리 사용되고 있는 온도계의 종류이다.

**표 7-1** 온도계의 종류

| 방 법 | 물리적 성질 | | 온도계의 종류 |
|---|---|---|---|
| 접촉식 | 열팽창 | 고체 | 봉(奉)의 열팽창, 금속코일, 바이메탈 |
| | | 액체 | 수은온도계, 알코올온도계, 압력형 온도계 |
| | | 기체 | 가스온도계(수소, 헬륨 질소) |
| | 기전력의 변화 | | 열전대(thermocouple) |
| | 전기저항의 변화 | | 측온저항체(thermister) |
| | 상태의 변화 | | 써모칼라(thermocolor) |
| 무접촉식 | 전복사(全輻射)에너지량 변화 | | 광고온계(光高溫計) |
| | 복사에너지의 최대파장 변화 | | 색온도계(色溫度計) |

## 7-4 열량(Quantity of Heat)

물체가 보유하는 열의 양(量), 즉 열에너지의 양을 열량이라 한다. 열량의 SI단위계는 J 을 사용하고, 중력단위계의 열량의 단위는 kcal를 사용하며 1kcal란 순수한 물 1kg을 14.5℃ 에서 15.5℃ 까지 1℃ 높이는데 필요한 열량을 말하며, 영·미국에서는 BTU(British Thermal Unit) 단위를 사용한다.

### [1] 1 kcal와 BTU와의 관계

① 1kcal : 대기압하에서 물 1kg의 온도를 1℃ 올리는데 필요한 열량
② 1BTU : 대기압하에서 물 1lb의 온도를1°F(39 ~ 40°F) 올리는데 필요한 열량

**reference**

1 cal = 4.186J
1kcal = 3.9671 Btu = 4186J
1chu (centigrade heat unit)는 순수한 물 1 lb를 0℃부터 100℃까지 상승시키는 데 필요한 열량의 1/100을 말하며 chu를 Pcu(Pound Celsius Unit)로 표시하기도 한다.

$$1\text{chu} = \frac{9}{5}\text{Btu} = 0.4536\,\text{kcal} \cong 1898.8\,\text{J}$$

### [2] 열의 종류

#### 1) 현열(Sensible heat)

물질의 상태변화 없이 온도변화가 일어날 때 필요한 열로써 현열이라고도 한다.
질량 $m$[kg]의 물체에 열량 $dQ$[kJ]가 주어졌을 때의 온도상승을 $dt$[℃]라 하면 $dt$는 열량 $dQ$에 비례하고 질량 m에 반비례한다.

$$dt \propto \frac{dQ}{\text{m}}$$

$$dQ = \text{m}\,C dt \tag{7.3}$$

여기서 비례상수 $C$는 물체의 비열(specific heat)이다. 즉, 질량 1kg의 물체를 온도 1℃ 올리는데 필요한 열량이다. SI단위는 [kJ/kg · ℃] 또는 [kJ/kg · k]이다.

**reference**

**비열(specific heat)**

어떤 물질 1kg을 1℃ 변화시키는데 필요한 열량을 말하며 단위로써 kcal/kg℃ 또는 Btu/lb°F를 사용한다.

① 정압비열($C_p$) : 기체의 압력을 일정하게 유지하면서 가열할 때의 비열

② 정적비열($C_v$) : 기체의 체적을 일정하게 유지하면서 가열할 때의 비열

*정압비열($C_p$)은 항상 정적비열($C_v$)보다 크다($C_p > C_v$)

③ 비열비 : 기체의 정압비열을 정적비열로 나눈 값으로 항상 1 보다 크다.

즉, 비열비$(K) = \dfrac{정압비열(C_p)}{정적비열(C_v)} > 1$로 표시된다.

*비열비가 크면 기체를 압축 후 토출가스온도가 높아진다.

<물질의 비열> [cal/g℃]

| 물질 | 비열 | 물질 | 비열 | 물질 | 비열 | 물질 | 비열 |
|---|---|---|---|---|---|---|---|
| 물 | 1.00 | 얼음 | 0.50 | 바닷물 | 0.94 | 수증기 | 0.44 |
| 알루미늄 | 0.24 | 동 | 0.094 | 유리 | 0.20 | 목재 | 0.60 |
| 금 | 0.03 | 은 | 0.05 | 벽돌 | 0.25 | 콘크리트 | 0.25 |
| 알코올 | 0.58 | 수은 | 0.035 | 공기 | 0.24 | | |

④ 평균비열(mean specific heat)

질량 1kg의 물체를 온도 $t_1$[℃]에서 $t_2$[℃]로 올리는데 필요한 열량을 $q_{12}$[kJ/kg]라 하면, $q_{12} = C_m(t_2 - t_1)$, 즉 평균비열

$$C_m = \frac{q_{12}}{t_2 - t_1} [\mathrm{kJ/kg \cdot K}]$$

**열량, 일, 동력(공율)의 SI 단위계**

① 1J : 1N의 힘을 작용시켜 1m 움직였을 때의 일(work), 1J = 1N · m

② 1W : 매초 1J의 일을 발생하는 공율(동력), 1J/S = 1W

③ 일과 동력 관계 : 1J = 1W · s = 1N · m

[일] = [동력]×[시간]= [힘]×[길이]

④ 비열 : 중력단위와 SI 단위의 관계

1kcal/kg · ℃ = 1Btu/lb · °F = 4.186kJ/kg · K

⑤ 열량단위 환산표

| kcal | J | kWh | Btu |
|---|---|---|---|
| 1 | 4186 | 0.001163 | 3.697 |
| $2.389 \times 10^{-4}$ | 1 | $2.778 \times 10^{-7}$ | $9480 \times 10^{4}$ |
| 860 | $3.6 \times 10^{6}$ | 1 | 34133413 |
| 0.2520 | 1055 | $2.931 \times 10^{-4}$ | 1 |

### 2) 잠열(latent heat)

물질의 온도변화 없이 상태(상, phase)가 변화될 때 필요한 열

$$Q = W \cdot \Delta H_{\ell} \tag{7.4}$$

여기서 $Q$ : 잠열량(kcal, kJ)
$W$ : 물질의 질량
$\Delta H_{\ell}$ : 물질의 잠열(kcal/kg, kJ/kg)

**reference**

**※ 물의 잠열**

물의 응고잠열 및 얼음의 융해잠열 : 79.68kcal/kg

물의 증발잠열 및 수증기의 응축잠열 : 539kcal/kg

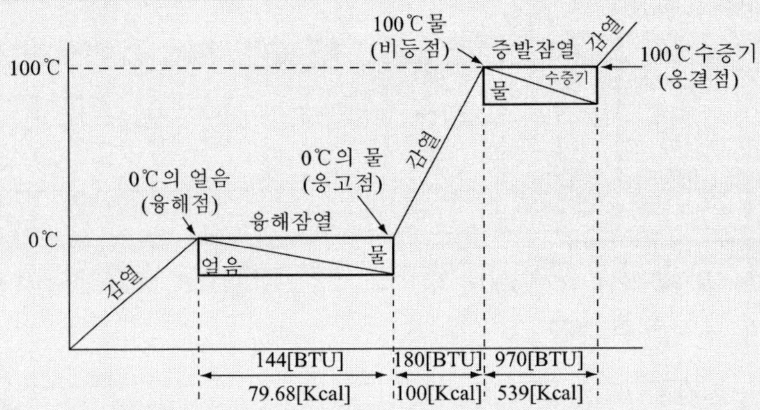


〈물의 상태변화〉

| 명 칭 | 상태변화 | 열의 출입 |
|---|---|---|
| 증발잠열 | 액체 → 기체 | 열흡수 |
| 응축잠열 | 기체 → 액체 | 열방출 |
| 융해잠열 | 고체 → 액체 | 열흡수 |
| 응고잠열 | 액체 → 고체 | 열방출 |
| 승화잠열 | 고체 → 기체 | 열흡수 |

**example 7-3**

비열이 온도 $t$에 대해 2차식 $c=\alpha+\beta t+\gamma t^2$으로 주어졌을 경우 이 유체 $m$[kg]에 대해 다음의 값이 계산가능한 식을 도입해 보자.

① $t_1 \sim t_2$[℃] 사이의 평균비열

② $t_1$[℃]에서 $t_2$[℃]까지 가열할 때 필요한 열량

**풀이**

① $q_{12}=\int_{t_1}^{t_2} c dt=\int_{t_1}^{t_2}(\alpha+\beta t+\gamma t^2)dt=\left[\alpha t+\frac{\beta}{2}t^2+\frac{\gamma}{3}t^3\right]_{t_1}^{t_2}$

$$=\alpha(t_2-t_1)+\frac{1}{2}\beta(t_2^2-t_1^2)+\frac{1}{3}\gamma(t_2^3-t_1^3)[\text{kJ/kg}]$$

$$\therefore c_m=\frac{q_{12}}{t_2-t_1}=\alpha+\frac{1}{2}\beta(t_2+t_1)+\frac{1}{3}\gamma(t_2^2+t_2t_1+t_1^2)[\text{kJ/kg}\cdot\text{K}]$$

② $mq_{12}=mc_m(t_2-t_1)$

$$=m\left\{\alpha(t_2-t_1)+\frac{1}{2}\beta(t_2^2-t_1^2)+\frac{1}{3}\gamma(t_2^3-t_1^3)\right\}[\text{kJ}]$$

**example 7-4**

500 $W$의 전열기로 0.8L(리터)의 물을 15℃에서 100℃까지 가열하는데 20분이 걸린다. 외부로 방출되는 열량은 몇 %인가?

**풀이**

1k$W$= 1kJ/s 이므로 20분간에 사용한 열량은

$$0.5\times1\times20\times60=600\text{kJ}$$

이다. 물 0.8L을 15℃에서 100℃로 올리는데 필요한 열량은 물의 평균비열 4.2kJ/kg · $K$로

$$0.8\times4.2\times(100-15)=285.6\text{kJ}$$

하여 따라서 외부로 방출된 열량은 전체의 $[(600-285.6)/600]\times100=52.4\%$

(공학) 총 발생열량은 $\frac{0.5\times860\times20}{60}=143.33\text{kcal}$ (1kWh = 860kcal)

온도상승에 필요한 열량은 $0.8\times1\times(100-15)=68\text{kcal}$

따라서 실제한 일량의 열효율은 $\eta=\frac{68}{143.33}=47.4\%$이다.

# 7-5 단위환산

## [1] 힘의 단위환산

**표 7-2** 힘의 단위환산

| 공학단위 | SI 단위 |
|---|---|
| $kg_f$<br>$1kg_f$는 1kg에 작용하는 가속도 $9.81\,m/s^2$ | N(뉴턴)<br>1N은 질량 1kg 작동하여 가속도 $1\,m/s^2$을 주는 힘 |

$$kg_f = 9.81N \tag{7.5}$$

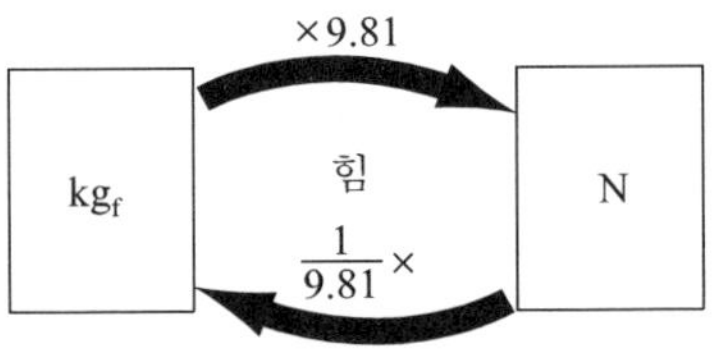


**그림 7-7** 힘에 대한 단위의 환산

## [2] 일의 단위환산

**표 7-3** 일의 단위환산

| 공학단위 | SI 단위 |
|---|---|
| $kg_f \cdot m$<br>$1kg_f \cdot m$는 1kg의 힘으로 1m 움직이는 일 | $N \cdot m$(뉴턴) = J(줄)<br>$N \cdot m$는 1N의 힘으로 1m 움직이는 일<br>$1N \cdot m = 1J = 10^7 dyn \cdot cm = 10^7 erg$ |

$$1kg_f \cdot m = 9.81N \cdot m = 9.81J \tag{7.6}$$

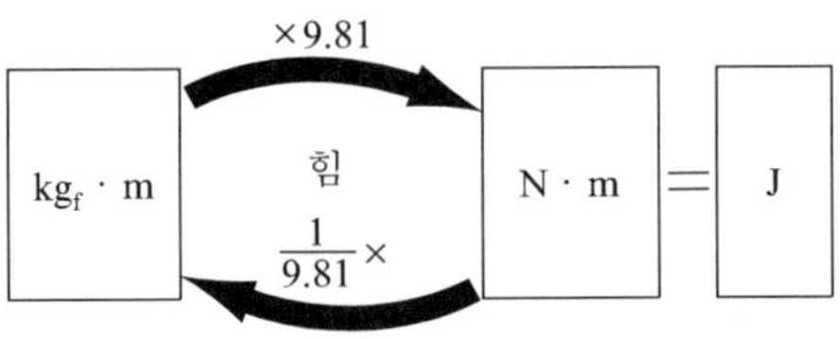


**그림 7-8** 일에 대한 단위환산

## [3] 열량의 단위환산

**표 7-4** 열량의 단위환산

| 공학단위 | SI 단위 |
|---|---|
| kcal(킬로칼로리) : $1\,kcal = \frac{1}{860}\,kWh$<br>1kcal는 순수한 물 1 $kg_f$의 온도를 15℃의 부근에서(14.5~15.5℃) 1℃ 올리는데 필요한 열량 | J(줄)<br>$1\,J = 1\,N \cdot m = 1\,W \cdot s = 2.78 \times 10^{-7}\,kWh$ |

$$1kcal = 4.1855kJ \fallingdotseq 4.2kJ \tag{7.7}$$

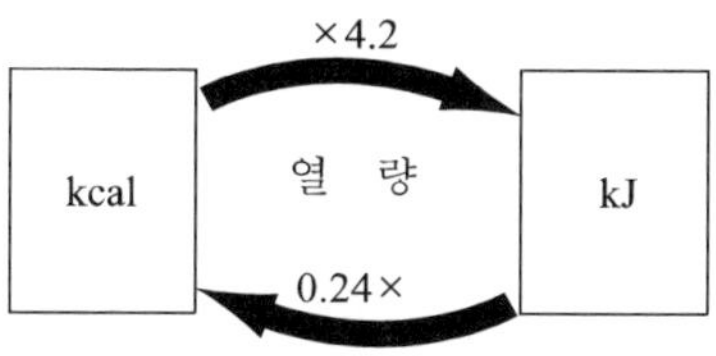


**그림 7-9** 열량에 대한 단위환산

## [4] 동력(일률)의 단위환산

**표 7-5** 동력의 단위환산

| 공 학 단 위 | SI 단위 |
|---|---|
| PS(미터마력) 또는 W(와트)<br>동력 = 단위시간당의 일량<br>1 PS는 1초간에 $75kg_f \cdot m$의 일을 할 때의 동력 | W(와트)<br>1W = 1초간에 일을 할 때의 동력<br>$1\,W = 1\,J/s = 10^7 erg/s$ |

$$1PS = 75kg_f \cdot m/s = 735.5W = 735.5J/s = 632.3kcal/h$$

$$1PS \cdot h = 2648kJ$$

$$1kW = 860kcal/h = 1.36PS = 102kg_f \cdot m/s$$

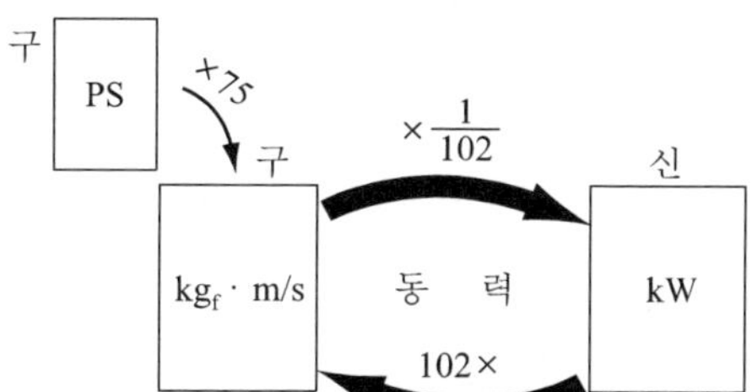


**그림 7-10** 동력에 대한 단위환산

### [5] 비열에 대한 단위환산

**표 7-6** 비열의 단위환산

| 공학단위 | SI 단위 |
|---|---|
| $kcal/kg_f \cdot ℃$ | $kJ/kg \cdot K$ |

$$1kcal/kg_f \cdot ℃ = 1Btu/lb_f \cdot °F = 4.2kJ/kg \cdot K$$

### [6] 압력의 단위환산

**표 7-7** 압력의 단위환산

| 공학단위 | SI 단위 |
|---|---|
| $kg_f/cm^2$ 또는 $kp/cm^2$, at<br>1표준기압 = 1atm = 760mmHg | Pa(파스칼)<br>$N/m^2$(뉴턴 per 미터제곱)<br>$1Pa = 1N/m^2 = 10dyn/cm^2$<br>$1bar = 10^5 N/m^2 = 10^6 dyn/cm^2$ |

$$1atm = 1.0133bar \tag{7.8}$$

$$1at = 1kg_f/cm^2 = 0.981bar \tag{7.9}$$

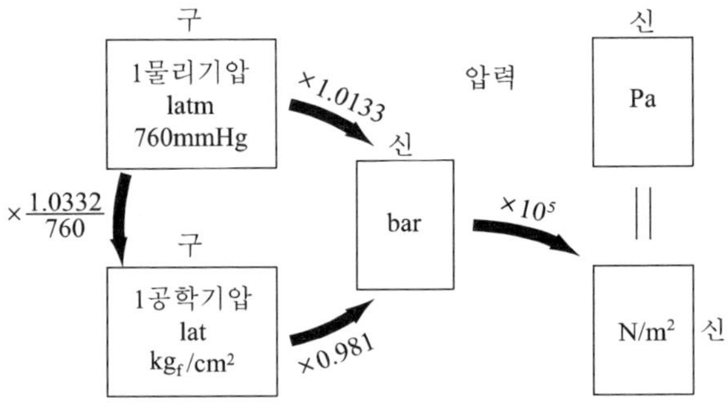


**그림 7-11** 압력에 대한 단위환산

## 7-6 열역학 제1법칙

열에너지는 다른 에너지로, 또 다른 에너지는 열에너지로 전환할 수 있다. 열역학 제1법칙(the first law of thermodynamics)은 열역학의 기초법칙으로써 **에너지 보존의 법칙**이 성립함을 표시한 것이다. 이를 요약하면, **"열은 본질상 에너지의 일종이며, 열과 일은 서로 상호전환이 가능하다. 이 때 열과 일 사이에는 일정한 비례관계가 성립한다."** 이와 같이 열과 일은 밀접한 연관성을 지니고 있으며, 열의 단위인 kcal와 일의 단위인 $kg_f \cdot m$(또는 $N \cdot m = J$) 사이에는 일정한 수치적 관계가 성립한다. 기계적 일 $W$와 열량 $Q$ 사이에는 $Q \rightleftarrows W$의 상호 전환관계를 말해주며 환산계수인 비례상수를 $A$라면,

$$Q = A \cdot W$$
$$W = \frac{Q}{A} = J \cdot Q \tag{7.10}$$

의 관계가 있으며, 여기서 $A$를 일의 **열당량**(thermal equivalent of work), $J = \frac{1}{A}$을 열의 **일당량**(mechanical equivalent of heat)이라 한다.

$$J = 426.79\,kg_f \cdot m/kcal \fallingdotseq 427\,kg_f \cdot m/kcal$$
$$A = 1/426.79\,kcal/kg_f \cdot m \fallingdotseq 1/427\,kcal/kg_f \cdot m \tag{7.11}$$

**"에너지 소비없이 계속 일을 할 수 있는 기계는 존재하지 않는다."** 즉, 에너지의 공급없이 영구히 운동을 지속할 수 있는 기계는 있을 수 없으며, 만약 이와 같은 기계가 존재한다면 이런 기관을 **"제1종 영구운동기관"**이라 하나 이는 실현 불가능한 기관이다.

**reference**

**열과 일의 부호**

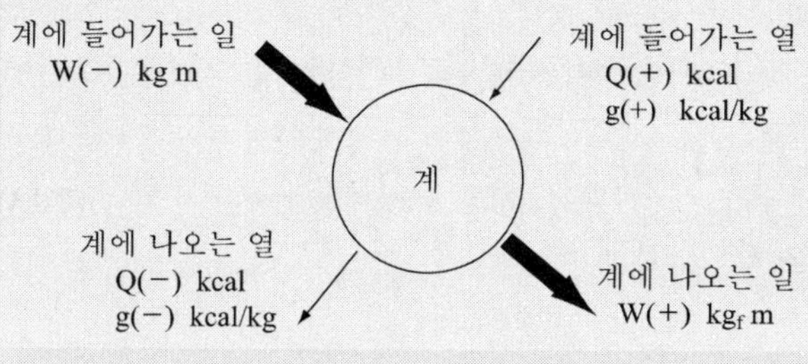


계가 일을 외부로 했을 때 정(+)의 일, 계가 외부로부터 일을 받았을 때를 부(−)의 일로 규정

### [1] 내부에너지(internal energy)

한 계(system)에 외부로부터 열이나 일을 가할 경우 그 계가 외부와 열을 주고 받지 않고, 또한 외부에 일을 하지 않았다면 이 에너지는 그 계의 내부에 저장된다고 볼 수 있으며, 이 저장된 에너지를 내부에너지라고 한다. 내부에너지는 계의 총 에너지에서 기계적 에너지를 뺀 나머지를 말하며, 기호 $U$는 내부에너지 [kJ], $u$는 비내부에너지 [kJ/kg]로 표시한다.

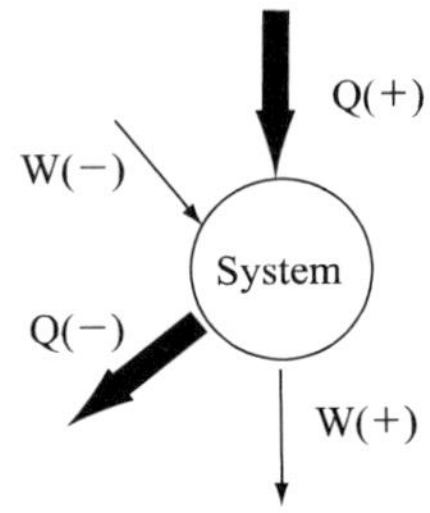


$$\Delta U = Q - W \tag{7.12}$$

**example 7-5**

어느 계에 50kJ을 공급했다. 만약 이 계가 외부에 대하여 20,000N · m의 일을 하였다면 내부에너지의 증가량은 얼마인가?

풀이

$\Delta U = Q - W = 50\text{kJ} - 20{,}000\text{N} \cdot \text{m} \quad (1\text{J} = 1\text{N} \cdot \text{m})$

$= 50{,}000 - 20{,}000$

$= 30{,}000\text{J} = 30\text{kJ}$

**example 7-6**

내부에너지 170[kJ]를 보유하는 물체에 열을 가했더니 내부에너지가 188[kJ] 증가하였다. 외부에 0.98[kJ]이 일을 하였을 때 가해진 열량은 몇 kJ인가?

풀이

$Q = \Delta U + W$

$= (188 - 170) + 0.98 = 18.98[\text{kJ}]$

### [2] 엔탈피(enthalpy)

엔탈피란 다음 식으로 정의되는 열역학상의 상태량을 나타내는 말이다.

$$h = u + pv\,[\text{kJ/kg}]$$

$$H = U + PV\,[\text{kJ}] \tag{7.13}$$

기호 $H$는 엔탈피 [kJ], $h$는 비엔탈피 [kJ/kg]이며, 위 식에서 $pv$는 유체가 일정 압력 $P$에 대하여 체적 $V$를 차지하기 위하여 행한 계 내의 유체를 밀어내는데 필요한 일이다. 따라서 **엔탈피는 어떤 상태의 유체 1 kg이 가지는 열에너지이며, 유체가 가지는 내부에너지와 체적을 차지하기 위한 유동일(flow work)의 합**이다. $u$, $P$, $v$는 모두 상태가 정해지면 결정되는 값이며, $h$ 역시 상태만에 의하여 정해지는 상태함수이다.

**example 7-7**

1kg의 가스가 압력 50KPa, 체적 $2.5\,m^3$의 상태에서 압력 1.25MPa, 체적 $0.2\,m^3$의 상태로 변화하였다. 만약 가스의 내부에너지가 일정하다고 하면 엔탈피의 변화량은 얼마인가?

풀이

$h = u + pv$

$h_2 - h_1 = (u_2 - u_1) + (p_2v_2 - p_1v_1)$, $u_1 = u_2$이므로,

$$\begin{aligned} h_2 - h_1 = p_2v_2 - p_1v_1 &= (1.25\times10^6)\times0.2 - (50\times10^3)\times2.5 \\ &= 115{,}000\,\mathrm{N\cdot m/kg} \\ &= 115{,}000\,\mathrm{J/kg} \\ &= 115\,\mathrm{kJ/kg} \end{aligned}$$

**example 7-8**

실린더 내의 혼합가스 3kg을 압축시키는데 소비된 일이 15kN・m이었다. 혼합가스의 내부에너지는 1kg에 대해서 3.36kJ 증가했다면, 이 때 방출된 열량은 얼마인가?

풀이

열역학 제1법칙의 식으로부터

$${}_1Q_2 = (u_2 - u_1) + Wa$$

$$= G(u_2 - u_1) + Wa = 3\times3.36 + (-15) = -4.92\,\mathrm{kJ} \ :\ \text{발열량}$$

### [3] 에너지식

#### 1) 비유동과정에 대한 일반에너지식

밀폐된 계에 열을 가하면 그 계는 온도가 상승하며 동시에 외부에 대하여 일을 한다. 지금 중량 $1\,kg_f$의 물체에 미소 열에너지 $dq$ [kJ]을 가할 때 내부에너지가 $du$ [kJ]만큼 증가하였고, 외부에 대하여 $dW$ [N・m]의 일을 했다면 $dq$는 열역학 제1법칙에 의해,

$$dq = du + dW [\mathrm{kJ/kg}]$$

이 되며, 정지상태, 즉 밀폐계에서 피스톤의 단면적 $A$에 압력 $P$를 받으면서 $dz$만큼 이동했다면 이 때 미소일량 $dW$는,

$$dW = (PA) \cdot dz = P \cdot dv$$

따라서, 미소 열에너지 $dq$는 다음과 같이 쓸 수 있다.

$$\begin{aligned} dq &= du + dW \\ &= du + Pdv \end{aligned} \tag{7.14}$$

식 (7.13)에서 이 식을 미분형으로 표시하면,

$$\begin{aligned} dh &= du + d(Pv) \\ &= du + Pdv + vdP \\ &= dq + vdP \end{aligned}$$

$dq$에 대하여 정리하면,

$$dq = dh - vdP [\mathrm{kJ/kg}] \tag{7.15}$$

여기서 식 (7.14), (7.15)을 에너지 기초식 또는 열역학 제1법칙의 식이라 한다.

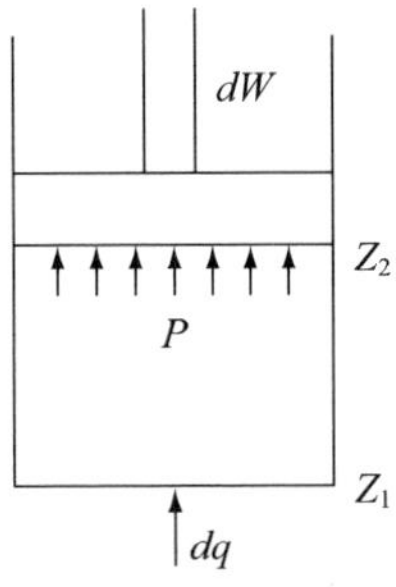


**그림 7-12** 피스톤의 열과 일의 관계

**example 7-9**

밀폐계에서 압력 $P = 0.5\,\mathrm{MPa}$로 일정하게 유지하면서 체적이 $0.2\,\mathrm{m^3}$에서 $0.7\,\mathrm{m^3}$로 팽창하였다. 이 변화가 이루어지는 동안에 내부에너지 $63\,\mathrm{kJ}$만큼 증가하였다면 과정간에 이 계가 한 일량은 얼마인가? 또, 이 때 계에 가한 열량을 구하여라.

**풀이**

$dW = P \cdot dv$에서

$$W = \int_1^2 P dv = P(v_2 - v_1) = (0.5 \times 10^6) \times (0.7 - 0.2)$$

$$= 25,000\,\text{N} \cdot \text{m} = 250,000\,\text{J}$$

$$= 250\,\text{kJ}$$

$dq = du + dW$에서,

$$Q = (U_2 - U_1) + W$$

$$= 63\,\text{kJ} + 250\,\text{kJ}$$

$$= 313\,\text{kJ}$$

### 2) 정상유동에서의 일반에너지식

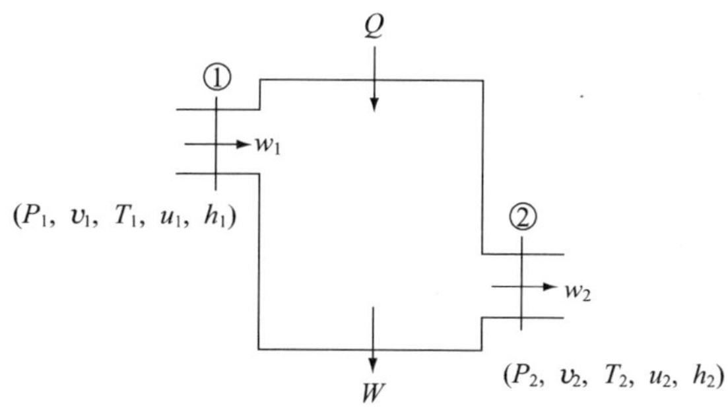


**그림 7-13** 유동계

어떤 관로의 한 점에 흐르는 상태가 시간에 관계없이 일정한 것을 정상유동이라 한다. 유동과정 중의 에너지식을 구하기 위하여 그림과 같은 관로의 두 단면에서 유체 1kg이 흐르는 경우를 생각해 보자.

단면 ①에서의 압력을 $P_1$[Pa], 비체적 $v_1$[m$^3$/kg], 비내부에너지 $u_1$[kJ/kg], 속도 $w_1$[m/s], 위치 $z_1$[m]이고, 단면 ②에서는 $P_2$[Pa], $v_2$[m$^3$/kg], 비내부에너지 $u_2$[kJ/kg], 속도 $w_2$[m/s], 위치 $z_2$[m]라 하자.

단면 ①에 유입되는 단위 중량의 에너지 $e_1$은,

$$e_1 = u_1 + P_1 v_1 + \frac{w_1^2}{2g} + z_1 \quad \cdots\cdots ⓐ$$

단면 ②에서의 단위 중량당 에너지 $e_2$는,

$$e_2 = u_2 + P_2 v_2 + \frac{w_2^2}{2g} + z_2 \quad \cdots\cdots\cdots\cdots \text{ⓑ}$$

단면 ①과 ② 사이에 외부에서 위의 유동계에 $q$[kJ/kg]의 열을 가했고, 또 계가 외부에 대해 $W$[N · m/kg]의 일을 했다고 하면 이 경우의 에너지식은 열역학 제1법칙에 의하여 한 계에 흘러들어온 에너지와 빠져나간 에너지는 같으므로,

$$e_1 + q = e_2 + W \quad \cdots\cdots\cdots\cdots \text{ⓒ}$$

식 ⓒ에 식 ⓐ와 ⓑ를 대입·정리하면

$$u_1 + P_1 v_1 + \frac{w_1^2}{2} + g z_1 + q = u_2 + P_2 v_2 + \frac{w_2^2}{2} + g z_2 + W \text{ [SI 단위]}$$

$$u_1 + AP_1 v_1 + A\frac{w_1^2}{2g} + A z_1 + q = u_2 + AP_2 v_2 + A\frac{w_2^2}{2g} + A z_2 + AW \text{ [중력 단위]}$$

비엔탈피 $h = u + Pv$이므로

$$h_1 + \frac{w_1^2}{2} + g z_1 + q = h_2 + \frac{w_2^2}{2} + g z_2 + W$$

위의 식을 **정상유동계에서의 일반에너지식**이라 한다.

기준면에서부터의 위치 $z_1$과 $z_2$가 그다지 높지 않다면 $z_1 \fallingdotseq z_2$로 볼 수 있으므로

$$h_1 + \frac{w_1^2}{2} + q = h_2 + \frac{w_2^2}{2} + W \tag{7.16}$$

단면 ①과 ② 사이에서 가한 열량은

$$q = (h_2 - h_1) + \frac{1}{2}(w_2^2 - w_1^2) + W \tag{7.17}$$

유속이 30～50m/s 이하인 경우 입구와 출구의 속도를 그다지 크지 않은 경우로 보아 운동에너지 $\frac{w_1^2}{2}$, $\frac{w_2^2}{2}$을 무시해도 된다.

$$q = (h_2 - h_1) + W \tag{7.18}$$

또, 단열 ($q = 0$) 유동인 경우라면 두 구간을 지나는 동안 발생한 일의 양은 아래와 같다.

$$W = h_1 - h_2 \tag{7.19}$$

**example 7-10**

정상유동 과정에서 입구의 상태가 $P_1 = 980\,\text{kPa}$, $v_1 = 0.01\,\text{m}^3/\text{kg}$, $u_1 = 168\,\text{kJ/kg}$, $w_1 = 20\,\text{m/s}$이고, 출구의 상태가 $P_2 = 294\,\text{kPa}$, $v_2 = 0.04\,\text{m}^3/\text{kg}$, $u_2 = 42\,\text{kJ/kg}$, $w_2 = 30\,\text{m/s}$이다. 이 과정 간에 계에 $50.4\,\text{kJ/kg}$의 열이 가해졌다면 유체 1kg당 계가 한 일은 대략 얼마인가? (단, 입구는 출구보다 15m 높다고 한다.)

풀이

정상유동 과정에서의 일반에너지식을 이용하면,

$$u_1 + P_1v_1 + \frac{w_1^2}{2} + gz_1 + q = u_2 + P_2v_2 + \frac{w_2^2}{2} + gz_2 + W$$

계가 한 일 $W$는,

$$\therefore\ W = (u_1 - u_2) + (P_1v_1 - P_2v_2) + \frac{1}{2g}(w_1^2 - w_2^2) + (z_1 - z_2) + q$$

(여기서, $u_1 - u_2 = 168 - 42 = 126\,\text{kJ/kg}$)

$$\begin{aligned} P_1v_1 - P_2v_2 &= 980\,\text{kPa} \times 0.01\,\text{m}^3/\text{kg} - 294\,\text{kPa} \times 0.04\,\text{m}^3/\text{kg} \\ &= 980 \times 10^3\,\text{N/m}^2 \times 0.01\,\text{m}^3/\text{kg} - 294 \times 10^3\,\text{N/m}^2 \times 0.04\,\text{m}^3/\text{kg} \\ &= -1960\,\text{N}\cdot\text{m/kg} \\ &= -1.96\,\text{kJ/kg} \end{aligned}$$

$$\frac{w_1^2 - w_2^2}{2} = \frac{20^2 - 30^2}{2} = -250\,\text{J/kg} \fallingdotseq -0.25\,\text{kJ/kg}$$

$$g(z_1 - z_2) = 9.8 \times 15 = 147\,\text{J/kg} = 0.147\,\text{kJ/kg}$$

$$\therefore\ W = 126 - 1.96 - 0.25 + 0.147 + 50.4 = 174.337\,\text{kJ/kg}$$

여기서, $\dfrac{w_1^2 - w_2^2}{2}$과 $g(z_1 - z_2)$는 $q$와 $(u_1 - u_2)$, $P_1v_1 - P_2v_2$에 비해 작으므로 무시해도 좋다.

따라서, 개략적인 값은

$$W = 126 - 1.96 + 50.4 = 174.44\,\text{kJ/kg}$$

## [4] $P-v$ 선도

그림 (a)에서 피스톤형 기관에서 실린더 내의 동작유체에 열을 가하면 동작유체의 팽창에 의하여 피스톤을 밀게 되면 그 결과는 외부에 대하여 일을 하게 된다.

그림 (b)에서 압력 $P$와 체적 $v$를 $x$, $y$ 두 축(직교 좌표)으로 하고 위의 피스톤 작용의 유체 팽창에 의한 상태변화를 나타내면 곡선 1-2가 얻어진다. 이 변화 중 임의의 한 점을 취하고 이 때의 압력 $P$가 피스톤의 면적 $A$에 작용하여 피스톤을 거리 $dx$만큼 이동하였다고 하면, 이 때 피스톤면에 발생하는 힘은 $F = PA$이고, 유체 1kg이 한 일을 $dW$라면,

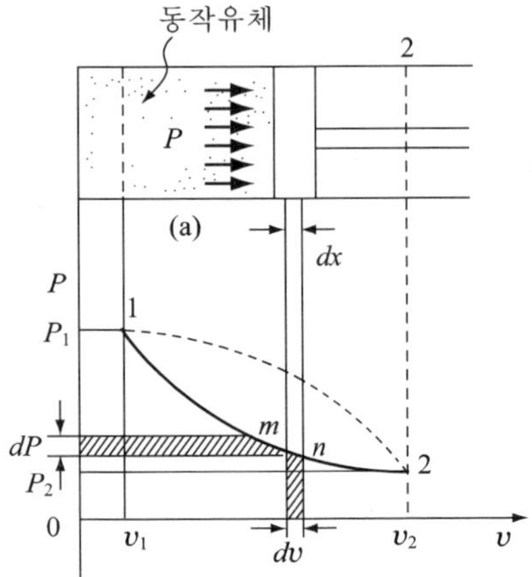


(b) $P$-$v$ 선도

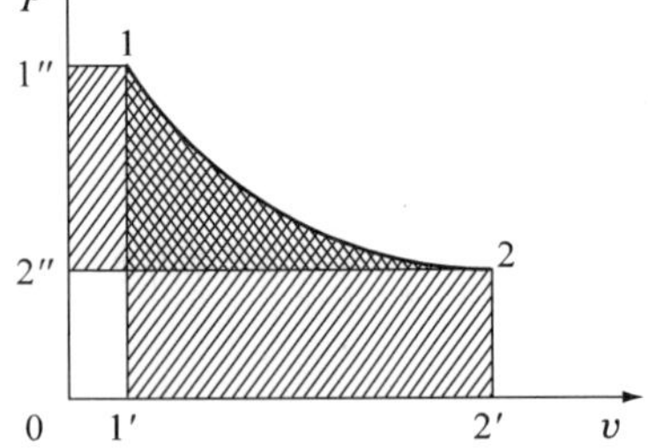


(c) $P$-$v$ 선도

**그림 7-14** $P-v$ 선도

$$dW = F \cdot dx = PA \cdot dx$$

$A \times dx = dv =$ 체적의 증가량 이므로,

$$dW = P \cdot Adx = Pdv\,[\mathrm{N \cdot m/kg}] \quad (7.20)$$

(유체 1kg에 대하여)

$$GdW = P \cdot dv\,[\mathrm{N \cdot m}]$$

(유체 $G\,[\mathrm{kg}]$에 대하여)

유체(동작물질)가 상태 1에서 상태 2까지 변화(팽창)하여 얻어지는 일량 $W$는

$$W = G\int_1^2 P \cdot dv = \int_1^2 P \cdot dV = \text{면적 } 12V_2V_1$$

이와 같은 것을 압력-체적 선도($P-v$ diagram)이라 한다. 만약 어떤 계에 열 $dq$를 가하여 내부에너지가 $du$만큼 변화하고 외부에 대하여 $dW = P \cdot dv$의 일을 하였다면,

$$dq = du + P \cdot dv\,[\mathrm{kJ/kg,\ kcal/kg}]$$

$$\therefore\ q = \int_1^2 du + \int_1^2 P \cdot dv\,[\mathrm{kJ/kg,\ kcal/kg}]$$

그림 (c)에서 $q = u + W = u +$ 면적 $122'1'$이 되므로

$$W_a = \int_1^2 P \cdot dv$$

로 표시되며, 이 일 $W_a$를 절대일(absolute work : 팽창일, 비유동일)이라 한다. 한편 그림 (c)에서 면적 $122''1'' = -\int_1^2 v \cdot dP$이며, 피스톤의 압축시 행해지는 일이다.

$$\text{즉, } W_t = -\int_1^2 vdP$$

$W_t$를 공업일(technical work : 압축일, 유동일)이라 한다.

**example 7-11**

3kg의 공기가 그림과 같이 압력 $P_1 = 700\,\text{kPa}$, 체적 $V_1 = 0.4\,\text{m}^3$에서 압력 $P_2 = 400\,\text{kPa}$, $V_2 = 0.8\,\text{m}^3$로 변하였다. 이 과정간에 한 절대일은 얼마인가?

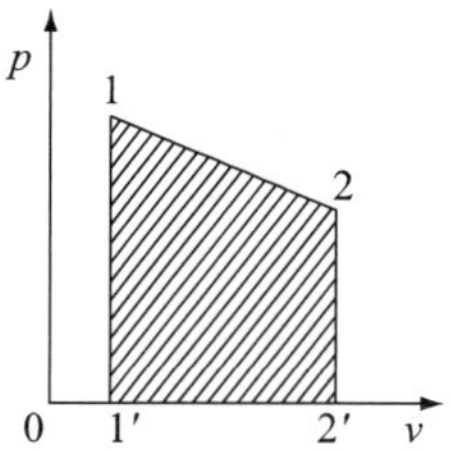


풀이

$$W_a = \text{면적 } 122'1' = \int_1^2 PdV = P_1 \cdot (V_2 - V_1)$$

$$= \left(\frac{700+400}{2}\right) \times 10^3 \times (0.8 - 0.4)$$

$$= 220{,}000\,\text{N} \cdot \text{m}$$

$$= 220\,\text{kJ} = 0.061\,\text{kWh}$$

(*$1\,\text{N} \cdot \text{m} = 1\,\text{J}$, $1\,\text{kW} = 1\,\text{kJ/s}$, $1\,\text{kJ} = \frac{1}{3{,}600}\,\text{kWh}$)

**example 7-12**

압력이 15atm인 보일러 속에 대기 중의 물을 펌프로 압송한다. 물 1kg 당의 펌프 일은 몇 kJ인가?

풀이

펌프일 = 압축일 = 공업일이므로 $W = -\int_1^2 vdP$ 에서,

$$W = -v(P_2 - P_1) = v(P_1 - P_2)$$

$$= \frac{1}{1000} \times (15 - 1.0332) \times 10^4$$

$$= 139.7\,\text{kg}_\text{f} \cdot \text{m}$$

$$= 1369\,\text{J}$$

$$= 1.369\,\text{kJ}$$

**reference**

**물의 부피와 무게**

*$1\,m^3 = 100^3[cm^3] = 1{,}000 \times 1{,}000\,cm^3 = 1{,}000\,L = 1{,}000\,kg = 1\,ton$

$1\,cm^3 = 1\,cc$(cubic centimeter)

* $1\,kg = \dfrac{1}{1{,}000} = 10^{-3}[m^3]$

**example 7-13**

압력 $5\,kg_f/cm^2$, 체적 $0.2\,m^3$인 공기가 정압하에서 팽창하여 체적 $0.8\,m^3$으로 되었다. 공기가 행한 일을 구하라.

풀이

$$ {}_1W_2 = \int_1^2 PdV = P(V_2 - V_1) \text{에서} $$

$$ {}_1W_2 = P(V_2 - V_1) = (5 \times 10^4) \times (0.8 - 0.2) = 30{,}000\,kg_f \cdot m $$

**example 7-14**

물 $1\,kg_f$을 압력이 $1\,kg_f/cm^2$인 상태에서 $10\,kg_f/cm^2$까지 가압하는 데 요구되는 펌프일은 얼마인가?

풀이

물의 비중량은 $\gamma_w = 1{,}000\,kg_f/m^3$이므로 펌프일, 즉 공업일은

$$ w_t = -\int_1^2 vdP = -\frac{1}{1{,}000} \times (10-1) \times 10^4 = -90\,kg_f m/kg_f $$

## 7-7 열역학 제2법칙

열역학 제1법칙은 열과 일은 본질상 같은 에너지로서 일정한 비로 상호전환이 가능하며, 다만 그의 양적 관계를 표시하는 것으로, 그 전환 방향에 있어서 다루어지지 않는다.

열을 기계적으로 전환하는 장치, 즉 열기관을 다루는 데는 제1법칙만으로는 불충분하다. 따라서, 일과 열의 변환에 대한 방향성을 제시하는 법칙을 열역학 제2법칙(The 2nd law of thermodynamics)이라 한다. 열기관이 열을 일로 바꾸는 과정을 관찰하면 반드시 열을 공급하는 고열원과 열을 방출하는 저열원이 필요하게 된다. 즉, 온도차가 없다면 아무리 많은 열량이라도

일로 바꿀 수 없다. 어떤 열원으로부터 열원의 온도를 떨어뜨리는 일 없이, 외부에 아무런 변화 없이 열을 기계적으로 일로 바꾸는 운동이 있다면, 이와 같은 운동을 하는 기관을 **제2종 영구기관**이라 하며, 외부로부터 에너지의 공급없이 영구히 일을 얻는다는 것은 절대로 불가능하다.

종합적으로, 열역학 제1법칙은 열을 일로 바꿀 수 있고, 또 그 역도 가능함을 말하는데 대하여, 제2법칙은 그 변화가 일어나는 데 그 제한이 있는 것을 말하고 있다. 즉, 열이 일로 전환되는 것은 비가역현상인 것을 나타내는 점이 특징이다.

열역학 제2법칙은 정의되어 있지 않지만, 학자들은 여러 가지 방법으로 표현하고 있다.

- **Clausius의 표현**

  열은 스스로 다른 물체에 아무런 변화도 주지 않고, 저온물체에서 고온물체로 이동하지 않는다. 성능계수($\varepsilon$)가 무한정한 냉동기의 제작은 불가능하다.

- **Kelvin-Plank의 표현**

  자연계에 아무런 변화도 남기지 않고 어느 열원의 열을 계속해서 일로 바꿀 수 없다. 즉, 고온물체의 열을 계속해서 일로 바꾸려면 저온물체로 열을 버려야만 한다(효율이 100%인 열기관은 제작이 불가능하다).

- **Ostwald의 표현**

  제2종 영구기관은 존재할 수 없다(제2종 영구기관의 존재 가능성을 부인).

결론적으로, 열역학 제2법칙은 다음 의문에 대한 해답을 얻는 데 그 가치가 있다.

① 어떤 주어진 조건 하에서 작동되는 열기관의 최대 효율은 어떠한가?

② 주어진 조건 하에서 냉동기의 최대 성능계수는 얼마인가?

③ 어떤 과정이 일어날 수 있는가?

④ 동작물질과 관계없는 절대온도의 눈금의 정의 등이다.

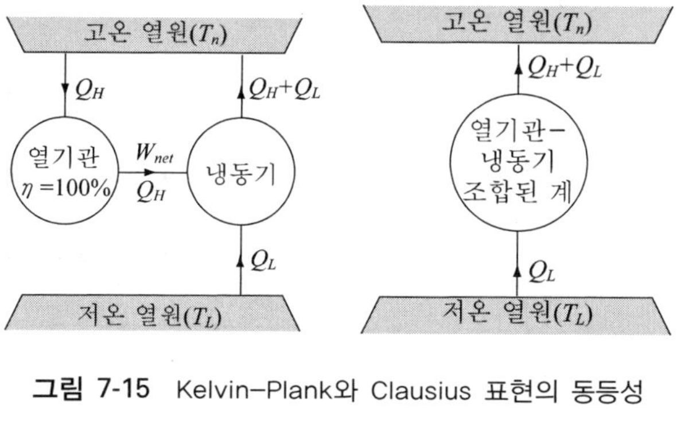


**그림 7-15** Kelvin-Plank와 Clausius 표현의 동등성

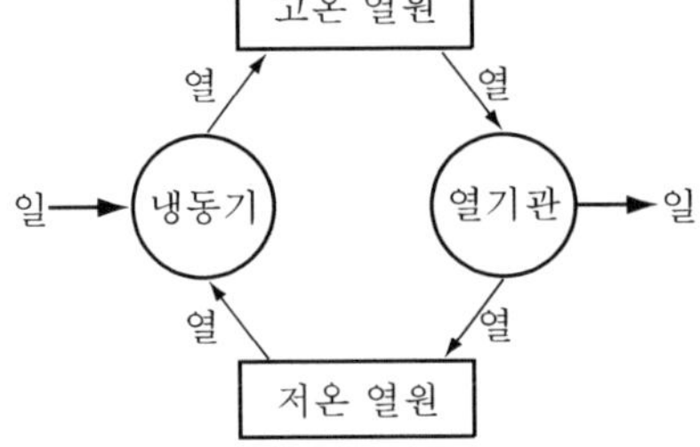


**그림 7-16 열역학 제2법칙의 표현**

### [1] 카르노 사이클

프랑스의 Sadi Carnot가 제안한 일종의 이상 사이클로서 완전가스를 작업물질로 하는 2개의 단열과정과 2개의 등온과정을 갖는 사이클로서, 고열원에서 열을 공급받아 일로 바꾸는 과정에서 어떻게 하면 공급열량을 최대로 유효하게 이용할 수 있겠는가 하는 문제를 만족시키고자 착안한 사이클이다. 즉, 카르노 사이클의 원리는

① 열기관의 이상 사이클로서 최대의 효율을 갖는다.
② 동작물질의 온도를 열원의 온도와 같게 한다.
③ 같은 두 열원에서 작동하는 모든 가역 사이클은 효율이 같다.

지금까지 다루어 왔던 상태변화 중에서 가역과정은 등온변화와 단열변화뿐이다. 이 두 변화를 제외한 다른 변화는 열의 출입과 온도의 변화가 있으므로 그의 역(逆) 과정에 있어서는 어느 것이나 열을 저온에서 고온으로 이동시키지 않으면 안되며 실제로 이것은 열적(熱的)으로 비가역이다. 따라서, 최고의 효율을 얻기 위해서는 가역과정인 등온과 단열 두 변화로 된 사이클이어야 한다. 카르노 사이클을 $P-v$, $T-S$ 선도상에 표시하면 다음과 같다.

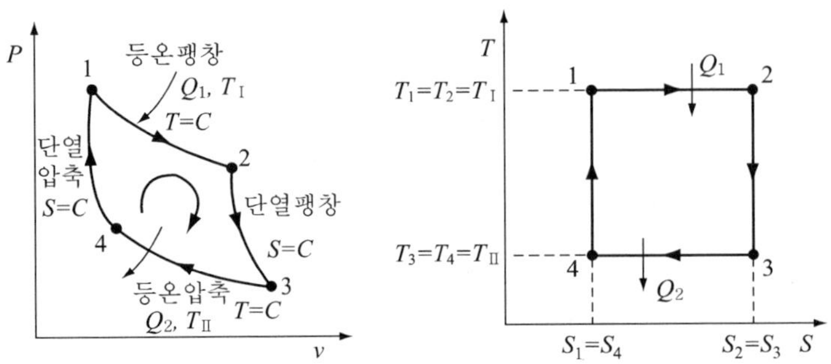

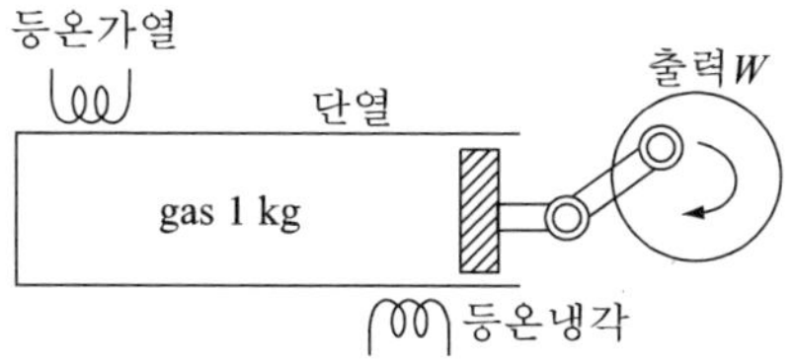


1 → 2 : 등온팽창(열량 $Q_1$을 받아 등온 $T_{\mathrm{I}}$을 유지하면서 팽창하는 과정)
2 → 3 : 단열팽창 과정
3 → 4 : 등온압축(열량 $Q_2$를 방출하면서 등온 $T_{\mathrm{II}}$를 유지하면서 압축하는 과정)
4 → 1 : 단열압축 과정

**그림 7-17 카르노 사이클의 $P-v$, $T-S$ 선도**

따라서, 유효일 $W = Q_1 - Q_2$

$$\text{열효율 } \eta_c = \frac{\text{유효일}(W)}{\text{공급열량}(Q_1)} = \frac{Q_1 - Q_2}{Q_1} = 1 - \frac{Q_2}{Q_1} \tag{7.21}$$

각 과정에서 카르노 사이클이 완전가스로서 상태변화를 행하는 경우를 보면,

(1 → 2 과정) 등온팽창($dT = 0$, $T = C$)이므로 공급열량 $Q_1$은 모두 외부에 대한 절대일로 전환되므로,

$$Q_1 = GRT_{\mathrm{I}} \cdot \ln\frac{v_2}{v_1} = GRT_{\mathrm{I}}\ln\frac{P_1}{P_2} \tag{7.22}$$

(2 → 3 과정) 단열팽창($dq = 0$, $s = C$)이므로

$$T_2 v_2^{k-1} = T_3 v_3^{k-1} \text{에서 } (T_2 = T_{\mathrm{I}},\ T_3 = T_{\mathrm{II}}),$$

$$\therefore\ \frac{T_{\mathrm{II}}}{T_{\mathrm{I}}} = \frac{T_3}{T_2} = \left(\frac{v_2}{v_3}\right)^{k-1}$$

(3 → 4 과정) 등온압축이므로

$$Q_2 = GRT_{\mathrm{II}} \cdot \ln\frac{v_3}{v_4} = GRT_{\mathrm{II}}\ln\frac{P_4}{P_3}$$

(4 → 1 과정) 단열압축이므로

$$T_4 v_4^{k-1} = T_1 v_1^{k-1} \text{에서 } (T_4 = T_{\mathrm{II}},\ T_3 = T_{\mathrm{I}})$$

$$\therefore \ \frac{T_{\text{II}}}{T_{\text{I}}} = \frac{T_4}{T_1} = \left(\frac{v_1}{v_4}\right)^{k-1} \tag{7.23}$$

식 (7.22), (7.23)으로부터

$$\frac{T_{\text{II}}}{T_{\text{I}}} = \left(\frac{v_2}{v_3}\right)^{k-1} = \left(\frac{v_1}{v_4}\right)^{k-1} \text{ 이므로,}$$

$$\frac{v_2}{v_3} = \frac{v_1}{v_4} \quad \text{또는} \quad \frac{v_2}{v_1} = \frac{v_3}{v_4}$$

그러므로, $\dfrac{Q_2}{Q_1} = \dfrac{GRT_{\text{II}}\ln\dfrac{v_3}{v_4}}{GRT_{\text{I}}\ln\dfrac{v_2}{v_1}} = \dfrac{T_{\text{II}}}{T_{\text{I}}} \quad \left(\because \ \dfrac{v_2}{v_1} = \dfrac{v_3}{v_4}\right)$

따라서, 카르노 사이클의 열효율은

$$\eta_c = \frac{W}{Q_1} = 1 - \frac{Q_2}{Q_1} = 1 - \frac{T_{\text{II}}(\text{저열원의 온도})}{T_{\text{I}}(\text{고열원의 온도})}$$

한편, 카르노 사이클과 반대방향으로 작용하는 역 카르노 사이클인 경우에는 외부에서 작업유체에 $W$의 일을 공급하여 저열원으로부터 $Q_2$의 열을 빼앗아 고열원에 $Q_1$의 열을 공급한다. 즉, 역 카르노 사이클은 냉동기의 이상적 사이클이다.

**example 7-15**

고열원 350℃, 저열원 15℃에서 작동하는 카르노 사이클이 1 사이클 당 3.36kJ의 열을 공급받는다면 이 카르노 사이클의 1 사이클 당의 일량은 얼마인가?

**풀이**

$$\eta_c = \frac{W}{Q_1} = 1 - \frac{Q_2}{Q_1} = 1 - \frac{T_{\text{II}}}{T_{\text{I}}} = 1 - \frac{15+273}{350+273} = 0.5377$$

$$W = \eta_c \cdot Q_1 = 0.5377 \times 3.36 = 1.807\,\text{kN} \cdot \text{m} = 184.35\,\text{kg}_\text{f} \cdot \text{m} = 1{,}807\,\text{N} \cdot \text{m}$$

**reference**

**열역학적 절대온도**

카르노 사이클의 열효율이 동작물질의 종류에는 관계없음을 이용하여 물질의 성질에 의존하지 않고 열역학적으로 온도를 정의할 수 있다. 이 온도 눈금을 절대 영도로 기준하여 나타낸 것을 열역학적 절대온도($\tau$)라 한다.

열역학상으로 본다면 열역학적 절대온도($\tau$)를 사용해야 하지만 완전가스의 절대온도 $T$는 완전히 열역학적 절대온도($\tau$)와 동일하므로 편의상 $T$를 사용하기도 한다.

완전가스에 가장 가까운 성질을 가진 수소($H_2$)를 사용한 수소온도계는 그 눈금이 열역학적 절대온도($\tau$)에 잘 맞기 때문에 표준온도계로 수소온도계를 사용하고 있다.

**Carnot 사이클의 특징**

1) 동일한 온도범위의 두 열원 사이에서 작동하는 열기관 중에서 가역사이클로 작동하는 Carnot 사이클이 가장 효율이 좋은 이상적인 사이클이다.
2) 동일한 온도 범위의 열원사이에서 작동하는 가역사이클은 Carnot 사이클의 열효율은 동작유체의 종류와 관계없이 두 열원의 절대온도에만 관계된다. 따라서 모두 같은 열효율을 갖는다.

**example 7-16**

카르노 열기관이 700℃의 고열원으로부터 600kcal의 열량을 받아서 30℃인 저열원에 방열하는 경우 다음 사항을 구하여라.

① 열효율 $\eta_c$

② 저열원에 방열하는 열량 $Q_2$

**풀이**

① 카르노 기관의 열효율

$$\eta_c = 1 - \frac{Q_2}{Q_1} = 1 - \frac{T_2}{T_1} = 1 - \frac{30+273}{700+273} = 0.689$$

이다. 따라서 이 기관은 공급받은 열량의 68.9%를 일로 변환시킨다.

② 방열량 $Q_2$

$$\eta_c = 1 - \frac{Q_2}{Q_1}$$

$$Q_2 = Q_1(1-\eta_c) = 600(1-0.689) = 186.6\,\text{kcal}$$

따라서 고열원으로부터 받은 열량 600kcal 중 186.6kcal을 방열한 결과가 된다.

### example 7-17

카르노 사이클 기관이 0℃와 200℃에서 작동될 때와 200℃와 400℃ 사이에서 작동할 때 열효율은 처음 기관과 나중 기관의 어느 쪽이 더 높은가?

**풀이**

0℃와 200℃ 열원에서 열효율은

$$\eta_1 = 1 - \frac{T_2}{T_1} = 1 - \frac{273}{473} = 0.42 = 42\%$$

또한, 200℃와 400℃ 열원에서 열효율은

$$\eta_2 = 1 - \frac{T_2}{T_1} = 1 - \frac{473}{673} = 0.297 = 29.7\%$$

따라서 낮은 열원체의 효율이 높은 열원체의 효율보다 높다.

### example 7-18

고온체 열원 327℃와 저온체 열원 27℃에서 작동하는 카르노 사이클이 1 사이클 당 20kcal의 열을 공급받는다면 이 카르노 기관의 1 사이클 당 일량은 얼마인가?

**풀이**

$$\eta = 1 - \frac{T_2}{T_1} = 1 - \frac{300}{600} = 0.5$$

그런데 $AW = \eta \cdot Q_1 = 0.5 \times 20 = 10\,\text{kcal}$

따라서 $W = 427 \times 10 = 4{,}270\,\text{kg}_f\text{m}$

### example 7-19

어느 발명가가 그림과 같이 고열원으로부터 100kcal의 열량을 받아서 450kcal의 일을 하는 동력사이클을 개발하였다고 한다. 이 계는 500K의 고온가스로부터 열을 받아 일을 하고 300K인 대기 중에 방열한다. 이 동력사이클 개발자의 주장이 옳은지 판단하라.

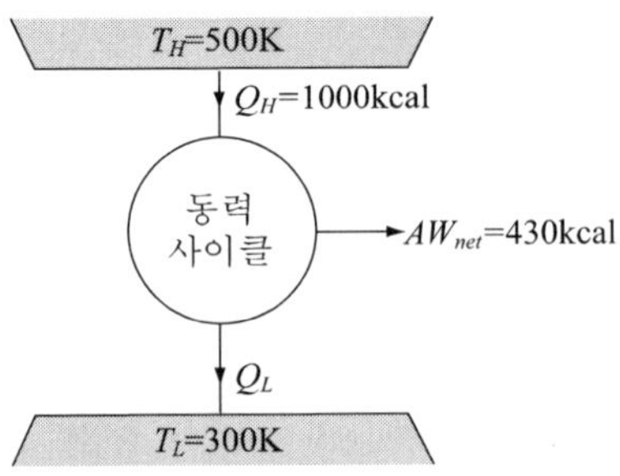


**풀이**

발명가가 주장하는 기관의 계통도를 그리면 다음과 같다.
이 동력사이클의 효율은

$$\eta = \frac{AW}{Q_H} = \frac{450}{1{,}000} = 0.45\ 45\%$$

이 사이클이 고저 두열원 사이에 작동되므로 사이클이 낼 수 있는 최대효율은 카르노 사이클로 작동될 경우이므로

$$\eta_{\max} = \eta_c = 1 - \frac{T_2}{T_1} = 1 - \frac{300}{500} = 0.40,\ 40\%$$

따라서 이 기관의 실제 열효율은 $\eta_{\max} = 40\%$를 초과($\eta_{\max} < \eta$)하므로 카르노의 원리, 즉 열역학 제2법칙에 위배되어 이 기관 개발자의 주장은 타당하지 않다.

### example 7-20

동작물질(공기) 1kg이 고열원 600℃, 저열원 100℃ 사이에서 작동하는 카르노 사이클 기관의 최고 압력이 400kPa・abs이고, 등온팽창하여 체적이 2배가 되었다면 다음을 구하여라.

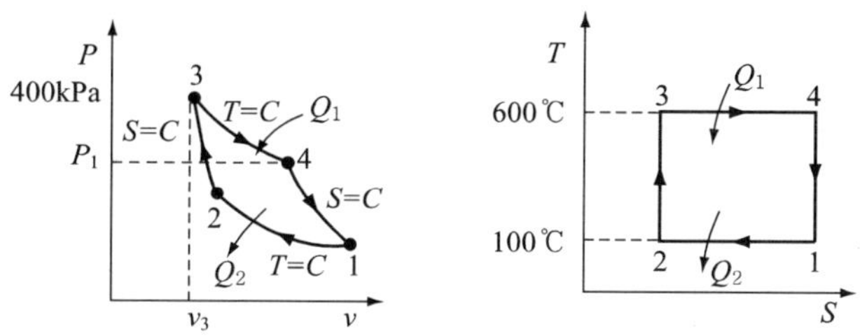


(1) 등온팽창 초(初)의 부피는 몇 $m^3/kg$인가?
(2) 등온팽창 말(末)의 압력은 몇 kPa・abs인가?
(3) 단열팽창 말의 압력은 몇 kPa인가?
(4) 등온압축 말의 압력은 몇 kPa인가?
(5) 수열량은 몇 kJ/kg인가?
(6) 방열량은 몇 kJ/kg인가?
(7) 이 사이클에서 열효율은 몇 %인가?

**풀이**

(1) $Pv = RT$에서, $R = 287\,\mathrm{J/kg \cdot {}^\circ K}$, 등온팽창 초는 "3"이므로

$$v_3 = \frac{RT_3}{P_3} = \frac{287 \times (273+600)}{400 \times 10^3} = 0.6264\,\mathrm{m^3/kg}$$

(2) 등온팽창 말은 "4"이므로, $T = C$에서 $P_3 \cdot v_3 = P_4 \cdot v_4$이다.

$$\therefore P_4 = P_3 \times \frac{v_3}{v_4} = 400\,\text{kPa} \times \left(\frac{1}{2}\right) = 200\,\text{kPa} \cdot \text{abs}$$

(팽창 후 체적이 2배가 되었으므로 $\frac{v_3}{v_4} = \frac{1}{2}$)

(3) 단열팽창 말은 "1"이므로, $s = C$ 에서(공기의 비열비 $k = 1.4$)

$$T_4{}^k P_4{}^{1-k} = T_1{}^k P_1{}^{1-k}$$

$$P_1 = P_4 \times \left(\frac{T_1}{T_4}\right)^{\frac{k-1}{k}} = 200\,\text{kPa} \times \left(\frac{273+100}{273+600}\right)^{\frac{1.4-1}{1.4}} = 156.86\,\text{kPa}$$

(4) 등온압축 말은 "2"이므로 $T = C$에서

$$P_1 v_1 = P_2 v_2,\ \frac{v_2}{v_1} = \frac{v_3}{v_4} = \frac{1}{2}\quad \therefore \frac{v_4}{v_3} = 2$$

$$\therefore P_2 = P_1 \times \left(\frac{v_1}{v_2}\right) = 156.86\,\text{kPa} \times \left(\frac{v_4}{v_3}\right) = 156.86 \times 2 = 313.72\,\text{kPa}$$

(5) $T = C$ 상태에서 수열되므로,

$$q_1 = W = P_3 v_3 \ln\frac{v_4}{v_3} = RT_3 \cdot \ln\frac{v_4}{v_3}$$

$$= 287 \times (273+600) \times \ln\frac{2}{1} = 173{,}669\,\text{J/kg} \fallingdotseq 173.67\,\text{kJ/kg}$$

(6) $T = C$ 상태에서 방열되므로,

$$q_2 = W = P_1 v_1 \ln\frac{v_2}{v_1} = RT_1 \cdot \ln\frac{v_2}{v_1}$$

$$= 287 \times (273+100) \times \ln\frac{1}{2}$$

$$= -74{,}202\,\text{J/kg} \fallingdotseq 74.2\,\text{kJ/kg}(\text{방열})$$

(7) $\eta_c = \frac{W}{Q_1} = 1 - \frac{Q_2}{Q_1} = 1 - \frac{T_1}{T_3} = 1 - \frac{273+100}{273+600} = 0.573 = 57.3\%$

### [2] 엔트로피(entropy)

엔트로피는 무질서도를 나타내는 상태량으로 정의하며, 출입하는 열량의 이용가치를 나타내는 양으로 열역학상 중요한 의미를 가진다. 엔트로피는 에너지도 아니고, 온도와 같이 감각으로도 알 수 없으며, 또한 측정할 수도 없는 물리학상의 상태량이다. 어느 물체에 열을 가하면 엔트로피는 증가하고 냉각하면 감소하는 상상적인 양이다.

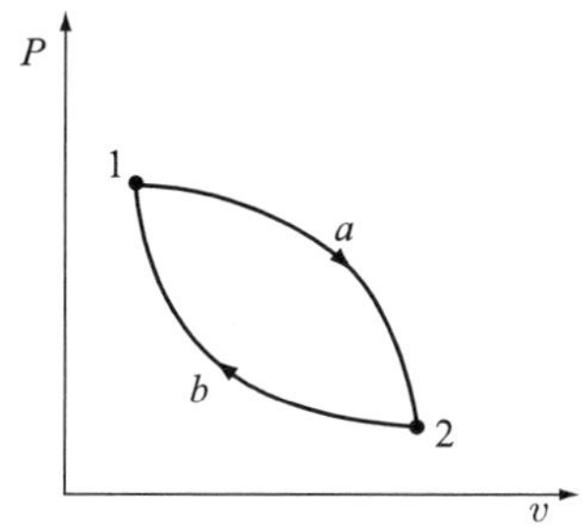


**그림 7-18** $P-v$ 선도

그림은 $P-v$ 선도상의 가역 사이클에 $1a2b1$을 표시한 것이며, 이것은 가역 사이클이므로 클라우지우스 적분은 $0\left(\oint \frac{dQ}{T} = 0\right)$이다. 이 적분의 경로 $1a2b1$은,

$$\oint \frac{dQ}{T} = \int_{1\to a}^{2} \frac{dQ}{T} + \int_{2\to b}^{1} \frac{dQ}{T} = 0$$

가역 사이클이므로, $\int_{1\to a}^{2} \frac{dQ}{T} - \int_{1\to b}^{2} \frac{dQ}{T} = 0$으로 되므로,

$$\int_{1\to a}^{2} \frac{dQ}{T} = \int_{1\to b}^{2} \frac{dQ}{T} \tag{7.24}$$

즉, 가역 사이클에서는 상태점 1과 상태점 2가 주어지면, 두 점간의 어떠한 가역적인 경로에 대해서도 식 (7.24)가 성립한다. 따라서

$$\int_{1}^{2} \frac{dQ}{T} = \text{const}$$

여기서, 점 1을 정점인 기준점으로 하고, 점 2를 정하면 $\int_{1}^{2} \frac{dQ}{T}$의 값은 가역변화의 경로에 관계없이 결정되며, 점 2가 정하는 상태량에 의해서 결정되므로 한 개의 새로운 상태량(종량성 상태량)이라 할 수 있다.

1 kg에 대한 이 상태량은 $dS = \frac{dq}{T}$ [kcal/kg · K]로 표시하면 전(全) 엔트로피, 즉 중량 $G$[kg]에 대하여 $dS = \frac{dQ}{T}$ [kcal/K]이다.

$$dS = \frac{dQ}{T}, \; dQ = TdS$$

위 식에서 ($dQ = dS \times T$)는 (일 = 힘×거리)의 개념을 가지며, 엔트로피 $dS$를 열학적 중량으로 볼 수 있다.

그림에서 상태변화가 1-$a$-2-$b$-1의 경로를 따라 이루어질 때 1-$a$-2는 가역변화, 2-$b$-1은 비가역변화라 하면 $\int_{1 \to a}^{2} \frac{dQ}{T} + \int_{1 \to b}^{2} \frac{dQ}{T} < 0$으로 된다.

상태 1, 2의 엔트로피 $S_1$, $S_2$라 하면,

$$S_2 - S_1 = \int_{1 \to a\ rev}^{2} \frac{dQ}{T} > \int_{1 \to b}^{2} \frac{dQ}{T}$$

또, 가역단열 변화이면 $dS = 0\,(S = C)$, 비가역 단열변화이면 $dS > 0$이므로,

$$dS > \frac{dQ}{T}, \quad TdS > dQ$$

단열계에서 $dQ = 0$이므로,

$$dS \geq 0$$

**엔트로피는 감소하지 않으며, 가역이면 불변, 비가역이면 증가한다. 실제 자연계에서 일어나는 상태변화는 비가역변화를 동반하게 되므로, 엔트로피는 증가할 뿐이고 감소하는 일이 없다.**
**엔트로피 증가의 원리라 한다.**

### [3] 이상기체의 엔트로피의 식과 상태변화

엔트로피란 전술한 바와 같이 그 변화량은 경로에 관계없이 결정되는 값으로서 점함수(point function)이다. 따라서, 완전가스의 엔트로피는 $P$, $v$, $T$, $u$, $h$의 상태량의 함수로 나타낼 수 있다.

- **$T$와 $v$의 함수**

열역학 제1법칙 식으로부터 엔트로피 변화를 $T \cdot v$항으로 표시하면

$$dq = du + Pdv = C_v dT + Pdv = T \cdot dS$$

$$\therefore\ dS = C_v \frac{dT}{T} + \frac{Pdv}{T} = C_v \frac{dT}{T} + R\frac{dv}{v} \ (\leftarrow Pv = RT\text{에서})$$

$$\therefore\ \Delta S = S_2 - S_1 = \int_{1}^{2} dS = C_v \ln \frac{T_2}{T_1} + R \cdot \ln \frac{v_2}{v_1} \qquad (7.25)$$

- **$T$와 $P$의 함수**

같은 방법으로 엔트로피 변화를 $T$, $P$항으로 표시하면,

$$dq = dh - vdP = C_v dT - vdP = T \cdot dS \text{에서}$$

$$dS = C_p \cdot \frac{dT}{T} - \frac{v}{T} \cdot dP = C_p \frac{dT}{T} - R\frac{dP}{P}$$

$$\therefore \Delta S = S_2 - S_1 = \int_1^2 dS = C_p \ln\frac{T_2}{T_1} - R \cdot \ln\frac{P_2}{P_1} \qquad (7.26)$$

- **$P$와 $v$의 함수**

$$dq = dh - vdP = C_p dT - vdP = T \cdot dS \text{에서,}$$

$$dS = \frac{dh}{T} - \frac{v}{T}dP = C_p \frac{dT}{T} - R\frac{dP}{P}\left(Pv = RT,\ \frac{v}{T} = \frac{R}{P}\right)$$

$$\therefore \Delta S = S_2 - S_1 = C_p \ln\frac{T_2}{T_1} - R \cdot \ln\frac{P_2}{P_1} = C_p \ln\frac{T_2}{T_1} - (C_p - C_v) \cdot \ln\frac{P_2}{P_1}$$

$$= C_p \ln\frac{T_2}{T_1} \times \frac{P_1}{P_2} + C_v \ln\frac{P_2}{P_1} = C_p \ln\frac{v_2}{v_1} + C_v \ln\frac{P_2}{P_1} \qquad (7.27)$$

완전가스에 대한 엔트로피의 상태변화를 표시하면 다음과 같다.

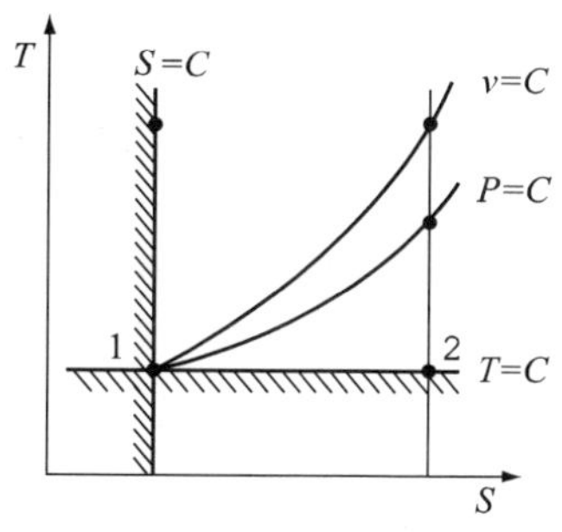


**그림 7-19** $T-S$ 선도

### 1) 등적변화($v = \text{constant}$)

완전가스 상태 1에서 2로 등적 팽창하면,

$dq = du + Pdv = du = C_v dT$

$dq = C_v dT = T \cdot dS$에서

$$\therefore \Delta S = S_2 - S_1 = \int_1^2 dS = \int_1^2 \frac{dq}{T}$$

$$= \int_1^2 \frac{C_v dT}{T} = C_v \ln \frac{T_2}{T_1} = C_v \ln\left(\frac{P_2}{P_1}\right)$$

**2) 등압변화**($P=$ constant)

$dq = dh - vdP = dh = C_p dt$

$dq = C_p dT = TdS$에서,

$$\therefore \Delta S = S_2 - S_1 = \int_1^2 dS = \int_1^2 \frac{dq}{T}$$

$$= \int_1^2 \frac{C_p dT}{T} = C_p \ln \frac{T_2}{T_1} = C_p \cdot \ln\left(\frac{v_2}{v_1}\right)$$

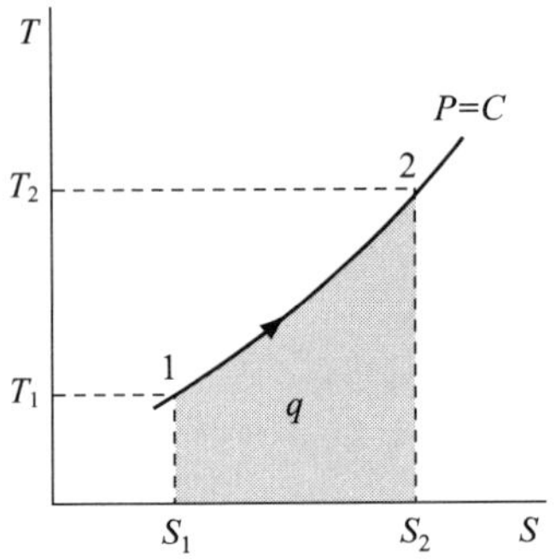


**그림 7-20** 정압변화

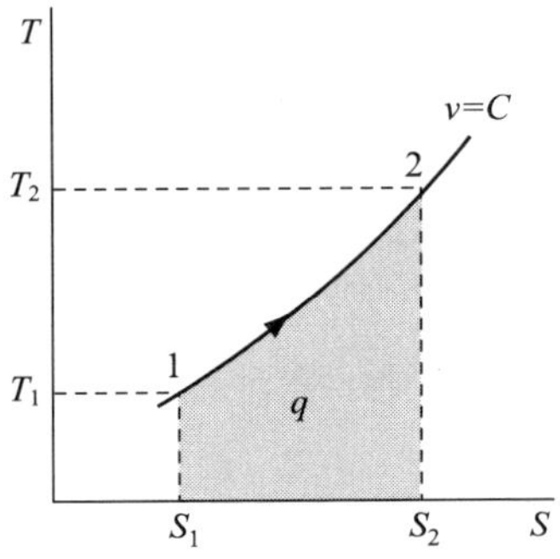


**그림 7-21** 정적변화

**3) 등온변화**($T=$ constant)

$dS = \dfrac{dq}{T}$에서 등온과정에서 $T=$ 일정하므로 $\Delta S = \int_1^2 dS = \int_1^2 \dfrac{dq}{T} = \dfrac{1}{T} = q_{12}$이다.

$T=$ 일정에서 $q_{12} = RT\ln\dfrac{v_2}{v_1} = RT\ln\dfrac{P_1}{P_2}$이므로,

$$\therefore \Delta S = S_2 - S_1 = \frac{q_{12}}{T} = R\ln\frac{v_2}{v_1} = R\ln\frac{P_1}{P_2}$$

**4) 단열변화**($dq = 0$)

$dS = \dfrac{dq}{T}$에서 $dq = 0$이므로 $dS = 0$이다.

따라서, $dS = 0$ 또는 $\Delta S = S_2 - S_1 = 0$ ($\therefore S_1 = S_2$)

단열변화는 등 엔트로피 변화(isentropic change) ($S = \text{constant}$)이다.

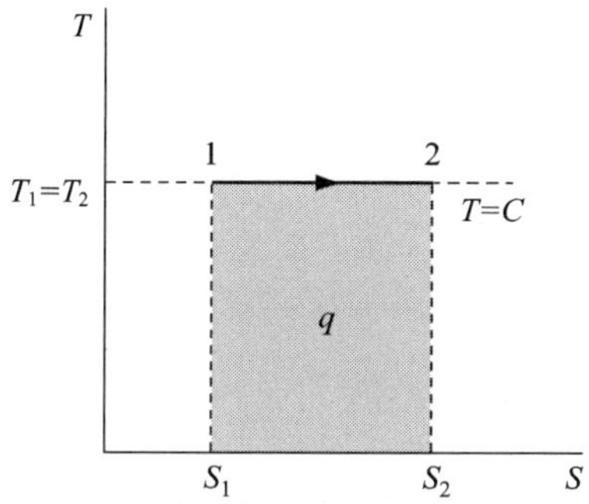


그림 7-22 등온변화

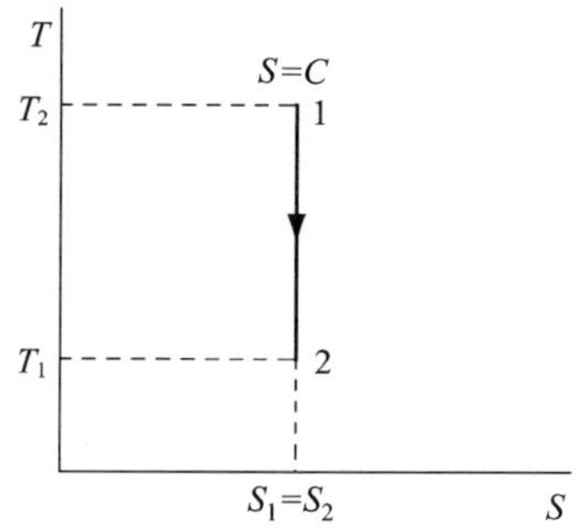


그림 7-23 단열변화

## 5) polytropic 변화

$$dq = C_v \frac{n-k}{n-1} \cdot dT = C_n \cdot dT = TdS\text{에서},$$

$$q = C_n(T_2 - T_1) = C_v \frac{n-k}{n-1} \cdot (T_2 - T_1)$$

$$\therefore \Delta S = S_2 - S_1 = \int_1^2 dS = \int_1^2 \frac{dq}{T} = C_n \int_1^2 \frac{dT}{T} = C_n \ln \frac{T_2}{T_1}$$

$$= C_v \frac{n-k}{n-1}(T_2 - T_1)$$

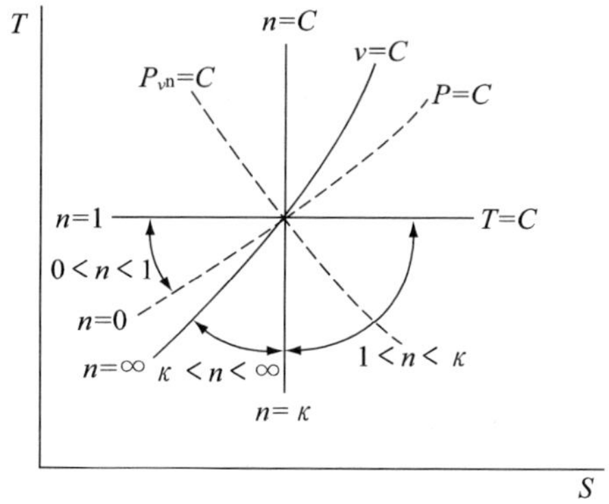


그림 7-24 $n$에 따른 폴리트로프 변화곡선

**example 7-21**

공기 $1\,kg_f$을 120℃에서 200℃까지 가열시 정압, 정적 과정인 경우 엔트로피 증가량을 구하여라.

**풀이**

$$\Delta S_{P=const} = C_P \ln\frac{T_2}{T_1} = 0.240 \times \ln\frac{473}{393} = 0.0445\,kcal/kg_f\,{}^\circ K$$

$$\Delta S_{v=const} = C_v \ln\frac{T_2}{T_1} = 0.171 \times \ln\frac{473}{393} = 0.0317\,kcal/kg_f\,{}^\circ K$$

**example 7-22**

공기 1kg이 표준 대기압 하에서 18℃로부터 60℃로 가열되는 동안에 체적이 $0.824\,m^3$에서 $0.943\,m^3$로 되었다. 이 과정 중 엔트로피의 변화량은 얼마인가?

**풀이**

변화과정 중 $T$와 $v$가 변화하였으므로, $T$와 $v$의 함수식으로부터

$$\Delta S = C_v \cdot \ln\frac{T_2}{T_1} + R \cdot \ln\frac{v_2}{v_1} \text{(공기의 } C_v = 718\,J/kg \cdot {}^\circ K)$$

$$= 718 \times \ln\frac{273+60}{273+18} + 287 \times \ln\frac{0.943}{0.824} = 96.8 + 38.72 = 135.52\,(J/kg \cdot K)$$

**example 7-23**

공기 $1\,kg_f$의 온도 25℃, 압력 $3\,kg_f/cm^2$에서 정압가열되어 온도가 280℃로 되었을 때 다음을 구하여라(단, $C_P = 0.24\,kcal/kg_f℃$, $R = 29.27\,kg_f \cdot m/kg_f\,{}^\circ K$, $x = 1.4$이다).

① 가열량 ${}_1Q_2$
② 절대일 ${}_1W_2$
③ 내부 에너지 변화량 $\Delta U$
④ 엔탈피 변화량 $\Delta H$
⑤ 엔트로피 변화량 $\Delta S$

**풀이**

① 가열량 ${}_1Q_2$

정압가열이므로 $dq = dh - AvdP = C_P dT$

$${}_1Q_2 = GC_P(T_2 - T_1) = 1 \times 0.24 \times (553 - 298) = 61.2\,kcal$$

② 절대일 ${}_1W_2$

$${}_1W_2 = P(V_2 - V_1) = GR(T_2 - T_1)$$

$$= 1 \times 29.27 \times (553 - 298) = 7463.85\,kg_f \cdot m$$

③ 내부 에너지 변화량 $\Delta U$

$\Delta U = GC_v(T_2 - T_1)$ $\qquad C_P = xC_v$

$= 1 \times 0.171 \times (553 - 298)$ $\qquad C_v = \frac{C_P}{x} = \frac{0.24}{1.4}$

$= 43.605\,\text{kcal}$ $\qquad = 0.171\,\text{kcal/kg}_f\text{℃}$

④ 엔탈피 변화량 $\Delta H$

$\Delta H = {}_1Q_2 = 61.2\,\text{kcal}$

⑤ 엔트로피 변화량 $\Delta S$

$$\Delta S = GC_P \ln\frac{T_2}{T_1} = 1 \times 0.24 \times \ln\frac{553}{298} = 0.148\,\text{kcal/kg}_f\,{}^\circ\text{K}$$

**example 7-24**

체적 $0.6\,\text{m}^3$인 용기에 1.5MPa, 200℃인 공기를 충전하였다. 정적 상태에서 압력 0.9MPa까지 내릴 때 열량과 엔트로피 변화를 구하여라. 단, 공기의 정적비열은 $C_v = 0.719\,\text{kcal/kg}_f\,{}^\circ\text{K}$로 한다.

**풀이**

정적 변화이므로 방열량 ${}_1Q_2$는

$${}_1Q_2 = GC_v(T_2 - T_1)$$

$$= 6.628 \times 0.719 \times (304.168 - 473 - 15) = -805.29\,\text{kcal}$$

$P_1V_1 = GRT_1$에서

$$G = \frac{P_1V_1}{RT_1} = \frac{1.5 \times 10^3 \times 0.6}{0.287 \times 473.15} \fallingdotseq 6.628\,\text{kg}_f$$

상태 변화 후의 온도 $T_2$는

$$T_2 = T_1\left(\frac{P_2}{P_1}\right) = 473.15 \times \frac{0.9}{1.4} = 304.168\,{}^\circ\text{K}$$

엔트로피 변화량 $\Delta S$는

$$\Delta S = GC_v \ln\frac{P_2}{P_1}$$

$$= 6.628 \times 0.719 \times \ln\frac{0.9}{1.5} = -2.434\,\text{kcal/}{}^\circ\text{K}$$

여기서 (−)부호는 엔트로피가 감소하였음을 나타낸다.

**example 7-25**

다음 $P-V$ 선도를 $T-S$ 선도로 표시하여라.

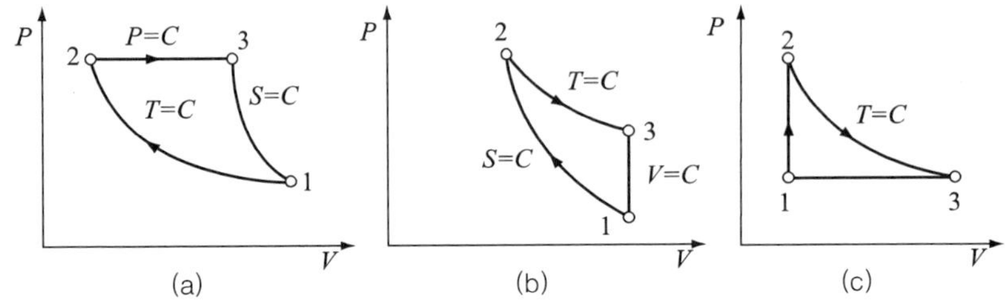


풀이

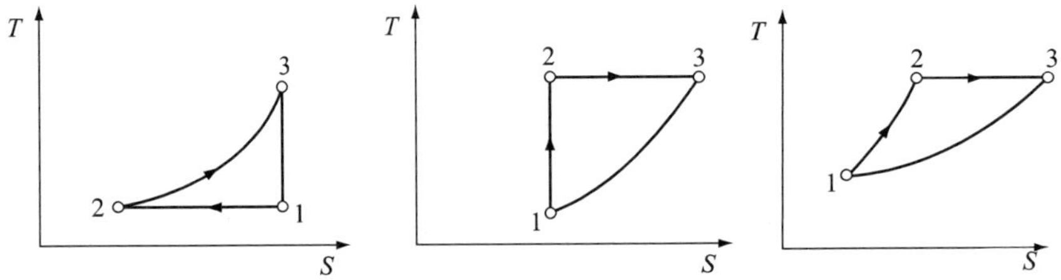


### [4] 비가역과정에서 엔트로피의 증가

가역변화의 엔트로피는 변화 전후의 값이 일정하나, 비가역 변화의 경우는 엔트로피는 항상 증가함을 말하였다. 비가역 상태변화의 요인을 들어 설명하면 다음과 같다.

#### 1) 열이동

고온체 $T_1$과 저온체 $T_2$의 두 물체가 접촉하면 열이 이동한다. 고온체에서는 $\Delta Q$만큼 열을 방출하고, 저온체에서는 $\Delta Q$만큼 열을 얻었으므로

고온체 : $\dfrac{(-\Delta Q)}{T_1} = -\Delta S_1$, 저온체 : $\dfrac{(\Delta Q)}{T_2} = \Delta S_2$로 된다.

그러므로, $\Delta S = \Delta S_2 - (-\Delta S_1) = \Delta S_2 + \Delta S_1 > 0$

따라서, 열이동과 같은 비가역과정에서는 엔트로피가 증가함을 알 수 있다.

#### 2) 마찰

유체가 관로를 흐를 때 유체가 관과 접촉하여 생기는 마찰이나 와류(渦流) 등에 의하여 유체는 마찰일을 해야 한다. 이 일은 열로 변하여 관에 가해진다. 유체가 발생한 열을 $\Delta Q$라 하면, $\Delta Q > 0$이므로 엔트로피 $\left(\Delta S = \dfrac{\Delta Q}{T}\right)$로 0보다 크다.

### 3) 교축(throttling)

교축에서는 엔탈피와 온도는 항상 일정하고 압력은 내려가므로($P_2 < P_1$), 엔트로피의 일반공식 $\Delta S = C_p \cdot \ln\frac{T_2}{T_1} + R\ln\frac{P_1}{P_2}$에서 $\Delta S$는 0보다 크다.

**example 7-26**

온도가 $T_1$, $T_2$인 두 물체가 있다. $T_1$에서 $T_2$에 $Q$의 열이 전달될 때 이 두 물체가 이루는 계의 엔트로피 변화가 다음과 같음을 보여라.

$$\Delta S = \frac{Q(T_1 - T_2)}{T_1 T_2}$$

**풀이**

고열원 $T_1$의 엔트로피 감소 $\frac{Q}{T_1}$, 저열원 $T_2$의 엔트로피 증가 $\frac{Q}{T_2}$

따라서 엔트로피 변화 $\Delta S$는

$$\Delta S = -\frac{Q}{T_1} + \frac{Q}{T_2} = \frac{-QT_2 + QT_1}{T_1 T_2} = \frac{Q(T_1 - T_2)}{T_1 \cdot T_2}$$

## [5] 유효에너지와 무효에너지

열역학 제2법칙에 의하면 고열원의 열을 기계적인 일로 바꾸려면 공급열량의 일부를 저열원으로 버리지 않으면 안 된다. 또한 공급열량 중 가장 많은 부분을 유효한 일로 바꾸기 위해서는 주어진 두 열원 사이에서 효율이 가장 좋은 가역 Carnot 사이클을 이용하여야 한다는 점을 알고 있다.

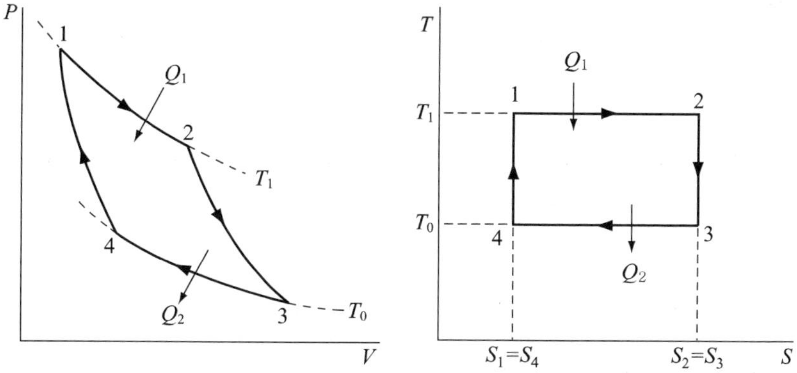


**그림 7-25** 유효에너지와 무효에너지

유효에너지(available energy)란 [그림 7-25]과 같이 고열원 $T_1(K)$와 저열원 $T_0(K)$ 사이에서 작동하는 Carnot 사이클에서 고열원으로부터 $Q_1$의 열량을 공급받고 $Q_2$의 열량을 방출하면서 유효하게 일을 생산하는 에너지를 말한다. $Q_a = Q_1 - Q_2$로 일을 한다고 생각하면 열효율 $\eta = \dfrac{Q_1 - Q_2}{Q_1} = 1 - \dfrac{T_0}{T_1}$이므로

$$Q_a = Q_1 - Q_2 = Q_1\left(1 - \frac{T_0}{T_1}\right) \quad \left(\because Q_2 = Q_1\frac{T_0}{T_1}\right)$$

여기서 $Q_a$를 유효에너지라 하고 방열량 $Q_2$를 무효에너지(unavailable energy)라 한다. 무효에너지는 계에 가해지거나 계에 방출된 열량 중에서 외부의 가역기관에 의하여 변환될 수 없는 이용할 수 없는 에너지이다.

[그림 7-25]에서 등온과정 $1 \to 2$와 $3 \to 4$의 엔트로피 변화량을 각각 $\Delta S_1$, $\Delta S_2$라면

$$\Delta S_1 = \frac{Q_1}{T_1}, \quad -\Delta S_2 = \frac{Q_2}{T_0} \quad (-\text{부호는 감소를 의미함})$$

그런데 가역사이클에서 $\Delta S_1 - \Delta S_2 = 0$이므로 $\Delta S_1 = \Delta S_2 = \Delta S$이다. 따라서

$$Q_a = Q_1 - T_0 \Delta S$$

$$Q_2 = T_0 \Delta S$$

위의 식에서 고열원의 온도 $T_1(K)$가 높을수록, 저열원의 온도 $T_0(K)$가 낮을수록 유효에너지 $Q_a$는 증가하고, 무효에너지 $Q_2$는 감소한다. 또한 엔트로피 증가시 유효에너지는 감소하고, 무효에너지는 증가함을 알 수 있다. 이로부터 엔트로피는 에너지의 무효성을 나타내는 척도로 고려될 수 있다.

**example 7-27**

공기 $1\,kg_f$을 정적하에서 10℃에서 100℃까지 가열한 후 다시 정압하에 100℃에서 200℃까지 가열했다. 저열원의 온도가 0℃일 때 무효에너지는 얼마인가?

**풀이**

정적비열 $C_v = 0.17\,kcal/kg_f℃$, 정압비열 $C_P = 0.24\,kcal/kg_f℃$ 이면

$$\Delta S_1 = S_2 - S_1 = C_v \ln\frac{T_2}{T_1} = 0.171 \times \ln\frac{373}{283} = 0.0472\,kcal/kg_f\,^\circ K$$

$$\Delta S_2 = S_3 - S_2 = C_v \ln\frac{T_3}{T_2} = 0.240\times\ln\frac{473}{373} = 0.057\,\mathrm{kcal/kg_f}\,^\circ\mathrm{K}$$

$$\Delta S = \Delta S_1 + \Delta S_2 = 0.1042\,\mathrm{kcal/kg_f}\,^\circ\mathrm{K}$$

무효에너지 $Q_0$는

$$Q_0 = T_0 \cdot \Delta S = 273\times 0.1042 = 28.45\,\mathrm{kcal/kg_f}$$

## 7-8 열역학 제3법칙(Nernst의 열정리)

Carnot 사이클의 열효율 $\eta_c = 1 - \frac{Q_2}{Q_1} = 1 - \frac{T_2}{T_1}$에서 무효에너지가 0(zero), 즉 저열의 온도 $T_2$가 절대영도(0 K)이면 카르노사이클의 효율은 100%가 된다. 그러나 "어떤 이상적인 방법에 의해서도 물체(어떤 계)의 온도를 절대영도(−273.15℃)에 이르게 할 수 있다"는 법칙을 얻었다. 만약 저열원의 온도가 $T_2$가 절대영도(0 ° K)이면 $\delta Q = TdS$에 $\delta Q = 0$가 되어 방출열량이 없으므로 $T_1$인 단일 고열원과 열교환을 하는 결과가 되므로 열역학 제2법칙에도 위배된다. 따라서, Nernst는 "어떠한 방법으로도 절대영도까지 온도를 내릴 수 없다"결론을 얻었고 Planck는 "순수물질의 엔트로피는 절대영도 부근에서는 $T^3$에 비례하며 영에 접근한다"고 표현하였다.

이것을 열역학 제3법칙(the third law of thermodynamics) 또는 Nernst의 열정리(Nernst's heat theorem)라 한다. 이 법칙에 따르면 절대영도(0°K)에서 모든 순수한 고체 또는 액체의 엔트로피와 정압비열의 증가량은 0이 된다. 즉 물체의 온도가 절대영도 부근에 가까워지면 엔트로피도 거의 0에 가깝다. 그러므로 $T$K에서 어떤 물질의 엔트로피 절대치는 0°K의 값을 기준으로 다음 식으로 구할 수 있다.

$$S_T = \int_0^T C_p \frac{dT}{T}$$

여기서, $S_T$는 임의온도 $T(K)$에서 물질의 엔트로피 절대치이다.

## 7-9 이상기체의 상태변화

### [1] 이상기체 방정식

분자운동론은 과학의 뛰어난 업적 중의 하나로서 이 이론은 기체상태의 분자들이 끊임없이 움직이고 있어 분자들끼리 서로 충돌하고 또 용기의 벽에도 충돌한다는 것을 말한다.

이상기체의 운동론은 다음의 다섯 가지의 주요 가정을 바탕으로 한다.

① 기체는 분자들로 구성되어 있으며, 분자의 크기는 분자들의 운동거리와 비교하여 볼 때 거의 무시할 수 있다.

② 분자들은 무질서하게 직선운동을 한다.

③ 기체에서 두 분자간에 작용하는 인력과 반발력은 거의 무시할 정도로 작으며 단지 분자들이 충돌할 때는 예외이다.

④ 분자들이 충돌할 때 그 충돌은 완전탄성이다.

⑤ 분자의 평균에너지는 절대온도에 비례한다.

#### 1) Boyle의 법칙

일정한 온도에서 기체부피는 가해 준 압력에 반비례한다.

$$PV = \text{일정},\ P_1V_1 = P_2V_2$$

#### 2) Charles의 법칙

일정한 압력하에서 어떤 기체가 차지하는 부피는 절대온도에 비례한다. 식으로 표시하면

$$\frac{V}{T} = \text{일정},\ \frac{V_1}{T_1} = \frac{V_2}{T_2}$$

#### 3) 일정 양의 기체에 대한 P.V.T.의 변화

Boyle의 법칙($V \propto 1/P$)과 Charles의 법칙($V \propto T$)을 하나의 식으로 표시할 수 있다. 주어진 기체가 차지하는 부피는 절대온도에 비례하고 압력에 반비례한다.

$$V \propto T/P$$

계산을 편리하게 하기 위해 이 식을 정리하면

$$V = \text{상수} \times \frac{T}{P}\ \text{또는}\ \frac{PV}{T} = \text{상수}$$

### 4) Avogadro의 법칙

"일정한 온도와 압력하에서 같은 부피 속에 들어 있는 기체분자의 수는 동일하다." 이 원리를 Avogadro의 법칙이라 한다. 분자 수가 같다는 것은 분자의 몰수가 같다는 것을 뜻하므로(어떤 물질이든 1몰 속에는 $6.022 \times 10^{23}$개의 분자가 들어 있다) 어떤 기체이든 그 양(몰수)은 부피에 비례한다.

$$V \propto n \ \ (n = \text{기체의 몰수})$$

Avogadro의 원리에 의하면 일정한 온도와 압력하에서는 어떤 기체이든 그 1몰의 부피가 같아야 한다. 실험결과에 의하면 S.T.P.에서 1몰의 기체는 22.4L의 부피를 차지한다. 우리는 이것을 S.T.P.에서의 이상기체의 몰부피로 본다.

### 5) 이상기체의 법칙

지금까지 이상기체에 관한 세 가지의 부피 관계식을 취급하였다.

| | | |
|---|---|---|
| $V \propto 1/P$ | $(T,\ n$ 일정) | Boyle의 법칙 |
| $V \propto T$ | $(P,\ n$ 일정) | Charles의 법칙 |
| $V \propto n$ | $(T,\ P$ 일정) | Avogadro의 법칙 |

이들은 다음과 같이 하나의 식으로 나타낼 수 있다.

$$V = \text{상수} \times \frac{1}{P} \times T \times n \qquad \text{즉,}\ PV = \text{상수} \times T \times n$$

위에서 상수는 보통 $R$로 나타내며, 이렇게 하여 다음과 같은 이상기체 법칙(ideal gas law)을 얻을 수 있다. 이 식은 이상기체의 물리적 성질을 표시하는 변수들($P$, $V$, $n$, $T$) 사이의 관계를 나타내는 것이기 때문에 이상기체의 상태방정식이라고도 부른다.

$$PV = nRT$$

이상기체상수 $R$은 $P$, $V$, $T$의 단위에 따라 달라지는 단위를 가지고 있으며, 이 값들을 아래에 실어 놓았다.

**표 7-8** 여러 단위의 기체상수($R$값)

| | |
|---|---|
| 0.082057 | L · atm/°K · mol |
| 8.31441 | J/°K · mol |
| 62.36 | L · torr/°K · mol |
| 1.987 | cal/°K · mol |

### example 7-28

760torr에서 10 L를 차지하는 기체를 주어진 온도에서 압력을 700torr로 감소시켰을 때 이 기체가 차지하는 부피는 얼마인가?

**풀이**

$V_1 = 10\,\text{L},\ P_1 = 760\,\text{torr},\ P_2 = 700\,\text{torr}$

$$V_2 = V_1 \times \frac{P_1}{P_2} = 10\,\text{L} \times \frac{760\,\text{torr}}{700\,\text{torr}} = 10.9\,\text{L} \qquad \therefore\ V_2 = 10.9\,\text{L}$$

### example 7-29

20℃에서 10mL의 부피를 차지하는 어떤 기체를 일정한 압력하에서 0℃로 냉각시켰을 때 부피는 얼마나 되는가?

**풀이**

$V_1 = 10\,\text{mL},\quad T_1 = (20+273)\,^\circ\text{K},\quad T_2 = (0+273)\,^\circ\text{K}$

$$V_2 = 10\,\text{L} \times \frac{273\,^\circ K}{293\,^\circ K} = 9.32\,\text{mL} \quad \therefore\ V_2 = 9.32\,\text{mL}$$

### example 7-30

산소기체의 압력이 15.7atm일 경우 21℃에서 50ℓ의 용기 속에는 몇 g의 산소가 들어 있는가?

**풀이**

문제에서 주어진 자료는 다음과 같다.

$P = 15.7\,\text{atm},\ V = 50\,\text{L},\ T = (21+273)\,^\circ\text{K} = 294\,^\circ\text{K},\ n = ?$

$PV = nRT$에서 $n$에 대하여 풀면

$$n = \frac{PV}{RT}$$

$$n = \frac{15.7\,\text{atm} \times 50\,\text{L}}{0.082\,\text{L}\cdot\text{atm}/\,^\circ\text{K}\cdot\text{mol} \times 294\,^\circ\text{K}} = 32.5\,\text{mol}$$

몰수를 질량으로 변환하면

$$32.5\,\text{mol} = \frac{32\,\text{g}\ O_2}{1\,\text{mol}\ O_2} = 1.04 \times 10^3\,\text{g}\ O_2$$

$\therefore\ 1.04 \times 10^3\,\text{g}$

# 7-10 열전달(Heat transfer)

열이 이동할 때에는 온도차가 절대적으로 필요하다. 온도가 다른 두 물체를 접촉시키면 온도가 높은 물체에서 낮은 물체로 열전달이 일어나 마침내 두 온도가 같게 될 것이다.

열의 형태로 에너지 전달은 여러 가지의 화학적 공정이나 다른 유형의 공정에서 일어난다. 또한 열전달은 다른 단위조작들간의 결합에서 일어나는데, 열전달이 일어나는 이유는 온도차이의 추진력 때문이고, 이 추진력은 고온부분의 열을 저온부분으로 흐르게 한다. 열전달은 3가지의 기본 메커니즘, 즉 전도, 대류, 복사에 의하여 일어난다.

## [1] 전도(Conduction)

전도에서의 열은 고체, 액체 그리고 기체를 통하여 전도될 수 있다. 이 열은 인접 분자들 사이의 운동에너지의 전달에 의하여 이동된다.

전도에 의한 열전달식은 다음과 같고, 그것은 유체나 고체가 전도전열에 대한 푸리에 법칙(Fourier's law)이라고 한다.

$$\frac{q_x}{A} = -k\frac{dT}{dx} \tag{7.28}$$

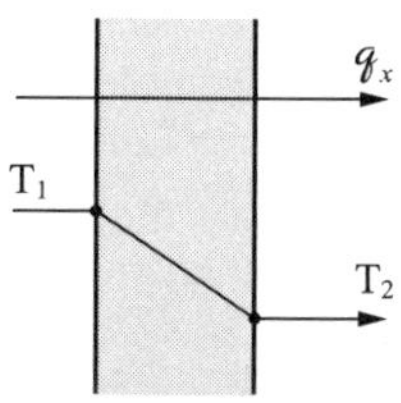


**그림 7-26**
평면벽을 통한
열전도

$q_x$ : $x$방향의 전달속도(W)

$A$ : 열이 흐르는 방향과 직각이 되는 단면적($m^2$)

$T$ : 온도($K$)

$x$ : 거리(m)

$k$ : 열전도도(W/m · k)(열전도율, 열전도계수)

$\frac{q_x}{A}$: 열플럭스(heat flux)($W/m^2$)

$\frac{dT}{dx}$: $x$방향의 온도구배

※ 위 식에서 (−)부호를 사용한 것은 열은 항상 고온에서 저온부로 전달되므로 온도구배의 기호는 전열방향이 반대 부호를 가지게 되기 때문이다.

### 1) 평면벽을 통한 열전도

푸리에 법칙의 식은 일정한 단면적 A의 벽면을 통과하는 정상상태의 열전달에 관하여 적분을 할 수 있다. 내면온도, 즉 점 1의 온도를 $T_1$, 점 2의 온도를 $T_2$라 하고 벽의 두께를 $x_2 - x_1$이라 하면,

$$\frac{q_x}{A}\int_{x_1}^{x_2} dx = -k\int_{T_1}^{T_2} dT \tag{7.29}$$

또한 위 식을 적분하면

$$\frac{q}{A} = \frac{k}{x_2 - x_1}(T_1 - T_2) \tag{7.30}$$

가 된다. 그런데 편의상 $q-x$의 첨자 $x$를 생략하고 $k$는 온도에 따라 변하지 않는 상수로 가정을 한다. 그림과 같이 평면벽에 대하여 직각 방향으로 정상상태 하에서 흐르는 열량 $q$는 푸리에의 법칙에 의해서 다음과 같이 표시된다.

$$Q = kA\frac{(T_1 - T_2)}{x}\,[\text{kcal/hr}],\ [\text{kW}]$$

$$= \frac{A(T_1 - T_2)}{x/k} = \frac{T_1 - T_2}{x/kA} = \frac{\Delta T}{R} = \frac{\text{추진력}}{\text{저항}}$$

여기서 열전도저항 $R = x/kA$이며 단위는 [k/W] 혹은 [h°F/btu]이다.

### 2) 다층벽을 통한 열전도

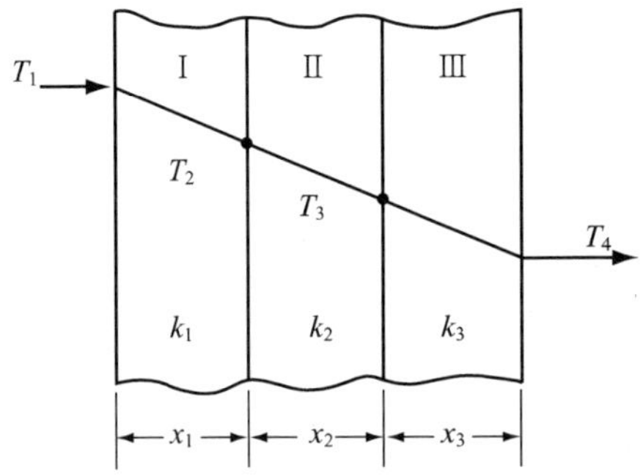


**그림 7-27** 다층벽의 열전도

그림과 같이 여러 개의 평면벽이 조합된 경우의 열전도는 각 평면벽에 대해 푸리에의 법

칙을 적용하면,

$$\text{I 벽에서, } q_1 = k_1 A \frac{T_1 - T_2}{x_1}$$

$$\text{II 벽에서, } q_2 = k_2 A \frac{T_2 - T_3}{x_2}$$

$$\text{III 벽에서, } q_3 = k_3 A \frac{T_3 - T_4}{x_3} \text{ 이므로,}$$

위 식을 온도차 $\Delta T$로 정리하고

$$q = q_1 = q_2 = q_3 \ (\because \text{ 정상상태})\text{이므로,}$$

$$q = A \frac{(T_1 - T_4)}{x_1/k_1 + x_2/k_2 + x_3/k_3}$$

$$= \frac{(T_1 - T_4)}{\sum (x/kA)}$$

여기서, $\sum \frac{x}{kA} = \frac{x_1}{k_1 A} + \frac{x_2}{k_2 A} + \frac{x_3}{k_3 A}$ 이며, $\sum \frac{x}{kA}$ 는 전기회로에서의 저항과 같은 역할을 하므로 열저항(thermal resistance)이라 하며,

$$R_{th} = \sum \frac{x}{kA}$$

$$= \frac{x_1}{k_1 A} + \frac{x_2}{k_2 A} + \frac{x_3}{k_3 A} \ [\text{h℃/kcal}], \ [\text{k/W}]$$

와 같이 표시한다.

### 3) 홀로우 실린더(Hollow Cylinder)를 통한 열전도

공정산업(工程産業)에서 홀로우 실린더를 통과하는 열전도의 예는 많다. 열은 파이프가 단열이 되었거나 되지 않았거나 상관없이 실린더의 벽두께를 통과하여 전달된다. 그림 7-28을 생각해보자. 실린더 내부반경 $r_1$에서 온도를 $T_1$이라 하고 외부반경 $r_2$에서의 온도를 $T_2$라 하며, 실린더 길이를 $L$이라 하자. 그러면 열은 실린더의 내면에서 외면쪽으로 반경방향으로 흐르고 있다. 식 (7.8)의 푸리에 법칙을 다시 쓰면 다음과 같다. 여기서 $dx$ 대신 $dr$로 표시하였다.

$$\frac{q}{A} = -k \frac{dT}{dr} \qquad (7.31)$$

열흐름 방향에 대한 수직의 단면적은

$$A = 2\pi rL \tag{7.32}$$

식 (7.32)를 식 (7.31)에 대입하고, 적분하여 정리하면 다음과 같다.

$$\frac{q}{2\pi L}\int_{r_1}^{r_2}\frac{dr}{r} = -k\int_{T_1}^{T_2} dT$$

$$q = k\frac{2\pi L}{\ln(r_2/r_1)}(T_1 - T_2)$$

분모, 분자에 $(r_2 - r_1)$을 곱하면 다음과 같다.

$$q = kA_{\text{lm}}\frac{T_1 - T_2}{r_2 - r_1} = \frac{T_1 - T_2}{(r_2 - r_1)/(kA_{\text{lm}})} = \frac{T_1 - T_2}{R} \tag{7.33}$$

여기서

$$A_{\text{lm}} = \frac{(2\pi Lr_2) - (2\pi Lr_1)}{\ln(2\pi Lr_2/2\pi Lr_1)} = \frac{A_1 - A_2}{\ln(A_2/A_1)} \tag{7.34}$$

$$R = \frac{r_2 - r_1}{kA_{\text{lm}}} = \frac{\ln(\text{r}_2/\text{r}_1)}{2\pi kL} \tag{7.35}$$

대수평균면적이 $A_{\text{lm}}$ 이다. 공학적인 실제문제에서 $A_2/A_1 < 1.5$ 이면 산술평균 $(A_1/A_2)/2$ 의 값으로 $A_{\text{lm}}$ 을 사용해도 무방하며, 1.5% 정도의 오차가 생길 뿐이다.

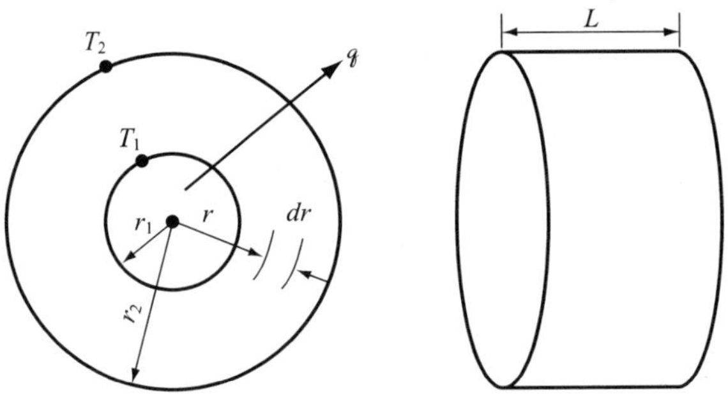


**그림 7-28** 원통벽의 열전도

**example 7-31**

냉각코일에 관한 관의 길이

어떤 욕조에 설치되어 있는 냉각코일은 내면반경이 0.5 cm, 외면 반경이 2.0 cm 인 두꺼운 경질고무로 된 실린더 관이다. 얼음물이 냉각코일 내면으로 급속히 흐르고, 이때 내면벽의 온도는 274.9 K이고, 외면 표면의 온도는 297.1 K이다. 냉각코일에 의하여 욕조의 열손실은 14.65 W(50 btu/h)이다. 냉각코일로 사용한 관의 길이(m)는 얼마나 필요한가?

**풀이**

경질고무가 0℃(273 K)일 때 열전도로는 $k=0.151\,\mathrm{W/m\cdot K}$이다. 여기서 $k$값은 온도가 274.9에서 297.1 K로 변하여도 일정하다고 본다.

$$r_1=\frac{0.5}{100}=0.005\,\mathrm{m},\quad r_2=\frac{2.0}{100}=0.02\,\mathrm{m}$$

우선 관의 길이가 1.0 m로 해서 $A_1$, $A_2$ 그리고 $A_{\mathrm{lm}}$을 식 (7.34)에서 구하면

$$A_1=2\pi Lr_1=2\pi(1.0)(0.005)=0.0314\,\mathrm{m}^2,\quad A_2=0.1257\,\mathrm{m}^2$$

$$A_{\mathrm{lm}}=\frac{A_2-A_1}{\ln(A_2/A_1)}=\frac{0.1257-0.0314}{2.303\log(0.1257/0.0314)}=0.0680\,\mathrm{m}^2$$

식 (7.33)에 대입하여 풀면

$$q=kA_{\mathrm{lm}}\frac{T_1-T_2}{r_2-r_1}=(0.151)(0.2682)\left(\frac{274.9-297.1}{0.02-0.005}\right)$$
$$=-15.2\mathrm{W}(51.9\,\mathrm{but/h})$$

음의 부호는 열흐름이 $r_2$로부터 $r_1$으로 흐름을 말해주고 있다. 1 m길이에서 15.2 W가 손실되므로 필요한 관의 길이는

$$\text{필요한 길이}=\frac{14.65\,\mathrm{W}}{15.2\,\mathrm{W/m}}=0.964\,\mathrm{m}\,(3.16\,\mathrm{ft})$$

고무의 열도도는 아주 작다. 그러나 고무에 비하여 금속은 열전도도가 매우 높으므로 일반적으로 냉각코일은 금속을 사용한다. 이 경우에서 액체막저항은 매우 작아서 무시할 수 있다.

**reference**

**열전도도(thermal conductivity, 열전도율, 열전도계수)**

$$k=a+bT+cT^2+\cdots\qquad (k\text{는 온도의 함수이다})$$

균질(均質)의 고체에 대한 열전도도는 범위가 아주 넓다. 고체 열전도도의 대표적인 값이 표에 있다. 특히 구리나 알루미늄과 같은 금속체는 매우 높은 열전도도를 갖고, 단열재로 많이 쓰이는 암질섬유나 코르크판과 같은 비금속성물질은 매우 낮은 열전도도 값을 갖는다.

101.325kPa(1기압)에서 **열전도도**(W/m · k)

| 물 질 | 온도(K) | $k$ | 물 질 | 온도(K) | $k$ |
|---|---|---|---|---|---|
| 기체 | 273 | 0.0242 | 고체 | | |
| 공기 | 373 | 0.0316 | 얼음 | 273 | 2.25 |
| $H_2$ | 273 | 0.167 | 내화점토벽돌 | 473 | 1.00 |
| $n$ -부 탄 | 273 | 0.0135 | 종이 | – | 0.130 |
| 액체 | | | 경질고무 | 273 | 0.151 |
| 물 | 273 | 0.569 | 코르크판 | 303 | 0.043 |
| | 366 | 0.680 | 석면 | 311 | 0.168 |
| 벤젠 | 303 | 0.159 | 암질섬유 | 266 | 0.029 |
| | 333 | 0.151 | 강철 | 291 | 45.3 |
| 생물체와 식품 | | | | 373 | 45 |
| 올리브기름 | 293 | 0.168 | 구리 | 273 | 388 |
| | 373 | 0.164 | | 373 | 377 |
| 쇠고기 | 263 | 1.35 | 알루미늄 | 273 | 202 |
| 탈지유 | 275 | 0.538 | | | |
| 사과소오스 | 296 | 0.692 | | | |
| 연어 | 277 | 0.502 | | | |
| | 248 | 1.30 | | | |

화재시 열전도는 화재를 확대시키는 역할을 할 수 있다. 선박 화재에서는 철재 바닥과 칸막이 벽을 통한 직접적인 열전도가 원인이 되어 확대되는 것으로 알려져 왔다. 일반적으로, 열전달은 우리가 생각하는 것 보다 더욱 복잡하다. 각기 다른 재료의 층, 재료의 형태, 열 침투 시간 등이 복잡성을 더해준다.

**일반적인 열전달은 비정상적**(unsteady state)이며, 열이 벽을 통과하는데 얼마간의 시간이 소요된다. 소요시간을 개략적으로 예측하기 위하여 다음의 식을 사용한다. 이 식은 "열파(heat wave)"가 벽을 통과하는데 필요한 시간을 나타낸다.

$$\text{Thermal penetration time} \fallingdotseq \frac{L^2}{16\alpha}$$

$$\alpha : k/\rho c, \text{ 열 확산계수}, \ \rho : \text{밀도}, \ c : \text{비열}$$

예를 들어, 두께 5cm의 폴리우레탄 벽의 경우 전면에 적용되었던 온도가 벽의 뒷면으로 이동하는 시간은 얼마나 걸리겠는가? 열확산계수(thermal diffusivity)는 [표 7-9]에 있다.

$$\text{time} = (0.05\,\text{m})^2/\{16(1.2\times10^{-6}\,\text{m}^2/\text{s})\} = 130\,\text{s}$$

대조적으로, 철제 벽의 관통시간은 12.4초이다. 개략적으로 벽을 통한 정상적인 전도는 이 침투시간 이후에 일어난다.

표 7-9 물질의 열적 성질

| 물 질 | 열전도도(k) (W/m−K) | 비열(c) (kJ/kg−K) | 밀도($\rho$) (kg/m$^3$) | 열확산계수($\alpha$) (m$^2$/s) | 열 관성(k$\rho$c) (kW$^2$−s/m$^4$−K$^2$) |
|---|---|---|---|---|---|
| Copper | 387 | 0.380 | 8,940 | $1.14\times10^{-4}$ | 1,300.0 |
| Steel(mild) | 45.8 | 0.460 | 7,850 | $1.26\times10^{-5}$ | 160.0 |
| Brick(common) | 0.69 | 0.840 | 1,600 | $5.2\times10^{-7}$ | 0.93 |
| Concerte | 0.8 ~ 1.4 | 0.880 | 1,900 ~ 2,300 | $5.7\times10^{-7}$ | 2.0 |
| Glass(plate) | 0.76 | 0.840 | 2,700 | $3.3\times10^{-7}$ | 1.7 |
| Gypsum plaster | 0.48 | 0.840 | 1,440 | $4.1\times10^{-7}$ | 0.58 |
| PMMA | 0.19 | 1.420 | 1,190 | $1.1\times10^{-7}$ | 0.32 |
| Oak | 0.17 | 2.380 | 800 | $8.9\times10^{-8}$ | 0.32 |
| Yellow pine | 0.14 | 2.850 | 640 | $8.3\times10^{-8}$ | 0.25 |
| Asbestos | 0.15 | 1.050 | 577 | $2.5\times10^{-7}$ | 0.091 |
| Fiber insulating board | 0.041 | 2.090 | 229 | $8.6\times10^{-8}$ | 0.020 |
| Polyurethane foam | 0.034 | 1.400 | 20 | $1.2\times10^{-6}$ | $9.5\times10^{-4}$ |
| Air | 0.026 | 0.040 | 1.1 | $2.2\times10^{-5}$ | $3.0\times10^{-5}$ |

### 4) 다층 원통의 열전도

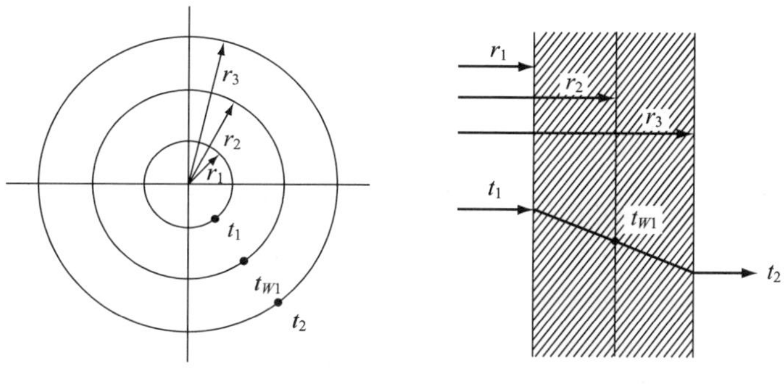


그림 7-29 2층 원통관의 열전도

다층의 원통도 평판의 경우와 마찬가지로

$$Q=\frac{2\pi(t_1-t_2)L}{\sum_{t=1}^{n}\left(\frac{1}{k_i}\cdot\ln\frac{r_{i+1}}{r_i}\right)}=\frac{t_1-t_2}{\sum_{i=1}^{n}R_{th}}$$

여기서, 열저항 $R_{th}=\sum\frac{\ln(r_{i+1}/r_i)}{2\pi k_i L}$

**example 7-32**

지름 20cm, 길이 2m인 원통의 외부는 두께 5cm의 석면(열전도도 $k=0.42\,\mathrm{kJ/mh℃}$)으로 감겨져 있다. 만약 보온층의 내면온도가 100℃, 외면의 온도가 0℃일 때, 매 시간 손실되는 열량은 얼마인가?(단, 양쪽 끝에서의 열손실은 없는 것으로 한다.)

**풀이**

$r_1=10\,\mathrm{cm}$, $r_2=15\,\mathrm{cm}$, $L=2\,\mathrm{m}$, $t_1=100℃$, $t_2=0℃$이므로,

$$\therefore\ Q=\frac{2\pi L(t_1-t_2)}{\frac{1}{k}\ln\frac{r_2}{r_1}}=\frac{2\pi\times2\times(100-0)}{\frac{1}{0.42}\times\ln\frac{15}{10}}$$

$$=1{,}301\,\mathrm{kJ/h}$$

**example 7-33**

열전도가 $0.9\,\mathrm{kcal/mh℃}$인 재질로 된 평면 벽의 양쪽 온도가 800℃와 100℃인 벽을 통한 열전달속도(률)이 단위 면적, 단위시간당 $1{,}400\,\mathrm{kcal/m^2}$일 때 벽의 두께는?

**풀이**

$Q=kA\frac{t_1-t_2}{x}$에서, $1{,}400=0.9\times1\times\frac{800-100}{x}$

$\therefore\ x=0.45\,\mathrm{m}$

**example 7-34**

두께 25mm인 철판의 넓이 $1\,\mathrm{m^2}$당 전열량이 매 시간 1,000kcal가 되려면 양면의 온도차는? (단, 철판의 열전도도는 $50\,\mathrm{kcal/mh℃}$이다.)

**풀이**

$$Q=kA\frac{t_1-t_2}{x}$$

$$t_1-t_2=\frac{Qx}{kA}=\frac{1{,}000\times0.025}{50\times1}=0.5℃$$

**example 7-35**

두께 240mm의 내화 벽돌이 120mm의 단열 벽돌 및 120mm의 보통 벽돌로 되어 있는 노벽이 있다. 각각의 열전도율을 1.20, 0.05, $0.50\,\mathrm{kcal/mh℃}$라 할 때 노벽 내면의 온도가 1,300℃, 외면의 온도가 150℃일 때 매시 $1\,\mathrm{m^2}$당 손실 열량은?

풀이

$$\text{손실 열량 } Q = \frac{t_2 - t_1}{\sum \frac{x}{k}} = \frac{t_1 - t_2}{\frac{x_1}{k_1} + \frac{x_2}{k_2} + \frac{x_3}{k_2}} = \frac{1{,}300 - 150}{\frac{0.24}{1.20} + \frac{0.12}{0.05} + \frac{0.12}{0.50}}$$

$$= 405\,\text{kcal/m}^2\text{h}$$

### example 7-36

안지름 200mm, 바깥지름 210mm이고, 충분히 긴 강관($k = 50$)에 증기가 들어 있는데, 내면의 온도가 200℃이며, 표면은 보온이 되어 있지 않은 생태이다. 이 강관 1m 당 매시 방열되는 열량 [kcal/h]은 얼마인가? (단, 표면온도는 50℃이며, 내외면의 온도는 시간이 경과되어도 변함없다.)

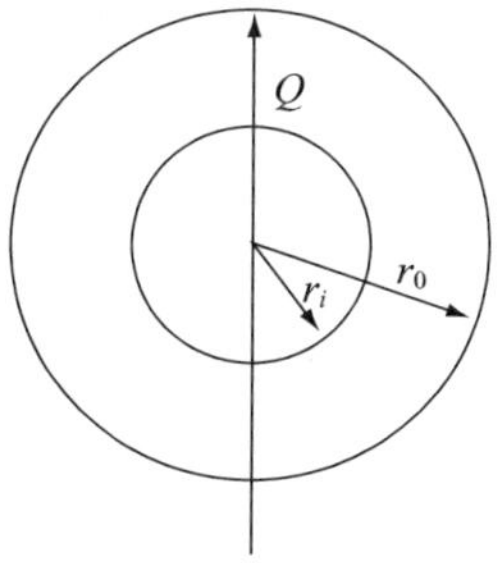


풀이

안지름 $r_i$, 바깥지름 $r_o$, 길이 $L$, 내외면의 온도가 각각 $T_i$, $T_o$이고, 열전도도가 $k$인 충분히 긴 원관에서 미소두께 $d_r$을 통하여 반지름 방향으로 전달되는 열량 $Q$는 푸리에법칙을 적용하면,

$$Q = -kA\frac{dt}{dr} \text{ 에서}$$

$$\therefore Q = \frac{2\pi(T_i - T_o)}{\frac{1}{k}\ln\frac{r_o}{r_i}} = \frac{2\pi(T_i - T_o)}{\frac{1}{k}\ln\frac{d_o}{d_i}}$$

$$= \frac{2\pi \times (200 - 50)}{\frac{1}{50} \times \ln\frac{0.21}{0.2}}$$

$$= 965{,}848.15 \fallingdotseq 9.65 \times 10^5 [\text{kcal/h}]$$

### example 7-37

다음 3층으로 된 평면벽의 평균 열전도율을 구하면 약 얼마인가?

(단, 열전도율은 $k_A = 0.8\,\text{kcal/mh℃}$, $k_B = 2.0\,\text{kcal/mh℃}$, $k_C = 0.8\,\text{kcal/mh℃}$)

**풀이**

$$Q = \frac{A(T_2 - T_1)}{\sum \frac{x}{k}} = \frac{A(T_2 - t_1)}{\sum \frac{x}{k_m}}$$

여기서, $\sum \frac{x}{k_m} = \frac{x_A}{k_A} + \frac{x_B}{k_B} + \frac{x_C}{k_C}$이므로,

$$\frac{8}{k_m} = \frac{3}{0.8} + \frac{2}{3} + \frac{3}{0.8} = 8.5$$

$\therefore k_m = 0.941\,\text{kcal/mh℃}$

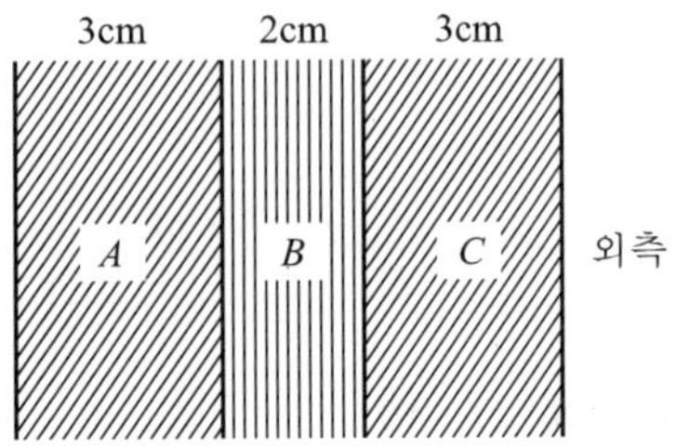


## [2] 대류(convection)

유체는 일부에 온도변화가 일어나면 곧 밀도변화가 생기게 되고, 균일하게 되기 위하여 서로 이동하여 혼합을 일으키는데, 이 현상이 곧 대류이다. 외부에서 외력으로 강제적으로 일으키는 강제대류(forced convection)의 경우에는 자연대류(natural convection)의 경우보다 더 한 층 빨리 온도의 분포가 균일하게 된다.

고체와 접하고 있는 유체는 경계면 근처에서는 난류가 일어나지 않는 유체의 얇은 막을 이룬다. 고체로부터 유체로 열이 전달될 경우 온도의 분포는 [그림 7-30]과 같이 이 막에서는 온도가 급격히 떨어져 먼 거리에서의 온도는 거의 일정해지며, 따라서 고체와 유체간의 열전달은 이러한 경막(film)을 통하여 일어난다고 할 수 있다.

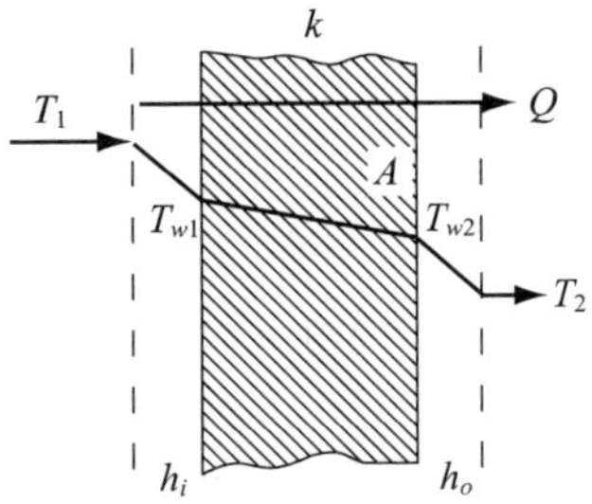


**그림 7-30** 대류 열전달

### 1) 열전달량

대류에 의해서 일어나는 전열량 $Q$는 뉴턴의 냉각법칙에 따라 다음 식으로 표시된다.

$$Q = h \cdot A \cdot (T_W - T)\,[\text{kcal/hr}] \tag{7.29}$$

여기서, $T$ : 유체의 온도[℃]

$T_W$ : 고체의 온도[℃]

$A$ : 대류 전열면적[$m^2$]

$h$ : 대류 열전달계수[$\text{kcal/m}^2\text{hr℃}$, $\text{W/m}^2\text{hr℃}$]

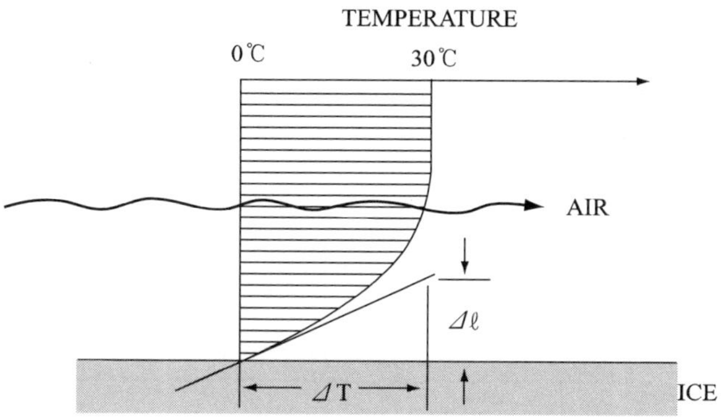


**그림 7-31** 대류 열전달의 개념도

대류에 의한 열전달계수(heat transfer coefficient) $h$는 이론적으로나 실험적으로 구하고 있으나, 상사(相似) 법칙을 써서 무차원으로 표시되는 경우가 많으며, 그 대표적인 것은,

$$\begin{aligned} N_u(\text{Nusselt 수}) &= \frac{hD}{k} \\ P_r(\text{Prandtle 수}) &= \frac{\nu}{\alpha} \\ R_e(\text{Reynolds 수}) &= \frac{uD}{\nu} \\ G_r(\text{Grashof 수}) &= g\beta(\Delta t)\frac{D^3}{\nu^3} \end{aligned} \tag{7.30}$$

여기서, $h$ : 열전달계수 　 $D$ : 대표길이

$u$ : 유체속도 　 $k$ : 유체의 열전도도

$g$ : 중력 가속도 　 $\beta$ : 유체의 체적 팽창계수(1/℃)

$C$ : 유체의 비열 　 $\gamma$ : 유체의 비중량

$\mu$ : 유체의 점성계수 　 $\rho$ : 밀도

$\alpha = \dfrac{k}{C \cdot \rho}$ : 열확산계수

$\nu = \dfrac{\mu}{\rho}$ : 유체의 동점성계수

$\Delta t$ : 고체표면과 유체와의 온도차

**표 7-10** 전형적인 대류 열전달계수(전열계수)

| 유체 상태 | $h$ (W/m$^2$ · ℃) |
|---|---|
| Buoyant flows in air | 5~10 |
| Laminar match flame | ~30 |
| Turbulent liquid pool fire surface | ~20 |
| Fire plume impinging on a ceiling | 5~20 |
| 2m/s wind speed in air | ~10 |
| 35m/s wind speed in air | ~75 |

### 2) 강제대류 열전달에서의 $N_u$수

① 평판 : 길이 $L$인 평판이 속도 $w$로 흐름과 평행하게 놓일 때

$$N_u = 0.0296\, R_e^{0.5} P_r^{\frac{1}{3}}$$

② 관내유동 : $0.7 < P_r < 120$, $10000 < R_e < 120000$, $L/d < 60$일 때,

$$N_u = 0.232 R_e^{0.8} \cdot P_r^{0.4}$$

### 3) 자연대류 열전달에서의 $N_u$수

① 평판 : 공기 중이나 수중에 수직으로 놓인 평판에 대하여

$$N_u = 0.56(G_r \cdot P_r)^{\frac{1}{4}},\ (10^4 < G_r \cdot P_r < 10^9)$$

$$N_u = 0.13(G_r \cdot P_r)^{\frac{1}{3}},\ (10^9 < G_r \cdot P_r < 10^{12})$$

② 수평관 : 공기 혹은 수중에 놓인 수평원관의 주위에서 일어나는 자연대류 열전달에 대하여,

$$N_u = 0.53(G_r \cdot P_r)^{\frac{1}{4}},\ (10^4 < G_r \cdot P_r < 10^9)$$

$$N_u = 0.13(G_r \cdot P_r)^{\frac{1}{3}},\ (10^9 < G_r \cdot P_r < 10^{12})$$

**reference**

**경막계수(열전달계수) $h$(film coefficient)**

유체의 흐름이 층류나 난류의 형태에 따라서 그 유체의 개별적으로 열전달계수 $h$값을 갖는다. $h$의 호칭을 경막계수(film coefficient)라고 하는데 이는 열전달의 저항 대부분이 벽면 가까이에 얇은 막(film)으로 되어 있다고 보기 때문이며 흐름이 난류이면 난류일수록 열전달계수는 더욱 커진다.

**총괄열전달계수(총괄전열계수, 열관류율) $U$**

전도와 대류가 결합되어 일어나는 총괄열전달은 총괄전열계수 $U$로 표현된다.

$$q = UA\Delta T$$

$$\Delta T : T_1 - T_4$$

$$U = \frac{1}{1/h_i + \Delta x_A/k_A + 1/h_o}\left[\frac{W}{m^2 \cdot K}\right]$$

실린더에 대한 총괄전열계수 $U$는 금속관 내면적 $A_i$나 혹은 외면적 $A_o$에 기초를 두며, $U$를 $U_i$와 $U_o$로도 기준을 삼을 수 있다.

$$q = U_iA_i(T_1 - T_4) = U_oA_o(T_1 - T_4) = \frac{T_1 - T_4}{\sum R}$$

$$U_i = \frac{1}{1/h_i + (r_o - r_i)A_i/k_A A_{A\ell m} + A_i/A_o ho}$$

$$U_0 = \frac{1}{A_o/A_i h_i + (r_0 - r_i)A_o/k_A A_{A\ell m} + 1/h_o}$$

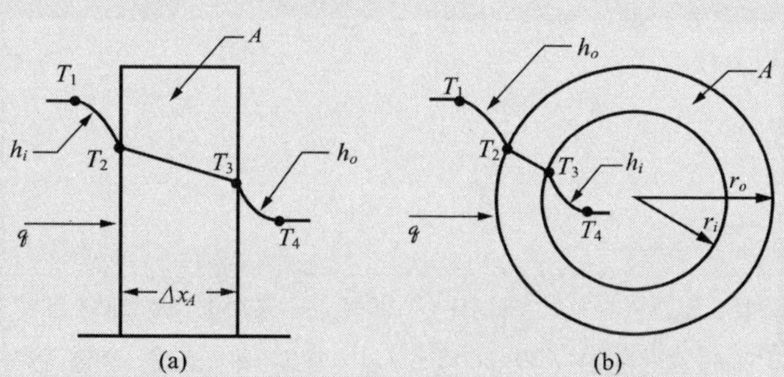


<대류경계를 갖는 열흐름 (a) 평면 벽 (b) 실린더형 벽>

**example 7-38**

관벽온도 100℃, 지름 20mm인 원관 내에 입구온도 10℃, 출구온도 80℃인 물이 5m/s로 흐를 때의 열전달계수 $h$를 구하여라. (단, 천이 $R_e$수는 $2\times10^4$으로 본다.)

**풀이**

평균온도 $t_m = \frac{t_1 + t_2}{2} = \frac{10 + 80}{2} = 45℃$

45℃ 에서, $\nu = 0.616 \times 10^{-6}[\mathrm{m^2/s}]$, $k = 0.546\,\mathrm{kcal/mh℃}$, $a = 5.55 \times 10^{-4}[\mathrm{m^2/h}]$이다.

$$R_e = \frac{wD}{\nu} = \frac{5 \times 0.02}{0.616 \times 10^{-6}} = 1.63 \times 10^5$$

$$P_r = \frac{\nu}{a} = \frac{0.616 \times 10^{-6} \times 3,600}{5.55 \times 10^{-4}} = 3.99$$

이 흐름은 난류이므로

$$N_u = 0.232 \times R_e^{0.8} \cdot P_r^{0.4}$$
$$= 0.232 \times (1.63 \times 10^5)^{0.8} \times (3.99)^{0.4} = 5,965.2$$

∴ 평균 열전달계수 $h = \frac{k}{d} N_u = \frac{0.546}{0.02} \times 592$

$$= 1.62 \times 10^5 [\mathrm{kcal \cdot m^2 h℃}]$$

### example 7-39

난류화염으로부터 20℃의 벽으로 전달되는 대류 열유속을 구하시오. $h$값은 자연 대류(화염을 나타내는 부력유동)에 대한 표의 값 $5\,\mathrm{W/m^2 \cdot ℃}$를 사용한다. 시간 평균 최대 화염온도는 약 800℃이다.

**풀이**

$$\dot{q}'' = h\Delta T$$
$$= (5\,\mathrm{W/m^2 - ℃})(800 - 20)℃$$
$$= 3,900\,\mathrm{W/m^2}$$
$$= 3.9\mathrm{kW/m^2}$$

### example 7-40

포화 수증기를 사용하는 열교환기에서 매 시간 5,000kg의 공기를 5℃에서 25℃까지 가열한다. 열교환기의 총괄열전달계수(열관류율) $U$가 $200\,\mathrm{kcal/m^2h℃}$일 때 필요한 전열 면적은 얼마인가? (단, 대수 평균 온도차는 115℃이고, 공기 비열은 0.24kcal/kg℃이다.)

**풀이**

$Q = u \cdot A \cdot \Delta t_m$에서

$$A = \frac{Q}{U\Delta t_m} = \frac{G \cdot C \cdot \Delta t}{U \cdot \Delta t_m} = \frac{5,000 \times 0.24 \times (25 - 5)}{200 \times 115} = 1.043\,\mathrm{m^2}$$

### [3] 복사(Radiation)

복사에너지가 물체에 도달하면 그림과 같이 일부는 표면에서 반사되며, 일부는 표면에서 흡수되고, 나머지는 투과된다.

반사율(reflectivity) $r$, 흡수율(absorptivity) $a$, 투과율(transmissivity) $t$는 각각 입사한 에너지에 대한 반사, 흡수 및 투과된 에너지의 비율을 말한다.

$$r + a + t = 1 \tag{7.31}$$

대부분의 고체물질에서는 $t = 0$으로 보며,

$$r + a = 1 \tag{7.32}$$

이고, $a = 1$, $r = 0$을 완전흑체, $a = 0$, $r = 1$을 완전백체라 하며, 일반 물체는 입사에너지의 일부는 반사하고, 일부는 흡수하여 회색체라 한다.

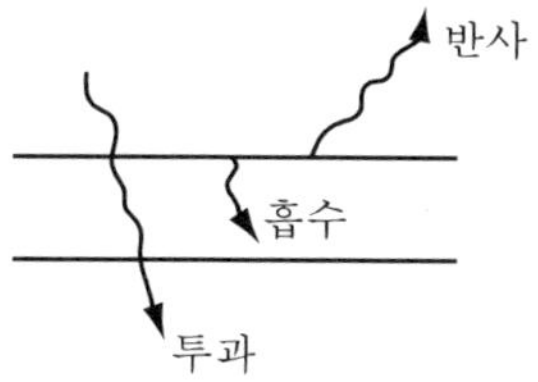


그림 7-32 복사의 형태

흑체는 흑체에 와서 닿는 모든 복사에너지를 흡수하고 일체 반사하지 않는다. 그러한 흑체는 또한 복사선을 방출한다. 이것은 온도에 의존되며, 어느 것도 반사가 아니다. 흑체의 복사력에 대한 어떤 물체의 표면의 복사력의 비를 복사율(방사율) $\epsilon$(emissivity)라고 부른다.

표 7-11 여러 가지 표면에서의 복사율($\epsilon$)

| 표 면 | $T$(K) | $T$(°F) | 복사율 |
|---|---|---|---|
| 광택된 알루미늄 | 500 | 400 | 0.039 |
| | 850 | 1070 | 0.057 |
| 광택된 철판 | 450 | 350 | 0.052 |
| 산화된 철판 | 373 | 212 | 0.74 |
| 광택된 구리 | 353 | 176 | 0.018 |
| 석면판 | 296 | 74 | 0.96 |
| 기름페인트, 전색체 | 373 | 212 | 0.92～0.96 |
| 물 | 273 | 32 | 0.95 |

흑체의 복사율은 1.0이다. 키르히호프(Kirchhoff)의 법칙은 같은 온도($T_1$)에서 주어진 표면에서의 $\alpha_1$과 $\epsilon_1$은 같다. 즉,

$$\alpha_1 = \epsilon_1 \tag{7.33}$$

식 (7.33)은 어느 흑체표면이나 비흑체의 고체표면에서도 잘 맞는다. 복사율을 방사율이라고도 부른다.

### 1) 흑체의 복사와 복사율

복사율 $\epsilon = 1.0$인 완전 흑체로부터 발생하는 복사에 의한 전열의 기본식(Stefan-Boltzmann식)은 다음과 같다.

$$q = A\sigma T^4 \tag{7.34}$$

여기서 $q$는 열흐름 $W$, $A$는 본체의 표면적 $\mathrm{m}^2$, $\sigma$는 상수 $5.675 \times 10^{-8}\, W/\mathrm{m}^2 \cdot \mathrm{K}^4$($0.1714 \times 10^{-8}$btu/h · $\mathrm{ft}^2 \cdot {}^\circ\mathrm{R}^4$) 또는 $4.88 \times 10^{-8}\mathrm{kcal/m^2 \cdot h \cdot K^4}$이다. $T$는 흑체의 온도 $K({}^\circ\mathrm{R})$이다.

흑체가 아닌 물체의 복사율은 $\epsilon < 1.0$이고 복사능은 $\epsilon$에 의하여 감소된다. 또한 식으로 표현하면 다음과 같다.

$$q = A\epsilon\sigma T^4 \tag{7.35}$$

복사율이 1.0보다 적은 물질을 회식체(gray body)라고 부른다. 모든 실제의 물질들은 복사율이 1보다 적다.

그러므로 어떤 본체에 대한 흡수율 $a$와 복사율 $\epsilon$은 같은 온도에서 같다.

흡수율과 같은 복사율은 광택된 금속표면에서는 낮고, 산화된 금속표면에서는 높다. 복사율의 대표적인 값은 [표 7-11]에 주어졌다. 대부분 비금속표면에서 복사율은 높다.

### 2) 높은 온도로 포위된 작은 회색체

온도가 $T_2$로 높은 상태속에서 포위된 $T_1$의 $A\mathrm{m}^2$ 면적을 가진 작은 회색물체가 있을 경우에는 작은 회색 물체는 순복사열을 받는다. 이때 회색물체는 식 (7.35)의 $A_1\epsilon_1\sigma T_1^4$으로 주어진 방사량을 포위된 쪽으로 방출한다. 이 물체의 복사율 $\epsilon_1$은 $T_1$에서 취한 값이다. 작은 회색물체는 $A_1 a_{12}\sigma T_2^4$으로부터 에너지를 흡수한다. 여기서 $a_{12}$는 $T_2$의 주위로부터

받은 복사열에 대한 회색물질의 흡수율이다. $a_{12}$의 값은 $T_2$에서 회색물체의 복사율과 거의 같다. 이때 흡수된 순열(net heat)은 Stefan-Boltzmann식에 의하여 얻어진다.

$$A_1\epsilon_1\sigma T_1^4 - A_1 a_{12}\sigma T_2^4 = A_1\sigma(\epsilon_1 T_1^4 - a_{12} T_2^4) \quad (7.36)$$

식 (7.36)을 공학적 목적으로 간단하게 하기 위하여 $T_2$에서의 회색체의 복사율을 하나로 사용한다. 그렇게 하면 다음과 같은 식이 된다.

$$q = A_1\epsilon\sigma(T_1^4 - T_2^4) \quad (7.37)$$

**example 7-41**

외경이 2.54cm(1in.)인 작은 산화된 금속관이 수평으로 놓여 있다. 관의 표면온도가 588K(600°F)이며 관의 길이가 0.61m(2ft)이다. 이 관은 주위 공기온도가 1,088K(1,500°F)인 방화벽돌로 싸여진 매우 큰 로속에 들어있다. 1088K에서 관의 복사율은 588K에서 관의 복사율은 0.46이다. SI 단위와 영국계 단위를 사용하여 복사에 의한 관의 열전달을 계산하여라.

**풀이**

큰 로 주위는 작은 금속관에 비하여 매우 크다. 주위가 비록 회색체일지라도 작은 관의 위치에서 보면 흑체로 나타난다. 그래서 식 (7.37)을 이용한다. 주어진 값 1,088K에서 $\epsilon = 0.6$을 대입하면 아래와 같다.

$$A_1 = \pi DL = \pi(0.0254)(0.16)\text{m}^2 = \pi(1/12)(2.0)\text{ft}^2$$

$$q = A_1\epsilon\sigma(T_1^4 - T_2^4) = [\pi(0.0254)(0.61)][(0.6)(5.676\times10^{-8})][(588)^4 - (1{,}088)^4]$$

$$= -2{,}130\text{W}$$

$$= [\pi(1/12)(2)](0.6)(0.1714\times10^{-8})[(1{,}060)^4 - (1{,}940)^4] = -7{,}270\text{btu/h}$$

예제와 같은 예들이 많다. 즉, 오븐 속에 빵조각이 복사열을 받는 것이다. 반대로 큰 냉동실에 고기를 넣어 두는 것 등의 예들이다.

### 3) 복사와 대류가 결합되어 있는 전열

복사열전달이 물체의 표면에서 일어날 때 만약 표면이 진공상태가 아니라면 항상 대류열전달이 동반하게 된다. 복사열을 받는 표면이 균일한 온도에 있을 때 앞에서 이미 기술한 방법들을 사용하여 자연대류 혹은 강제대류의 열전달을 계산할 수 있다. 복사전열은 Stefan-Boltzmann식 (7.37)으로 계산한다. 전체의 전열속도는 대류와 복사전열을 더한 값이다.

앞에서 논한 바와 같이 대류에 의한 전열속도와 대류전열계수는 다음과 같다.

$$q_{conv} = h_e A_1 (T_1 - T_2) \tag{7.38}$$

여기서 $q_{conv}$는 대류전열속도 $W$이다. $h_e$는 자연대류 또는 강제대류전열계수 $W/\text{m}^2 \cdot \text{K}$이다. $T_1$은 표면온도, $T_2$는 주위의 공기온도 복사전열계수를 $h_r$이라고 하면 복사전열속도는 아래와 같이 정의된다.

$$q_{rad} = h_r A_1 (T_1 - T_2) \tag{7.39}$$

전체의 전열속도는 식 (7.38)과 식 (7.39)를 합한 것이다.

$$q = q_{conv} + q_{rad} = (h_e + h_r) A_1 (T_1 - T_2) \tag{7.40}$$

$h_r$에 대하여 구하면 식 (7.37)과 (7.39)를 같게 놓고 $h_r$에 대하여 풀면

$$\begin{aligned} h_r &= \frac{\epsilon\sigma(T_1^4 - T_2^4)}{T_1 - T_2} = \epsilon(5.676)\frac{(T_1/100)^4 - (T_2/100)^4}{T_1 - T_2}(\text{SI}) \\ h_r &= \epsilon(0.1714)\frac{(T_1/100)^4 - (T_2/100)^4}{T_1 - T_2}(\text{English}) \end{aligned} \tag{7.41}$$

SI단위는 $W/\text{m}^2\text{K}^4$, 영국단위는 $\text{btu/h} \cdot \text{ft}^2 \cdot {}^\circ\text{R}^4$이다. 아울러 $\text{kcal/m}^2\text{hK}^4$도 사용된다.

#### 4) 표면에서의 복사와 보기인자(view factor)

위에서 다루지 못한 복사전열에 관한 진보된 항목들을 다룰 것이다. 두 표면사이의 복사열교환은 크기(size), 형태(shape), 두표면간의 방향성, 그리고 복사율과 흡수율에 달렸다. 고려되고 있는 두 표면은 공기와 같은 비흡수성 매체로 분리되어 있다. $CO_2$와 $H_2O$ 증기와 같은 기체들이 존재할 때 약간의 흡수가 기체에 의하여 발생하므로 여기서는 고려되지 않는다. 기하학적으로 가장 간단하게 정리된 두 평면은 첫째로 서로 평행이고 무한의 평판이다. 만약 무한의 흑체평면의 표면온도가 $T_1$에서 서로 평행되게 바라보고 있다면 다른 쪽의 평면온도는 $T_1$이다. 서로 각자 복사하는데 평면 1은 평면 2쪽으로 $\sigma T_2^4$을 방출하고 이것을 평면 2는 모두 흡수한다. 또한 평면 2는 평면 1쪽으로 $\sigma T_2^4$을 방출하고 평면 1은 이것을 모두 흡수한다. 그런데 평면 1에 대하여 고려해 보면 순복사열은 평면 1로부터 평면 2까지이다.

$$q_{12} = A_1\sigma(T_1^4 - T_2^4) \tag{7.42}$$

이 경우에는 평면 1에서 평면 2까지의 모든 목사는 평면 2에 의하여 차단된다. 평면 2에 의하여 차단되는 복사열의 분열이 $F_{12}$이고 여기서 $F_{12}$는 1.0이다. 또한 인자 $F_{12}$를 기하학적보기인자, 보기인자(view factor) 또는 형태계수(형성인자, Configuration factor)라고 한다.

$$q_{12} = F_{12}A_1\sigma(T_1^4 - T_2^4) \tag{7.43}$$

여기서 $F_{12}$는 모든 방향에서 표면 1을 떠나는 복사열과 표면 2에서 차단되는 복사열의 분열이다. 또한

$$q_{21} = F_{21}A_2\sigma(T_1^4 - T_2^4) \tag{7.44}$$

이 경우에 평행한 평판이라면 $F_{12} = F_{21} = 1.0$이다. 그러므로 보기인자는 간단히 생략할 수 있다.

### 5) 복사전열량

물체는 그 표면에서 그 온도와 상태에 따라서 여러 가지 파장의 방사(放射) 에너지를 전자파의 형태로 방사하여 다른 물체에로의 열전달이 이루어지는데 이것을 복사 열전달이라 하며, 슈테판-볼츠만(Stefan-Boltzmann)의 법칙에 따라 전달되는 열량은 다음과 같다.

$$\begin{aligned} Q &= CA\left\{\left(\frac{T_1}{100}\right)^4 - \left(\frac{T_2}{100}\right)^4\right\}[\text{kcal/hr}] \\ &= \sigma(T_1^4 - T_2^4) \end{aligned} \tag{7.45}$$

여기서, $C$ : 유효복사계수[$\text{kcal/m}^2\text{hk}^4$]로서 상대복사체와의 위치에 따른 계수

$T_1 \cdot T_2$ : 방사열의 방사 및 입사체의 절대온도[K]

$A$ : 복사전열면적[$\text{m}^2$]

$\sigma$ : 슈테판-볼츠만 상수($4.88 \times 10^{-8}$[$\text{kcal/m}^2\text{hK}^4$]

일반물체의 방사도 $E$는 흑체의 방사도 $E_b$보다 작으며, 다음 식으로 표시된다.

$$E = \epsilon \cdot E_b$$

$$\epsilon = \frac{E}{E_b} = a \leftarrow \text{Kirchhoff의 동일성 또는 Kirchhoff의 법칙} \tag{7.46}$$

여기서, $\epsilon$ : 방사율(복사율)

$a$ : 흡수율

유효복사계수 $C$는 흑체의 방사정수 $C_b$와는,

$$C = F_{12} \cdot C_b \tag{7.47}$$

의 관계가 있으며, $F_{12}$는 형태계수(형상계수, configuration factor)로 두 물체의 표면의 기하학적 형상이나 상호 위치 및 두 물체의 방사율 $\epsilon_1$, $\epsilon_2$에 따라 변화된다. 또, $C_b$는 흑체의 방사정수로서 $4.88\,\text{kcal/m}^2 \cdot \text{h} \cdot \text{K}^4$이다.

온도 $T_1$, $T_2$, 표면적 $A_1$, $A_2$인 물체 1, 2가 방사에 의하여 열교환을 하고 있을 때 매시간당 고온 물체 1에서 저온 물체 2로 전해지는 열량 $Q$는 다음과 같다.

$$Q = F_{12} \cdot C_b\left\{\left(\frac{T_1}{100}\right)^4 - \left(\frac{T_2}{100}\right)^4\right\} \cdot A_1 \tag{7.48}$$

$$= 4.88 F_{12} A_1 \left\{\left(\frac{T_1}{100}\right)^4 - \left(\frac{T_2}{100}\right)^4\right\}$$

① 물체면 1이 물체면 2에 의해 완전히 둘러싸인 경우

$$\frac{1}{F_{12}} = \frac{1}{\epsilon_1} + \frac{A_1}{A_2}\left(\frac{1}{\epsilon_2} - 1\right)$$

$$\text{전열량 } Q = 4.88 A_1 \frac{\left\{\left(\frac{T_1}{100}\right)^4 - \left(\frac{T_2}{100}\right)^4\right\}}{\frac{1}{\epsilon_1} + \frac{A_1}{A_2}\left(\frac{1}{\epsilon_2} - 1\right)}$$

② 면적에 비해 미소 거리만큼 떨어져서 평행하게 놓여진 경우

$A_1 \approx A_2$이므로

$$\text{전열량 } Q = 4.88 A_1 \frac{\left\{\left(\frac{T_1}{100}\right)^4 - \left(\frac{T_2}{100}\right)^4\right\}}{\left(\frac{1}{\epsilon_1} + \frac{1}{\epsilon_1} - 1\right)}$$

③ 비교적 작은 물체면 1이 큰 물체면 2로 둘러싸인 경우

$\frac{A_1}{A_2} \approx 0$이므로

$F_{12} = \epsilon_1$에서

$$전열량\ Q = 4.88\epsilon_1 A_1 \left\{ \left( \frac{T_1}{100} \right)^4 - \left( \frac{T_2}{100} \right)^4 \right\}$$
$$= C_1 A_1 \left\{ \left( \frac{T_1}{100} \right)^4 - \left( \frac{T_2}{100} \right)^4 \right\}$$

### 6) 화재시 목표물의 복사에너지

물체의 복사는 표면효과와 흡수효과에 의해 감소되는데, 이러한 최대값에 대한 실제값을 방사율(emissivity)이라고 하며 그 기호는 $\epsilon$이다. 화재 시 고체와 액체 표면에서 $\epsilon$값은 보통 $0.8 \pm 0.2$이다. 가스 혹은 화염의 $\epsilon$값은 화염의 두께에 따라 달라진다. 가스(연료 및 연소 생성물)로부터 복사의 불연속적인 포켓 때문에 화염은 복사를 하며 복사주파수의 모든 스펙트럼은 수트 입자로부터 기인한다. 화염의 방사율은 다음 식으로부터 계산할 수 있다.

$$\epsilon = 1 - \exp(-\kappa l) \tag{7.49}$$

여기에서 $\kappa$는 흡수계수(absorption coefficient)이고 $l$은 화염의 두께이다.
흡수계수는 화염의 성질로서, 얼마만큼 용이하게 화염을 관통하여 복사하는 가를 나타낸다. 예를 들면 x선은 신체 조직에 대해 상대적으로 낮은 흡수 계수를 갖는다. 즉 쉽게 관통된다는 의미이다. 난류성 화염의 경우 흡수계수는 보통 $0.1 \sim 1.0\,\text{m}^{-1}$이다. 일반적으로 2m 이상의 두께를 갖는 연료화염의 방사율은 1에 가깝다. 매우 큰 화재의 경우 사실상 수트에 의하여 화염이 차단되기 때문에 복사에 의한 주위로의 열유속을 오히려 감소시킬 수 있다. 이는 큰 화재가 작은 화재보다 더 많은 복사 열유속을 생성한다는 사실과 모순되는 점이다.

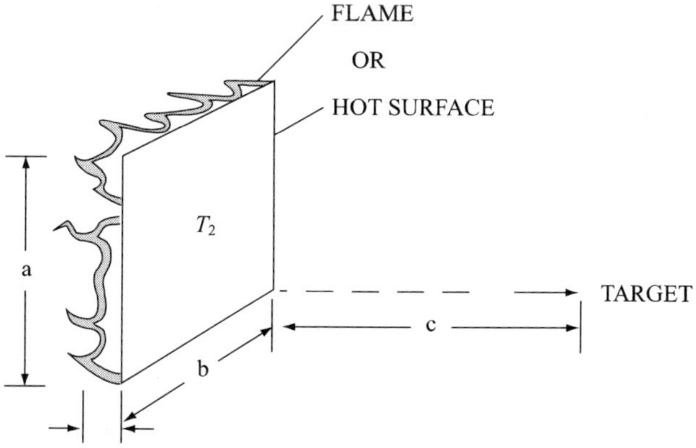


**그림 7-33** 목표물에 대한 복사

[그림 7-33]과 같이 화재나 고온 표면에서 떨어진 목표물에 대한 복사열을 계산해보기로 하자. 복사 열원인 고온 표면이나 화염의 온도가 $T_2$이면 거리 $c$에 있는 목표물이 받는 복사열유속은 $T_2$에서 방출되는 에너지보다 감소하게 되는데, 이러한 에너지감소 비율은 형상계수(configuration factor)라고 하고 기호로는 $F_{12}$로 표시하는데 형상계수는 방출물체에 대하여 목표물로부터 보여질 수 있는 광선의 분율을 말하며, $F_{12}$는 거리($c$), 열원의 크기, 열유속을 받는 물체의 방향 등에 따라 달라진다([그림 7-33] 참조). [그림 7-33]과 같은 배치에서 $F_{12}$는 [그림 7-34]의 차트에서 구할 수 있다. 대부분의 열전달 참고자료에는 각기 다른 형상에 대한 도표가 수록되어 있다. 목표물이 받는 열유속은 다음 식으로 구할 수 있다.

$$\dot{q}'' = \epsilon\sigma T_2^4 F_{12}$$

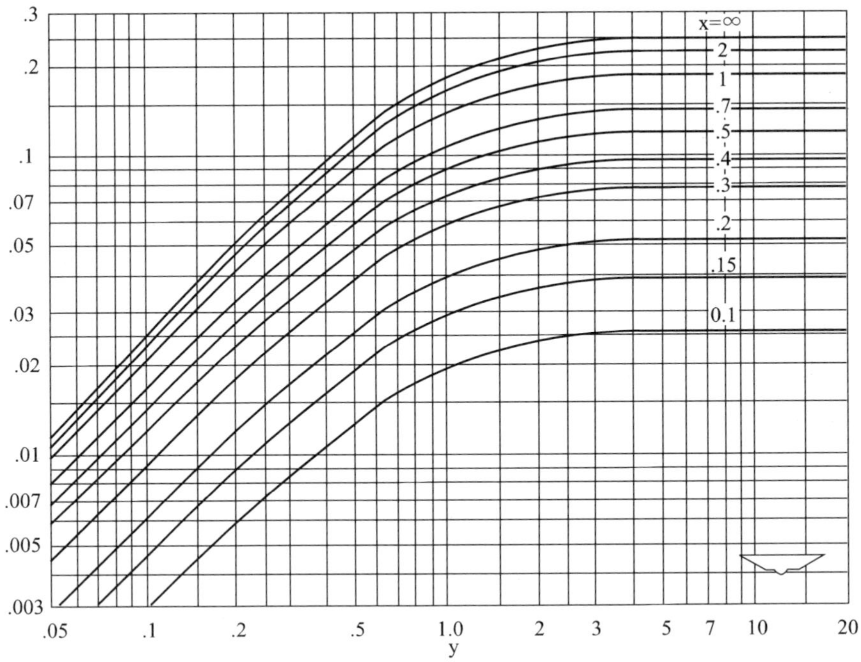


**그림 7-34** 형상 인자 $F_{12}$

**example 7-42**

높이 1m, 폭 0.5m, 두께 0.5m의 목재 화재 화염에서 3m 떨어진 곳의 복사열을 구하시오. $k$는 $0.8\text{m}^{-1}$이고 화염의 온도는 800℃로 가정한다. (연료 화염의 물성치가 근사값이고 데이터가 많지 않기 때문에 정확한 계산을 한다는 것이 매우 어렵지만 개략적인 계산은 가능하다.)

**풀이**

$T_2 = 800℃ + 273℃ = 1,073\,\text{K}$

형상 계수 $F_{12}$를 구하기 위하여 $x = a/c = 1/3 = 0.333$

$y = b/c = 0.5/3 = 0.167$

[그림 7-32]에서, $F_{12}$는 0.017

$\epsilon = 1 - \exp^{-kl} = 1 - \exp\{-(0.8\,\text{m}^{-1})(0.5\,\text{m})\} = 0.33$

$\dot{q}'' = \epsilon\sigma T_2^4 F_{12} = (0.33)(5.559 \times 10^{-11}\,\text{kW/m}^2\text{K}^4)(1073\text{K})^4(0.017) = 0.42\,\text{kW/m}^2$

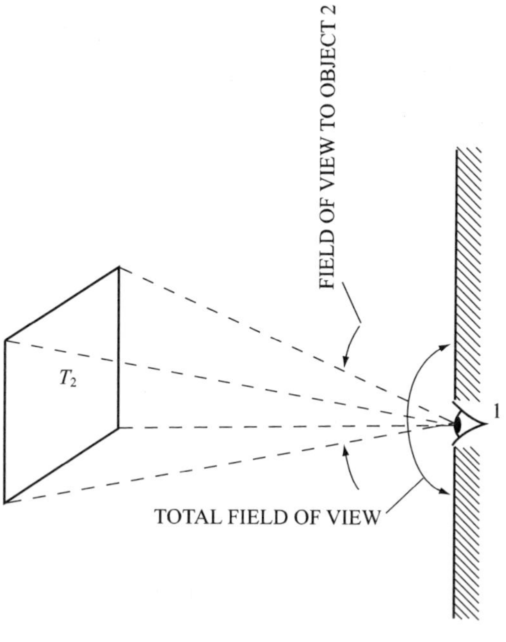


**그림 7-35** $F_{12}$는 1에서 볼 수 있는 2 물체에 대한 분율

**reference**

**손상지표로서의 열유속**

열유속(heat flux)은 물체를 뜨겁게 하기도 하고 손상을 입히거나 점화의 원인이 된다. 지구 표면에서 태양으로부터 받는 복사열유속은 $1\,\text{kW/m}^2$이다. 화재시 열에 의한 손상을 받을 수 있는 최소 값(threshold, minimum values)은 다음과 같다.

노출 피부에 대한 통증 : $1.0\,\text{kW/m}^2$

노출 피부에 대한 화상 : $4\,\text{kW/m}^2$

물체의 점화 : $10 \sim 20\,\text{kW/m}^2$

### example 7-43

지름 2cm의 도관 속을 고온 연소가스($CO_2$ 12%, $H_2O$ 7%, $N_2$ 81%)가 평균 온도 927℃의 거의 대기압에 가까운 압력으로 흐르고 있다. 이 도관 내 벽면의 평균 온도가 527℃이었을 경우에는 내벽면 $1\,m^2$당 1시간에 전달되는 열량은?(단, 가스에서 내벽면으로의 방사전열률(총괄 방사율) 0.25, 대류 열전달계수는 $8.0\,kcal/m^2h℃$이다.)

**풀이**

총괄 방사율을 형태 계수 $F_{12}$로 생각하면 방사에 의한 전열량 $Q_r$는,

$$Q_r = 4.88F_{12}\left[\left(\frac{T_1}{100}\right)^4 - \left(\frac{T_2}{100}\right)^4\right] = 4.88\times 0.25\times\left[\left(\frac{927+273}{100}\right)^4 - \left(\frac{524+273}{100}\right)^4\right]$$

$$= 20{,}300\,kcal/m^2h$$

또 열전달에 의한 전열량은 $Q_c$는,

$$Q_c = h(t_1 - t_2) = 8\times(927-527) = 3{,}200\,kcal/m^2h$$

$$\therefore \text{ 전열량 } Q = Q_r + Q_c = 23{,}500\,kcal/m^2h$$

### example 7-44

외기의 온도가 10℃일 때 표면 온도 50℃의 관 표면에서의 방식에 의한 열전달률은 몇 $kcal/m^2h℃$인가? (단, 관의 열방사율은 0.8이다.)

**풀이**

$$\text{방사열 전달률 : } \alpha_r = 4.88\epsilon\frac{\left[\left(\frac{T_1}{100}\right)^4 - \left(\frac{T_2}{100}\right)^4\right]}{T_1 - T_2} \leftarrow Q_r = \alpha_r(t_1 - t_2)$$

$$\therefore \alpha_r = 4.88\times 0.8\frac{\left[\left(\frac{323}{100}\right)^4 - \left(\frac{288}{100}\right)^4\right]}{(273+50)-(273+10)} = 4.36\,kcal/m^2h℃$$

### example 7-45

노속에 지름 30cm, 길이 1m의 철봉(방사율 $\epsilon = 0.9$)이 들어 있다. 노의 온도를 1,000K, 철봉의 온도를 600K라 할 때 1분 동안 철봉에 방사되는 전열량은?

**풀이**

$$Q = 4.88\epsilon A\left[\left(\frac{T_1}{100}\right)^4 - \left(\frac{T_2}{100}\right)^4\right]\,[kcal/h]$$

$$A = \pi dl + \frac{\pi}{4}d^2\times 2 = 3.14\times 0.3\times 1 + \frac{3.14}{4}\times(0.3)^2\times 2 = 9.42 + 0.14 = 9.55\,m^2$$

$$\therefore Q = 4.88\times 0.9\times 9.56\times\left[\left(\frac{1{,}000}{100}\right)^4 - \left(\frac{600}{100}\right)^4\right]/60 = 6{,}091\,kcal/min$$

# 연습문제

## ▶ 객관식

**1.** 50℃와 100℃인 두 액체가 혼합되어 열평형을 이루었을 때 틀린 것은?

① 50℃의 액체에서는 엔트로피가 증가하고 100℃의 액체에서는 감소한다.
② 엔트로피 변화가 없다.
③ 비가역과정이므로 계 전체에서 엔트로피가 증가한다.
④ 엔트로피 변화량은 변화된 온도구간에 대하여 적분하여 구한다.

풀이 $dS = \frac{dq}{T}$

$$\therefore S = \int_1^2 \frac{dQ}{T} = \int_1^2 dS = C_p \ln\frac{T_2}{T_1} \text{ or } C_v \ln\frac{T_2}{T_1}$$

답 : ②

**2.** 카르노 사이클에 대한 설명 중 틀린 것은?

① $\frac{Q_2(\text{방열량})}{Q_1(\text{수열량})} = \frac{T_2(\text{저열원})}{T_1(\text{고열원})}$
② 열기관 중 가장 효율이 좋은 기관이다.
③ 실제 제작이 불가능한 기관이다.
④ 등온과정 2개, 정적과정 2개로 이루어진 사이클이다.

풀이 Stirling cycle은 2개의 등온과정과 2개의 정적과정으로 형성된 사이클이다.

답 : ④

**3.** 다음은 열역학 제2법칙을 설명한 것이다. 잘못된 것은?

① 열효율 100% 기관은 제작 불가능하다.
② 열은 스스로 저온체에서 고온체로 이동할 수 없다.
③ 제2종 영구기관은 동작물질의 종류에 따라 존재할 수 있다.
④ 열기관의 동작물질에 일을 하게 하려면 그보다 낮은 열저장소가 필요하다.

답 : ③

**4.** 다음은 엔트로피에 대한 설명이다. 틀리게 설명한 것을 골라라.

① 비가역 단열변화에서 상태후의 엔트로피는 상태전의 엔트로피 보다 더 크다.
② 가역변화가 없는 자연계에서는 엔트로피는 항상 증가한다.
③ 가역 단열변화에서는 엔트로피는 항상 일정하다.

④ 비가역 단열변화에서는 엔트로피는 최초 상태와 최종 상태에만 관계된다.

답 : ④

5. 열역학 제1법칙을 바르게 표시한 것은?

① 열평형에 관한 법칙이다.
② 이상기체에만 적용되는 법칙이다.
③ 이론적으로 유도 가능하며 엔트로피의 뜻을 설명한다.
④ 에너지 보존법칙 중 열과 일의 관계를 설명한 것이다.

답 : ④

6. 실린더 내의 혼합가스 3kg을 압축시키는 데 소비된 일이 15kN · m이었다. 혼합가스의 내부 에너지는 1kg에 대해서 3.36kJ가 증가했다면, 이 때 방출된 열량은 얼마인가?

① 4.92kJ ② 1.21kcal
③ 6.92kJ ④ 2.21kcal

풀이 열역학 제1법칙의 식으로부터

$$ {}_1Q_2 = (U_2 - U_1) + W_a $$
$$ = G(U_2 - U_1) + W_a = 3 \times 3.36 + (-15) = -4.92\,\text{kJ} $$ : 방열량

답 : ①

7. 다음 중 잘못 표현된 것은?

① $dH = TdS + VdP$ ② $TdS = dQ$
③ $dQ = dU = dS$ ④ $dU + PdV = T \cdot dS$

풀이 $dH = dQ + VdP = T \cdot dS + VdP$

$dQ = dU + PdV = T \cdot dS$

$dS = \dfrac{dQ}{T}$

답 : ③

8. 사이클의 효율을 높이는 유효한 방법은 다음 중 어느 것인가?

① 저열원(배열)의 온도를 낮춘다.
② 동작물질의 양을 증가한다.
③ 고열원(급열)을 높인다.
④ 고열원과 저열원 모두 높인다.

답 : ③

**9.** 실린더 내의 어떤 기체를 압축하는 데 19.6kN · m의 일을 필요로 한다. 기체의 내부에너지 증가를 4.2kJ로 가정하면 외부로 방출되는 열량은 얼마인가?

① 3.68kcal ② 36.8kcal
③ −3.68kcal ④ −36.8kcal

**풀이** $dQ = dU + dW$

$Q = \Delta U + W_a = 4.2 + (-19.6) = -15.4\text{kJ} = -15.4/4.187 = -3.68\text{kcal}$

답 : ③

**10.** 압력이 550kPa, 체적이 $0.5\text{m}^3$인 공기가 압력이 일정한 상태에서 90kN · m의 팽창일을 행했다면 변화 후의 체적은 몇 $\text{m}^3$인가?

① $0.33\text{m}^3$ ② $0.44\text{m}^3$
③ $0.55\text{m}^3$ ④ $0.66\text{m}^3$

**풀이** 팽창일 = 절대일(일정 압력 하에서의 일) = $W_a \int_1^2 PdV$이므로,

$W_a = \int_1^2 PdV = P(V_2 - V_1)$

$\therefore V_2 = \dfrac{W_a}{P} + V_1 = \dfrac{90,000}{550 \times 10^3} + 0.5 \fallingdotseq 0.66\text{m}^3$

답 : ④

**11.** 매분 500kg의 물을 150m의 깊이로부터 떠올리는 양수기가 있다. 이 양수의 동력이 25PS일 때 이 양수기로부터 열로 바뀌는 에너지는 얼마인가?

① 10,538.64kcal/h ② 7,268.86kcal/h
③ 5,268.86kcal/h ④ 3,538.64kcal/h

**풀이** 양수기의 일량 $W = G \times S = 500\text{kg/min} \times 150\text{m} = 4.5 \times 10^6\ [\text{kg} \cdot \text{m/h}]$

열량으로 환산하면, $AW = \dfrac{1}{427} \times 4.5 \times 10^6 = 10,538.64\text{kcal/h}$

양수기에서 열로 바뀌는 에너지는 $Q_2$(방출열량)이므로,

$AW = Q_1 - Q_2$에서,

$\therefore Q_2 = Q_1 - AW = 25 \times 632.3 - 10,538.64 = 5,268.86\text{kcal/h}$

답 : ③

**12.** 고열원 $T_1$, 저열원 $T_2$, 공급열량 $Q_1$, 방출열량 $Q_2$인 카르노 사이클의 열효율을 표시한 것 중 맞는 것은?

① $\eta_c = 1 - \dfrac{T_2}{T_1} = 1 - \dfrac{Q_1}{Q_2}$ ② $\eta_c = 1 - \dfrac{Q_2}{Q_1} = 1 - \dfrac{T_1}{T_2}$

③ $\eta_c = 1 - \frac{Q_2}{Q_1} = 1 - \frac{T_2}{T_1}$　　④ $\eta_c = 1 - \frac{Q_1}{Q_2} = 1 - \frac{T_1}{T_2}$

**풀이** 카르노 사이클의 열효율은,

$$\eta_c = \frac{Q_1 - Q_2}{Q_1} = \frac{AW}{Q_1} = 1 - \frac{Q_2}{Q_1} = 1 - \frac{T_2}{T_1}$$

답 : ③

**13.** 다음 중 열역학 제3법칙과 가장 관계 깊은 사항은?

① 0°K에서의 엔트로피는 "0"이다.
② 273°K에서의 엔트로피는 "0"이다.
③ 엔트로피는 그 변화량만이 문제이므로 절대치는 없다.
④ 0°K에 근접하면 엔트로피는 "0"에 근접한다.

답 : ④

**14.** 카르노 사이클에 대한 설명 중 틀린 것은?

① 열효율은 압축비의 함수로 구성된다.
② 두 개의 등온변화와 두 개의 단열변화과정으로 구성된다.
③ 열기관의 이상 사이클로서 최고의 열효율을 갖는다.
④ 열효율은 동작물질에 관계없다.

답 : ④

**15.** 카르노 사이클 A는 0℃와 100℃ 사이에서 작동되며 카르노 사이클 B는 100℃와 200℃ 사이에서 작동된다. 사이클 A의 효율보다 어떠한가?

① 높다.　　② 낮다.
③ 같다.　　④ 비교할 수 없다.

답 : ②

**16.** 온도-엔트로피($T-s$) 선도를 이용함에 있어서 가장 편리한 점을 설명하는데 관계가 먼 것은?

① 단열변화를 쉽게 표시할 수 있다.
② Rankine cycle을 설명하는 데 용이하다.
③ 면적으로 열량을 표시하므로 열량을 직접 알 수 있다.
④ 구적계(planimeter)를 쓰면 일량을 구할 수 있다.

답 : ④

**17.** 다음은 유효에너지와 무효에너지에 대한 표현이다. 옳은 것은?

① $\frac{Q_1}{T_1}$이 작을수록 유효에너지가 작게 된다.

② $\frac{Q_1}{T_1}$이 작을수록 무효에너지가 작게 된다.

③ $\frac{Q_1}{T_1}$이 클수록 무효에너지가 작게 된다.

④ $\frac{Q_1}{T_1}$이 커지면 유효에너지가 무효에너지로 전환된다.

**풀이** 유효에너지 $Q_a = \eta_c \cdot Q_1 = Q_1 - Q_2 = Q_1\left(1-\frac{Q_2}{Q_1}\right) = Q_1\left(1-\frac{T_2}{T_1}\right) = Q_1 - T_2\frac{Q_1}{T_1}$

무효에너지 $Q_2 = Q_1(1-\eta_c) = Q_1\frac{T_2}{T_1} = T_2 \cdot \Delta S$

답 : ②

**18.** 유효에너지($Q_a$)를 잘못 표시한 것은? (단, $T_1$, $Q_1$ : 고열원, $T_2$, $Q_2$ : 저열원이다.)

① $Q_2 \cdot \eta_c$　　② $Q_1 \cdot \eta_c$

③ $(T_1 - T_2)\frac{Q_1}{T_1}$　　④ $Q_1 - T_2 \cdot \Delta S$

답 : ①

**19.** carnot cycle로 작동되는 기관에서 한 사이클마다 98N · m의 일을 얻고자 한다. 한 사이클 당 공급열량이 0.885kJ이고, 고열원의 온도가 250℃라고 한다면 저열원이 온도는 몇 ℃인가?

① 121.38　　② 131.76

③ 147.68　　④ 191.89

**풀이** $\eta_c = \frac{W}{Q_1} = 1 - \frac{T_2}{T_1}$에서,

$\therefore T_2 = T_1 \times \left(1-\frac{W}{Q_1}\right) = (273+250)\times\left(1-\frac{98}{0.882\times 1{,}000}\right) = 464.89\text{K} = 191.89℃$

답 : ④

**20.** 고열원 600℃, 저열원 5℃ 사이에서 작용하는 카르노 사이클에서 방열량과 수열량의 비를 구하면 얼마인가?

① 0.11　　② 0.22

③ 0.33　　④ 0.44

**풀이** 수열량 $Q_1$, 방열량 $Q_2$이고, 고열원 $T_1$, 저열원 $T_2$라면 카르노 사이클 $\eta_c$로부터 $\frac{Q_2}{Q_1}=\frac{T_2}{T_1}$이므로,

$$\therefore \frac{Q_2}{Q_1}=\frac{T_2}{T_1}=\frac{275+15}{273+600}=0.33$$

답 : ③

**21.** 밀폐계가 마찰이 없는 과정에서 $P=(15+20V)\times 10^4$[Pa]의 관계에 따라 변한다. 체적이 $0.1\text{m}^3$에서 $0.4\text{m}^3$로 변하는 동안 계가 한 일은 몇 Joule인가?

① $6\times 10^4$[J]　　② $4.5\times 10^4$[J]
③ $9\times 10^4$[J]　　④ $7.5\times 10^4$[J]

**풀이** $W=\int_{V_1}^{V_2} PdV=\int_{0.1}^{0.4}(15+20V)dV=(15V+10V^2)_{0.1}^{0.4}\times 10^4$

$=[15\times(0.4-0.1)+10(0.4^2-0.1^2)]\times 10^4$

$=6\times 10^4[\text{N}\cdot\text{m}]=60\text{kJ}$

답 : ①

**22.** 다음 중에서 열역학 제1법칙 식과 관계없는 것은?

① $dq=dU+Pdv$　　② $dq=dh-vdP$
③ $Q=GC(t_2-t_1)$　　④ $Q=(U_2-U_1)+W_a$

답 : ③

**23.** 열역학적 성질을 $x$라 할 때 다음 중 옳은 것은?
(단, $\int_1^2 dx$ : 상태 1, 2 사이의 적분, $\oint dx$ : 한 사이클 동안의 적분이다.)

① $\int_1^2 dx=0$　　② $\int_1^2 dx>0$
③ $\oint dx=0$　　④ $\oint dx<0$

**풀이** $x$가 열역학적 성질이므로 점함수이다.

따라서 $\int_1^2 dx$는 과정에 따라 값이 다르며, $\oint dx=0$(처음 상태로 되돌아 옴)이다.

답 : ③

**24.** 열효율 40%인 열기관에서 연료의 소비량이 30kg/hr, 발열량($H_l$)이 42,000kJ/kg이라면, 이 때 발생되는 동력은 몇 PS, 몇 kW인가?

① 170PS, 120kW ② 180PS, 130kW1
③ 190PS, 140kW ④ 200PS, 150kW

풀이 $\eta = \frac{동력}{H_l \times f}$에서 동력 $= \eta \times H_l \times f$

① 동력 $= 0.4 \times 42,000\,kJ/kg \times 30\,kg/hr = 504,000\,kJ/hr$
$= 504,000 \times 1,000/3,600 = 140,000\,J/s = 140\,kW$

② $1kW = 1.36PS$이므로, $140kW = 1.36 \times 140 = 190.4PS$

답 : ③

**25.** 화재시 화염의 전파에 가장 크게 작용하는 열이동 방식은?

① 전도 ② 대류 ③ 복사 ④ 열관류

풀이 화염의 전파는 복사열에 의해 가장 많이 전달된다.

답 : ③

**26.** 복사열이 통과할 때 복사열이 흡수되지 않고 아무런 손실 없이 통과되는 것은?

① 질소 ② 탄산가스
③ 아황산가스 ④ 수증기

풀이 단체는 복사열이 그대로 통과

답 : ①

**27.** 0℃와 100℃ 사이에서 작동하는 카르노 사이클과 500℃와 600℃ 사이에서 작동하는 카르노 사이클의 열효율을 비교하면 전자가 후자의 몇 배 정도나 되는가?

① 2.35배 ② 3.35배 ③ 2.25배 ④ 4.45배

풀이 $\eta_c = 1 - \frac{T_2}{T_1}$에서,

$$\eta_{c1} = 1 - \frac{273+0}{273+100} = 0.27$$

$$\eta_{c2} = 1 - \frac{273+500}{273+600} = 0.115\text{이므로,}$$

$$\therefore \frac{\eta_1}{\eta_2} = \frac{0.27}{0.115} = 2.35$$

답 : ①

**28.** 어떤 보일러에서 발생한 증기를 열원으로 사용한다면 온도 $t_1 = 300℃$에서 매시간당 $Q_1 = 2,101,873\,kJ$의 열을 낼 수 있다. 고열원 $t_2 = 20℃$인 냉각수의 온도를 이 증기의 저열원으로 하고, 이 양 온도 사이에 가역 카르노 사이클로 작동되는 손실이 없는 열기관을 가동시

켰다면 냉각수에 버리는 열량은 몇 kcal/hr 인가?

① 1,074,780kcal/hr ② 2,074,870kJ/hr
③ 266,900kJ/hr ④ 2,397,600kJ/hr

**풀이** 냉각수에 버리는 열량은 방출열량 $Q_2$이므로 결국 무효에너지이다.

$\therefore \dfrac{T_2}{T_1} = \dfrac{Q_2}{Q_1}$ 에서

$\therefore Q_2 = Q_1 \times \dfrac{T_2}{T_1} = 2,101,873 \times \dfrac{273+20}{273+300} = 1,074,780\text{kJ/hr}$

답 : ①

**29.** 공기 1kg이 정압상태로 300K로부터 600K까지 가열되었다면, 압력은 408kPa에서 306kPa의 상태로 등온변화하였다. 공기의 $C_p = 1,005\,\text{J/kg}\cdot{}^\circ\text{K}$, 가스정수 $R = 287$ $N\cdot\text{m/kg}\cdot{}^\circ\text{K}$라면, 엔트로피 변화량은 몇 kJ/kg · °K인가?

① 0.6781 ② 0.5546 ③ 0.7324 ④ 0.7792

**풀이** $\Delta S = \Delta S_p + \Delta S_T$

$= C_p \cdot \ln\dfrac{T_2}{T_1} - R \cdot \ln\dfrac{P_2}{P_1}$ 이므로 [$T$와 $P$의 함수],

$\therefore \Delta S = 1005 \times \ln\dfrac{600}{300} - 287 \times \ln\dfrac{306}{408} = 696.6 - (-82.6)$

$= 779.2\,\text{J/kg}\cdot{}^\circ\text{K} = 0.7792\,\text{kJ/kg}\cdot{}^\circ\text{K}$

답 : ④

**30** 공기 1kg을 저열원의 온도를 0℃로 하여, 정적인 상태로 20℃에서 100℃까지 가열하고, 다시 정압인 상태로 100℃에서 200℃까지 가열하였다. 공기의 비열을 $C_p = 1.005\,\text{kJ/kg}\cdot{}^\circ\text{K}$, $C_v = 0.718\,\text{kJ/kg}\cdot{}^\circ\text{K}$라 할 때, 무효에너지와 유효에너지는 각각 몇 kJ/kg인가?

① 136.7, 56.7 ② 112.5, 45.4 ③ 135.6, 114.6 ④ 124.5, 108.5

**풀이** 무효에너지 $q_2 = q_1 \times \dfrac{T_{II}}{T_I} = T_2 \times \Delta s$ 이므로,

$\therefore q_2 = T_{II} \times (\Delta s_v + \Delta S_p) = T_{II} \times \left(C_v \ln\dfrac{T_2}{T_1} + C_p \ln\dfrac{T_2'}{T_1'}\right)$

$= (273+0) \times \left(0.718 \times \ln\dfrac{373}{293} + 1.005 \times \ln\dfrac{473}{373}\right)$

$= 112.5\,\text{kJ/kg}$

유효에너지 $q_a = q_1 - q_2$ 이므로,

가열량 $q_1 = C_v(T_2 - T_1) + C_p = (T_2 - T_1)$

$= 0.718(100-20) + 1.005(200-100) = 157.9\,\text{kJ/kg}$

$\therefore q_a = 157.9 - 112.5 = 45.4\,\text{kJ/kg}$

답 : ②

## ▶ 주관식

1. 고열원의 온도가 727℃에서 한 계가 12,600kJ의 열을 공급받는다. 이 계의 온도는 327℃이며, 이 계는 상태변화 후 27℃에서 열을 방출한다. 이 때 각각의 온도가 일정하다고 하면, ① 열원의 엔트로피, ② 열전달에 의한 엔트로피의 증가, ③ 원래의 유효에너지, ④ 열전달 후의 유효에너지, ⑤ 비가역에 의한 무효에너지의 증가를 구하여라.

풀이 ① 열원의 엔트로피 변화

고열원은 12,600kJ의 열을 계에 방출하였으므로(고열원 → 계에 방출),

$$\Delta S_1 = \int_1^2 \frac{dQ}{T} = \frac{\Delta Q}{T} = \frac{-12,600}{273+727} = \frac{-12,600}{1,000} = -12.6\,\text{kJ/K}$$

② 계의 엔트로피 변화(계는 고열원의 열을 공급받음)

$$\Delta S_2 = \int_1^2 \frac{dQ}{T} = \frac{\Delta Q}{T} = \frac{12,600}{273+327} = 21\,\text{kJ/K}$$

$$\therefore \Delta S_p = S_2 - S_1 = 21 - 12.6 = 8.4\,\text{kJ/K}$$

③ 원래의 유효에너지

$$Q_a = Q_1 - T_o \cdot \Delta S_1 = 12,600 - (273+27) \times 12.6 = 8,820\text{kJ}$$

④ 열전달이 일어난 후의 유효에너지

$$Q_a = Q_1 - T_o \cdot \Delta S_1 = 12,600 - (273+27) \times 12. = 6,300\text{kJ}$$

⑤ 무효에너지의 증가

$$\Delta Q_o{}' = Q_1 - T_o \cdot \Delta S_p = (273+27) \times 8.4 = 2,520\text{kJ}$$

2. 1kg의 공기가 152kPa의 정압 상태에서 50℃에서 300℃까지 열이 가해질 때 유효에너지는 몇 kJ/kg인가?(단, 공기의 $C_p = 1.005\,\text{kJ/kg}$이다.)

풀이

$$\eta = \frac{W}{Q_1} = \frac{Q_1 - Q_2}{Q_1} = \frac{Q_a}{Q_1} = 1 - \frac{T_2}{T_1}$$

$$\therefore \text{유효에너지 } q_a = W = q_1\left(1 - \frac{T_2}{T_1}\right) = \int_1^2 \left(1 - \frac{T_2}{T_1}\right) C_p dT$$

$$= \int_1^2 C_p dT - \int_1^2 \frac{T_0}{T_1} \cdot C_p dT = C_p(T_2 - T_1) - C_p \cdot T_0 \ln\frac{T_2}{T_1}$$

$$= 1.005 \times (573 - 323) - 1.005 \times 323 \times \ln\frac{573}{323}$$

$$= 251.25 - 186.08 = 65.17\,\text{kJ/kg}$$

답 : 65.17kJ/kg

3. 완전가스의 $P-v$ 선도가 다음과 같을 때 $T-S$ 선도를 그려라.

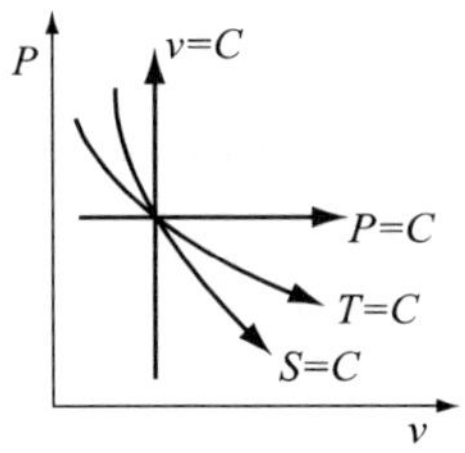


그림 ($T$와 $s$의 기울기 차이)

풀이 $P$와 $v$의 기울기 차이

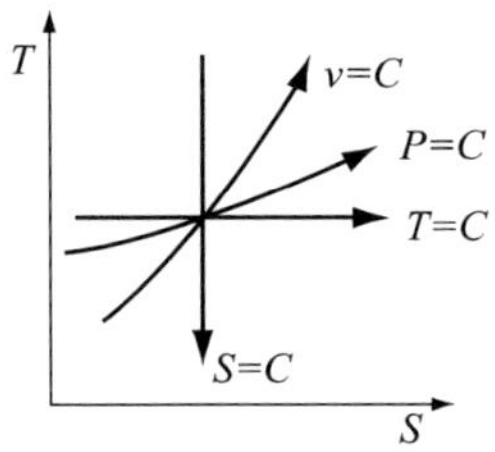


4. 폴리우레탄 폼 벽체를 관통하는 단위 면적당 열유동율을 구하시오. 벽의 두께는 0.05m, 벽 양면의 온도는 각각 40℃와 20℃이다.

풀이 단위면적당 열유동율을 熱流束(heat flux)이라 하고, $\dot{q}''$로 표시한다.

$\dot{q}'' = \dot{q}/A$

$\dot{q} = kA(T_2 - T_1)/l$

$= (0.034\,\mathrm{W/m-K}) \times (40-20)℃/0.05\,\mathrm{m}$

$= 13.6\,\mathrm{W/m^2}$

답 : $13.6\,\mathrm{W/m^2}/1 = 13.6\,\mathrm{W/m^2}$(단위면적 값($A$)이 1이므로, 여기에서 $\dot{q}$와 $\dot{q}''$는 같음)

5. 높이 1m, 폭 0.5m, 두께 0.5m의 목재 화염에서 3m 떨어진 곳의 복사열을 구하시오. $\kappa$는 $0.8\,\mathrm{m^{-1}}$이고 화염의 온도는 800℃로 가정한다. (연료 화염의 물성치가 근사값이고 데이터가 많이 않기 때문에 정확한 계산을 한다는 것이 매우 어렵지만 개략적인 계산은 가능하다.)

풀이 $T_2 = 800℃ + 273℃ = 1{,}073\,\mathrm{K}$

형태계수 $F_{12}$를 구하기 위하여 $x = \mathrm{a/c} = 1/3 = 0.333$

$y = \mathrm{b/c} = 0.5/3 = 0.167$

[그림 7-34]에서, $F_{12}$는 0.017

$\epsilon = 1 - \exp^{-kl} = 1 - \exp\{-(0.8\,\mathrm{m^{-1}})(0.5\,\mathrm{m})\} = 0.33$

$\dot{q}'' = \epsilon\sigma T_2^4 F_{12} = (0.33)(5.559 \times 10^{-11}\,\mathrm{kW/m^2K^4})(1{,}073\,\mathrm{K})^4(0.017) = 0.42\,\mathrm{kW/m^2}$

답 : $0.42\,\mathrm{kW/m^2}$

**6.** 무게 100ton으로 매시 100km의 속도로 달리고 있는 기차를 제동하여 정지시키려면 몇 kJ의 마찰열이 생기는가?

**풀이** 운동에너지 $E_k = \frac{1}{2}mv^2 = \frac{Wv^2}{2g} = \frac{(100-10^3)\times(27.78)^2}{2\times9.8} = 3937390\,\text{kg}\cdot\text{m}$

$= 38,586,422\,\text{N}\cdot\text{m} \fallingdotseq 38,586\times10^3\,\text{J} = 38,586\,\text{kJ}$

$(100\,\text{km/hr} = 100\times1,000\,\text{m/hr} = \frac{100\times1,000}{3,600}\,\text{m/s} = 27.78\,\text{m/s}$

**답** : 27.78m/s

**7.** 실린더 내에 있는 $N_2$를 가역과정으로 100kPa, 20℃로부터 500kPa까지 압축했다. 압축과정 동안 $P$와 $v$의 관계는 $Pv^{1.3} = C$이다. $R = 0.2968\,\text{kJ/kg}\cdot{}^\circ\text{K}$, $C_v = 0.7448\,\text{kJ/kg}\cdot{}^\circ\text{K}$라 할 때 압축일량 [kJ/kg]과 방출열량 [kJ/kg]을 구하여라.

**풀이** $Pv^{1.3} = C$ : polytrope 변화이므로,

① 압축일량

$$W_a = \frac{1}{n-1}(P_1v_1 - P_2v_2)$$

$$= \frac{R}{n-1}(T_1 - T_2)\text{에서,}$$

$$\frac{T_2}{T_1} = \left(\frac{v_1}{v_2}\right)^{n-1} = \left(\frac{P_2}{P_1}\right)^{\frac{n-1}{n}}$$

$$\rightarrow T_2 = T_1\times\left(\frac{P_2}{P_1}\right)^{\frac{n-1}{n}}$$

$$= 293\times\left(\frac{500}{100}\right)^{\frac{1.3-1}{1.3}}$$

$$\fallingdotseq 425\,\text{K}$$

$$\therefore W_a = \frac{1}{1.3-1}\times0.2968\times(293-425)$$

$$= -130.59\,\text{kJ/kg}(\text{압축일})$$

② 방출열량

$$dU + dW = C_p dT + dW \quad \therefore q = C_p(T_2 - T_1) + W_a$$

$$= 0.7448\times(425-293) - 130.59$$

$$= -32.3\,\text{kJ/kg}(\text{방출열})$$

**답** : −32.3kJ/kg

**8.** 외기의 온도가 10℃일 때 표면 온도 50℃의 관 표면에서의 방식에 의한 열전달률은 몇 $\text{kcal/m}^2\text{h}℃$인가?(단, 관의 열방사율은 30.8이다.)

**풀이** 방사열 전달률 : $\alpha_r = 4.88\epsilon\frac{\left[\left(\frac{T_1}{100}\right)^4 - \left(\frac{T_2}{100}\right)^4\right]}{T_1 - T_2} \leftarrow Q_r = \alpha_r(t_1 - t_2)$

$$\therefore \alpha_r = 4.88 \times 0.8 \frac{\left[\left(\frac{323}{100}\right)^4 - \left(\frac{288}{100}\right)^4\right]}{(273+50)-(273+10)} = 4.36\,\text{kcal/m}^2\text{h℃}$$

답 : $4.36\,\text{kcal/m}^2\text{h℃}$

9. 보일러 전열면을 통과하는 연소 gas 의 온도가 입구에서 1,200℃, 출구에서 200℃ 이고, 보일러수의 온도는 120℃ 로 일정하다. 이 때 전열량을 계산하기 위한 대수 평균온도차는 몇 도인가?

풀이 $\Delta t_1 = 1,200 - 120 = 1,080$

$\Delta t_2 = 200 - 120 = 80$

$$\therefore \Delta t_m = \frac{1,080 - 80}{\ln\frac{1,080}{80}}$$

$$= 384℃ \fallingdotseq 400℃$$

답 : 400℃

10. 보일러 전열면에서 연소 가스가 1,300℃ 로 유입하여 300℃ 로 나가고, 보일러수의 온도는 210℃ 로 일정하며, 열관류율을 $150\,\text{kcal/m}^2\text{h℃}$ 이다. 단위 면적당 열교환량은 얼마인가? (단, $\log 12.1 = 2.5$ 이다.)

풀이 열관류율은 총괄열전달계수($U$)이다.

$\Delta t_1 = 1,300 - 210 = 1,090℃$

$\Delta t_2 = 300 - 210 = 90℃$

$$\therefore \Delta t_m = (1,090 - 90)/\ln\frac{1,090}{90} = 1,000/2.5 = 400℃$$

$$\therefore Q = UA\Delta t_m = 150 \times 1 \times 400 = 60,000\,\text{kcal/m}^2\text{h}$$

답 : $60,000\,\text{kcal/m}^2\text{h}$

11. 포화 수증기를 사용하는 열교환기에서 매 시간 5,000kg의 공기를 5℃ 에서 25℃ 까지 가열한다. 열교환기의 열관류율이 $200\,\text{kcal/m}^2\text{h℃}$ 일 때 필요한 전열 면적은 얼마인가?(단, 대수 평균 온도차는 115℃ 이고, 공기 비열은 0.24kcal/kg℃ 이다.)

풀이 $Q = U \cdot A \cdot \Delta t_m$ 에서

$$A = \frac{Q}{U\Delta t_m} = \frac{G \cdot C \cdot \Delta t}{U \cdot \Delta t_m} = \frac{5,000 \times 0.24 \times (25-5)}{200 \times 115} = 1.043\,\text{m}^2$$

답 : $1.043\text{m}^2$

12. 노속에 지름 30cm, 길이 1m 의 철봉(방사율 $\varepsilon = 0.9$)이 들어 있다. 노의 온도를 1,000K, 철봉의 온도를 600K라 할 때 1분 동안 철봉에 방사되는 전열량은?

**풀이** $Q = 4.88\varepsilon A\left[\left(\frac{T_1}{100}\right)^4 - \left(\frac{T_2}{100}\right)^4\right]$ [kcal/h]

$$A = \pi dl + \frac{\pi}{4}d^2 \times 2 = 3.14 \times 0.3 \times 1 + \frac{3.14}{4} \times (0.3)^2 \times 2 = 9.42 + 0.14 = 9.55\,\text{m}^2$$

$$\therefore Q = 4.88 \times 0.9 \times 9.56 \times \left[\left(\frac{1{,}000}{100}\right)^4 - \left(\frac{600}{100}\right)^4\right]/60 = 6{,}091\,\text{kcal/min}$$

**답** : 6,091 kcal/min

**13.** 61℃인 수증기가 길이 1m의 수직평판에서 막상(膜狀) 응축할 때의 평균 열전달률을 구하여라. (단, 판의 온도는 59℃이며, 액막 내의 유동을 층류로 생각한다.)

**풀이** 평균온도 $t_m = \frac{61-59}{2} = 60$℃에 대하여,

$\mu = 0.482 \times 10^{-4}\,[\text{kg}\cdot\text{s/m}^2] = 1.338 \times 10^{-8}\,[\text{kg}-\text{h/m}^2]$, $k = 0.562\,\text{kcal/mh℃}$

$g = 9.8\,\text{m/s}^2 = 1.27 \times 10^8\,[\text{m/s}^2]$, $\gamma = 982.3\,\text{kg/m}^3$, $\gamma = 562.4\,\text{kcal/kg}$

평균 열전달률 $\alpha = 0.943\left(\frac{1}{H + \Delta T}\right)^{\frac{1}{4}} \cdot \left(\frac{k^3\gamma^2 r}{\mu}\right)^{\frac{1}{4}}$

$$= 0.943\left(\frac{1}{1+(61-59)}\right)^{\frac{1}{4}} \cdot \left(\frac{0.562^3 \times 982.3^2 \times 562.4}{1.338 \times 10^{-8}}\right)^{\frac{1}{4}}$$

$$= 7{,}304.25\,\text{kcal/m}^2\text{h℃}$$

**답** : 7,304.25 kcal/m²h℃

**14.** 냉장고는 내면 $\frac{1}{2}$인치의 송판 중간에 4 inch의 코르크판, 그리고 외면은 3 inch의 콘크리트 구조로 되어있다. 냉장고 내벽의 표면온도는 255.4K이고, 외벽의 온도는 297.1K이다. 송판의 $k$는 0.151, 코르크판의 $k$는 0.0433, 그리고 콘크리트의 $k$는 0.762 W/m·K이다. 1 m²에 대한 열손실(W)을 구하고 송판과 코르크판 사이의 온도를 구하여라.

**풀이** $T_i = 255.4$, $T_4 = 297.1\,\text{K}$, 송판을 $A$, 코르크를 $B$ 그리고 콘크리트를 $C$라고하면 물성 값들은 다음과 같다.

$k_A = 0.151 \quad k_B = 0.0433 \quad k_C = 0.762$

$\Delta x_A = \left(\frac{1}{2}\text{inch}\right)(0.0254) = 0.0127\,\text{m}$

$\Delta x_B = 4(0.0254) = 0.1016\,\text{m}$

$\Delta x_C = 3(0.0254) = 0.0762\,\text{m}$

각 재질에 대한 저항을 구하고, 면적 $A$는 1m²으로 간주한다.

$$R_A = \frac{\Delta x_A}{k_A A} = \frac{0.0127}{(0.151)(1)} = 0.0841\,\text{K/W}$$

$$R_B = \frac{\Delta x_B}{k_B A} = \frac{0.1016}{(0.0433)(1)} = 2.346$$

$$R_C = \frac{\Delta x_C}{k_C A} = \frac{0.0762}{(0.762)(1)} = 0.100$$

$$q = \frac{T_1 - T_4}{R_A + R_B + R_C} = \frac{255.4 - 297.1}{0.0841 + 2.346 + 0.100}$$

$$= \frac{-41.7}{2.530} = -16.48\,\text{W}(-56.23\,\text{btu/h})$$

답이 음이므로 열흐름은 안에서 밖으로 흐른다.

송판과 코르크 사이의 온도 $T_2$를 구하려면

$$q = \frac{T_1 - T_2}{R_A}$$

이미 구한 값을 치환해서

$$-16.48 = \frac{255.4 - T_2}{0.0841} \qquad T_2 = 256.79\,\text{K}$$

$T_2$를 구하는 다른 방법을 사용하면 온도차라는 것은 저항에 비례한다. 그러므로

$$T_1 - T_2 = \frac{R_A}{R_A + R_B + R_C}(T_1 - T_4)$$

구한 값을 치환해서

$$255.4 - T_2 = \frac{(0.0841)(255.4 - 297.1)}{2.530} = -1.39\,\text{K}$$

그래서 $T_2 = 256.79\,\text{K}(2.5°\text{F})$이므로 전 것과 같다.

<u>답 : 256.79 K(2.5°F)</u>

**15.** $k = 21.63\,\text{W/m}\cdot\text{K}$인 강철관(A)이 있다. 이 강철관의 내경은 0.0254 m, 외경은 0.0508 m이다. 이 강철관에 단열재 $k = 0.02423\,\text{W/m}\cdot\text{K}$인 석면(B)을 두께 0.0254 m로 피복되었다. 관의 내벽온도는 811 K이고, 단열재의 외면의 온도는 310.8 K이다. 강철관의 길이 0.305 m (1 ft)에 대한 열손실을 구하고, 금속과 단열재 사이의 온도를 구하여라.

**풀이** $T_1 = 811\text{K}$, $T_2$를 금속과 단열재사이 온도, 그리고 $T_1 = 310.8\text{K}$이라고 하면

$$r_1 = \frac{0.0254}{2} = 0.0127\text{m},\; r_2 = \frac{0.0508}{2} = 0.0254\text{m},\; r_3 = 0.0508\text{m}$$

$L = 0.305\text{m}$에 대한 면적은 다음과 같다.

$$A_1 = 2\pi L r_1 = 2\pi(0.305)(0.0127) = 0.243\,\text{m}^2$$

$$A_2 = 2\pi L r_2 = 2\pi(0.305)(0.254) = 0.0487\,\text{m}^2$$

$$A_3 = 2\pi L r_3 = 2\pi(0.305)(0.0508) = 0.0974\,\text{m}^2$$

강철관(A)과 석면(B)에 대한 대수평균 면적은

$$A_{A1m}\frac{A_2 - A_1}{\ln(A_2/A_1)} = \frac{0.0487 - 0.0243}{\ln(0.0487/0.0243)} = 0.0351\,\text{m}^2$$

$$A_{B1m}\frac{A_3 - A_2}{\ln(A_3/A_2)} = \frac{0.0974 - 0.0487}{\ln(0.0974/0.0487)} = 0.0703\,\text{m}^2$$

저항은

$$R_A = \frac{r_2 - r_1}{k_A A_{A1m}} = \frac{0.0127}{(21.63)(0.0351)} = 0.01673\,\text{K/W}$$

$$R_B = \frac{r_3 - r_2}{k_B A_{B1m}} = \frac{0.0254}{(0.2423)(0.0703)} = 1.491\ \mathrm{K/W}$$

여기서 전달속도 $q$는

$$q = \frac{T_1 - T_3}{R_A + R_B} = \frac{811 - 310.8}{0.01673 + 1.491} = 331.7\,\mathrm{W}(1132\,\mathrm{btu/h})$$

$T_2$를 계산하면

$$q = \frac{T_1 - T_2}{R_A} \quad \text{혹은} \quad 331.7 = \frac{811 - T_2}{0.01673}$$

$811 - T_2 = 5.5\,\mathrm{K}$

$\therefore T_2 = 805.5\,\mathrm{K}$이다. 금속벽에서의 온도차는 극히 작다. 그 이유는 금속은 높은 열전도를 갖기 때문이다.

**답** : $T_2 = 805.5\,\mathrm{K}$

## 참고문헌


1. 김찬중, 「(길잡이)유체공학입문」, 문운당, 2002.
2. 윤준규 외, 「유체역학」, 대광서림, 2001.
3. 류희정 외, 「최신수리학」, 동화기술, 2002.
4. 김민환 외, 「수리학」, 동화기술, 2002.
5. 문형부 외, 「최신환경수리학」, 동화기술, 2001.
6. 하재현 외, 「유체역학」, 문운당, 2003.
7. 남상욱, 「소방시설의 설계 및 시공」, 성안당, 2003.
8. 허만성, 「소방유체역학」, 동일출판사, 1997.
9. 김영득, 「(최신)유체기계」, 청문각, 2004.
10. 김민찬, 「화학공학유체역학」, 아진출판, 2003.
11. 김헌, 「(Matlab을 이용한)화학공학열역학」, 아진출판, 2002.
12. 박창호, 「단위조작입문」, 지인당, 2001.
13. SFPE(Society of Fire Protection Engineers), 「Handbook of Fire Protection Engineering」, 2002.
14. J. M. Smith, 「화학공학열역학(제6판)」, 한국맥그로힐, 2002.
15. Warren L. McCabe, 「단위조작(7판)」, 한국맥그로힐, 2005.
16. Stanley L. Sander, 「화학공학열역학」, 사이텍미디어, 2001.
17. Kenneth S. Pitzer, 「화공열역학」, 청문각, 1997.
18. Willian F. Crapo, 「Hydrulics for Firefihting」, 2001.
19. Cengel, Yunus A, 「Fluid Mechanics : Fundamentals & Applications」, 2005.
20. E. Krause, 「Fluid Mechanics (With Problems And Solutions」, Springer Verlag, 2005.
21. Moran, Michael J, 「Fundamentals of Engineering Thermodynamics」, John Wiley & Sons Inc, 2007.
22. Alexander J. Smits, 「유체역학」, 시그마프레스, 2002.

# 찾아보기


(ㄱ)
가역변화 ······ 336
각운동량의 원리 ······ 150
강도성 상태량 ······ 336
개방계 ······ 334
검사면 ······ 91
검사체적 ······ 91
경막계수 ······ 391
계 ······ 334
계기압 ······ 41
계기양정 ······ 263
고립계 ······ 335
곡관 ······ 196
관마찰계수 ······ 168
관망 ······ 219
관망해석 ······ 219, 228
국소손실 ······ 187
글로브 밸브 ······ 198

(ㄴ)
나비 너트 밸브 ······ 199
난류 ······ 18, 82
내부에너지 ······ 348
노즐의 반발력 ······ 137
뉴턴유체 ······ 22

(ㄷ)
단열변화 ······ 368
단위환산 ······ 344
대류 ······ 388
동력 ······ 266
동수반경 ······ 180
동수역학 ······ 82
동점성계수 ······ 21
등가 ······ 210
등압변화 ······ 368
등온변화 ······ 368
등적변화 ······ 367

(ㅁ)
마찰손실 ······ 167
맥동현상 ······ 288
모세관 현상 ······ 26
무효에너지 ······ 374
밀도 ······ 14
밀폐계 ······ 334

(ㅂ)
벤츄리미터 ······ 106
병렬연결 ······ 210
복사 ······ 393
부르동 압력계 ······ 56
부차적손실 ······ 187
비가역변화 ······ 336
비뉴턴유체 ······ 22
비속도 ······ 271
비압축성 유체 ······ 12
비열 ······ 341
비점성유체 ······ 11
비정상류 ······ 87
비중 ······ 15
비중량 ······ 15
비체적 ······ 15

(ㅅ)
상당길이 ······ 203
상사의 법칙 ······ 272
상태량 ······ 336
상태변화 ······ 336
상평형도 ······ 29
서어징 현상 ······ 288
섭씨 ······ 337
소방정수역학 ······ 52
소방펌프 ······ 289
손실계수 ······ 187
송풍기 ······ 299
수동력 ······ 266
수직응력 ······ 10
슬루스 밸브 ······ 197
습윤제 ······ 26
시차 액주계 ······ 58
실양정 ······ 263
실재유체 ······ 12

(ㅇ)
압력 ······ 40
압축률 ······ 16
압축성 유체 ······ 12
액주계 ······ 57
에너지 보존의 법칙 ······ 97, 347
에너지식 ······ 349
엔탈피 ······ 348
엔트로피 ······ 364
역적-운동량 방정식 ······ 134
역학적 점성계수 ······ 20
연속방정식 ······ 90
열량 ······ 340
열역학 ······ 334
열역학 제0법칙 ······ 339
열역학 제1법칙 ······ 347
열역학 제2법칙 ······ 356
열역학 제3법칙 ······ 375
열유속 ······ 401
열전달 ······ 379
열전도계수 ······ 383
열전도도 ······ 383
열전도율 ······ 383
오리피스 관 ······ 105
완전유체 ······ 12
운동량 모멘트의 원리 ······ 150
운동량 보정계수 ······ 137
운동량 유속 ······ 134
운동량의 원리 ······ 134
운동방정식 ······ 96
원심식 송풍기 ······ 302
원심펌프 ······ 259
유선 ······ 88
유적선 ······ 88
유체정역학 ······ 40
유효에너지 ······ 374
유효흡입수두 ······ 276
응력 ······ 10
이상기체 ······ 376
이상기체의 법칙 ······ 377
이상유체 ······ 12
입구길이 ······ 190
입구손실 ······ 189

(ㅈ)
잠열 ······ 342
저항계수 ······ 187
전단력 ······ 10
전단응력 ······ 10
전도 ······ 379

전양정 ······ 263
절대단위계 ······ 12
절대압 ······ 41
절대온도 ······ 337
절연계 ······ 335
점성 법칙 ······ 18
점성유체 ······ 11
점유속 ······ 92
정상류 ······ 86
조주거리 ······ 190
종량성 상태량 ······ 336
종속도 ······ 164
주손실 ······ 167
주위 ······ 334
준정적변화 ······ 336
중력단위계 ······ 12
직렬연결 ······ 213

(ㅊ)
차원해석 ······ 168
체적압축계수 ······ 16
체적탄성계수 ······ 17
총관전열계수 ······ 391
축동력 ······ 266
축류식 송풍기 ······ 302
층류 ······ 18, 82

(ㅋ)
카르노 사이클 ······ 358
캐비테이션 ······ 275
콕 ······ 200

(ㅌ)
터보형 ······ 302
통수능 방정식 ······ 179

(ㅍ)
펌프 ······ 258
평균유속 ······ 92
평형상태 ······ 28
포화증기압 ······ 27
표면장력 ······ 24
플랩 밸브 ······ 199
피에조미터 관 ······ 57
피토관 ······ 107
필요흡입수두 ······ 281

(ㅎ)
현열 ······ 340
형상손실 ······ 187
화씨 ······ 337
효율 ······ 267
흡입수두 ······ 276

영문
$\pi$ 정리 ······ 168
Avogadro의 법칙 ······ 377
Bernoulli의 원리 ······ 97
Boyle의 법칙 ······ 376
Charles의 법칙 ······ 376
Darcy-Weisbach식 ······ 167
Hagen-Poiseuille식의 가정 ······ 162
Hazen-Williams식 ······ 173
Nernst의 열정리 ······ 375
NPSH ······ 275
P-$v$ 선도 ······ 353
polytropic 변화 ······ 369
stokes 법칙 ······ 165
Torricelli의 정리 ······ 105
U자관 액주계 ······ 58

**저자 :** 이수경
서울과학기술대학교 안전공학과 교수

**소방유체역학** 정가 29,000원

발 행 2025년 9월 10일 5판 4쇄
저 자 이수경
발행인 전귀연
발행처 신광문화사
경기도 파주시 광인사길 201(문발동, 파주출판도시)
Tel (031)955-4211~6 donghwapub@nate.com
Fax (031)955-4217 www.donghwapub.co.kr
(등록) 1991년 6월 26일/6-130호


Printed in Korea
ISBN 978-89-7432-975-4
공급처 도서출판 동화기술